结构设计软件参数设置及应用丛书

ETABS 与 CiSDC 建筑结构设计应用指南（上册）

北京筑信达工程咨询有限公司　编

U0248910

中国建筑工业出版社

图书在版编目（CIP）数据

ETABS 与 CiSDC 建筑结构设计应用指南. 上册/北京筑信达工程咨询有限公司编. —北京：中国建筑工业出版社，2024.8. —（结构设计软件参数设置及应用丛书）.
ISBN 978-7-112-30008-2

Ⅰ. TU311.41-62

中国国家版本馆 CIP 数据核字第 2024B8C458 号

责任编辑：刘瑞霞 刘婷婷 梁瀛元
文字编辑：冯天任
责任校对：赵 力

结构设计软件参数设置及应用丛书

ETABS 与 CiSDC 建筑结构设计应用指南（上册）

北京筑信达工程咨询有限公司 编

*

中国建筑工业出版社出版、发行（北京海淀三里河路 9 号）
各地新华书店、建筑书店经销
北京科地亚盟排版公司制版
北京同文印刷有限责任公司印刷

*

开本：787 毫米×1092 毫米 1/16 印张：28¾ 字数：716 千字
2024 年 8 月第一版 2024 年 8 月第一次印刷
定价：**99.00** 元
ISBN 978-7-112-30008-2
（42818）

本书编委会

顾问：李楚舒　芮继东

主编：李　立

编委：吴文博　张志国　刘慧璇　王　希　郑　翔　吕　良　杨　硕
　　　　王雁飞　徐　志

序　一

首先祝贺筑信达公司主编的《ETABS 与 CiSDC 建筑结构设计应用指南（上册）》新书成功出版，相信这本书将给建筑结构设计行业带来积极影响。

ETABS 是世界知名的建筑结构分析设计软件，具有超过四十年的研发历史，在全球一百多个国家有广泛的应用，在我国也有二十多年的推广应用历史，全国各地的地标性高层、超高层建筑的设计过程很多都会用到 ETABS，可以说 ETABS 见证了中国经济建设的高速发展。据了解，ETABS 是国内工程师在复杂建筑结构设计中使用最为广泛、掌握度最高的国际软件之一。ETABS 也常被工程师用作首选的分析设计或验证工具，可以说深受广大工程师的喜爱和信赖。华东院的许多重大复杂工程，诸如上海环球金融中心、武汉中心、武汉绿地中心、天津周大福金融中心、CCTV 主楼等无一例外地采用 ETABS 进行分析、设计或验证。

ETABS 软件之所以被广泛采用和认可，应该源于它的几大特点。

1）ETABS 是一款面向工程师的软件，不像通用有限元软件那么复杂，也没有一味追求操作简便，做成一个"傻瓜式黑盒子"；而是提供了一个逻辑严谨又非常开放的软件平台，既便于工程师上手，也可以拓展工程师的设计能力，这就需要工程师对结构的力学模型有清晰的认识，根据设计意图进行方案比选，验证设计构想。

2）ETABS 分析功能强大，可以胜任多种复杂的结构分析，如高层结构施工模拟分析、超长结构温度应力分析、高层结构稳定性分析、高层结构收缩徐变分析、利用虚功进行结构优化、隔震/减震结构分析、结构静力 Pushover 分析、结构动力弹塑性时程分析等。ETABS 分析结果稳定、可靠，符合工程经验和力学概念，也与我国规范有很好的兼容性。因此，设计师除了将 ETABS 作为复杂工程分析的首选软件，并开展丰富多样的专项分析外，也常常将 ETABS 作为第二款校核软件，以验证其他软件分析结果的准确性。

3）ETABS 还提供了比较全面的二次开发功能，让很多有编程能力的工程师如虎添翼，大幅提高工作效率，这也非常符合土木行业数字化转型及数智化发展的需求。目前华东院的一些年轻工程师已经利用 ETABS API 开发了不少具有特定功能的插件，满足了复杂结构的个性化需求。

4）ETABS 在应对国际项目设计需求方面，也具有很大的优势。在"一带一路"建设的带动下，越来越多国内设计企业走向海外，ETABS 也成为海外项目的重要选择，在国际标准规范方面提供了多种不同形式的技术支持。华东院近年完成的"一带一路"项目乌兹别克斯坦塔什干三座银行大厦，就采用 ETABS 软件进行了全面的分析论证，包括不同形式的消能减震设计。

ETABS 在中国已经走过二十多年的风雨，建立了良好的业界口碑。当前土木建筑行业已经从粗放式发展阶段逐渐进入高质量发展和精细化设计阶段。面对行业和市场的转型，相信通过筑信达公司的努力，ETABS 能够不断进行自我提升，为中国的土木工程师们提供更加全面及个性化的解决方案和更高水平的技术服务。

全国工程勘察设计大师
华东建筑设计研究院有限公司首席总工程师
周建龙
2024 年 3 月 于上海

序　二

我最早了解 ETABS 软件是从 36 年前的纸质版 ETABS 源代码开始的，当时国内仅有基于矩阵位移法的平面杆系计算软件，ETABS 软件实现了具有楼层概念的建筑结构空间三维分析，且计算模型清晰合理、计算结果稳定可信，给我留下了深刻印象；后来接触到有限元软件 SAP 的中国版 SAP84，可以很好地解决土木工程的结构计算问题。由于均采用数据输入，计算一个实际工程需要工程师花费大量时间进行数据准备，直到 20 世纪 90 年代初采用图形输入的国产软件 TBSA 中 PBPEN 和 ADLOB 的出现，将结构计算分析的效率提高了几十倍。

随着中国经济、科技，特别是房地产领域的高速发展，近年来国内建筑结构设计软件的市场几乎被国产软件 PKPM 和 YJK 占领，主要是由于其使用方便且与中国设计规范紧密结合。但是，对于复杂建筑结构、超限高层建筑结构，工程师通常会采用 ETABS 软件进行补充计算分析，与国产软件计算结果进行对比，确保结构安全。

在我国建筑业数字化转型的浪潮中，筑信达公司借助 ETABS API 为国内的结构工程师量身定制开发了 CiSDesignCenter 软件（简称 CiSDC），一方面充分利用 ETABS 自身的能力，一方面充分满足国内工程师对前后处理的独特需求，同时可以不断融入国内日益多样化的地方、行业设计标准。我们团队在研发建筑结构施工图正向智能设计平台"小迅"的过程中，与 ETABS 软件以及其他设计软件的结构计算对接时，发现 ETABS 软件具有底层逻辑的优势。

随着 ETABS 软件与中国规范的结合更加紧密，其必将为我国建筑业数字化以及通过"一带一路"输出中国技术发挥重大作用。相信本书的出版将有助于让更多的国内工程师学习、掌握 ETABS 软件，推动 ETABS 在我国工程界更加广泛、深入的应用。

广东省勘察设计大师
华南理工大学高层建筑结构研究所所长
广东省超限高层抗震审查专家委员会秘书长
教授、博士生导师
韩小雷
2024 年 3 月 于广州

前　　言

　　ETABS 作为一款用于多高层建筑结构分析设计的专业软件，在国内外享有盛誉。ETABS 的研发源于美国加州大学伯克利分校的 Wilson 教授主持开发的结构分析程序，与另一款知名的结构分析软件 SAP2000 可谓是同胞兄弟，在美国 CSI 公司的主持下，走过了近半个世纪的研发历程。ETABS 中文版的推出已有 20 余年，经历了中国城市化建设的蓬勃发展，也面临当前国内房地产市场的各种挑战。北京筑信达工程咨询有限公司（简称筑信达公司）长期从事 ETABS 中文版的研发、推广和技术支持工作，我们深知 ETABS 作为一款国际领先的工程设计软件，在国内工程设计市场中的优势和困难。比如 ETABS 蕴含丰富的结构分析知识，这既是它的品质支撑，但也成为让更多人走近它的"门槛"；再如 ETABS 非常具有逻辑性的操作流程，是很多老用户钟爱它的理由，但在过分追求效率的环境中也常被诟病为"不够傻瓜"；还有与国内的工程习惯、表达方式、思维模式等诸多方面的差异，在一定程度上影响了 ETABS 在国内进一步的深入应用。

　　鉴于此，我们一直坚持以技术为先导，一方面强化技术服务，着力推广软件知识，一方面加强适配国内市场的二次开发，为国内工程师定制工具——CiSDC 就是筑信达公司历经十年打造的针对结构工程设计的专门系统，支持多模型导入、国家标准及地方标准的设计工作流程、钢筋 BIM 技术、减隔震设计专门模块、弹塑性模型自动生成等，希望能成为国内结构工程师联合 ETABS 使用的"设计中心"。我们着力加强与行业专家、工程大师的技术沟通，力求软件技术与国内设计规范的贯通融合。在过去的 20 年里，我们看到 ETABS 被应用于国内大量的优秀工程项目，也看到很多 ETABS 用户从青年骨干成长为行业翘楚，深感与有荣焉！

　　长期的技术研发与支持，使筑信达公司的技术团队积累了丰富的软件应用经验和成果。这次应中国建筑工业出版社之邀，参与"结构设计软件参数设置及应用丛书"的编写，我们感到这是梳理、总结关于 ETABS 软件"应用之道"的良好机会。本次参与丛书编写，我们承担了两个分册的编写工作。本书为第一个分册，全面介绍 ETABS 的相关知识以及如何使用 ETABS 完成常规的分析设计工作；第二个分册将主要介绍如何使用 ETABS 进行复杂的结构分析与设计，如减隔震分析、施工模拟分析、抗震性能化设计等。

　　本书共分为七章及五个附录。第 1 章介绍的基础知识对于理解 ETABS 的建模过程和分析技术很有帮助；第 2、3 章介绍必要的建模知识，辨析软件参数设置对力学模型的关联和影响；第 4～6 章都与结构设计有关，详细阐述了不同类型结构及构件的设计过程以及我国相关设计规范的实现；第 7 章介绍 CiSDC 的使用，用户可以借助 CiSDC 来扩展 ETABS 的前后处理功能，以满足更多行业、地方设计标准的要求。本书的主要目的是帮助工程师使用 ETABS 完成日常的结构分析及设计，而不是面面俱到地介绍 ETABS 的功能。我们把更多常用的功能、知识、工具放入了附录部分。希望读者可以通过本书解决日常学习、使用 ETABS 过程中的大部分问题，更多的操作细节和软件知识可以查阅 ETABS 自带的联机帮助、技术文档，以及筑信达公司官网不断更新的线上技术资源库。

本书由李立担任主编，编写人员有：吴文博、刘慧璇、王希、郑翔、吕良、张志国、杨硕、王雁飞、徐志，全书由李楚舒审定。衷心感谢周建龙大师、韩小雷教授为本书作序！感谢中国建筑工业出版社编辑们的辛苦工作！感谢广大 ETABS 用户们长期的信赖与鞭策！感谢筑信达公司所有伙伴们的支持！

限于时间和水平，书中难免存在问题或不足，望读者不吝指正。欢迎大家访问筑信达公司官网了解软件最新动态、下载技术资料，也可以通过筑信达公司在线支持系统，或电话 010-68924600-200（北京）、027-87886890-811（武汉），或邮件 support@cisec.cn 与我们联系。

北京筑信达工程咨询有限公司

2024 年 3 月

目　　录

第1章

基 础 知 识

ETABS 是一个易于使用并且功能强大，为建筑结构设计开发的专用计算机程序。学习 ETABS 的关键在于理解其独特的建模系统和分析技术。本章将系统介绍一些重要的概念和知识，帮助读者了解建模技术、纵览分析方法，为后续深入应用 ETABS 奠定良好的基础。

1.1 ETABS 建模术语

ETABS 通过图形用户界面创建模型来进行建筑结构的分析和设计。熟练使用 ETABS 的基础在于掌握其独特、强大的建模系统。本节将介绍一些重点建模概念及相关术语。

1.1.1 对象、构件和单元

建筑结构一般由柱、梁、楼板、剪力墙等构成，ETABS 中的对象往往对应于真实结构中的构件。从几何角度讲，柱、梁和支撑在空间上可抽象为"线"；楼板和剪力墙在空间上可抽象为"面"；梁和柱相交，交点在空间上可抽象为"点"。一般来说，对象的几何图形应该和物理构件相符合，整个结构模型由一系列"点""线""面"对象构成。用户在 ETABS 界面上"绘制"的正是这些对象，对象将准确地代表物理构件。

ETABS 包含以下几种对象类型，按几何维度的顺序列出如下：

1）节点对象，包含两种类型：

（1）节点对象通常在绘制其他高维几何对象时自动生成，如框架对象的端点、面对象的角点等。也可以通过【绘制→绘制节点】命令直接创建，这种方法适用于一些特殊建模需求，例如为简化机器设备的建模而将其质量凝聚于节点处、在特定位置处（如楼板内部的某一点）施加集中力荷载等。

（2）节点支座和点弹簧：节点支座用于指定刚性支座（即节点位移为零）；点弹簧则用于指定弹性支座（即节点位移与弹簧刚度相关）或模拟特殊的支座行为，例如：隔震器、阻尼器、间隙、多段线性弹簧等。在 ETABS 中无法绘制单节点连接对象，而是通过点弹簧的形式模拟单节点连接对象。

2）框架对象：用来模拟梁、柱、支撑等杆状构件。

3）钢束对象：用来模拟后张预应力钢束。钢束和梁类似，均在平面上绘制，不同点在于钢束在板或梁厚度方向上有剖面轮廓形状。

4）（两节点）连接对象：可以通过【绘制→绘制连接单元】命令绘制两节点连接对象。用于模拟特殊的构件行为，例如：刚性杆、隔震器、阻尼器、间隙、多段线性弹簧等。与框架对象不同，连接对象的长度可以为零。

5）面对象：用于模拟墙、楼板和其他薄壁构件。

由各种对象组成的用于模拟整个结构的集合体，称为对象模型。用户在视图窗口中进行的绘制、编辑、选择以及指定等操作均基于对象模型。ETABS 在运行结构分析的过程中，自动将对象模型转换为分析模型。分析模型是由单元和节点组成的数值计算模型，也称为有限元模型。在模型转换的过程中，对象模型中的节点对象、框架对象和面对象将分别转换为分析模型中的有限元节点、框架单元、面单元。

基于对象的建模方法，非常便于用户创建和编辑复杂的模型。用户通常不需要考虑这些对象在数值计算时如何剖分为单元，程序会结合对象类型、搭接关系、剖分尺寸、边界条件等信息，将用户绘制的对象剖分为分析所需的更为细化的单元。

了解对象、构件和单元的区别和联系，有助于用户创建符合要求的模型。用户可以通过【视图→设置视图选项】命令切换各种模型显示效果，包括对象拉伸显示、对象收缩显示以及对象剖分后得到的分析模型。勾选"框架拉伸"可以查看对象模型的拉伸视图（图 1.1-1a），同时勾选"对象收缩"可以查看构件的实际几何长度（图 1.1-1b）；对框架或面对象指定自动剖分选项，ETABS 会在对象内部增加单元和节点，图 1.1-1（c）为仅包含面对象（墙）的模型，勾选"壳的分析网格"后，可以直观地查看分析模型（图 1.1-1d）。

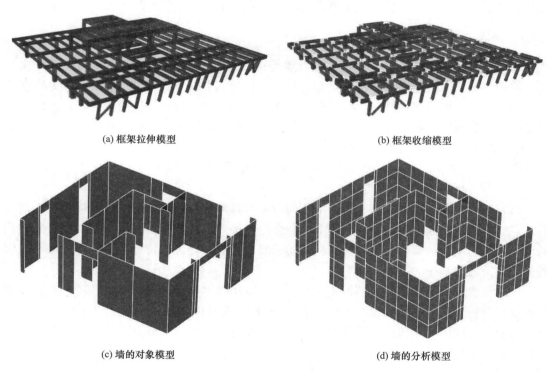

(a) 框架拉伸模型

(b) 框架收缩模型

(c) 墙的对象模型

(d) 墙的分析模型

图 1.1-1　模型的不同显示效果

1.1.2　对象组

对象组是对象的集合，它可以包含任何类型和数量的对象。对每个对象组，必须首先通过【定义→对象组】命令命名（图 1.1-2），然后选择构成组的对象并通过【指定→对象组】命令指定对象组（图 1.1-3）。ETABS 中的任何一个对象都可以是一个或多个对象组的成员，内置对象组"All"包含模型中的全部对象。

对象组可以帮助用户高效便捷地管理模型，具体用途包括：

1）快速选择对象以进行编辑和指定；

2）基于对象组的截面切割；

3）混凝土框架或钢框架截面的优化设计；

4）选择性输出结果；

5）定义阶段施工工况中各个阶段的操作等。

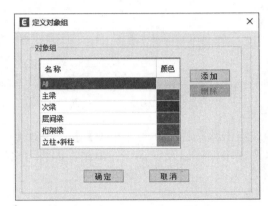
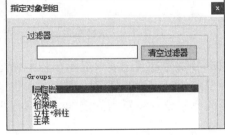

图 1.1-2 【定义对象组】对话框　　　　图 1.1-3 【指定对象到组】对话框

当进行带属性复制编辑时，ETABS 不会自动复制对象的组属性，这是为了防止意外的对象组指定操作影响分析结果。如需对复制之后的构件指定对象组，应重新执行指定对象组命令。

关于基于对象组定义截面切割的应用详见第 4.1 节关于楼层力和框架承担剪力的统计。

◎相关操作请扫码观看视频：

视频 1.1-1 截面切割（2）—定义截面切割组

1.1.3　单位制

模型初始化时供用户选择的单位制包括英制、国际米制和公制（MKS 米制）三套，如图 1.1-4 所示。这三套单位制属于混合型单位制，程序将用户惯用的单位应用于数据输入及查看，可以最大限度地节省工作时间、提高工作效率。例如，基于"国际米制"的单位制，用户可以很方便地在绘制轴网时使用单位 m，在输入框架截面尺寸时使用单位 mm，在查看应力时使用单位 MPa，在输出支座反力时使用单位 kN。以上操作过程均无需切换单位制，而且 ETABS 还会在对话框中显示当前使用的单位，更方便用户输入或查看，如图 1.1-5 所示。

图 1.1-4 选择单位制

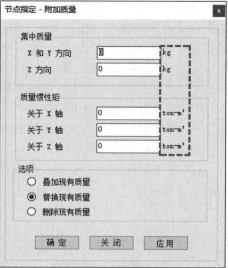

图 1.1-5 显示当前使用单位

用户可以通过【选项→显示单位】命令或点击状态栏右侧的【单位】按钮随时切换其他混合型单位制，修改任意物理量的单位（图 1.1-6），以及设置统一单位，即将力/长度/温度等的单位分别设置为固定的一种（图 1.1-7）。

物理量	长度单位	力单位	温度单位	单位	小数位数	有效数字	零容差
结构尺寸							
绝对距离	in			m	4	1	5E-07
相对距离					4	1	5E-07
结构面积	m			m2	2	1	5E-05
角度				deg	3	1	5E-06
截面尺寸							
长度	mm			mm	1	1	0.0005
面积	cm			cm2	1	1	0.0005
长度^3	cm			cm3	1	1	0.0005
长度^4	cm			cm4	1	1	0.0005
长度^6	cm			cm6	1	1	0.0005
钢筋面积	mm			mm2	0	1	0.005
单位长度的钢筋面积	mm2/m			mm2/m	1	1	5E-05
Rebar Area/Length/Length	mm2/m/m			mm2/m/m	2	1	5E-05
位移							
平动位移	mm			mm	3	1	1E-12
转动位移				rad	6	1	1E-12
位移角					6	1	5E-09
单位弧度的广义平动位移	mm			mm/rad	3	1	5E-06
单位长度的广义转动位移	mm			rad/mm	3	1	5E-06
力							
力		kN		kN	4	1	5E-07
单位长度的力	m	kN		kN/m	3	1	5E-06
单位面积的力	m	kN		kN/m2	3	1	5E-06
力矩	m	kN		kN·m	4	1	5E-07
单位长度的力矩	m	kN		kN·m/m	3	1	5E-06

全部展开

图 1.1-6 【显示单位】对话框

虽然用户可以根据需要在操作过程随时切换或修改单
位制，但是程序内部在运算时将模型初始化时首次选择的
单位制作为基础单位制，后续以任何单位制输入的数据都
会自动转换为基础单位制下的数据。例如：对于以国际米
制创建的几何模型，用户在实际操作中可根据需要切换为
英制输入数据，程序内部自动将英制数据转换为国际米制数

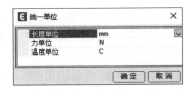

图 1.1-7　设置统一单位

据。通常情况下，用户无需在意程序内部的单位换算，只需在当前单位制下输入输出即可。

ETABS 单位制中包含的物理量有：力、长度、温度和时间。常用的力的单位为千牛
（kN），长度的单位为米（m），温度的单位为摄氏度（℃），时间总是以秒（s）为单位。
质量和重量有着重要的区别：质量仅用于计算惯性力和由地面加速度产生的荷载；重量则
是一种力。质量、重量单位通过力和加速度的单位进行换算，即力/（长度/秒^2），如 1kg=
1N/(m/s^2)，1t=1kN/(m/s^2)。角度测量通常用下面的单位：几何上的角，例如坐标轴的方
向，通常以度（°）为单位；转角通常以弧度（rad）为单位。频率通常以 1/s（Hz）为单位。

1.1.4　坐标系与轴网

ETABS 中的坐标系可分为整体（全局）坐标系和局部坐标系，并且所有的坐标系
都采用三维的右手直角坐标系（笛卡尔坐标系）。坐标系的基本作用是几何定位，例如
绘制节点时基于整体坐标系确定 X、Y、Z 坐标。除基本的几何定位功能外，坐标系更重
要的作用是定向。例如对框架对象指定插入点（图 1.1-8a）以及对面对象指定均布荷载
（图 1.1-8b）时，用户可以根据需要选择坐标系来指定偏移方向和加载方向。

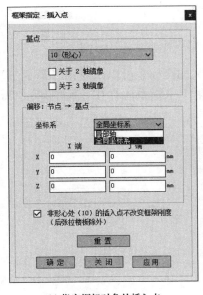

(a) 指定框架对象的插入点

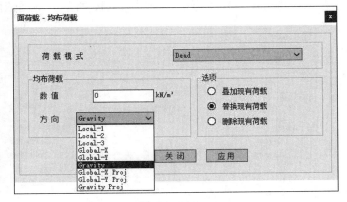

(b) 指定面对象的均布荷载

图 1.1-8　坐标系的定向作用

整体（全局）坐标系包括 GLOBAL 坐标系以及用户自定义的坐标系。GLOBAL 坐
标系作为程序内置的默认坐标系，既不能删除也不允许修改，三个坐标轴分别是 X 轴、

Y 轴和 Z 轴，相互垂直且符合右手法则。整体坐标系总是假设＋Z 方向竖直向上，用户不能修改。考虑到结构中的自重荷载与 Z 轴正方向相反，ETABS 定义 Z 轴负方向为重力方向（Gravity）。

对于比较复杂的模型，可以根据建筑图中轴网的特点自定义新的附加坐标系作为补充，图 1.1-9 所示的模型中包含直角（笛卡尔）坐标系和柱坐标系。其中，柱面坐标系是基于 GLOBAL 坐标系定义的，用户需输入柱面坐标系的原点位置（X、Y 坐标值）以及绕 Z 轴的转角。注意新的坐标系不能沿着整体坐标系 Z 轴平移，也不能绕水平轴旋转。

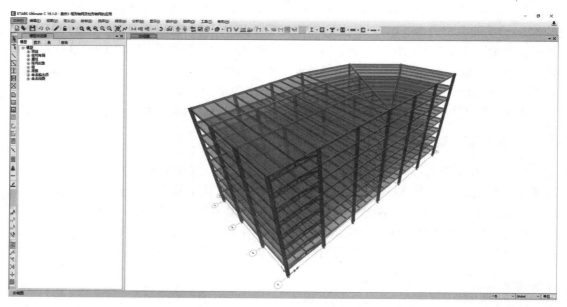

图 1.1-9　基于局部坐标系的荷载指定和基点偏移

ETABS 中的轴网分为矩形轴网和柱形轴网，用户定义的坐标系可以是直角（笛卡尔）坐标系，也可以是柱坐标系，如图 1.1-10 所示。轴网依附于坐标系而存在，ETABS 中需

图 1.1-10　【快速添加轴网】对话框

6

要至少保留一个轴网。如果在视图窗口空白处右击，激活【节点黏附至轴网】选项，基于矩形轴网绘制的几何对象将随轴网线的修改而实时更新。注意，此功能仅适用于矩形轴网，柱形轴网不可用。状态栏右侧实时显示光标的坐标值，利用坐标系下拉列表，用户可以任意切换现有坐标系，坐标系的改变也会影响坐标值的显示。

　　◎ 相关操作请扫码观看视频：

视频 1.1-2 矩形轴网及柱形轴网的应用

　　局部坐标系也称为"局部轴"，ETABS 中框架对象、面对象和连接单元都有自己的局部轴，用于指定属性、荷载以及查看结果。每一个局部坐标系的坐标轴都用 1 轴（红色）、2 轴（绿色）和 3 轴（蓝色）来表示。局部坐标系没有相应的轴网。

　　ETABS 中默认在绘制构件时"捕捉"轴网交点，用户也可以增加其他捕捉选项，包括捕捉线的端点和中点，捕捉垂足、交点等，如图 1.1-11 所示。使用捕捉功能可以确保几何建模过程中构件之间的正确连接，以防构件之间出现"缝隙"。当光标捕捉到相应位置时，程序会提示是否捕捉到位，如图 1.1-12 所示，捕捉到中点和垂足时程序分别提示"Mid Point"（中点捕捉）和"Perpendicular"（垂足捕捉）。

　　◎ 相关操作请扫码观看视频：

视频 1.1-3 捕捉功能

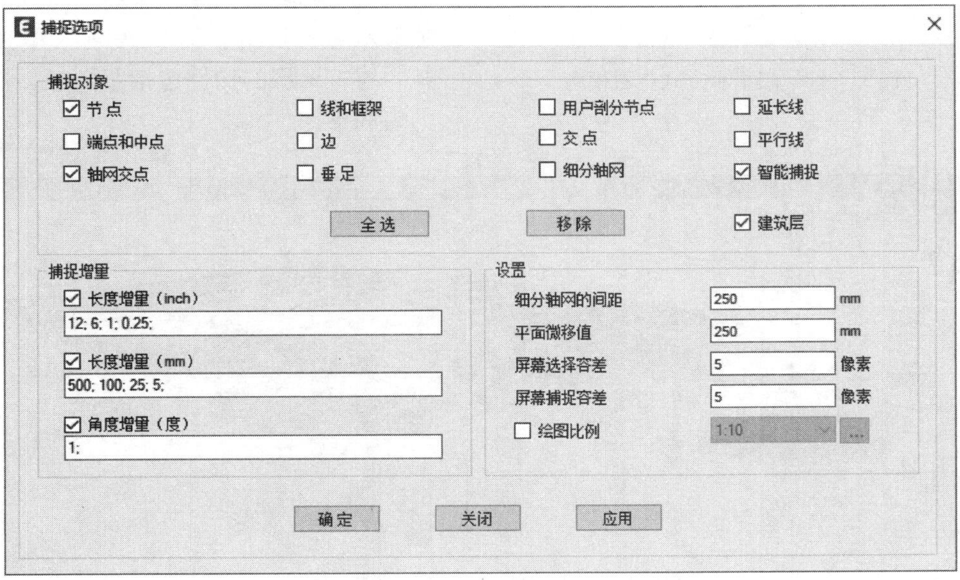

图 1.1-11 【捕捉选项】对话框

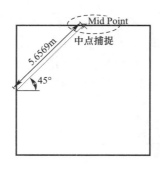
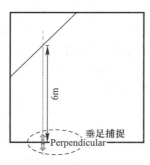

图 1.1-12　捕捉中点和垂足的操作

扫码看
彩图

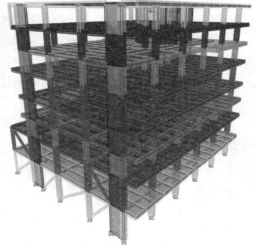

图 1.1-13　层显示方式查看模型

1.1.5　楼层

ETABS 提供了一个非常强大的功能——楼层的识别。ETABS 在建模的过程中，充分考虑了建筑结构的楼层特点。用户可以逐层创建模型，这种方式类似于设计人员进行建筑布局设计时的构图方式。

在 ETABS 中，楼层的范围是指楼层标高处向下延伸到相邻楼层标高处（不包含相邻楼层标高处）的范围。用户可以通过层显示的方式查看整个模型，不同的颜色代表不同的楼层范围，如图 1.1-13 所示。也可以通过模型浏览器快速选择或单独显示任意层等。图 1.1-14 为单独显示某一层，该层的构件包括梁、板、柱、剪力墙和支撑。

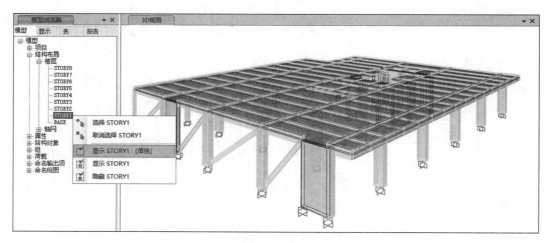

图 1.1-14　通过模型浏览器单独显示某一层

楼层可以帮助用户识别、定位和观察模型，例如柱和梁构件可以通过平面位置和楼层标签快速定位。楼层的定义影响风荷载的分布；影响楼层质量（当前楼层范围内所有有限元节点质量之和）；影响质量的凝聚，用户可以设置质量凝聚到楼层标高处，进而影响地震作用的分布。分析完成后，楼层相关的指标数据均基于楼层统计输出，例如楼层力是基于楼层统计的（图 1.1-15）。

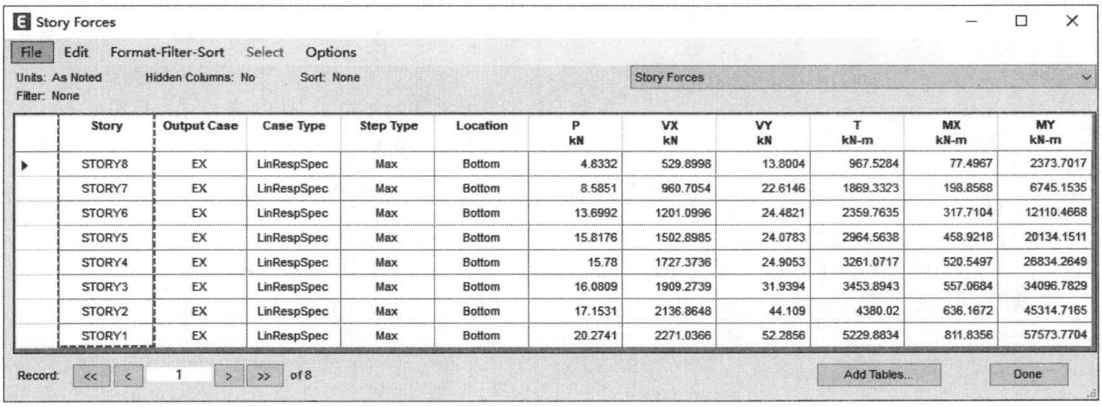

Story	Output Case	Case Type	Step Type	Location	P kN	VX kN	VY kN	T kN-m	MX kN-m	MY kN-m
STORY8	EX	LinRespSpec	Max	Bottom	4.8332	529.8998	13.8004	967.5284	77.4967	2373.7017
STORY7	EX	LinRespSpec	Max	Bottom	8.5851	960.7054	22.6146	1869.3323	198.8568	6745.1535
STORY6	EX	LinRespSpec	Max	Bottom	13.6992	1201.0996	24.4821	2359.7635	317.7104	12110.4668
STORY5	EX	LinRespSpec	Max	Bottom	15.8176	1502.8985	24.0783	2964.5638	458.9218	20134.1511
STORY4	EX	LinRespSpec	Max	Bottom	15.78	1727.3736	24.9053	3261.0717	520.5497	26834.2649
STORY3	EX	LinRespSpec	Max	Bottom	16.0809	1909.2739	31.9394	3453.8943	557.0684	34096.7829
STORY2	EX	LinRespSpec	Max	Bottom	17.1531	2136.8648	44.109	4380.02	636.1672	45314.7165
STORY1	EX	LinRespSpec	Max	Bottom	20.2741	2271.0366	52.2856	5229.8834	811.8356	57573.7704

图 1.1-15　基于楼层统计楼层力

创建模型时，应首先定义楼层数据（图 1.1-16），再基于楼层数据绘制构件。用户可以设置每一层的层高、是否是主控楼层、相似于哪一层以及楼层显示颜色等。可以对楼层数据进行复制、添加和删除等操作。

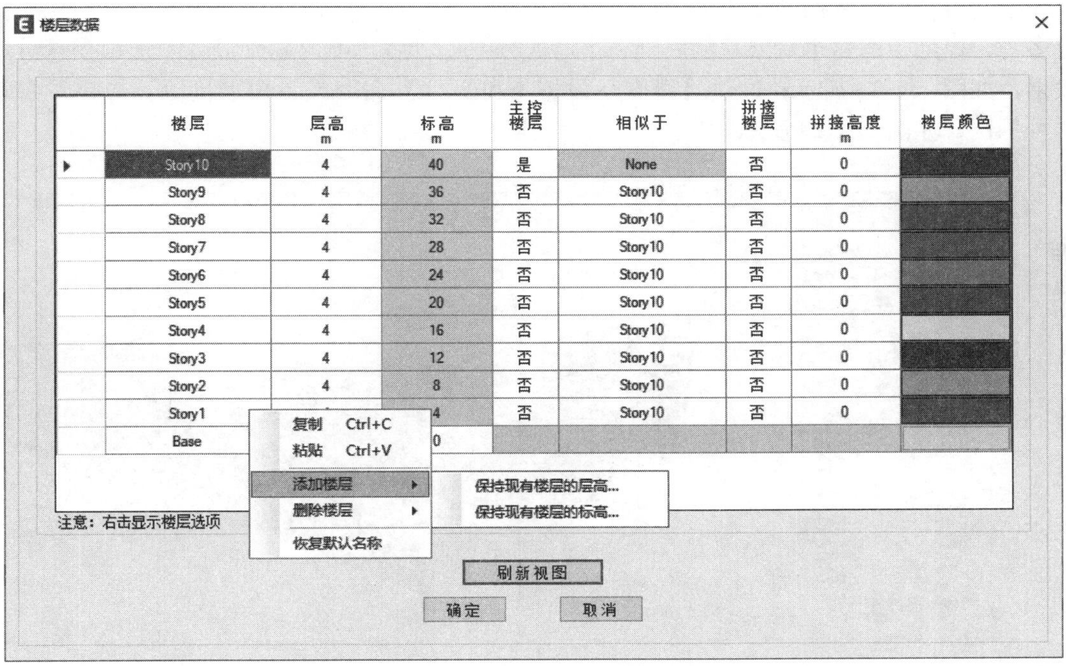

楼层	层高 m	标高 m	主控楼层	相似于	拼接楼层	拼接高度 m	楼层颜色
Story10	4	40	是	None	否	0	
Story9	4	36	否	Story10	否	0	
Story8	4	32	否	Story10	否	0	
Story7	4	28	否	Story10	否	0	
Story6	4	24	否	Story10	否	0	
Story5	4	20	否	Story10	否	0	
Story4	4	16	否	Story10	否	0	
Story3	4	12	否	Story10	否	0	
Story2	4	8	否	Story10	否	0	
Story1		4	否	Story10	否	0	
Base		0					

图 1.1-16　【楼层数据】对话框

图 1.1-17 【带属性复制】
（【楼层复制】）功能

高层建筑结构的楼层一般为十几层，有时多达数十层，甚至上百层。其中若干层是完全相同的，或者平面中的一部分是相似的。ETABS 引入相似层的概念，使得针对某一楼层中的操作（例如绘制构件、指定荷载等）在与其相似的所有楼层上进行，与我国的结构分析软件中标准层的概念类似。这一功能大大减小了建模的工作量，尤其是对于层数较多并且具有多个标准层的结构。

在利用相似层建模之前，用户需要在【楼层数据】对话框中设置主控楼层和相似层，建模的过程中可以任意改变相似层的定义。图 1.1-16 的示例中设定第 10 层为主控楼层，其余楼层与该层相似。开始绘制构件之前，需要在状态栏中激活"相似层"开关。相似层对相似层定义前的操作没有任何影响，仅对后续的操作有效。此外，用户也可以通过【带属性复制】功能中的"楼层复制"按楼层快速复制构件，如图 1.1-17 所示。

1.1.6 塔/多塔

ETABS 可以通过【选项→多塔开关】命令定义多塔，每个塔具有独立的轴网和楼层数据。通过【编辑→编辑塔/楼层/轴网】命令可以添加塔属性并细化楼层数据。用户既可以在绘制对象时设置构件属于哪个塔，也可以通过【指定→指定对象到塔】命令为对象指定多塔，模型中的每个对象只能属于一个塔。分塔完成后，可通过设置视图选项查看分塔效果，如图 1.1-18 所示；通过【视图→设置塔可见性】命令或者模型浏览器可以设置塔的可见性，如图 1.1-19 所示。

扫码看
彩图

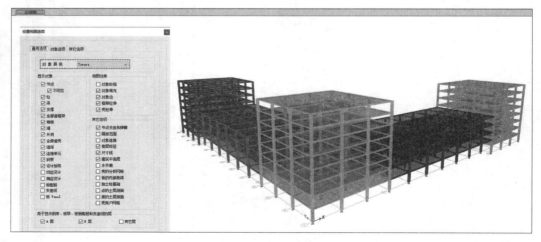

图 1.1-18 多塔示例

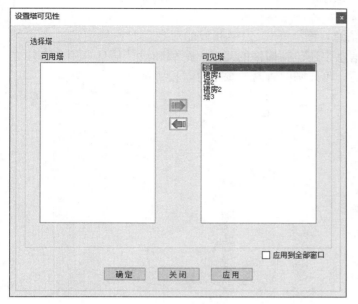

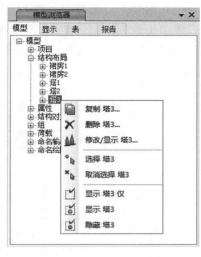

图 1.1-19　【设置塔可见性】对话框

分析完成后，程序按照设置的多塔输出结果，图 1.1-20 为楼层力按多塔独立统计输出的结果。

	Story	Output Case	Case Type	Location	P kN	VX kN	VY kN	T kN-m	MX kN-m	MY kN-m
▶	塔1-Story1	EX	LinStatic	Bottom	-268.7554	-846.4392	-15.395	10616.6048	-3166.4624	-5628.634
	裙房1-Story1	EX	LinStatic	Bottom	9.1653	-1347.1583	23.5677	17819.6155	31.8423	-414.6923
	塔2-Story1	EX	LinStatic	Bottom	258.8322	-267.9778	22.9513	5396.0201	2914.0153	-31149.8095
	裙房2-Story1	EX	LinStatic	Bottom	-1.2831	-1463.4796	-23.2565	78261.3722	-37.7655	-12213.7812
	塔3-Story1	EX	LinStatic	Bottom	2.0411	-432.7378	-7.8675	40279.3035	228.2027	-11956.9585

图 1.1-20　基于塔进行指标统计

◎相关操作请扫码观看视频：

视频 1.1-4 ETABS 多塔示例

1.1.7　对象属性

ETABS 中的几何对象只有在指定对象属性之后，才能模拟实际结构中的构件。这里的对象属性既包括赋予对象的材料、截面等基本属性，也包括影响构件受力、连接的属性，如刚度修正、偏心布置、自动剖分、框架对象的端部释放、壳对象的边释放等。对象属性被指定给每一个对象，从而决定对象的结构性能。

右键单击对象可以查看对象信息，图 1.1-21 为梁和板的对象信息，指定选项卡下的信息即为对象属性。此外，对象信息中还包括构件的几何、荷载和设计信息，用户在建立模型的过程中以及分析设计完成后，可以随时查看对象信息，检查模型。

图 1.1-21　查看对象信息

1.1.8　属性修正

ETABS 允许为框架对象和面对象指定属性修正，这里的属性修正主要是指刚度调整。

框架对象的属性修正可用于梁、柱、支撑等杆件的刚度折减或放大。例如：地震作用下的连梁刚度折减、考虑楼板贡献的楼面梁刚度放大等。用户通过【指定→框架→属性修正】命令可以对框架对象的 6 类截面刚度以及质量、重量分别进行缩放，如图 1.1-22（a）所示。除直接指定框架对象的属性修正外，用户也可以通过【定义→截面属性→框架截面】命令在定义截面时指定属性修正。如果对框架对象指定属性修正且框架截面中也包含属性修正，ETABS 最终采用的修正系数为二者乘积。例如，对框架对象和截面属性分别指定 0.8 的折减系数，程序最终将采用 0.8×0.8＝0.64 的折减系数进行结构分析。

面对象的属性修正可用于楼板、剪力墙的刚度折减或放大。例如：壳单元模拟的连梁刚度折减；带楼板的桁架结构，由于楼板与桁架的弱连接，实际结构中弦杆承担几乎全部的轴力，此时需要折减楼板沿桁架弦杆方向的面内刚度；再比如模拟混凝土带裂缝工作的状态时也可以对面对象进行刚度折减。用户通过【指定→壳→属性修正】命令可以对面对象的 8 类截面刚度以及质量、重量分别进行修正，如图 1.1-22（b）所示。8 类截面刚度分别为 3 个面内膜刚度、2 个面外抗弯刚度、1 个抗扭刚度，以及 2 个横向抗剪刚度。类似于框架对象的属性修正，除直接指定面对象的属性修正外，用户也可以通过【定义→截面属性→楼板截面】命令或【定义→截面属性→墙截面】命令在定义截面时指定属性修正，但二者同时使用将产生"连乘"的效果，应注意避免。

(a) 指定框架对象属性修正　　　　　　　　(b) 指定面对象属性修正

图 1.1-22　属性修正

1.1.9　楼板和墙的自动剖分

ETABS 中的面对象主要是楼板和墙。面单元类型包括壳（Shell）、膜（Membrane）和分层壳（Layered）。壳单元同时具有面内刚度和面外刚度，常用于模拟剪力墙和需要进行分析的楼板（例如无梁楼盖）；膜单元仅具有面内刚度，常用于模拟楼板传递竖向荷载；分层壳的每一层具有不同的材料、厚度和位置，可以模拟更复杂的面对象。组合楼板的单元类型为膜。

一般来说，有限元网格剖分的尺寸、形状以及疏密程度会对计算的精度及准确性产生影响。严格来讲，不同的网格剖分方式将会使质量分布发生变化，相应的结构周期通常也会发生变化。实际应用中，用户应根据具体的分析需求或构件类型调整剖分方式，必要时适当加密网格，以此获取更高的精度。

ETABS 根据用户设置的自动剖分选项对楼板和墙进行自动剖分，程序设定了默认选项，用户也可以修改自动剖分选项。接下来分别介绍楼板和墙的自动剖分。

1. 楼板的自动剖分

ETABS 提供多种楼板自动剖分方式，在用户未对楼板指定自动剖分选项时，程序采用默认的剖分方式。程序对楼板的默认剖分，根据楼板类型分为三大类：

1）对于属性为膜的水平楼板（包括组合楼板），程序自动在梁和墙的位置进行剖分；

2）对于属性为壳或分层壳的水平楼板，程序默认进行通用网格剖分；

3）对于斜向楼板，程序默认不进行剖分。

对于属性为壳或分层壳的水平楼板，当保持默认剖分选项时，可以通过【分析→楼板的自动剖分选项】命令进一步设置剖分的单元形状和最大尺寸，如图 1.1-23 所示。默认为"通用网格"，单元形状以四边形为主、三角形为辅，适合形状复杂的楼板，例如包含斜边或曲边的楼板。"矩形网格"的单元形状只有四边形，适合形状规则的楼板。无论选择哪种方式，用户都可以修改剖分的最大尺寸。

图 1.1-23 【楼板的自动剖分选项】对话框

图 1.1-24 为某无梁楼盖分别采用通用网格剖分和矩形网格剖分得到的分析模型。

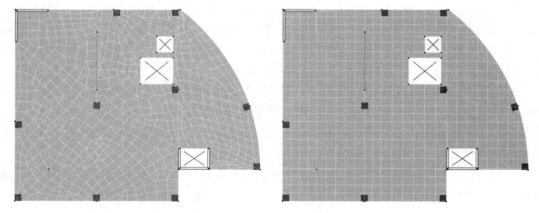

图 1.1-24 楼板的通用剖分（左）和矩形剖分（右）

除默认的剖分方式以外，用户也可以通过【指定→壳→楼板自动剖分选项】命令对楼板设置其他剖分选项，如图 1.1-25 所示，各个剖分选项的说明详见表 1.1-1。

```
壳指定 - 楼板自动剖分选项                                                    ✕

 楼板剖分选项
   ◉ 默 认 选 项 ⓘ
   ○ 仅用于定义刚性隔板和楼板质量（无刚度，不导荷，仅适用于水平楼板）
   ○ 不自动剖分（以几何对象作为结构单元）
   ○ 剖分对象为：  [        ] x [        ]  个单元（仅适用于无曲边的三角形或四边对象）
   ○ 自动剖分对象为结构单元，剖分依据为：
        ☑ 梁和其它剖分线（仅适用于水平楼板）
        ☑ 竖墙或斜墙的边（仅适用于水平楼板）
        ☐ 轴网线（仅适用于水平楼板）
        ☐ 局部细化，最大单元尺寸：              [            ] mm


   ☐ 边的支座条件：内部节点 = 角节点



              [ 确 定 ]   [ 关 闭 ]   [ 应 用 ]
```

图 1.1-25　【壳指定-楼板自动剖分选项】对话框

楼板自动剖分选项说明　　　　　　　　　　　　　　　　　　表 1.1-1

楼板剖分选项		说明
仅用于定义刚性隔板和楼板质量		勾选后代表楼板无刚度，对荷载传递没有影响
不自动剖分		勾选后程序对楼板不进行剖分。当楼板边数大于 4 时，生成的分析模型中，该楼板丢失，无法传递荷载；因此建模时，要对多边形楼板进行剖分
剖分对象为：[　]×[　] 个单元		勾选后设置楼板剖分的单元数量
自动剖分对象为结构单元	梁和其他剖分线	默认勾选，程序基于梁和墙剖分水平楼板，是类似膜属性的楼板默认的剖分选项
	竖墙或斜墙的边	
	轴网线	勾选后程序基于轴网线剖分水平楼板
	局部细化	勾选后可修改剖分最大尺寸，类似【分析→楼板的自动剖分选项】命令中的最大剖分尺寸
边的支座条件：内部节点＝角节点		默认勾选，代表程序会对楼板边上自动生成的节点指定与楼板角节点相同的节点约束，对于壳类型的楼板分析需要额外注意是否有必要勾选

◎ 相关操作请扫码观看视频：

视频 1.1-5 楼板剖分

2. 墙的自动剖分

对于墙的自动剖分，程序默认对直边墙不剖分，对曲边墙自动矩形剖分，如图 1.1-26 所示。实际工程中，对于剪力墙和连梁一般需要通过【指定→壳→墙自动剖分选项】命令对其指定剖分方式，可选择的剖分方式包括指定单元数量和自动矩形剖分，如图 1.1-27 所示。对于所有采用自动矩形剖分的墙体，点击"修改/显示自动矩形剖分"可以修改最大剖分尺寸，注意该选项与菜单栏命令【分析→墙的自动矩形剖分选项】一致。

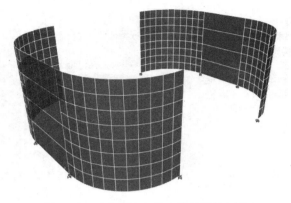

图 1.1-26 直边墙和曲边墙的默认剖分

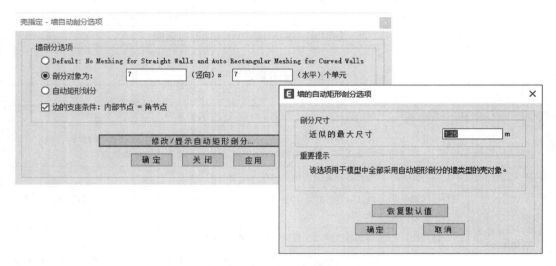

图 1.1-27 墙的自动剖分选项

◎ 相关操作请扫码观看视频：

视频 1.1-6 墙体剖分

1.1.10 边约束

ETABS 提供自动边约束功能，用于协调面对象在公共边剖分时网格不匹配的情况，例如墙肢与连梁的连接（图 1.1-28a），墙与楼板或墙与坡道的连接等；也可用于协调梁、柱或连接单元与面对象搭接位置无剖分点的情况，例如图 1.1-28（b）中梁和墙的连接。对于创建自动边约束的墙和楼板，程序内部利用插值约束方程，根据端节点的位移值计算内部节点的位移值、有效约束交界边内部节点的位移，并得到连续的位移场。

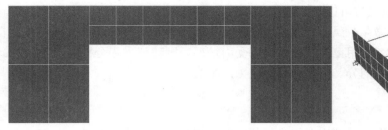

(a) 墙肢和连梁连接网格不匹配　　　　　(b) 梁和墙边不共节点

图 1.1-28　网格或节点不匹配情况

图 1.1-29 为剪力墙模型，左边的模型中，墙肢和连梁之间具有 ETABS 默认的自动边约束，右边的模型中取消了自动边约束。在相同荷载作用下，右边的模型墙肢和连梁之间出现了明显的位移不连续现象，而且右侧剪力墙的变形明显大于左侧剪力墙的变形。

默认情况下，自动边约束指定给模型中所有墙和楼板，如图 1.1-30 所示。对于网格或节点不匹配的情况，程序通过自动边约束功能自动处理，无须额外指定即可保证连梁和墙肢之间以及梁端与墙边之间的有效连接，给用户带来了极大的便利。

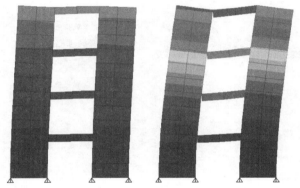

扫码看
彩图

图 1.1-29　自动边约束效果示意图　　　　图 1.1-30　【壳指定-自动边约束】对话框

关于自动边约束的应用，需要注意以下两点：

1）相交的墙，只有具有共用的边时，自动边约束功能才能起作用。如图 1.1-31 所示，左边两片墙 W1 和 W2 没有共用的边，无法使用自动边约束；而右边相当于三片墙（W1、W2、W3）相交，有共用的边，可以使用自动边约束。

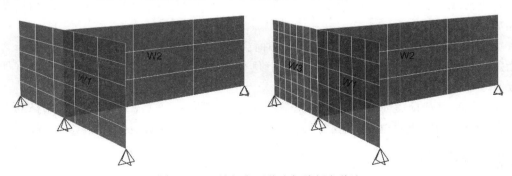

图 1.1-31　墙相交不共边与墙相交共边

2）使用自动边约束虽然可以有效连接网格或节点不匹配的构件且得到合理的位移结果，但局部的应力结果仍存在误差。如果用户并不关注构件局部应力结果，推荐使用自动边约束提供的便捷功能。若用户关注构件局部受力情况，则建议采用分割面对象的方式形成公共节点，再进行单元剖分，以保证局部应力的精度。

1.1.11　荷载模式

荷载模式用于指定作用于结构上的各种荷载的空间分布，如集中荷载、分布荷载、地震作用、温度作用等。荷载模式本身并不会对结构产生任何影响，只有在荷载工况中调用荷载模式，基于荷载模式指定的荷载才能真正作用于结构并产生静力或动力响应。

ETABS 包含多种荷载类型（图 1.1-32），例如恒荷载（Dead）、附加恒荷载（Super Dead）、活荷载（Live）、地震作用（软件中称为地震荷载，Quake）、风荷载（Wind）、雪荷载（Snow）和温度作用（软件中称为温度荷载，Temperature）等。为方便操作，最好将一个荷载类型定义为一个荷载模式，然后用荷载工况和组合来生成更复杂的荷载组合。

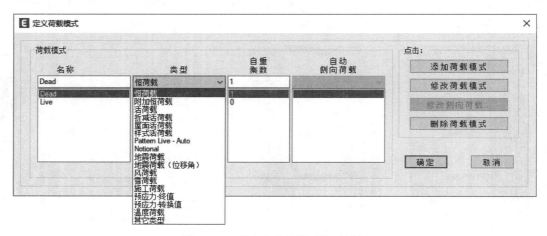

图 1.1-32　【定义荷载模式】对话框

荷载模式的自重乘数用于指定结构的自重荷载，也可以根据需要对其进行缩放，默认值 1 代表无缩放。通常来讲，用户只需在一个荷载模式（如恒荷载）中指定非零的自重乘数，多个荷载模式同时指定非零的自重乘数容易造成结构自重的重复计算。需要注意的是，自重荷载只能作用于 GLOBAL 坐标系的 Z 方向（即竖直方向），且只能对结构整体而非局部进行加载。

定义完荷载模式后，用户需要将特定的荷载值指定给对象作为荷载模式的一部分，用户指定给对象的荷载值确定了荷载的类型（例如：力、位移、温度）、大小和方向（如果需要）。

对于风荷载或地震荷载，可以定义一个自动侧向荷载，ETABS 根据用户选择的设计规范自动对结构生成静力侧向荷载。关于自动侧向荷载的介绍详见第 3.2、3.3 节。

1.1.12　荷载工况

荷载工况用于指定荷载的作用方式（静力或动力）、结构的响应方式（线性或非线性）

以及分析求解的具体方法（振型叠加法、直接积分法等）。用户可以根据需要在同一个计算模型中定义任意数量或类型的荷载工况，也可以有选择地运行部分工况或删除工况结果。

　　ETABS 支持各种类型的结构分析，包括模态分析、反应谱分析、屈曲分析、时程分析、阶段施工分析等，如图 1.1-33 所示。根据结构对荷载的响应方式，结构分析可分为线性分析和非线性分析；根据是否考虑惯性力（质量），结构分析可分为静力分析和动力分析。关于不同分析技术的讨论详见第 1.2 节。

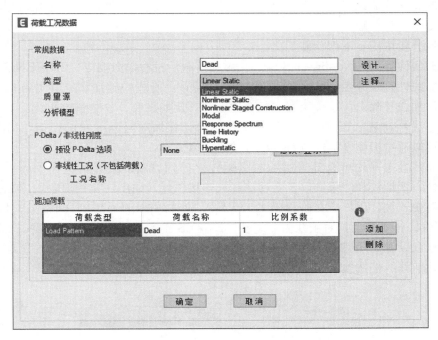

图 1.1-33　定义荷载工况

1. 线性分析

线性分析具有以下两个基本特点：

1）从分析方法来讲，结构属性（包括刚度、阻尼、质量等）在整个分析过程中始终保持不变。因此，结构刚度矩阵的组装和求逆只需进行一次，无需迭代计算。

2）从分析结果来讲，结构响应（包括位移、内力、反力等）与外荷载成正比。因此，采用相同结构刚度的荷载工况可进行线性叠加，便于自动生成默认的荷载组合。

线性分析可用下列荷载工况：

（1）线性静力（Linear Static）：最常用的分析类型。荷载的施加没有动力响应。

（2）反应谱（Response Spectrum）：用加速度荷载对响应进行静力计算，需要反应谱函数。

（3）线性时程（Linear Time History）：施加随时间变化的荷载，需要时程函数。求解方法有振型叠加法（模态法）和直接积分法。

（4）屈曲（Buckling）：计算结构在施加荷载下的屈曲模态。

2. 非线性分析

与线性分析相比，非线性分析具有以下两个显著的基本特点：

1）从分析方法来讲，结构属性（包括刚度、阻尼、质量等）在整个分析过程中随时间、荷载以及结构变形的改变而实时变化。因此，结构刚度矩阵的组装和求逆需要反复迭代计算。

2）从分析结果来讲，结构响应（包括位移、内力、反力等）与外荷载不一定成正比。因此，不同的非线性荷载工况通常无法进行线性叠加。但是结构上作用的所有荷载可以在一个特定的非线性荷载工况中直接组合。非线性荷载工况之间可以借助非线性刚度和初始条件表示复杂的加载顺序。

非线性分析可用于下列荷载工况：

（1）非线性静力（Nonlinear Static）：施加荷载后没有动力响应，可用于推覆分析。

（2）非线性阶段施工（Nonlinear Construction）：荷载的施加没有动力响应，伴随部分结构的添加或移除。可以包括时间相关的效应，比如徐变、收缩和龄期。

（3）非线性时程（Nonlinear Time History）：施加随时间变化的荷载，需要时程函数。同样可以通过振型叠加法或直接积分法来求解。

任何非线性工况均可自动考虑除时变属性之外的材料非线性，包括单向拉/压属性、分层壳属性、塑性铰和纤维铰以及各种非线性连接单元。如需在非线性阶段施工分析中考虑材料的时变属性，用户应在阶段施工工况定义的对话框中勾选"时间相关的材料属性"选项，如图 1.1-34 所示。对于几何非线性，ETABS 支持 $P\text{-}\Delta$ 和大位移效应，不同的非线性工况可任意设置"几何非线性"选项。但是，对于接力分析的多个非线性工况，建议采用相同的几何非线性选项。

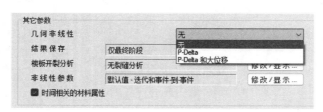

图 1.1-34　阶段施工工况的材料非线性和几何非线性设置

1.1.13　荷载组合

ETABS 允许将任何已经定义的荷载工况或荷载组合组合成一个新的荷载组合。定义一个荷载组合后，它可以用于模型中每个对象的分析结果，例如单元内力、节点位移以及支座反力等。用户可根据需要定义任意数量的荷载组合，但每个荷载组合的名称必须唯一，不得与其他荷载组合或荷载工况重名。

EATBS 提供 5 种类型的荷载组合（图 1.1-35）：

（1）线性叠加（Linear Add）：所包括的荷载工况或组合的结果是相加的。

（2）包络（Envelope）：所包括的荷载工况或组合的结果形成包络图，以找到最大值和最小值。

（3）绝对值叠加（Absolute Add）：所包括的荷载工况或组合结果的绝对值相加。

（4）平方和开平方根（SRSS）：所包括的荷载工况或组合的结果求平方和，再求平方根。

（5）同号相加（Range Add）：对于所包括的荷载工况和组合，正值相加得到最大值，负值相加得到最小值。

图 1.1-35　定义荷载组合

除了包络类型，荷载组合通常仅用于线性荷载工况，因为非线性工况的结果通常无法进行叠加。

完成结构分析后，荷载工况本身不能直接用于结构设计，只有在荷载组合的定义中包含不同的荷载工况，后续结构设计才能采用相应工况的分析结果。用户可以创建一个仅包含一个单一荷载工况的荷载组合。基于用户在设计首选项中选择的设计规范，程序可以生成默认的荷载组合，用户也可以添加自定义的荷载组合。关于荷载组合的讨论详见第 3.5 节。

1.1.14　竖向荷载及其传递

结构分析中的竖向荷载可以是恒荷载、活荷载、附加恒荷载以及折减活荷载等，通常在恒荷载模式中包括结构的自重。竖向荷载主要以面荷载的形式作用在楼面上。针对不同的楼板类型和单元类型，分析模型中竖向荷载的传递方式是不同的。竖向荷载导荷至框架的情况可以在运行分析后通过【显示→荷载→框架】命令显示。

1. 组合楼板截面

组合楼板截面（Deck）用于组合梁设计，它是一种膜属性的面对象，并且只能单向导荷，用户无法更改。竖向荷载最终只考虑沿着组合楼板的跨度方向单向传递。

2. 膜属性的楼板截面

在 ETABS 中对膜属性的楼板指定面荷载，程序自动将施加的面荷载导荷为框架的线荷载。如图 1.1-36 所示，程序默认为双向导荷，如果勾选"单向导荷"复选框，代表单向导荷。

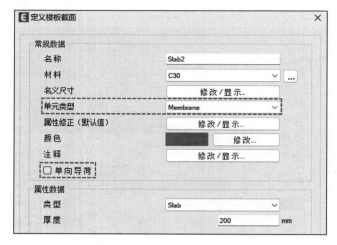

图 1.1-36　膜属性楼板截面的定义

程序中，双向导荷是指将荷载传导至与面对象局部 1 轴和 2 轴相交的所有框架上，单向导荷是指将荷载传导至与面对象局部 1 轴相交的框架上，两种方式的导荷效果如图 1.1-37 所示。在 ETABS 中，楼板属性为膜时，其自重也按导荷至框架方式自动传递。

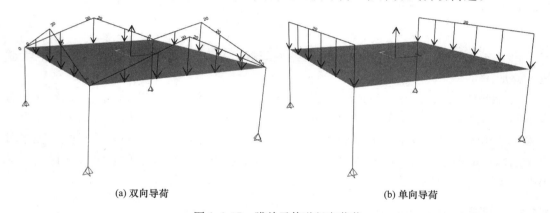

(a) 双向导荷　　　　　　　　　　　　　　　　(b) 单向导荷

图 1.1-37　膜单元传递竖向荷载

3. 壳属性的楼板截面

对于壳单元，荷载通过节点传递至周边构件上（包括梁、柱、墙等）。同时，程序会自动对壳单元进行网格剖分，可以得到荷载作用在单元上引起的壳单元的受力和变形。导荷效果（框架弯矩图）和壳单元变形（Z 向）情况如图 1.1-38 所示。

如果面对象内部有集中荷载，为了保证集中荷载准确地传递至壳单元，用户需手动选择该节点后执行【指定→节点→楼板剖分选项】命令，勾选"楼板网格包含当前选择的节点对象"，如图 1.1-39（a）所示。如果面对象内部有局部线荷载（如隔墙荷载），首先在需要施加局部线荷载的位置绘制"虚梁"（属性为"无"的框架对象），程序默认楼板剖分选项包含框架对象（图 1.1-39b），无需额外操作即可保证线荷载有效传递至面对象。

图 1.1-40 为集中荷载和均布线荷载分布以及楼板的变形图。

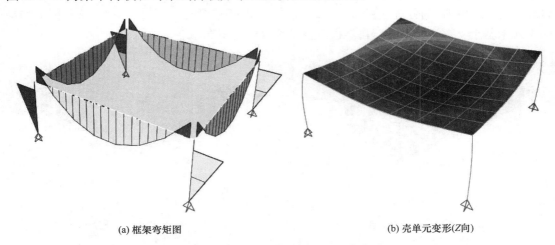

(a) 框架弯矩图　　　　　　　　　　　(b) 壳单元变形(Z向)

图 1.1-38　壳单元传递竖向荷载

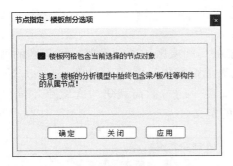 

(a)【节点指定-楼板剖分选项】对话框　　　(b)【框架指定-楼板剖分选项】对话框

图 1.1-39　节点和框架的楼板剖分选项

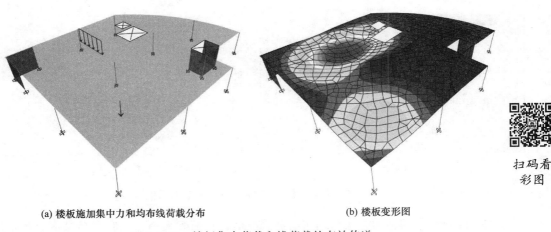

(a) 楼板施加集中力和均布线荷载分布　　　　　(b) 楼板变形图

扫码看
彩图

图 1.1-40　楼板集中荷载和线荷载的有效传递

　　图 1.1-41 为带有楼面支撑结构（楼板用膜单元模拟）的不同导荷方式。膜单元由于没有面外刚度，所以只能将荷载传递至周边框架上，膜的默认剖分也是基于框架进行的。

如果希望竖向荷载只传递至主次梁，不导荷至水平支撑，那么需要选择支撑，然后通过【指定→框架→楼板剖分选项】命令，选择"剖分时不包含已选框架对象"。这是因为如果膜单元未基于支撑进行剖分，自然也不会将荷载传递至支撑上。

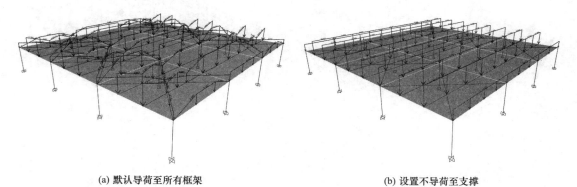

(a) 默认导荷至所有框架　　　　　　　　(b) 设置不导荷至支撑

图 1.1-41　控制膜单元荷载的导荷

1.1.15　均布面荷载集

无论是民用建筑还是工业建筑，不同功能的房间或区域通常需要施加不同的楼面荷载（例如附加恒荷载和活荷载）。ETABS 提供均布面荷载集（Shell Uniform Load Sets）的功能，可以实现建筑物按照使用功能指定楼面荷载。均布面荷载集包含多个不同的荷载模式，图 1.1-42 为办公室和走廊均布面荷载集的定义。

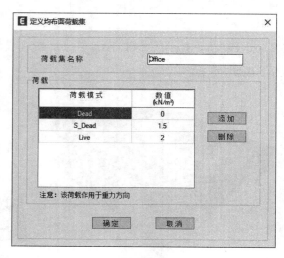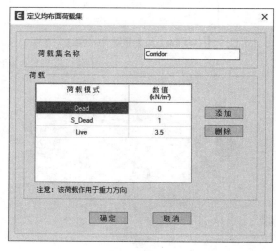

(a) 办公室　　　　　　　　　　　　　　(b) 走廊

图 1.1-42　【定义均布面荷载集】对话框

均布面荷载集的施加方法与均布面荷载类似，且荷载大小是均布面荷载的叠加，所以对于指定了均布荷载集的面对象，无需再指定相同荷载模式的均布荷载。每个面对象只能指定一个均布荷载集。

对于多高层建筑或具有复杂楼面荷载布局的建筑物，一旦需要修改楼面荷载，重复选择楼板再指定均布面荷载将是一个烦琐且耗时的过程。均布面荷载集的功能简化了这一过程，用户只需要修改定义的均布面荷载集，即可改变施加在楼板上的均布面荷载，提高了建模效率。

1.1.16 温度荷载

在 ETABS 中，框架和面对象的温度荷载可以通过指定温度变化来生成。这些温度变化可以直接指定为对象上的均匀变化或线性变化，或者指定为基于指定节点对象的温度线性变化，也可以是两者的结合，但是实际工程中更普遍的温度变化只有一种形式。

如果为框架对象指定温度荷载，沿着框架对象长度方向的温度均匀变化，沿着框架对象截面宽度或高度方向的温度线性变化。如果为面对象指定温度荷载，均匀变化的温度沿着面对象表面，线性变化的温度沿着面对象的厚度方向。尽管用户可以为节点对象指定温度变化，但实际上温度作用只对框架对象和面对象起作用。关于温度作用的讨论详见第3.4 节。

1.1.17 函数

函数的作用是描述荷载随时间或周期变化的函数关系。在 ETABS 中，用户可以通过【定义→函数】命令定义两种类型的函数：反应谱函数和时程函数。一个函数由一系列横纵坐标上的数据对组成。

1. 反应谱函数

反应谱函数是伪谱加速度与周期的函数，用于反应谱分析。ETABS 支持用户根据不同的规范进行自动反应谱函数的定义（图 1.1-43），同时支持读取外部数据生成反应谱函数。

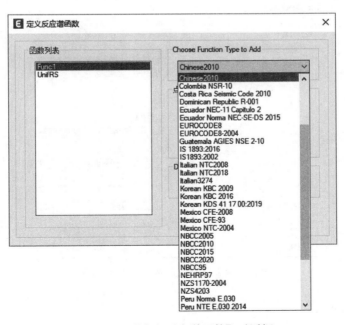

图 1.1-43 【定义反应谱函数】对话框

在 ETABS 中，由程序自动生成的反应谱函数，其加速度数值相对重力加速度假定为归一化，也就是说，函数本身没有单位，需要在定义反应谱工况时通过比例系数定义重力加速度，并且需使比例系数的数值大小与程序系统主单位保持一致，如图 1.1-44 所示。

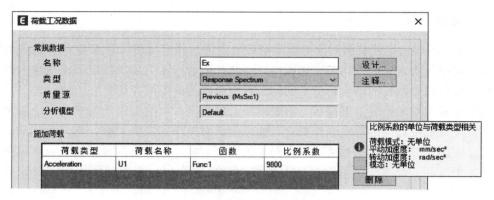

图 1.1-44　反应谱工况中的比例系数

2．时程函数

时程函数是荷载大小与时间的函数，用于时程分析。时程函数中的荷载值可能是地面加速度值，也可能是指定的荷载模式（力或者位移）的倍数。

如图 1.1-45 所示，ETABS 内置的时程函数包括正弦函数、余弦函数、三角形函数、锯齿形函数等。用户还可以根据需要自定义时程函数，或者以文本文件的方式导入时程函数。建筑结构设计中，用户通常需要导入地震波数据文件生成时程函数，用于抗震时程分析。而周期时程函数一般用于模拟机械设备振动等荷载。

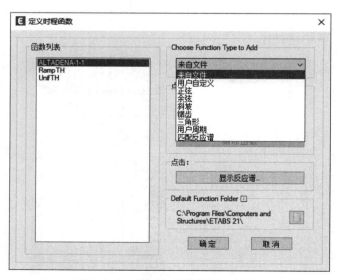

图 1.1-45　【定义时程函数】对话框

1.1.18　模态工况

模态工况定义了模型的模态计算方法和需要计算的模态数量。用户可以定义不限数量的模态工况，但是在大多数情况下定义一个模态工况即可。每个模态工况产生一系列模态，每个模态由振型（归一化的变形形状）和一系列模态属性（例如周期和圆频率）所构成。结构的动力振型使用特征向量法或 Ritz 向量法来计算。

特征向量法的模态工况用于确定结构无阻尼自由振动的振型和周期，对于了解结构固有的动力学特性（如固有频率、基本振型等）非常有帮助。

Ritz 向量法的模态工况通过考虑动力荷载的空间分布来生成模态，比使用相同数量的固有频率能得到更加精确的结果。Ritz 向量模态不表示结构在固有（特征向量）模态下的本质特征。

关于模态分析的讨论详见第 1.2 节和第 3.3 节。

1.1.19　设计设置

ETABS 提供了以下几种集成化的设计后处理器：钢框架设计、混凝土框架设计、组合梁设计、组合柱设计、钢桁架梁设计、剪力墙设计以及混凝土板设计，如图 1.1-46 所示。

图 1.1-46　ETABS 设计菜单栏

以上列出的前 5 个设计后处理适用于框架对象，当运行分析时，程序基于框架对象的空间位置、截面属性、材料类型和连接性确定其设计类型。

剪力墙设计适用于指定过墙肢和连梁标签的对象，既可以是面对象也可以是框架对象。

混凝土板设计适用于楼板对象，如果模型中有预应力钢筋，也会考虑预应力的影响。并且在与柱相交的位置、竖向集中荷载作用位置以及支座处，程序会对楼板进行冲切验算。

每一种设计后处理器都有可供用户调整的一些设置，这些设置将影响模型的设计。

1）设计首选项：在结构设计之前，用户需要查看首选项中的参数设置，程序基于用户选择的设计规范设置了参数默认值，用户可根据需要进行修改。首选项中的参数设置会应用于所有的相关构件中。

2）设计组合：进行设计时，程序会根据所使用的规范自动生成荷载组合。而工程师可以选择采用部分或全部荷载组合进行设计。

3）设计组：在设计之前指定设计组，程序在设计过程中将对这一组中的构件赋予同一个截面，类似于归并的概念。

4）设计覆盖项：设计覆盖项主要用于对选中构件进行局部修改。修改覆盖项有两种方法，一种方法是选择一个或多个构件，点击【查看/修改覆盖项】命令进行修改，此方法在设计前后均可使用；另一种方法是在设计完成后，选择某一个构件，在查看设计信息对话框中修改覆盖项。

对于钢框架、混凝土框架、组合梁、组合柱、钢桁架梁以及剪力墙，ETABS 可以从用户定义的截面列表中自动选择最佳截面。在设计过程中用户也可以通过设计覆盖项手动更改当前设计截面。因此，每一个框架对象可以有两个相关的不同截面属性：分析截面和设计截面。分析截面是分析过程形成刚度矩阵用到的截面；设计截面是自动优化设计过程选择的截面。程序可以进行自动迭代设计，自动将设计截面设置为下一次分析的分析截面，如此循环直至两个截面完全相同。

1.1.20　截面设计器

截面设计器（Section Designer）是一个内置工具，用来图形化地定义框架和墙的截面。截面设计器允许创建由钢和混凝土材料组合的任意几何形状的截面。

截面设计器基于基本材料、局部轴计算截面的几何属性（面积、惯性矩、扭转常数、截面模量等）进行分析和设计，如图 1.1-47 所示。对于混凝土截面，定义完成后，在截面设计器中可以显示相关面和弯矩-曲率曲线。关于截面设计器的讨论详见第 2.2 节。

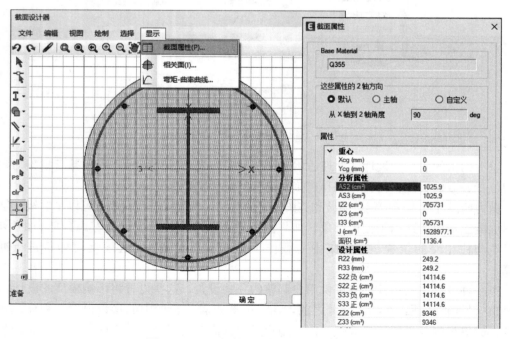

图 1.1-47　通过截面设计器查看几何属性

1.1.21　自动选择截面

当 ETABS 模型中包含钢框架对象、混凝土框架对象（框架，组合梁或桁架梁），或混凝土剪力墙面对象时，用户不必为构件明确用于分析的初始截面，而是可以对任意或所有的框架对象或面对象指定一个自动选择截面属性，如图 1.1-48 和图 1.1-49 所示。自动选择截面属性是一组截面尺寸的列表，而不是某个单一的截面尺寸，这一组截面便成为自动选择列表。可以定义多个自动选择列表截面，例如，可以分别针对柱、桁架梁、钢梁和桁架定义三个自动选择列表截面。

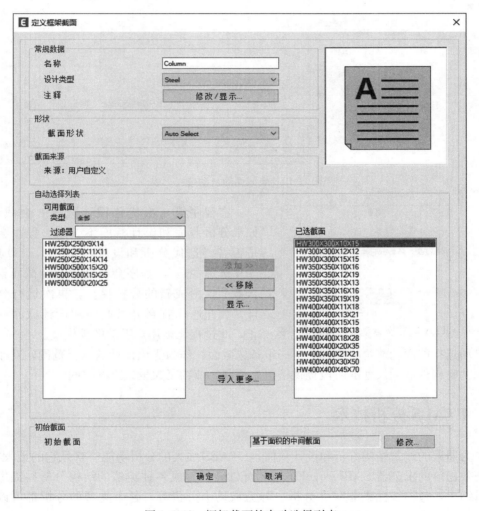

图 1.1-48　框架截面的自动选择列表

在自动优化设计的过程中，程序默认初次分析所采用的截面为自动选择列表中按面积排列在最中间的截面。当然，用户也可以修改初始截面，该截面也称为分析截面。经过优化设计，程序会自动迭代选择出最经济、最适合的截面进行设计校核，该截面也称为设计截面。

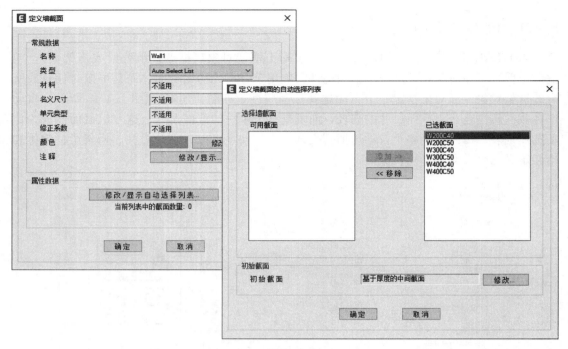

图 1.1-49　墙截面的自动选择列表

图 1.1-50　ETABS 首次自动优化设计后弹窗

在程序第一次优化设计选择一个截面后，如果分析截面和设计截面不一致，程序会提示是否需要迭代分析和设计，如图 1.1-50 所示。如果选择"是"，程序会自动用设计截面替换分析截面，形成新的分析模型，再次运行分析设计，如此迭代直到分析截面和设计截面一致为止，此过程无须用户手动解锁模型。

自动选择截面功能可为杆件指定一组备选截面，作为优化设计的选择范围，对于工程初期未明确构件截面尺寸的阶段提供了很大便利，节约了大量试算的时间。

1.2　ETABS 分析技术

作为通用的建筑结构分析和设计软件，ETABS 强大的分析功能一直是它的最大特色。利用高效稳定的求解器 SAPFire，ETABS 可以轻松完成各种类型的结构分析并提供可靠的分析结果，包括线性或非线性分析、静力或动力分析等。各个类型的分析都可以考虑 P-Δ 效应。本节将介绍 ETABS 中的各种分析技术。

ETABS 中的非线性分析包括静力非线性分析和动力非线性分析，具体包括静力非线性推覆（Pushover）分析、阶段施工分析、非线性屈曲分析和非线性时程分析。阶段施工分析是一种特殊类型的非线性静力分析，EATBS 程序对此有专门的分析类型。以上分析涉及的非线性因素主要包括：几何非线性、材料非线性以及非线性连接单元。

ETABS 中的动力分析类型包括模态分析、反应谱分析和时程分析。ETABS 的模态分析除了提供一般的特性向量分析之外，还提供更为精确的 Ritz 向量分析；反应谱分析中提供多种模态组合和方向组合的方式；时程分析包括线性时程分析和非线性时程分析。

1.2.1　线性静力分析

对于每个定义的荷载模式，程序自动创建一个对应的同名称线性静力荷载工况。对于一个新模型，程序默认存在一个施加结构自重的荷载模式，名称为 Dead。其对应的线性静力荷载工况名称也为 Dead，如图 1.2-1 所示。不同线性静力荷载工况的结果可以叠加，而且可以与其他线性荷载工况的分析结果叠加，例如反应谱分析。

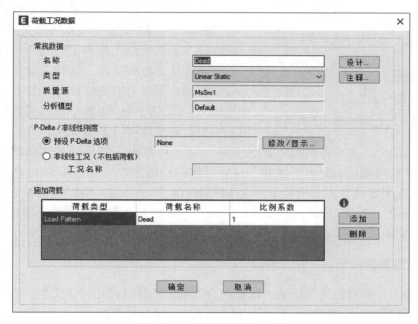

图 1.2-1　线性静力荷载工况

线性静力分析可以考虑 P-Δ 效应，但是无法考虑几何非线性与材料非线性。线性静力分析还可以继承前置非线性工况的结构刚度，例如继承阶段施工工况结束时的结构刚度。

1.2.2　P-Δ 分析

P-Δ 分析选项考虑了结构构件上作用较大压力或拉力时对其侧向刚度的影响：压力减小侧向刚度，拉力增大侧向刚度。这是一种被称为 P-Δ 效应的几何非线性类型。这个选项对于考虑重力荷载对结构侧向刚度的影响非常有用。

ETABS 中考虑 P-Δ 效应的分析方法有两种：第一种方法是预设 P-Δ 选项，通过【定义→P-Delta 选项】命令调取；第二种方法是定义非线性静力荷载工况时设置几何非线性选项。这里主要介绍第一种方法，关于两种方法的对比详见第 2.3.7 节。

预设 P-Δ 选项考虑了结构在单个加载状态下的 P-Δ 效应，其对话框如图 1.2-2 所示。两个考虑 P-Δ 效应的选项，代表着两种施加荷载的方法，分别是：

1）基于质量的非迭代：通过每层的质量自动计算出作用于结构每一层的荷载。这是

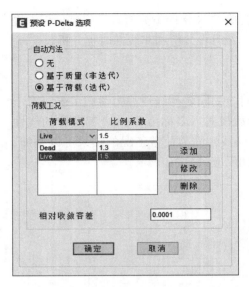

图 1.2-2 【预设 P-Delta 选项】对话框

一种近似的求解方法，但它不需要迭代求解。该方法主要用于在无重力荷载的情况下考虑 P-Δ 效应，但无法捕捉结构的局部屈曲，仅适用于规则的、可简化为"糖葫芦串"模型的高层建筑结构。

2）基于荷载的迭代：基于用户指定的荷载组合进行的稳定计算方法。例如，荷载组合可能是一个恒荷载和一部分活荷载之和。该方法逐个构件考虑 P-Δ 效应，所以需要进行迭代求解。

如果定义了预设 P-Δ 选项，默认情况下，运行分析时所有的线性工况都将首先执行 P-Δ 分析。P-Δ 分析实质上修改了结构的刚度矩阵，从而影响线性分析的结果。这些工况在荷载组合中可以叠加，因为它们是线性的，且基于相同的刚度矩阵。因此，可以实现一系列可叠加的线性分析中包含建筑结构的 P-Δ 效应。

建筑规范通常考虑两种类型的 P-Δ 效应：第一种是由于结构的整体侧移产生的，第二种是由于构件两端间的变形产生的。这种整体和局部的效应分别称为大 P-Δ 效应和小 P-Δ 效应，ETABS 可以在分析中考虑这两种情况的 P-Δ 效应（可以将构件进行细分，在分析中考虑小 P-Δ 效应）。然而，建议在分析中考虑大 P-Δ 效应，在设计中通过弯矩放大系数来考虑小 P-Δ 效应，ETABS 的设计后处理器就是这样设置的。

1.2.3 非线性静力分析

非线性静力分析有广泛的用途，包括：分析结构的材料和几何非线性、为后续线性分析形成 P-Δ 刚度、执行静力 Pushover 分析、研究阶段施工等。

可以定义多个非线性静力工况。每个工况定义时可以将施加的荷载定义为静力荷载工况、加速度荷载和振型的线性组合。

1. 几何非线性

非线性静力分析中的几何非线性选项包括：无、P-Δ 以及 P-Δ 和大位移。如果不考虑几何非线性，计算模型中全部的平衡方程均针对结构未变形的形状考虑。

如果考虑 P-Δ 效应，计算模型中的平衡方程考虑部分结构的变形形状。其中，拉力趋向于抵抗单元的转动和使结构刚化，压力趋向于增加单元的转动和使结构失稳。考虑 P-Δ 并承受竖向荷载的非线性静力荷载工况，通常是其他线性或非线性荷载工况的初始条件。

如果考虑大位移效应，计算模型中平衡方程以结构变形后的形状建立。ETABS 中的大位移效应只包括大的平动和转动效应，假定所有单元内的应变均较小。

2. 静力 Pushover 分析

非线性静力 Pushover 分析，也称推覆分析，是一种能预测地震响应，并对结构抗震性能进行评估的方法。

Pushover 分析即对结构分析模型施加逐渐增大的侧向力或侧向位移，直至控制点达到目标位移。定义 Pushover 工况时,"初始条件"通常应考虑接力初始重力工况(可以定义为非线性静力工况或者阶段施工工况);"施加荷载"可指定需要的加载模式;"加载控制"选择位移控制,如图 1.2-3 所示。ETABS 可通过施加位移控制的侧向荷载对结构进行推覆,监控塑性铰的形成。

图 1.2-3　Pushover 工况定义

3. 阶段施工分析

阶段施工是一种非线性静力分析类型,因为在分析过程中结构、材料、荷载、边界条件均有可能会发生变化。

ETABS 中的阶段施工包括自动阶段施工和自定义阶段施工,本书第 3.1.4 节将详细介绍自动阶段施工。

如图 1.2-4 所示,阶段施工允许用户定义一个阶段序列,在此阶段中,用户能够添加或移除结构的某部分、选择性地施加荷载到结构的某部分,以及考虑诸如龄期、徐变和收缩等时间相关的材料性能。阶段施工分析按照定义的阶段顺序来执行,在一个分析工况中,可以指定任意数量的阶段。

如果从一个阶段施工分析继续进行非线性分析,或者利用其刚度进行线性分析,只有阶段分析结束时所建立的结构会被使用。

图 1.2-4　自定义阶段施工工况

1.2.4　模态分析

模态分析用于计算结构基于当前单元刚度和质量的振型。这些振型可以用来研究结构的性能，并且是反应谱分析与时程分析的基础。

有两种有效的振型分析类型：特征向量分析与 Ritz 向量分析。在一个单独的荷载工况中，只能使用一种模态分析类型。模态分析总是线性的。模态工况可以基于结构完全无应力的刚度，或者基于一个非线性荷载工况结束时的刚度。通过使用非线性工况结束时的刚度，用户可以在模态分析中考虑 $P\text{-}\Delta$ 效应。

1. 质量源

要计算振型，在模型中必须包含质量。ETABS 通过【定义→质量源】命令定义结构质量的来源，图 1.2-5 为定义质量源的对话框。有下列几种方法确定质量：

1) 基于对象的自身质量（根据材料属性中的质量密度或连接属性中的总质量计算）确定建筑的质量以及用户所指定的任意附加质量。这是程序默认的方法。

2）基于用户指定的荷载模式来确定质量。

3）基于对象的自身质量、用户指定的任意附加质量，以及用户指定的荷载模式。也就是把以上两种方法组合使用，确定建筑的质量。

图 1.2-5　质量源的定义

通常，质量将定义在全部 6 个自由度上。在质量源的定义中，"侧向质量"和"竖向质量"两个选项定义了质量的方向属性。默认情况下，程序不考虑竖向质量，如果需要考虑结构竖向振动，或者根据规范要求需要计算结构的竖向地震作用时，务必勾选"竖向质量"选项，否则计算得到的结果将是不包含竖向质量影响的结果。

"侧向质量集中于楼层标高处"选项默认被勾选，代表上下各半层的节点质量凝聚在楼层标高处，层间节点没有质量，这适用于大多数情况。但如果存在局部夹层，如类似图 1.2-6 的情况，需要考虑局部夹层的质量，此时应取消勾选该选项。

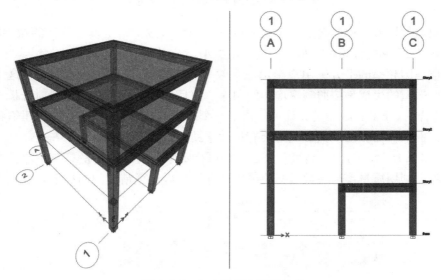

图 1.2-6　包含局部夹层的结构

2. 特征向量分析

特征向量分析的作用是确定结构的无阻尼自由振动模态（振型）和频率。这些固有振型对于了解结构的动力学特性很有帮助。尽管强烈推荐使用 Ritz 向量分析作为反应谱分析或时程分析的基础，但特征向量分析也可以使用。如图 1.2-7 所示为特征向量分析定义的模态工况。

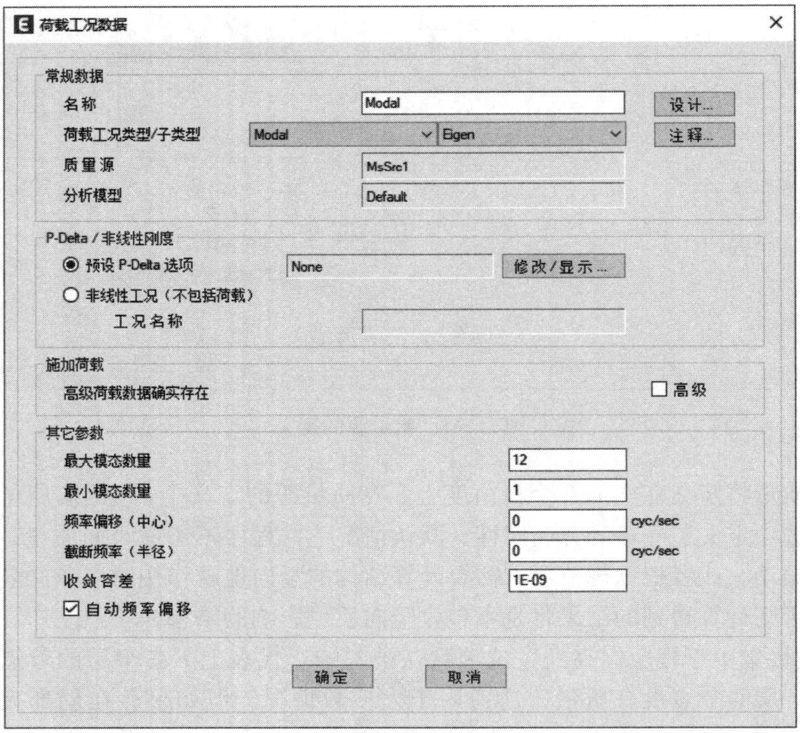

图 1.2-7　特征向量法的模态工况定义

特征向量的振型由程序按照从 1 到 n 的编号顺序生成。指定模态分析的振型数量 N，程序就会找到 N 个最低频率（最长周期）的振型。

特征值是圆频率的平方。用户指定一个频率［圆频率/(2π)］的范围，在这个范围内生成振型。振型的生成是按照频率增加的顺序，而且尽管对于大多数的动力分析从默认值 0 开始是适合的，ETABS 还是允许用户指定一个起始的"偏移频率"，这在建筑物受到高频率输入（例如机器振动）的影响时会有很大帮助。

如图 1.2-8 所示，勾选"高级"复选框即可指定不同荷载的质量参与系数目标值和静力修正选项。利用质量参与系数目标值可以在保证抗震计算精度的前提下，尽量提高求解

图 1.2-8　特征向量法的高级荷载参数

效率。静力修正采用简化的静力计算方法考虑高阶模态对结构动力响应的贡献。静力计算的位移向量即静力修正模态，也称"残余质量模态"。关于模态分析的介绍详见第 3.3 节。

3. Ritz 向量分析

ETABS 提供复杂的 Ritz 向量技术进行振型分析。研究表明，自由振动的固有振型并不是承受动力荷载的结构振型叠加分析的最好基础。采用相同数量的振型进行动力分析，无论是求解效率还是计算精度，Ritz 向量分析均优于特征向量分析。这是因为 Ritz 向量分析考虑了动力荷载的空间分布情况，而直接使用固有振型则忽略了这一重要信息。

每个 Ritz 向量模态由一个振型和频率组成。当建立足够数量的 Ritz 向量模态时，某些 Ritz 向量可能大致接近固有振型和频率。通常，Ritz 向量模态不能像特征向量模态那样表现出结构的本质特性，因为它与初始的荷载向量有关。

类似于固有振型，可以指定要建立的 Ritz 振型数。另外，也需要指定初始荷载向量，可以是加速度荷载、静力荷载工况或非线性变形荷载，如图 1.2-9 所示。

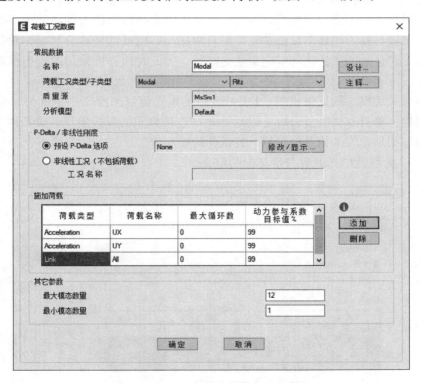

图 1.2-9　Ritz 向量法的模态工况定义

1.2.5　反应谱分析

对于反应谱分析，每个方向地震的地面加速度以数字化的反应谱加速度与结构周期的反应谱曲线给出。此方法用来寻找和确定适合的最大反应而不是全时程的反应。

ETABS 使用振型叠加法进行反应谱分析，同时还可能用到特征向量或 Ritz 向量。通常情况下推荐使用 Ritz 向量，因为它们能在振型数相同的条件下给出更准确的结果。

尽管可以在三个方向上指定输入的反应谱曲线，对于每一个响应量只会产生一个正的结果。响应量可以是位移、内力或者应力。每个计算结果表示一个对于这个响应量的最大幅度的统计度量。尽管反应谱分析的结果始终是正值，实际上响应可以认为是在从这个负值到这个正值的范围内变动的。例如反应谱工况下某柱子的轴力分析结果为 100kN，实际轴力的变化范围将在 -100kN 到 $+100$kN 之间。关于包含反应谱工况相关的荷载组合详见第 3.3 节。

1.2.6 线性时程分析

时程分析可以用来确定一个结构在任意荷载作用下的动力响应。对于建筑结构的抗震计算，动力荷载即地面加速度引起的惯性力。ETABS 可以在一次分析求解中运行多个任意线性时程工况，每个工况中施加的荷载以及所要进行的分析类型都可以不同。ETABS 中的时程分析包括两种类型，分别是模态法和直接积分法。

1. 模态法（振型叠加法）

程序采用标准的模态法（振型叠加法）来求解整个结构的动力运动平衡方程。采用的结构振型既可以是基于特征向量法的无阻尼自由振动，也可以是基于 Ritz 向量法的荷载相关振动。Ritz 向量法的算法比特征向量法更高效，因此时程分析采用的模态推荐使用 Ritz 向量模态。

结构阻尼采用模态阻尼来模拟。ETABS 中的模态阻尼来源于 3 个部分：来自荷载工况的模态阻尼、来自材料的复合模态阻尼和来自连接单元的有效阻尼。分析时程序会将 3 个部分的阻尼相加作为结构总的阻尼，其数值需要小于 1。

图 1.2-10 为线性模态时程分析工况的定义。

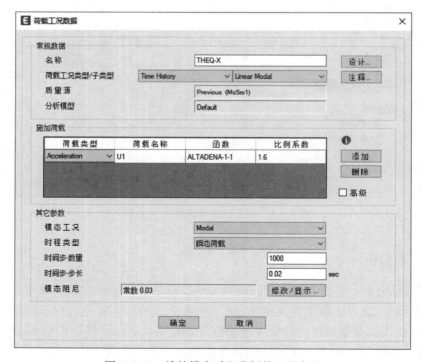

图 1.2-10　线性模态时程分析的工况定义

2. 直接积分法

直接积分法对整个运动方程进行直接积分，无需振型分解或振型叠加的烦琐过程。尽管振型叠加法通常比直接积分法更加高效，但是当考虑不同振型间的耦合或包含冲击类型的荷载时，直接积分法的求解效率和计算精度均优于振型叠加法。

1.2.7 非线性时程分析

ETABS 的非线性时程分析可以根据需要考虑各种非线性因素，包括材料非线性、P-Δ 效应、大位移效应、非线性连接单元等。与线性时程分析一样，非线性时程也包括两种类型：模态法（FNA 法）和直接积分法。

当使用适当的 Ritz 向量振型时，FNA 法非常准确，而且在计算速度、对阻尼的控制和高频振型的效果等方面比传统的时间步方法更有优势。

1. 模态法（FNA 法）

ETABS 中的非线性模态时程分析方法也被熟知为 Fast Nonlinear Analysis Method（快速非线性分析法），简称 FNA 法。FNA 法具有极高的计算效率，适合于带有少量非线性连接单元的线弹性结构体系，如具有隔震基础和/或阻尼器的建筑。

由于 FNA 法计算时只能考虑连接单元的非线性，因此 ETABS 中提供了非线性铰的模拟选项，并默认将铰模拟作为连接单元。如此，FNA 法就可以考虑塑性铰、纤维铰、墙铰等材料非线性问题，扩展了 FNA 法的应用范围。

2. 直接积分法

对于布置了大量铰的弹塑性模型，往往会采用直接积分法，它具有更广的适用范围，可以应用于所有非线性（包括材料非线性和几何非线性）问题，因此在大震弹塑性分析当中有更多的应用。

直接积分法对整个运动方程进行直接积分，无需振型分解或振型叠加的烦琐过程。尽管振型叠加法通常比直接积分法更加高效，但是当考虑不同振型间的耦合或包含冲击类型的荷载时，直接积分法的求解效率和计算精度均优于振型叠加法。

图 1.2-11 为非线性直接积分法时程分析的工况定义。

1.2.8 屈曲分析

屈曲分析分为线性屈曲分析和非线性屈曲分析。线性屈曲分析用于求解分支点失稳，又称为特征值屈曲分析。非线性屈曲分析用于求解极值点失稳和跳跃失稳，可以考虑结构的几何非线性和材料非线性对稳定分析的影响，通过施加初始几何缺陷和定义静力非线性工况实现。ETABS 的 Buckling（屈曲）工况是线性屈曲分析。

线性屈曲分析是在特定荷载集作用下，寻找由于 P-Δ 效应导致结构屈曲的模态。在数学上即求解特征值和特征向量。特征值即屈曲因子，也就是实际荷载的缩放系数，故屈曲荷载等于屈曲因子与实际荷载的乘积。特征向量即屈曲模态，也就是结构发生分支点失稳时的变形形状。

图 1.2-12 为某屈曲工况的定义，该例中考虑了恒荷载作用下结构产生的 P-Δ 效应，用于计算某活荷载的屈曲因子和屈曲模态。

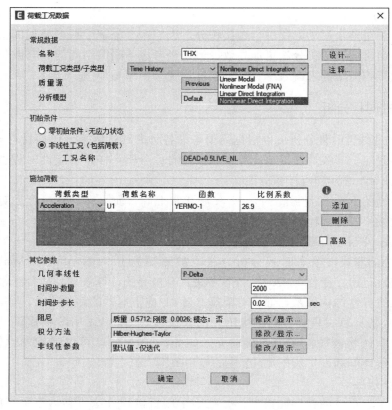

图 1.2-11　非线性直接积分法时程分析的工况定义

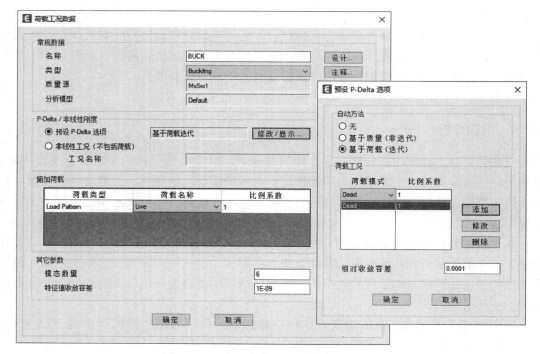

图 1.2-12　定义屈曲工况和预设 P-Δ 选项

1.2.9　超静定分析

在对后张法预应力楼板进行设计时，可能涉及超静定分析。超静定分析基于一个已定义的线性静力荷载工况（即预应力荷载工况，图 1.2-13 中的 PRE），程序将这个工况中的支座反力作为外荷载施加到移除所有支座约束的结构上，并计算结构内力，即预应力荷载产生的次内力。后续将超静定工况用于荷载组合和结构设计，即可考虑预应力荷载产生的次效应。

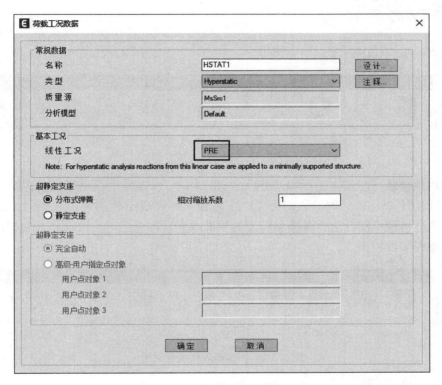

图 1.2-13　定义预应力荷载工况

需要注意的是，超静定工况只能进行线性分析，无法考虑任何非线性因素。同时，预应力荷载工况也必须是线性静力工况，但工况中的荷载可以是非自平衡荷载。由于多数情况下非自平衡荷载产生的次内力无实际意义，故很少采用。

1.3　CiSDC 简介

筑信达结构设计软件 CiSDesignCenter（以下简称 CiSDC）是北京筑信达工程咨询有限公司开发的结构辅助设计软件。CiSDC 软件作为 ETABS 和 SAP2000 的前处理、后处理辅助设计软件，可读取多款结构设计软件的模型信息及分析、设计结果，完成模型转换、模型对比、参数化建模等前处理工作，也可以基于国内规范完成抗震、隔震及减震结构的构件设计、施工图绘制、输出计算书等后处理工作。CiSDC 软件为结构工程师提供了多项结构设计需要的功能，本节将介绍 CiSDC 软件的主要功能。

1.3.1 主要功能

CiSDC 的主要功能可以划分为以下几个部分：作为数据中心完成不同软件之间的模型转换以及计算结果对比；读取 ETABS 模型分析结果完成构件设计与施工图绘制；依据施工图一键生成弹塑性模型；辅助完成隔震、减震的全流程设计。根据不同的规范与工程类型需求，CiSDC 内置了国家标准、广东高规、隔震设计、减震设计等多个模块，如图 1.3-1 所示。

图 1.3-1　CiSDC 内置模块

国家标准模块（图 1.3-2）主要包含了模型转换、国标多模型设计、其他工具三大功能。在"工具"中，提供了时域显式随机模拟法校准、选波等功能供工程师使用。

图 1.3-2　国家标准模块菜单栏

广东高规模块（图 1.3-3）中，CiSDC 可以基于广东省标准《高层建筑混凝土结构技术规程》DBJ/T 15—92—2021（简称"广东高规"）完成结构的性能化设计；基于内置的时域显式随机模拟法，进行各楼层剪力的校准或重要构件的内力校准；并根据施工图一键生成大震弹塑性模型。

图 1.3-3　广东高规模块菜单栏

隔震设计模块（图 1.3-4）中，CiSDC 实现了《建筑隔震设计标准》GB/T 51408—2021、《建筑抗震设计标准》GB/T 50011—2010（2024 年版）（简称"抗规"）、广东高规三本规范的隔震全流程设计，并输出隔震报告。

图 1.3-4　隔震设计模块菜单栏

减震设计模块（图 1.3-5）中，CiSDC 兼顾了北京市地方标准《建筑工程减隔震技术规程》DB11/ 2075—2022、云南省工程建设地方标准《建筑消能减震应用技术规程》DBJ 53/T—125—2012、《基于保持建筑正常使用功能的抗震技术导则》RISN-TG046-2023 等标准和技术导则，自动计算消能器提供的附加阻尼比，完成构件设计，并输出减震报告。

图 1.3-5　减震设计模块菜单栏

1.3.2　模型转换

随着多高层结构以及超高层复杂结构的广泛应用，一个工程项目可能需要使用多个软件互相校核。CiSDC 内置了模型转换功能，可将 YJK、PKPM 以及 midas 模型转换为 ETABS 或 SAP2000 弹性模型，还可以实现 ETABS 模型与 SAP2000 模型的相互转换，如图 1.3-6 所示。为了便于用户对项目进行多软件校核，CiSDC 还提供了模型的结构指标对比报告书、构件内力对比以及配筋对比等功能。

图 1.3-6　CiSDC 多款软件模型转换功能

除了弹性模型转换以外，CiSDC 也可以将 ETABS、CiSDC 以及 YJK/PKPM 的配筋结果导入到 ETABS 中，一键生成弹塑性模型。

1.3.3　结构设计与施工图

无论是国家标准还是地方标准，都需要考虑多个模型下的分析与设计。各模型在是否考虑刚性楼板假定、地震工况中是否考虑偶然偏心、不同荷载工况下（如风工况与地震工况）连梁的刚度折减系数等方面可能存在差异，为方便用户管理多个模型，CiSDC 实现了多模型分析与设计功能。CiSDC 可以基于不同规范的参数要求，考虑不同工况下的模型的刚度调整与工况设置，自动将 ETABS 标准模型转换为指标模型、非抗震模型和抗震模型，并同时完成这三个 ETABS 模型的分析计算、读取大指标结果、读取构件内力、自动基于规范生成荷载组合，以及完成混凝土梁、柱、墙、楼板构件的设计等工作。

CiSDC 多模型结构设计的基本流程如图 1.3-7 所示。目前，CiSDC 实现了基于国家标准和广东高规的结构设计与出图，帮助工程师便捷地完成结构设计。

1.3.4　隔震设计

随着《建筑隔震设计标准》GB/T 51408—2021 的推出，隔震结构的设计迅速成为了工程师关注的热点。《建筑隔震设计标准》GB/T 51408—2021 和广东省标准《高层建筑混凝土结构技术规程》DBJ/T 15—92—2021 均采用了整体分析设计法，这与《建筑抗震设

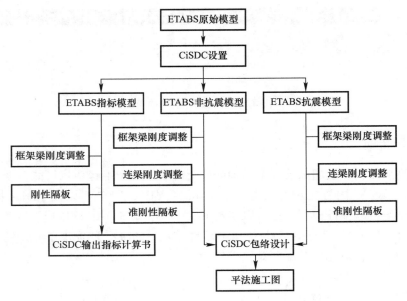

图 1.3-7　CiSDC 多模型设计流程示意图

计标准》GB/T 50011—2010（2024 年版）的分部设计法不同。由于不同规范的基本设计目标不一致，《建筑隔震设计标准》GB/T 51408—2021 和《高层建筑混凝土结构技术规程》DBJ/T 15—92—2021 需要进行中震下的性能化设计，《建筑抗震设计标准》GB/T 50011—2010（2024 年版）则为小震设计，这导致隔震设计过程涉及多个分析模型。为响应工程需求，CiSDC 推出了隔震设计模块。

CiSDC 作为 ETABS 的前处理软件，可以基于内置的隔震支座库，包括橡胶隔震支座、摩擦摆隔震支座和滑板支座，便捷地完成隔震支座布置，并根据规范需求生成多个模型。同时，CiSDC 作为 ETABS 的后处理软件，可以基于 ETABS 的分析结果，根据所选的标准设计构件绘制施工图、验算隔震层、整理输出隔震报告。

CiSDC 可以实现基于迭代的反应谱分析，但目前反应谱分析在解决隔震设计时仍然存在一些问题，例如：反应谱采用绝对加速度谱还是伪加速度谱、复模态分析采用速度谱还是伪速度谱、大阻尼比下的阻尼调整系数是否合适、等效线性化方法精度如何等。为解决上述问题，CiSDC 引入了随机模拟法。随机模拟法依据规范反应谱生成统计意义上完全等效的大量人工模拟地震波，并采用非线性时程分析直接求解，用非线性分析得到的平均剪力校准反应谱结果，使得反应谱分析仅作为一个载体，本质上不依赖于采用的等效方法，也不依赖于是否使用实模态或复模态进行反应谱分析。此外，CiSDC 的选波工具和波库可以帮助用户快速进行选波，用于时程分析校核。CiSDC 可以依据随机模拟法校准或时程分析校核后的结果进行设计、出图以及用钢量统计，并可以依据施工图快速生成弹塑性模型。

CiSDC 完整涵盖了《建筑隔震设计标准》GB/T 51408—2021、《建筑抗震设计标准》GB/T 50011—2010（2024 年版）、《高层建筑混凝土结构技术规程》DBJ/T 15—92—2021 三部标准的全流程隔震设计，三部标准的设计流程如图 1.3-8～图 1.3-10 所示。

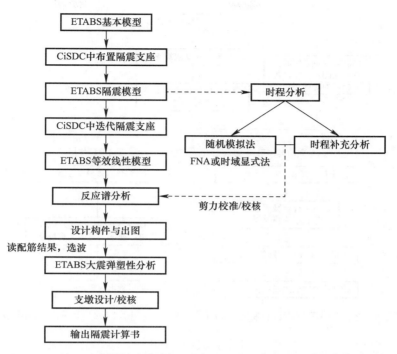

图 1.3-8 CiSDC 基于《建筑隔震设计标准》GB/T 51408—2021 的隔震设计流程示意图

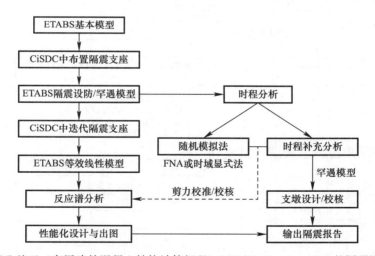

图 1.3-9 CiSDC 基于《高层建筑混凝土结构计算规程》DBJ/T 15—92—2021 的隔震设计流程示意图

1.3.5 减震设计

用户可通过 CiSDC 的减震设计模块快速完成减震结构的"建模＋分析＋设计"全流程工作，减震设计流程如图 1.3-11 所示。

为了便于用户快速创建减震模型，CiSDC 内置了多种常见的消能器布置方案，目前阻尼器类型支持选择黏滞阻尼器、BRB、金属剪切阻尼器等。对于位移型阻尼器，程序可通过时程分析迭代分别确定位移型阻尼器的中震有效刚度和小震有效刚度，为后续分析提供

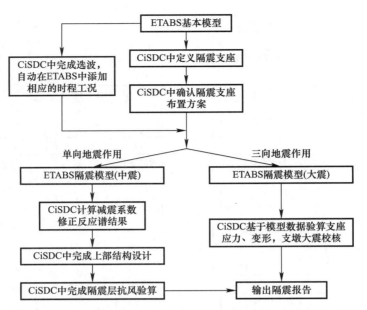

图 1.3-10　CiSDC 基于《建筑抗震设计标准》GB/T 50011—2010（2024 年版）的隔震设计流程示意图

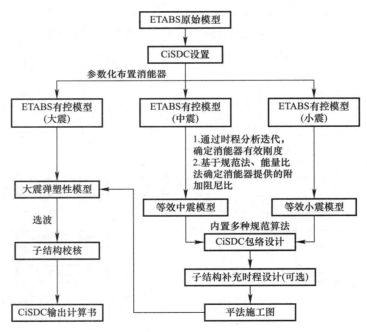

图 1.3-11　CiSDC 减震设计流程示意图

可靠的等效刚度值。程序可基于规范法、能量比法计算消能器提供的附加阻尼比，用户可分别计算中震有控模型和小震有控模型的附加阻尼比，生成中震、小震等效模型。构件设计时，程序兼顾了北京市地方标准《建筑工程减隔震技术规程》DB11/ 2075—2022、云南省工程建设地方标准《建筑消能减震应用技术规程》DBJ 53/T—125—2012、《基于保持建筑正常使用功能的抗震技术导则》RISN-TG046-2023 等标准和技术导则。由于反应谱分析无法准确地估计与阻尼器相连构件的内力，因此，CiSDC 允许子结构在中、小震设计时采用时程分析结果进行补充设计。程序基于小震模型和中震模型的包络设计结果绘制平法施工图，并生成大震弹塑性模型；最后进行基于大震时程分析结果的子结构校核，并输出计算书。

1.3.6　其他

CiSDC 仍处于不断完善、发展的过程中，除了上述已经发布的功能，还有一些正在开发的功能，比如，满足国内抗震性能化设计标准的抗震性能评估模块正在开发计划中。我们会基于广大用户的反馈和市场需求不断改进、扩充 CiSDC 的功能，更好地为工程设计服务。

第2章

建立基本模型

"建模"是使用程序进行建筑结构分析设计的重要一环，往往也是最耗时的一环。一个好的模型，一定是结合设计意图（搭接关系、荷载分布、传力路径、构件主次等）和软件设置（物理参数、单元类型、属性调整、边界条件等）构筑而成。对象明确、设置清晰的模型将使得计算结果更易于解读，便于检查和调整模型，从而大大提升后续分析、设计的效率。

一般建议用户直接使用 ETABS 来建模，但其他软件转换而来的 ETABS 模型也很常见。无论哪种方式，都需要了解 ETABS 的建模方式和机理。本书第 2、3 章的内容都和建模有关。本章重点介绍材料定义、截面定义和模型设置。限于篇幅，只介绍最常用的形式和方法，重点是辨析概念，而非操作说明。更多功能和操作方法请查阅程序自带的联机帮助。

2.1 基本材料设置及参数

ETABS 中材料属性分为分析属性、设计属性和高级属性，不同的属性应用于不同的计算内容。

材料的基本属性中，重量密度和质量密度、弹性模量、泊松比、热膨胀系数、剪切模量等数据主要用于结构分析。

材料的设计属性中，混凝土抗压强度标准值、钢筋屈服强度等数据是根据规范对构件进行设计、校核时的依据。

材料的高级属性一般用于非线性分析或动力分析，如：材料的收缩、徐变和应力松弛，以及材料的阻尼属性和非线性的应力-应变关系等。

2.1.1 材料的基本属性

基本属性是指工程中常用的处于线弹性阶段的属性。程序已经按照国家/地区、材料类型、标准/规范、材料等级的分类方式内置了工程中常用的材料属性，可直接用于模型建立；同时支持用户自定义材料。材料类型包含：Steel（钢材）、Concrete（混凝土）、Aluminum（铝材）、Coldformed（冷弯型钢）、Rebar（钢筋）、Tendon（钢束）、Masonary（砖砌体）、Other（其他），如图 2.1-1 所示。

材料属性的基本参数如图 2.1-2 所示，参数含义见表 2.1-1。

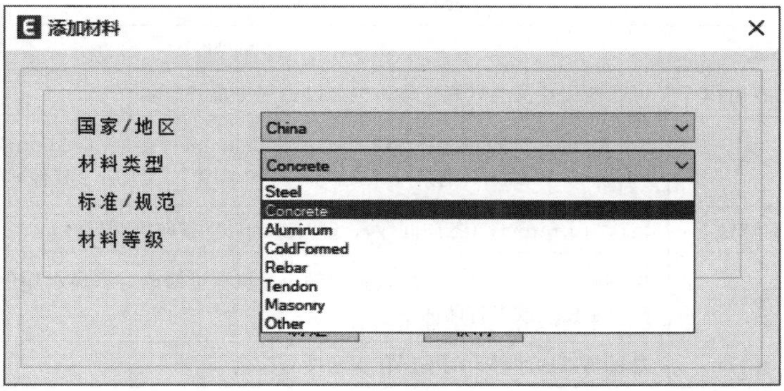

图 2.1-1　材料定义对话框

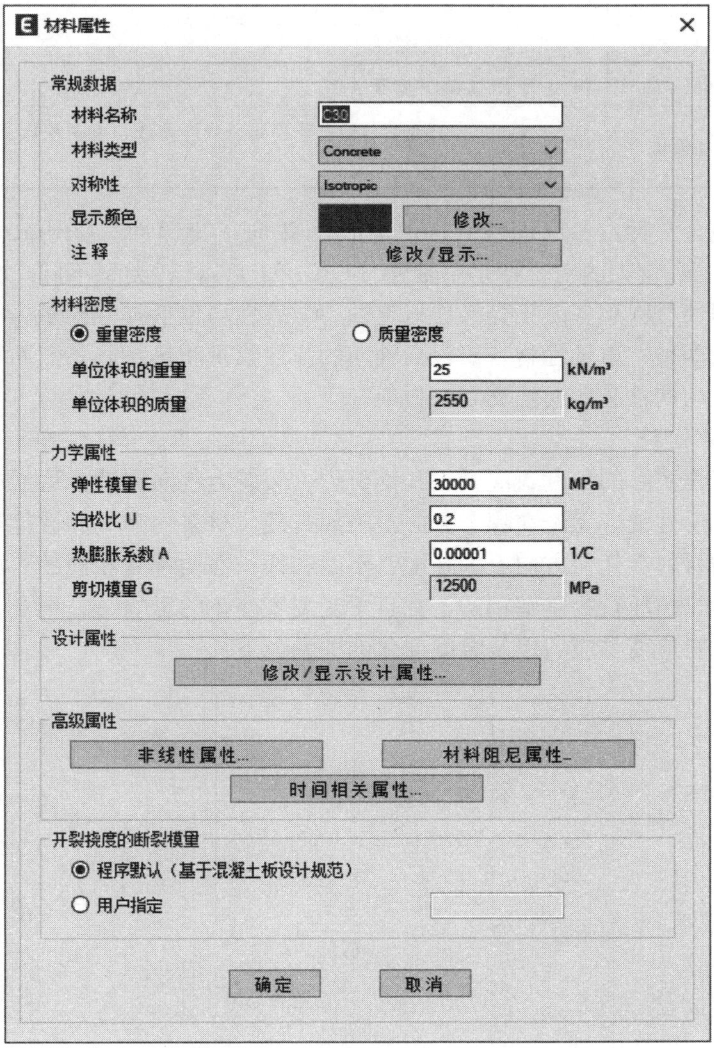

图 2.1-2　【材料属性】对话框

材料基本属性数据说明   表 2.1-1

类别	选项	说明
常规数据	材料名称	可以使用建议的默认名称，也可以由用户重新命名
	材料类型	Steel（钢）、Concrete（混凝土）、Aluminum（铝）、Coldformed（冷弯）、Rebar（钢筋）、Tendon（钢束）、Masonary（砖砌体）、Other（其他）
	对称性	默认为 Isotropic（各向同性）、Orthotropic（各向正交异性）
	显示颜色	材料显示颜色，点击色块，弹出颜色编辑器可修改材料显示颜色用于选择按材料属性显示模型或者打印图形
	注释	对材料添加注释，用于保存提示性的信息
材料密度	重量密度	输入/显示材料的重度，用来计算单元的自重
	质量密度	输入/显示材料的密度，用来计算单元的质量
力学属性（各向同性）	弹性模量 E	输入/显示材料的弹性模量
	泊松比 U	输入/显示材料的泊松比
	热膨胀系数 A	输入/显示材料的热膨胀系数
	剪切模量 G	显示材料的剪切模量，剪切模量 G 可由弹性模量 E 和泊松比 ν 计算得到，$G=E/2(1+\nu)$

材料类型包含三种：各向同性（Isotropic）、各向正交异性（Orthotropic）和单轴性（Uniaxial）。钢筋和钢束的对称性是单轴性（Uniaxial）。材料类型不同，其包括的力学属性不同。各向同性材料和各向正交异性材料的力学属性均包括弹性模量、泊松比、热膨胀系数和剪切模量四种；单轴性材料仅包括轴向的弹性模量和热膨胀系数两种力学属性。接下来分别介绍各向同性和各向正交异性材料。

1. 各向同性材料

从宏观和工程实际的角度，混凝土和钢材均可假设为各向同性，这类材料在各个方向上具有相同的力学性能，无论在哪个方向上施加荷载，材料的响应和性能都是一致的。例如，各向同性的材料在任何方向上的强度、刚度和伸长性质都是相同的。此外，各向同性材料的剪切行为与拉压行为是解耦的，并且不受温度变化的影响。

各向同性材料应变与应力以及温度变化的关系如下：

$$\begin{bmatrix} \varepsilon_1 \\ \varepsilon_2 \\ \varepsilon_3 \\ \gamma_1 \\ \gamma_2 \\ \gamma_3 \end{bmatrix} = \begin{bmatrix} \frac{1}{E} & -\frac{\nu}{E} & -\frac{\nu}{E} & 0 & 0 & 0 \\ -\frac{\nu}{E} & \frac{1}{E} & -\frac{\nu}{E} & 0 & 0 & 0 \\ -\frac{\nu}{E} & -\frac{\nu}{E} & \frac{1}{E} & 0 & 0 & 0 \\ 0 & 0 & 0 & \frac{1}{G} & 0 & 0 \\ 0 & 0 & 0 & 0 & \frac{1}{G} & 0 \\ 0 & 0 & 0 & 0 & 0 & \frac{1}{G} \end{bmatrix} \begin{bmatrix} \sigma_1 \\ \sigma_2 \\ \sigma_3 \\ \tau_{21} \\ \tau_{31} \\ \tau_{23} \end{bmatrix} + \alpha \Delta T \begin{bmatrix} 1 \\ 1 \\ 1 \\ 0 \\ 0 \\ 0 \end{bmatrix} \quad (2.1-1)$$

式中：　　E——杨氏弹性模量；

　　　　　ν——泊松比；

　　　　　G——剪切模量；

　　　　　α——热膨胀系数。

ε_1、ε_2、ε_3——正应变；

γ_1、γ_2、γ_3——剪应变；

τ_{21}、τ_{31}、τ_{23}——剪应力；

　　　　ΔT——温差；

σ_1、σ_2、σ_3——正应力。

2. 各向正交异性材料

对于一些特殊材料，其在不同方向上具有不同的力学性能，这意味着材料在不同方向上的强度、刚度和伸长性质会有差异。此时需要定义各向异性材料。各向异性材料的力学属性包括弹性模量、泊松比、热膨胀系数和剪切模量，且可分别输入三个方向上的力学属性，如图 2.1-3 所示。

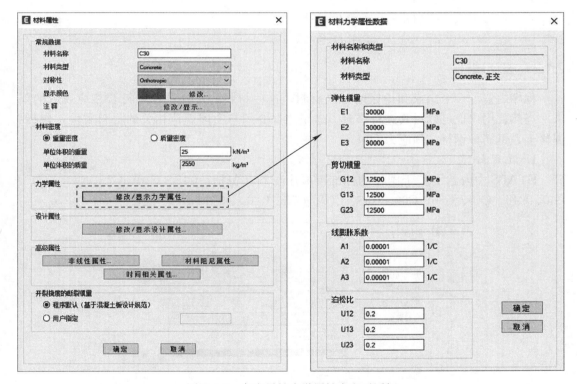

图 2.1-3　各向异性力学属性定义对话框

每种材料都有局部坐标系，默认状态下材料局部坐标与被赋予的单元局部坐标系一致。也就是说，当各向异性材料被指定给具体对象后，该对象各个方向的弹性行为将不同且相互独立。而且用户可以根据需要改变材料的局部坐标轴与单元局部坐标轴的角度关系。

各向异性材料的性能在 3 个局部坐标轴方向可以是不同的。但是，和各向同性材料相同的是，其剪切性能与拉压性能是解耦的并且不受温度变化的影响。各向异性材料应变与应力以及温度变化的关系如下：

$$
\begin{bmatrix} \varepsilon_1 \\ \varepsilon_2 \\ \varepsilon_3 \\ \gamma_{21} \\ \gamma_{31} \\ \gamma_{23} \end{bmatrix} = \begin{bmatrix} \dfrac{1}{E_1} & -\dfrac{\nu_{12}}{E_2} & -\dfrac{\nu_{13}}{E_3} & 0 & 0 & 0 \\ -\dfrac{\nu_{21}}{E_1} & \dfrac{1}{E_2} & -\dfrac{\nu_{23}}{E_3} & 0 & 0 & 0 \\ -\dfrac{\nu_{31}}{E_1} & -\dfrac{\nu_{32}}{E_2} & \dfrac{1}{E_3} & 0 & 0 & 0 \\ 0 & 0 & 0 & \dfrac{1}{G_4} & 0 & 0 \\ 0 & 0 & 0 & 0 & \dfrac{1}{G_5} & 0 \\ 0 & 0 & 0 & 0 & 0 & \dfrac{1}{G_6} \end{bmatrix} \begin{bmatrix} \sigma_1 \\ \sigma_2 \\ \sigma_3 \\ \tau_{21} \\ \tau_{31} \\ \tau_{23} \end{bmatrix} + \Delta T \begin{bmatrix} \alpha_1 \\ \alpha_2 \\ \alpha_3 \\ 0 \\ 0 \\ 0 \end{bmatrix} \tag{2.1-2}
$$

式中：　　　　E_1、E_2、E_3——杨氏弹性模量；

ν_{12}、ν_{13}、ν_{21}、ν_{23}、ν_{31}、ν_{32}——泊松比；

G_4、G_5、G_6——剪切模量；

α_1、α_2、α_3——热膨胀系数。

2.1.2　设计属性

程序内置了多个国家和地区的标准材料，这些材料的设计属性均符合相应规范的要求。当然，用户也可以对其进行修改。这里主要介绍与中国规范相关的材料属性，包括：混凝土、钢筋、钢材、预应力钢束。

1. 混凝土

ETABS 中内置了基于国标的标准混凝土材料，包括：C15、C20、C25、C30、C35、C40、C45、C50、C55、C60、C65、C70、C75、C80，如图 2.1-4 所示。

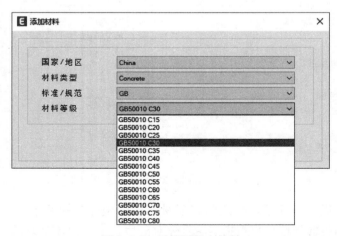

图 2.1-4　国标混凝土材料

标准混凝土的材料密度、力学属性和设计属性均依据《混凝土结构设计标准》GB/T 50010—2010（2024 年版）确定。用户可以查看混凝土抗压强度标准值 f_{ck}，如图 2.1-5 所示。

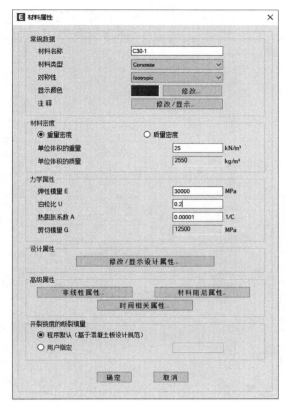

图 2.1-5　混凝土设计属性

混凝土的其他设计属性，如轴心抗拉或抗压设计值，均是依据规范由轴心抗压强度标准值 f_{ck} 换算而来。换算原则详见《混凝土结构设计标准》GB/T 50010—2010（2024 年版）第 4.1 节相关条文说明。

2. 钢筋

ETABS 中内置了基于国标的标准钢筋材料，包括：HPB300、HRB335、HRB400、HRB500，如图 2.1-6 所示。

图 2.1-6　混凝土设计属性

标准钢筋的材料密度、力学属性和设计属性均依据《混凝土结构设计标准》GB/T

50010—2010（2024 年版）确定，如图 2-1.7 所示。其中钢筋的弹性模量依据《混凝土结构设计标准》GB/T 50010—2010（2024 年版）表 4.2.5 确定。【设计属性】中各个参数的介绍请查看表 2-1.2。

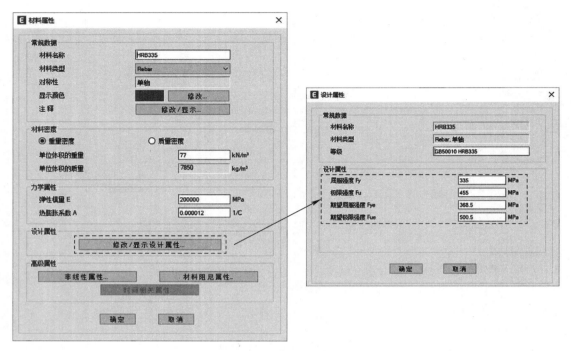

图 2.1-7　钢筋材料属性

钢筋设计属性参数说明　　　　　　　　　　　　　　　　　　　　　　表 2.1-2

设计属性	说明
屈服强度 Fy	对应我国规范的钢筋屈服强度标准值 f_{yk}，依据 GB/T 50010—2010 表 4.2.2-1 确定
极限强度 Fu	对应我国规范中钢筋的极限强度值 f_{stk}，依据 GB/T 50010—2010 表 4.2.2-1 确定
期望屈服强度 Fye	不适用于国标设计，主要用于美国标准设计，对于我国钢筋材料默认取 Fye=1.1×f_y
期望极限强度 Fue	不适用于国标设计，主要用于美国标准设计，对于我国钢筋材料默认取 Fue=1.1×f_u

　　钢筋的其他设计属性，比如钢筋抗拉强度设计值 f_y、抗压强度设计值 f_y'，均依据规范由钢筋屈服强度标准值 f_{yk} 换算而来。换算原则详见《混凝土结构设计标准》GB/T 50010—2010（2024 年版）第 4.2 节相关条文说明。

　　3. 钢材

　　程序内置了《钢结构设计标准》GB 50017—2017 和《高强钢结构设计标准》JGJ/T 483—2020 中的钢材。其中《钢结构设计标准》GB 50017—2017 中的钢材有：Q235、Q355、Q390、Q420、Q460、Q345GJ、Q235-pipe、Q345-pipe、Q390-pipe、Q420-pipe、Q460-pipe，《高强钢结构设计标准》JGJ/T 483—2020 中的钢材有：Q500、Q550、Q620、Q690、Q460GJ，如图 2.1-8 所示。

　　标准钢材的材料密度、力学属性和设计属性均依据相应的规范确定，如图 2.1-9 所示。其中钢材的弹性模量依据《钢结构设计标准》GB 50017—2017 表 4.4.8 确定。【设计属性】中各个参数的介绍请查看表 2.1-3。

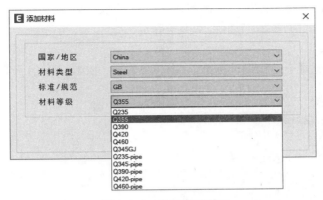

图 2.1-8　国标钢材列表

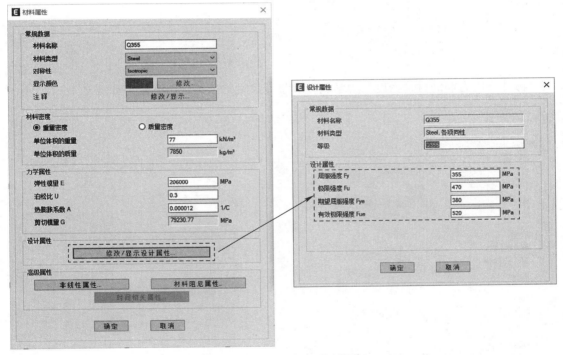

图 2.1-9　钢材材料属性

钢材设计属性参数说明　　　　　　　　　　　　　　　　　　　表 2.1-3

设计属性	说明
屈服强度 Fy	对应我国规范的钢材牌号
极限强度 Fu	对应我国规范中钢筋的抗拉强度值 f_u
期望屈服强度 Fye	主要用于塑性铰默认属性的计算和用于美国标准钢结构抗震能力设计，对于我国钢材默认取 Fye＝$1.1 \times f_y$
期望极限强度 Fue	主要用于塑性铰默认属性的计算和用于美国标准钢结构抗震能力设计，对于我国钢材默认取 Fue＝$1.1 \times f_u$

需要注意的是，定义基于国标的钢材时，钢材的屈服强度和极限强度均是依据钢材最小厚度取值的。运行设计时，程序依据钢材牌号和钢材厚度（或直径）自动确定材料的设计属性，其抗拉抗压、抗弯强度 f、抗剪强度 f_v、屈服强度 f_y、抗拉强度 f_u 均依据《钢结构设计标准》GB 50017—2017 第 4.4.1 条确定。

4. 预应力钢束

程序内置了《混凝土结构设计标准》GB/T 50010—2010（2024 年版）中的预应力筋，包括：fpk1570、fpk1720、fpk1860、fpk1960，如图 2.1-10 所示。

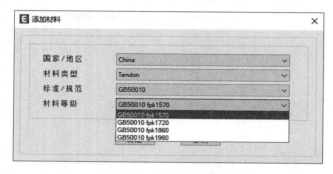

图 2.1-10　预应力钢束材料

标准预应力筋的材料密度、力学属性和设计属性均依据规范确定，如图 2.1-11 所示。

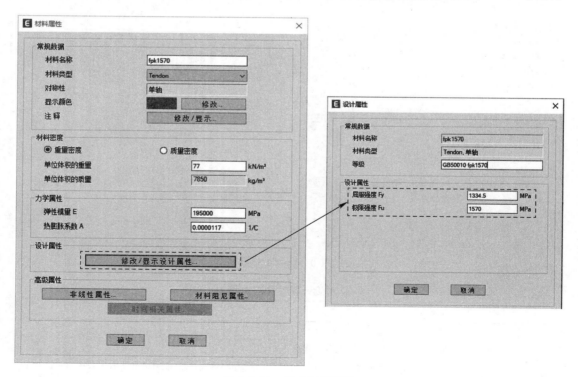

图 2.1-11　钢束材料属性

其中预应力钢束的弹性模量依据《混凝土结构设计标准》GB/T 50010—2010（2024 年

版）表 4.2.5 确定。【设计属性】中的各个参数的取值可参考表 2.1-4。

预应力钢束设计属性参数说明

表 2.1-4

设计属性	说明
屈服强度 F_y	取钢束极限强度标准值 f_{ptk} 的 0.85 倍
极限强度 F_u	对应 GB/T 50010—2010 表 4.2.3-2 中钢束的极限强度标准值 f_{ptk}
抗拉强度设计值 f_{py}	按照 GB/T 50010—2010 第 4.2.3 条取值：$f_{py}=0.85\times f_{ptk}/1.2$，由程序自动计算

2.1.3　高级属性

1. 非线性属性

材料非线性属性的定义主要包括三个部分：应力-应变曲线、滞回类型和可接受准则。这些数据将用于纤维铰、分层壳等非线性单元的计算，以模拟构件的非线性行为。

"应力-应变曲线"可以通过两种方式进行定义，一种为参数化定义，一种为用户自定义，如图 2.1-12①部分所示。"参数化定义"是利用程序内置的骨架曲线计算公式，由用户在图 2.1-12②中指定一些控制点参数，程序即会生成相应的应力-应变曲线。关于内置的骨架曲线计算公式可以通过【帮助→文档→Technical Notes→Material Stress-Strain Curves】进行查询。定义完成后，点击【显示应力-应变曲线】，即可查看材料的应力-应变曲线，如图 2.1-13 所示。

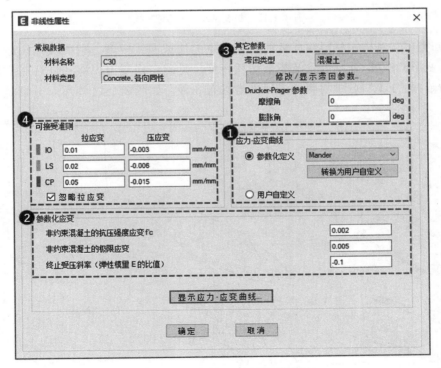

图 2.1-12　【非线性属性】对话框

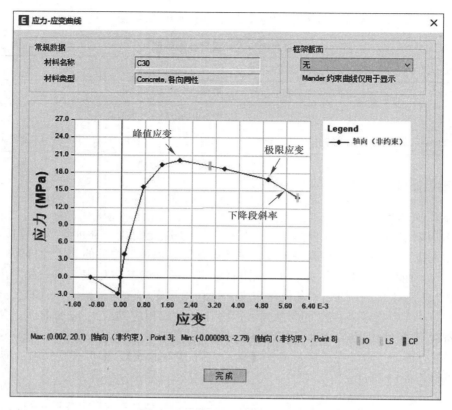

图 2.1-13　材料的应力-应变曲线

　　"滞回类型"是指定材料在反复荷载作用下的滞回曲线模型，它反映结构在往复受力过程中的变形、刚度/强度退化及能量消耗特征，是确定恢复力模型和进行非线性地震响应分析的依据。ETABS 中材料的滞回模型共有 8 种，如图 2.1-14 所示，分别是弹性、随

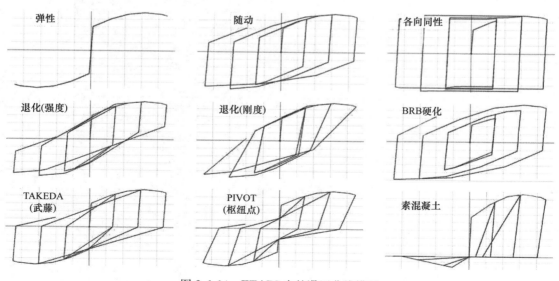

图 2.1-14　ETABS 中的滞回曲线模型

动、各向同性、退化（分强度和刚度）、BRB 硬化、TAKEDA、PIVOT 和素混凝土，可通过图 2.1-12 中③选择滞回类型。其中，对于混凝土材料建议使用 TAKEDA 或素混凝土模型，而对于钢材或钢筋则宜使用随动或退化模型。

"可接受准则"用于判断构件的抗震性能。材料的可接受准则是通过应变来判断，这里可设置三个水准，分别是 IO（立即入住）、LS（生命安全）和 CP（防止倒塌），与图 2.1-12 中④的三个选项相对应。用户需指定各个水准状态对应的应变限值，来定义材料可接受准则。在进行抗震性能化设计时，程序将对比材料纤维的实际应变与可接受准则来显示构件的性能状态。

2. 材料阻尼属性

ETABS 中材料阻尼分为两种：模态阻尼和黏滞阻尼，如图 2.1-15 所示。

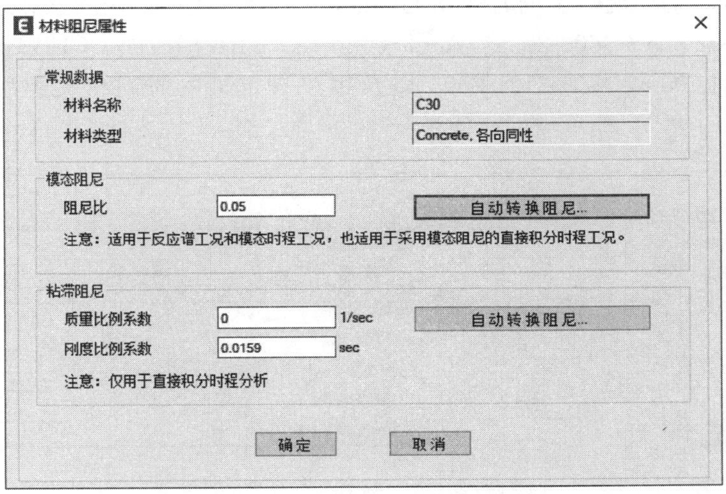

图 2.1-15　材料阻尼定义

模态阻尼即振型阻尼比，用于反应谱分析和振型叠加法的时程分析（简称"模态时程分析"）。对于每一种材料，用户可指定一个材料阻尼比 r（$0 \leqslant r < 1$）。采用此种材料的单元 j 在其模态 i 下的阻尼比 r_{ij} 计算公式如下：

$$r_{ij} = \frac{\Phi_i^{\mathrm{T}} K_j \Phi_i}{K_i} \times r \tag{2.1-3}$$

$$K_i = \sum_j \Phi_i^{\mathrm{T}} K_j \Phi_i \tag{2.1-4}$$

式中：Φ_i——第 i 阶振型；

　　K_j——单元 j 的刚度矩阵；

　$\Phi_i^{\mathrm{T}} K_j \Phi_i$——单元 j 在振型 i 中的振型刚度；

　　K_i——第 i 阶振型的振型刚度，即全部单元在振型 i 中的振型刚度之和。

黏滞阻尼即瑞利（Ray leigh）阻尼，用于直接积分法的时程分析（简称"直接积分时程分析"）。对于每一种材料，用户可指定质量比例系数 C_{M} 和刚度比例系数 C_{K}。采用此种材料的单元 j 的黏滞阻尼矩阵 C_j 如下：

$$C_j = C_{\mathrm{M}} M_{\mathrm{J}} + C_{\mathrm{K}} K_{\mathrm{J}}^0 \tag{2.1-5}$$

式中：M_J——单元 j 的质量矩阵；

K_J^0——单元 j 的初始刚度矩阵。

注意，程序同时考虑材料属性中的阻尼（材料阻尼比）与荷载工况中的阻尼（工况阻尼比）用于建筑结构阻尼比的计算，用户应避免重复设置。对于常规的混凝土结构或钢结构，其结构的阻尼比一般取定值，因此仅需在荷载工况定义中设置模态阻尼即可，材料属性中的模态阻尼保持默认为 0。然而，对于采用多种材料的组合结构，如果需要对不同材料指定不同的阻尼比，在定义材料时设置模态阻尼是更便捷的方式，而后应手动修改荷载工况中的模态阻尼为 0，避免模态阻尼的累加计算。

3. 时间相关属性

ETABS 可对混凝土指定时间相关属性，用于在阶段施工分析中考虑混凝土的徐变、收缩和龄期效应。对于混凝土的时间相关属性，ETABS 支持多个国家和地区的标准，包括：ACI 209R-92、AS 3600-2009、AS 3600-2018、CEB-FIP 90、CEB-FIP 2010、Eurocode 2-2004、GL2000、NZS 3101-2006 以及用户自定义的时间相关类型，如图 2.1-16 所示。

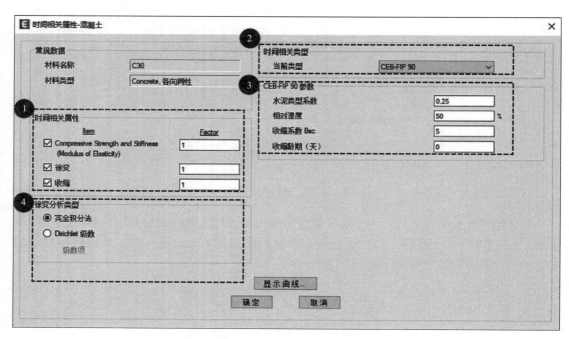

图 2.1-16　混凝土时间属性定义

混凝土的时间效应一般需要考虑三个方面的因素：混凝土强度和刚度随时间的变化、混凝土的徐变和收缩，分别对应图 2.1-16 中①的三个选项。勾选后，程序会自动计算混凝土的强度和刚度发展系数、收缩系数和徐变系数用于时间效应的计算。ETABS 可同时考虑三个因素。如仅需要考虑混凝土的徐变，那么仅需勾选"徐变"的时间相关属性。

图示②【时间相关类型】用于选择各国规范。选择相应的规范后，图示③中的各项参数类型会有所不同，关于参数的定义方法请参考相应的规范。

图示④【徐变分析类型】可选择分析类型，程序默认设置为"完全积分法"，其计算结果精确，但是需要更多计算时长和存储空间。"Dirichlet 级数"方法计算精度与级数项的多少相关，用户可尝试用不同数量的级数项来检查分析结果，以确定结果的准确性。

　　更多关于混凝土时间效应分析的介绍请查阅 ETABS 程序自带的技术文档（采用默认安装路径时，技术文档路径为 C:\Program Files\Computers and Structures\ETABS 21\Manuals\Technical Notes\S-TN-ECS-001.pdf）。

2.2　常用截面类型及参数

　　ETABS 中提供了丰富的截面类型，可以通过参数化定义、截面导入、自定义等多种方式定义截面数据。通过命令【定义→截面属性】可以定义框架、楼板、墙、钢束等各类对象的截面信息。

2.2.1　框架截面

　　ETABS 内置了各种形状和材料的框架截面可供用户选择。除了可以定义同一种材料以及形状标准的框架截面以外，还支持定义钢混组合截面、通过截面设计器定义非标准形状以及多种材料组合的截面、定义变截面等。

　　ETABS 中定义框架截面的命令为：【定义→截面属性→框架截面】。在弹出的【框架截面】对话框（图 2.2-1）中，左侧【截面列表】中显示已定义的所有框架截面，用户可以通过【列表过滤】按照截面形状和自定义方式筛选框架截面的列表显示。通过点击右侧各种按钮，可以执行导入型钢截面库文件、添加自定义截面、对已定义截面进行复制、修改和查看已定义截面、删除已定义截面、将常规截面转换为 SD 截面（即通过截面设计器定义的截面，相关内容详见本节第 4 小节）、将已定义截面导出为 XML 文件等操作。

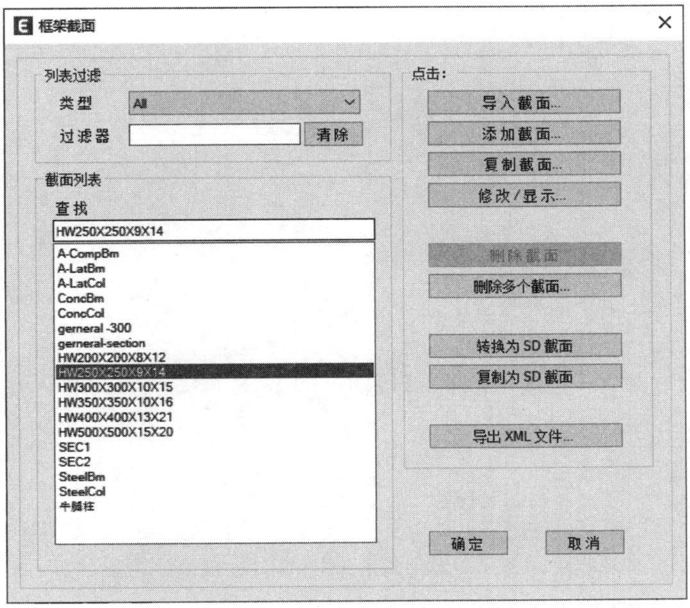

图 2.2-1　【框架截面】对话框

点击【导入截面】或【添加截面】按钮，弹出【截面形状】对话框，如图 2.2-2 所示。其中图示①"截面形状"下拉列表中可以选择程序内置的各种截面类型，选择某种类型的截面后，点击【确定】按钮，弹出相应的定义框架截面对话框，即可进行截面的参数化定义。或者，单击图示②的常用截面形状快捷方式，直接打开定义框架截面对话框。

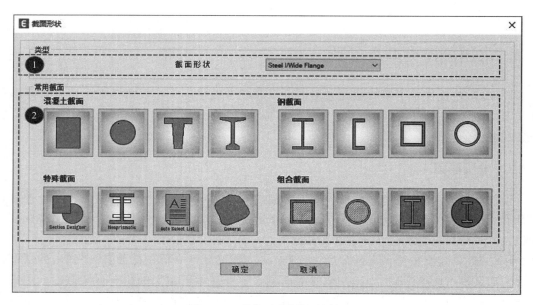

图 2.2-2 【截面形状】对话框

图 2.2-3（a）和图 2.2-3（b）分别为某矩形混凝土截面和某工字形钢材截面定义的对话框，截面的基本信息主要包括：截面名称、材料、形状、截面尺寸、属性修正、配筋方案等。各个参数的含义详见表 2.2-1。

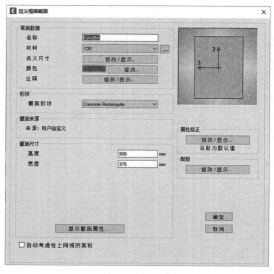

(a) 定义矩形混凝土截面　　　　　　　　　(b) 定义工字形钢截面

图 2.2-3 【定义框架截面】对话框

框架截面定义中的各项参数　　　　　　　　　　　　　　　　　　表 2.2-1

类别	选项	说明
常规数据	名称	指定截面名称
	材料	指定当前截面材料
	名义尺寸	仅用于钢筋混凝土截面的时间效应计算，详细说明请查看附注
	颜色	指定构件在模型视图中显示的颜色
	注释	用于对截面添加备注说明
其他选项	截面形状	当前截面的形状
	截面来源	截面来自用户自定义、从数据库导入、SD 截面等
	截面尺寸	依据截面形式指定截面各个尺寸的大小
	显示截面属性	程序会依据定义的截面尺寸自动计算截面对应的属性，点击该选项可以查截面的各个属性
	属性修正	用于对截面的轴向刚度、惯性矩、剪切面积等属性的修正，详细说明请查看本表表注
	配筋	仅用于钢筋混凝土截面，详细介绍请查看钢筋混凝土截面定义

注：1. 名义尺寸：程序会依据截面尺寸自动计算截面的"名义尺寸"用于混凝土的收缩徐变的计算。其计算公式为 $h = \text{SF} \times 2\left(\dfrac{A}{P}\right)$，其中：SF 为调整系数，程序默认为 1；$A$ 为截面面积，P 为截面周长。用户也可以通过【修改/显示】选项，手动指定混凝土截面的名义尺寸。

　　2. 属性修正：根据结构模型的需求，有时需要对截面属性进行修正，从而对使用该截面的构件进行刚度、重量等属性的调整。例如用膜单元来模拟建筑结构的楼板时，为考虑楼板对梁抗弯能力的提高，可以通过属性修正对某些梁截面的抗弯属性进行放大。程序允许对截面惯性矩、横截面面积和抗剪面积等特性值进行调整，如图 2.2-4 所示。指定相应的调整系数后，调整后的截面特性值等于截面的特性值乘以属性修正对话框中对应项的系数。例如将横截面面积输入 3，杆件的轴向刚度将放大 3 倍。注意，如果对截面指定了属性修正，同时对该截面的杆件也指定了杆件属性修正，那么杆件最终的修正系数等于两者的乘积（截面属性修正系数乘以杆件属性修正系数）。

◎ 相关操作请扫码观看视频：

视频 2.2-1 定义框架截面　　视频 2.2-2 绘制梁柱　　视频 2.2-3 绘制次梁和支撑

1. 钢筋混凝土截面

在 ETABS 中，混凝土梁、柱和支撑等都用框架单元模拟，但是梁和柱的设计方法不一样，需区别对待。对于混凝土框架，需要在截面定义时选择设计类型，程序会按照设计类型进行设计；对于支撑，则建议用户选择按柱（即压弯构件）进行设计。

1）混凝土梁

具体来说，定义钢筋混凝土截面时，编辑完基本信息后，点击【配筋】选项中的【修改/显示】按钮，弹出【框架截面的配筋数据】对话框，如图 2.2-5 所示。在图示①的设计类型

图 2.2-4 【截面属性修正】对话框

中选择"梁（M3）"即代表框架对象的设计类型为梁，用户还需指定钢筋材料、保护层

厚度等信息，其中保护层厚度填写的是纵筋中心至梁上、下表面的距离。详细的参数说明请查看表 2.2-2。

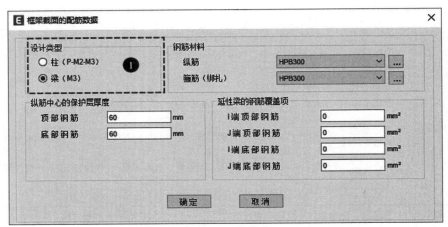

图 2.2-5　混凝土梁截面配筋定义

梁钢筋数据对话框说明　　　　　　　　　　　　　　　　表 2.2-2

类别	选项	说明
钢筋材料	纵筋	指定当前截面材料
	箍筋	指定当前截面材料
纵筋中心的保护层厚度	顶部钢筋	输入梁顶层纵筋中心至梁上边缘距离
	底部钢筋	输入梁底层纵筋中心至梁下边缘距离
延性梁的布筋覆盖项	I、J 端顶部及底部钢筋	分别指定梁的两端（I 端和 J 端）顶部、底部纵向配筋的钢筋覆盖面积。若此处为 0，由程序计算

这里需要注意的是【延性梁的钢筋覆盖项】，该选项用于指定梁的 I 端与 J 端处顶部和底部所配纵向配筋的截面面积。当使用程序默认的数据 0 时，则采用设计配筋。程序中该覆盖项的作用如下：

（1）用于混凝土框架设计（主要用于国外标准设计）

当在混凝土梁中抗剪设计基于所提供的纵向配筋（即抗剪设计基于梁的抗弯承载力）时，ETABS 将计算的所需钢筋与在配筋覆盖项中所定义的配筋进行比较，并取较大的值，以确定抗剪设计所依据的受弯承载力。

当梁的跨中最小配筋是基于梁端部配筋的某个百分比时，ETABS 将计算的所需梁端配筋与在配筋覆盖项中所定义的配筋进行比较，并取较大的值，以确定梁的跨中最小配筋。

当柱的抗剪设计基于梁传递给柱的最大弯矩值时，ETABS 将计算所需的梁端配筋与在配筋覆盖项中所定义的配筋进行比较，并取较大的值，以确定梁的受弯承载力。

（2）用于框架非线性铰属性

ETABS 将基于混凝土梁端部的计算配筋面积（假设混凝土框架结构设计已经完成）和覆盖项中指定的配筋面积的较大值计算塑性铰的力-变形曲线。

2）混凝土柱

ETABS 基于 PMM 的方法进行混凝土柱配筋设计，故需要在定义截面时指定截面的钢筋布置以进一步生成 PMM 相关面。钢筋混凝土柱有两种布筋方式：环形和矩形，其配筋数据定义窗口如图 2.2-6 所示，两种布置方式定义方法基本相同，详细的参数说明请查看表 2.2-3。关于 PMM 法的进一步说明，请见本书附录 E。

 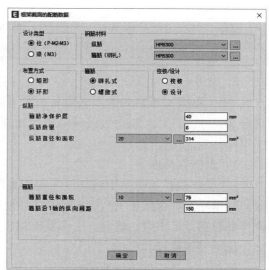

(a) 混凝土柱矩形布筋　　　　　　　　　　　(b) 混凝土柱环形布筋

图 2.2-6　框架截面的配筋数据对话框

柱钢筋数据对话框说明　　　　　　　　　　　　　　　　　　　表 2.2-3

类别	选项	说明
钢筋材料	纵筋	指定纵向钢筋材料
	箍筋	指定箍筋材料
布置方式	矩形	适用于矩形截面布筋
	环形	适用于圆形截面布筋
箍筋	绑扎式	箍筋为绑扎钢筋形式
	螺旋式	箍筋为螺旋箍筋形式，仅适用于环形布筋方式
校核/设计	校核	程序会校核当前对话框中的配筋值是否满足承载力要求。在非线性分析中，程序基于当前对话框中的配筋值计算柱端 PMM 铰或纤维铰属性
	设计	输入的配筋信息仅作为生成初始 PMM 相关面的数据。设计时程序会根据钢筋位置计算满足承载力要求所需的配筋量。在非线性分析中，程序基于设计配筋计算柱端 PMM 铰或纤维铰属性
纵筋 （矩形布置）	箍筋净保护层	输入柱表面至箍筋外边缘的距离
	沿 3 轴的纵筋数量	平行于截面局部 3 轴方向的纵向钢筋数量（包括角部钢筋）
	沿 2 轴的纵筋数量	平行于截面局部 2 轴方向的纵向钢筋数量（包括角部钢筋）
	纵筋直径和面积	指定单个纵筋尺寸，选定后程序会显示单根钢筋的面积
	角筋直径和面积	指定单个角筋尺寸，选定后程序会显示单根钢筋的面积
箍筋 （矩形布置）	箍筋直径和面积	指定单个箍筋尺寸，选定后程序会显示单个钢筋的面积
	箍筋沿 1 轴的纵向间距	输入箍筋间距
	沿 3 轴的箍筋数量	平行于截面局部 3 轴的两个面上的箍筋数量（包括角部钢筋）
	沿 2 轴的箍筋数量	平行于截面局部 2 轴的两个面上的箍筋数量（包括角部钢筋）
纵筋 （环形布置）	箍筋净保护层	输入柱表面至箍筋外边缘的距离
	纵筋数量	输入总的纵筋数量
	纵筋直径和面积	指定单个纵筋尺寸，选定后程序会显示单根钢筋的面积

续表

类别	选项	说明
箍筋 （环形布置）	箍筋直径和面积	指定单个箍筋尺寸，选定后程序会显示单个钢筋的面积
	箍筋沿 1 轴的纵向间距	平行于截面局部 2 轴的两个面上的箍筋数量（包括角部钢筋）

2. 钢截面

ETABS 中对于常规的型钢截面通常采用导入的方式定义，非标准的特殊截面也可以自定义尺寸。另外，用户可以利用自动选择截面列表功能同时给一个构件指定多个截面，实现构件的优化设计。

1）型钢截面库

ETABS 提供了包括中国规范在内的多国规范的标准型钢截面数据库文件。这些型钢截面数据库文件存放于 ETABS 的安装目录下，以.xml 为后缀名。目前数据库中内置的型钢类型包括：工字钢、槽钢、T 形截面钢、角钢、圆钢管，用户可以选择一次导入单个或多个标准型钢截面。

例如导入基于中国规范的宽翼缘工字钢截面。在【框架截面】对话框（图 2.2-1）中，点击【导入截面】按钮，选择工字形截面，弹出【导入框架截面】对话框，如图 2.2-7 所

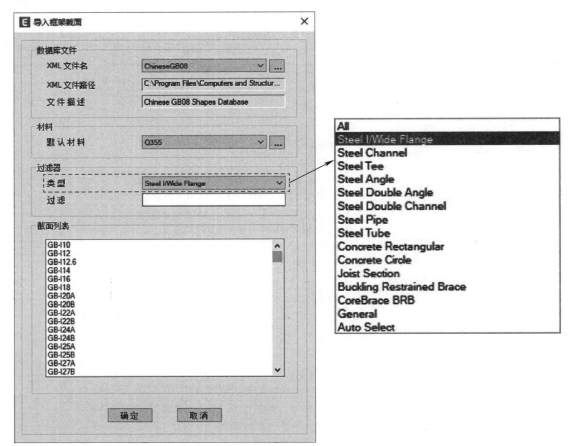

图 2.2-7 【导入框架截面】对话框

示。"截面列表"中列出了所有的工字形截面。为了方便快速查找截面,可以通过【过滤器】按截面形状和进行筛选。

在 ETABS 安装目录下可以看到所有程序自带的截面属性文件。部分数据文件的含义见表 2.2-4。

型钢数据库文件　表 2.2-4

文件名	含义
AISC14	美国钢结构协会型钢 V14
AISC14M	美国钢结构协会型钢 V14M
AISC15	美国钢结构协会型钢 V15
AISC15M	美国钢结构协会型钢 V15M
APL_Steel	印度标准型钢 APL-Steel
ArcelorMittal_Bnitish	ArcelorMittal-英国标准型钢
ArcelorMittal_BritishHISTAR	ArcelorMittal-英国标准型钢 HISTAR
ArcelorMittal_Europe	ArcelorMittal-欧洲标准型钢
ArcelorMittal_EuropeHISTAR	ArcelorMittal-欧洲标准型钢 HISTAR
ArcelorMittal_Japan	ArcelorMittal-日本标准型钢
ArcelorMittal_Russia	ArcelorMittal-俄罗斯标准型钢
ArcelorMittal_US_ASTM-A913	ArcelorMittal-美国标准 ASTM-A913
ArcelorMittal_US_ASTM-A913M	ArcelorMittal-美国标准 ASTM-A913M
ArcelorMittal_US_ASTM-A992	ArcelorMittal-美国标准 ASTM-A992
ArcelorMittal_US_ASTM-A992M	ArcelorMittal-美国标准 ASTM-A992M
Australia-NewZealand	澳大利亚及新西兰标准型钢
BSShapes2006	英国标准型钢
ChineseGB08	中国标准型钢
CISC10	加拿大钢结构协会型钢 10
CISC9	加拿大钢结构协会型钢 9
CoreBraceBRB_2016	CoreBraceBRB-2016
Euro	欧洲型钢
Indian	印度标准型钢
Jindal_Steel	印度标准型钢 Jindal-Steel
JIS-G-3192-2014	日本热轧标准型钢
Korean	韩国标准型钢
Nordic Russian	北欧四国标准型钢
Russian2020_en	俄罗斯标准型钢 2020-en
Russian2020_ru	俄罗斯标准型钢 2020-ru
SJIJoists	钢桁架梁协会型钢
StarSeismicBRB	StarSeismicBRB
TATA_Steel	印度标准型钢 TATA-Steel

2）自定义截面

ETABS 支持自定义钢截面。在【截面形状】对话框（图 2.2-8）中，对于常规的工字钢、槽钢、方钢管、圆钢管截面，用户可以直接在图示①中选择相应的截面形状快捷命令，程序直接弹出框架截面定义对话框。

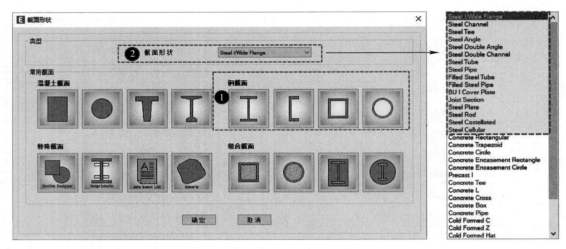

图 2.2-8　导入截面

如需定义其他形状的钢截面，在图示②的下拉列表中，选择截面形状后，点击【确定】按钮，弹出定义框架截面对话框。部分程序支持定义的截面形状如图 2.2-9 所示。

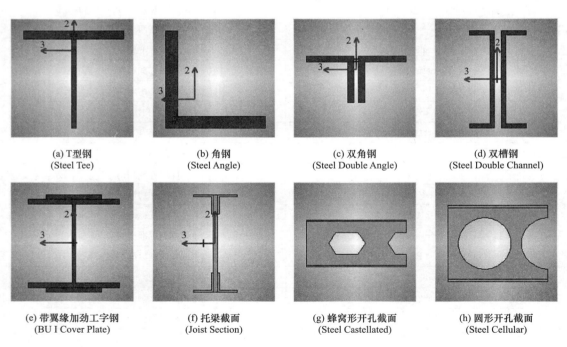

(a) T 型钢
(Steel Tee)

(b) 角钢
(Steel Angle)

(c) 双角钢
(Steel Double Angle)

(d) 双槽钢
(Steel Double Channel)

(e) 带翼缘加劲工字钢
(BU I Cover Plate)

(f) 托梁截面
(Joist Section)

(g) 蜂窝形开孔截面
(Steel Castellated)

(h) 圆形开孔截面
(Steel Cellular)

图 2.2-9　框架截面形状

3）自动选择列表截面

对于钢结构设计，ETABS 提供了优化设计功能。用户可以为框架构件指定一组截面，由程序自动优化选择截面，这一组截面便称为自动选择列表截面。

用户首先需要定义一系列备选的钢截面，然后在【截面形状】对话框（图 2.2-2）中，点击"特殊截面"中的【自动选择列表】（Auto Select List），程序弹出如图 2.2-10 所示对话框。在该对话框中，在图示①"可用截面"列表中包含了所有已定义的钢截面，用户从该列表中选择备选截面后，点击【添加】按钮，选中的截面则显示在图示②"已选截面"列表中。在后续的优化计算当中程序会从"已选截面"列表中选出最优截面。

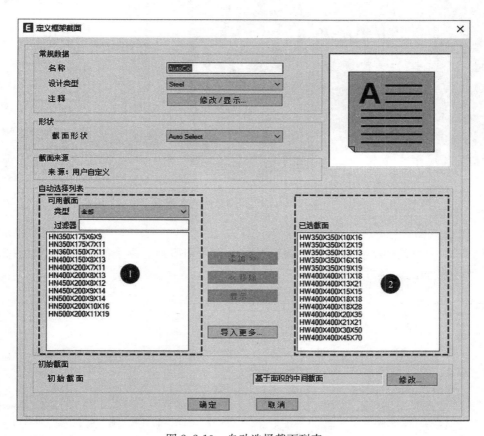

图 2.2-10　自动选择截面列表

默认情况下，ETABS 第一次分析所采用的截面为自动选择列表中按截面面积排列在最中间的截面，以图 2.2-10 为例，定义自动选择列表截面"AutoCol"，HW350×350×19×19 截面按面积大小排在第 7 位，程序默认选择该截面为初始截面。用户可通过点击【初始截面】中的"修改"按钮修改初始截面。

将自动选择列表截面"AutoCol"指定给图 2.2-11 所示的钢框架模型中的所有柱，视图中显示"HW350×350×19×19（AutCol）"，表示构件截面被指定为自动选择列表截面"AutoCol"。初次分析时所使用的截面为 HW350×350×19×19。优化设计时，ETABS 会自动判断构件截面是否满足规范应力比，如果不满足，自动更换截面，直至找到满足规范要求的最小截面作为优化截面。

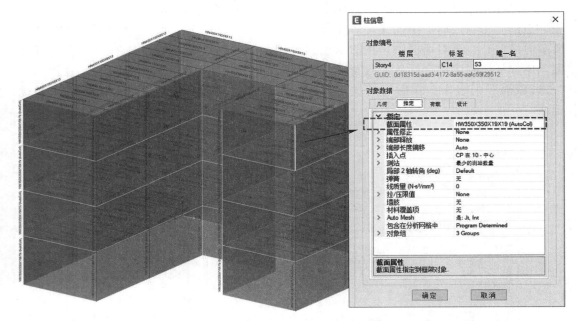

图 2.2-11　指定自动选择列表截面

3. 组合截面

ETABS 中内置的组合截面包括钢管混凝土截面和型钢混凝土截面两类，如图 2.2-12 所示，两类截面的定义方法有所区别。

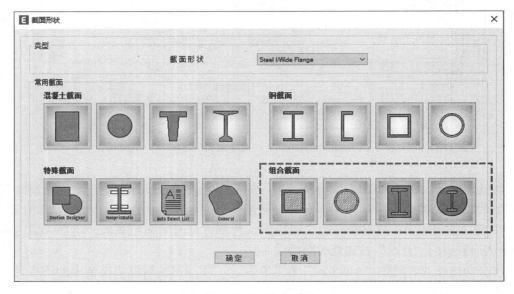

图 2.2-12　组合截面

1）钢管混凝土截面

定义钢管混凝土截面时需要指定外包钢管的材料和尺寸，同时需要指定钢管内浇筑的混凝土材料和配筋等信息。以定义方钢管混凝土柱截面为例，在【截面形状】对话框（图 2.2-2）中，点击"组合截面"中的【方钢管混凝土】，程序弹出如图 2.2-13 所示对话框。主要需要定义四个部分的信息：图示①处定义外侧钢管材料；图示②处定义钢管的截面尺寸及壁厚；图示③处定义填充的混凝土材料；图示④处定义钢筋布置，钢筋的定义方式与混凝土柱截面钢筋的定义方式相同，这里不再赘述。

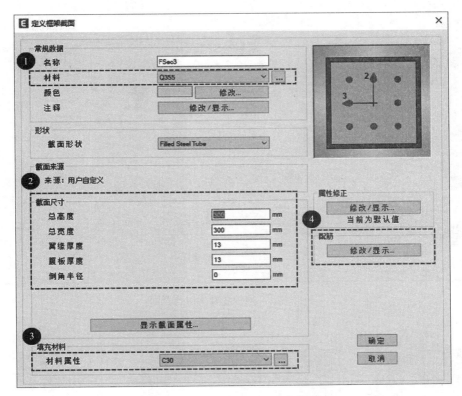

图 2.2-13　钢管混凝土组合截面

2）型钢混凝土截面

定义型钢混凝土截面需要首先定义内置型钢截面，然后在【截面形状】对话框（图 2.2-2）中点击"组合截面"中的【型钢混凝土截面】，开始进行型钢截面的定义，如图 2.2-14 所示。主要需要定义五个部分的信息：图示①处显示型钢材料，该材料由图示③中选择的型钢截面决定，用户无法修改；图示②处定义外包混凝土截面尺寸；图示③处选择内置型钢截面，需提前完成定义；图示④处指定外包混凝土等级；图示⑤处定义钢筋布置，钢筋的定义方式与混凝土柱截面钢筋的定义方式相同，这里不再赘述。

4．SD 截面

ETABS 中用户可以通过截面设计器定义由多种材料构成且形状任意的截面，图 2.2-15 为型钢混凝土截面、空心柱截面、异形柱截面。

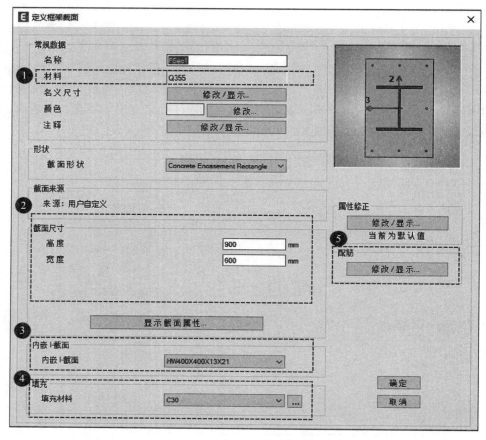

图 2.2-14　型钢混凝土组合截面

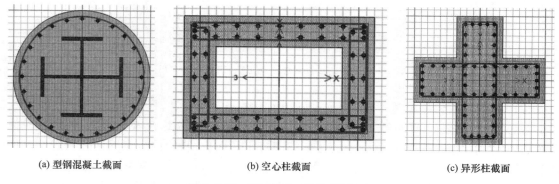

(a) 型钢混凝土截面　　　　　　　(b) 空心柱截面　　　　　　　(c) 异形柱截面

图 2.2-15　SD 截面—特殊截面定义

　　通过截面设计器定义的截面简称 SD 截面，在【截面形状】对话框（图 2.2-2）中点击"特殊截面"中的 Section Designer（截面设计器），弹出【定义 SD 截面】对话框，如图 2.2-16 所示。该对话框中各个参数的说明详见表 2.2-5。

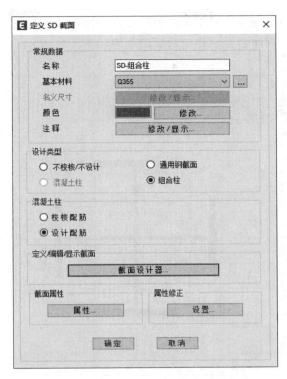

图 2.2-16　【定义 SD 截面】对话框

基本材料与设计类型之间的对应关系　　　　　　　　　　　　表 2.2-5

类别	选项	说明
常规数据	基本材料	不同截面材料按照等刚度原则换算为基本材料计算截面力学属性,该选项不会影响分析时构件的力学属性,但是会影响【设计类型】中的选项
	名义尺寸	用于钢筋混凝土截面的时间效应计算
	颜色	指定构件在模型视图中显示的颜色
	注释	用于对截面添加备注说明
设计类型	不校核/不设计	不进行校核或设计
	通用钢截面	仅当基本材料为钢材时可选,使用该 SD 截面的框架对象将按钢截面柱设计
	混凝土柱	仅当基本材料为混凝土时可选,使用该 SD 截面的框架对象将按混凝土柱设计
	组合柱	使用该 SD 截面的框架对象将按组合柱设计
混凝土柱	校核配筋	用于校核计算
	设计配筋	使用设计后处理器进行配筋设计
截面属性	属性	程序会依据截面尺寸自动计算截面对应的属性,点击该选项可以查截面的各个属性
属性修正	设置	用于对截面的轴向刚度、惯性矩、剪切面积等属性的修正

　　点击【截面设计器】按钮,弹出【截面设计器】对话框,如图 2.2-17 所示。在该对话框中,用户可以执行绘制截面、编辑截面、修改截面、选择或查看截面属性等操作。程序为一些常用操作设置了快捷命令,其中图示①中的快捷命令主要用于调整视图和截面属

性查看，图示②中的快捷命令主要用于绘制截面、快速选择和对象捕捉。将鼠标放置于对应的快捷命令图标上，程序会提示相应快捷命令的功能。

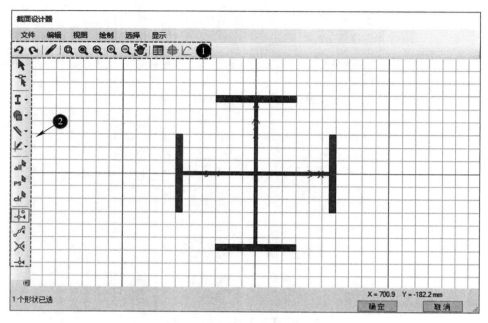

图 2.2-17　SD 截面设计器

截面设计器内置了不同种类的截面形式，用户可以通过【绘制】菜单或者左侧工具栏执行相应的绘制命令，表 2.2-6、表 2.2-7、表 2.2-8 分别列出了程序中自带的截面外形，包括：钢截面外形、混凝土外形和钢筋布置形式。

绘制钢截面外形
表 2. 2-6

按钮	绘制对象	按钮	绘制对象
	工字形/宽翼缘截面		圆管截面
	槽形截面		板
	T 形截面		弧
	角形截面		杆
	箱形截面		定义截面

绘制混凝土截面外形　　　　　　　　　　　　　　　　表 2.2-7

按钮	绘制对象	按钮	绘制对象
	矩形截面		十字形截面
	圆形截面		直线墙
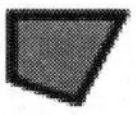	多边形截面		翼墙
	T 形截面		曲线墙
	L 形截面		饼弧形
	箱形截面		饼形
	圆管形截面		

绘制钢筋布置　　　　　　　　　　　　　　　　表 2.2-8

按钮	绘制对象	按钮	绘制对象
	单根钢筋		圆形钢筋
	线钢筋		圆弧形钢筋
	矩形钢筋		

在绘制对象时，用户可以通过捕捉命令快速定位特殊节点，表 2.2-9 中列出了程序支持的节点捕捉选项。用户可以通过菜单命令【绘制→捕捉到】或左侧工具栏快捷命令激活相应的捕捉选项。

捕捉设置　　　　　　　　　　　　　　　　表 2.2-9

按钮	绘制对象	按钮	绘制对象
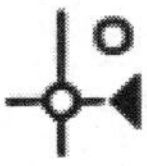	点和辅助线交点	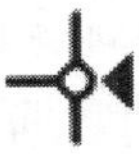	线段的垂足
	线端点和中点		轴网线、线和形状的边线
	线的交点	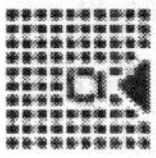	细分的轴网点

完成截面对象的绘制后，用户可通过【编辑】菜单中的命令对截面形状进行调整，包括调整截面位置、改变截面形状、调整钢筋布置等。需要注意的是，当出现一种材料包含在另一种材料的截面中（例如型钢混凝土组合柱）时，系统计算截面面积时会自动替换重叠部分的面积，替换原则为前置的截面替换后置的截面，如图 2.2-18 所示的型钢混凝土截面，型钢前置，程序会自动扣除型钢位置处混凝土截面的面积。

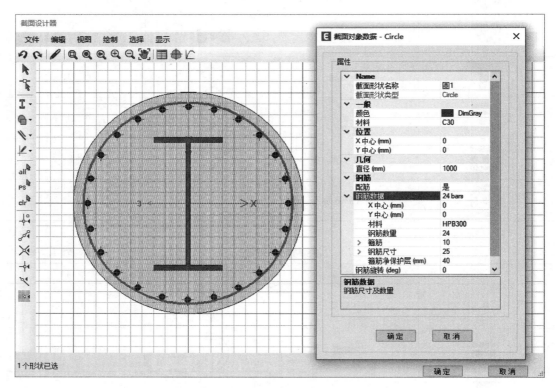

图 2.2-18　型钢混凝土 SD 截面

另外，用户也可以直接在视图窗口中对已绘制的图形进行编辑。如对于图 2.2-18 中的截面，首先点击鼠标左键选中圆形混凝土部分，然后点击鼠标右键，程序会弹出该圆形截面的属性对话框。该对话框包含了圆形混凝土截面的名称、颜色、材料、位置、尺寸、钢筋布置等信息，用户可以直接修改对象数据，修改完成后点击确定，圆形截面属性即实时更改。

完成截面定义后，用户可以通过【显示】菜单或工具栏相应的快捷命令查看截面的相关属性，包括查看截面属性、PMM 相关面、弯矩-曲率曲线。ETBAS 同时提供基于设计规范和纤维模型的 PMM 相关面数据，如图 2.2-19 所示。另外用户也可以对截面设置不同的轴力，查看在不同角度下截面的弯矩-曲率曲线，如图 2.2-20 所示。

5. 变截面

工程实际中经常遇到截面沿构件长度方向变化的构件，例如混凝土牛腿柱、钢结构中带变高度腹板的梁等，此类构件可通过 ETABS 中提供的变截面框架来模拟。

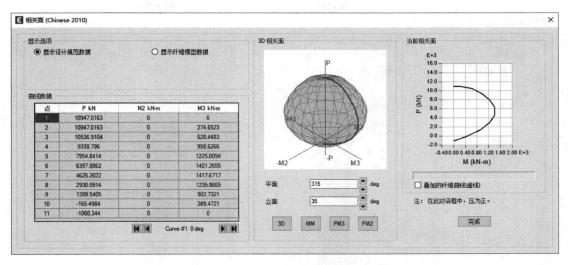

图 2.2-19　型钢混凝土截面 PMM 相关面

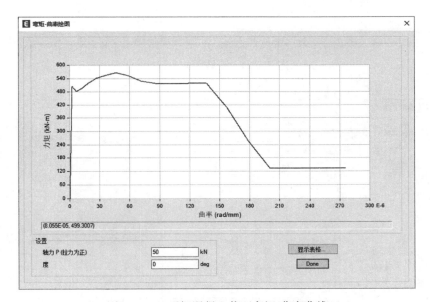

图 2.2-20　型钢混凝土截面弯矩-曲率曲线

以图 2.2-21 所示的牛腿柱为例，在 A、B、C、D 四个断面处均为矩形截面，AB 段截面为 SEC1（截面尺寸 500mm×300mm）；BC 段由 SEC1 线性变为 SEC2（截面尺寸 800mm×300mm）；CD 段为 SEC2，柱总高度 3800mm。

首先，定义两个控制截面 SEC1、SEC2。然后，在【截面形状】对话框（图 2.2-2）中，点击"特殊截面"中的【Nonprismatic】（变截面），弹出变截面定义的对话框，如图 2.2-22 所示。用户需指定构件从起始端到终止端各个节段上截面的变化形式，各个参数的说明请查看表 2.2-10，定义完成后可在视图窗（图示①）查看已定义变截面是否符合预期。注意，起始截面和终止截面分别代表沿构件局部坐标轴 1 轴（框架轴向）方向的起始端和终止端截面。

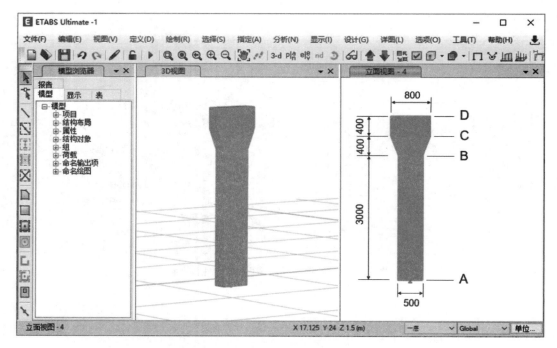

图 2.2-21　变截面的牛腿柱

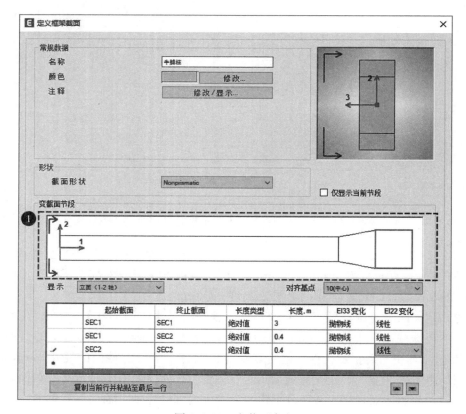

图 2.2-22　变截面定义

变截面参数定义　　　　　　　　　　　表 2.2-10

类别	选项	说明
常规数据	名称	指定截面名称
	颜色	指定构件在模型视图中显示的颜色
	注释	用于对截面添加备注说明
变截面节段	显示	调整构件视图，显示变截面构件的立面（1-2 轴）或立面（1-3 轴）
	对齐基点	调整截面对齐点，默认为中心对齐
	起始截面	选择构件的起始端截面
	终止截面	选择构件的结止端截面
	长度类型	相对值：输入的长度值为该截面段占构件总长度的比例 绝对值：输入的长度值为该截面段的实际长度
	长度	由长度类型决定，输入绝对长度或相对长度
	EI33 变化	局部坐标轴 3-3 方向 EI 值的变化规律。线性：截面间呈线性变化；抛物线：截面间呈平方关系变化；三次方：截面间呈立方关系变化
	EI22 变化	局部坐标轴 2-2 方向 EI 值的变化规律。线性：截面间呈线性变化；抛物线：截面间呈平方关系变化；三次方：截面间呈立方关系变化

图 2.2-22 中的"长度类型"有两种：绝对值和相对值。当框架截面为变截面时，该构件每一段的长度计算规则如下：

首先计算构件的净长度，$L_c = L - (i_{off} + j_{off})$，其中，$i_{off}$ 和 j_{off} 分别构件两端的端部偏移长度。然后，如果总绝对长度大于净长度，则各段绝对长度按照比例进行减小，至总绝对长度等于净长度；其他情况下，则按照定义的绝对长度计算。最后，余量长度（净长度减去总长度）按照各段变量长度的比例进行分配。例如，构件有两段变量长度，第一段的变量长度为 1，第二段的变量长度为 2，则余量长度的 1/3 分配至第一段，2/3 分配至第二段。

对于 EI 插值，ETABS 提供 3 个选项：线性（Linear）、抛物线（Parabolic）以及三次插值（Cubic）。EI 变化的设置依据截面的形状而定，例如：矩形截面宽度的线性变化导致 EI33 线性变化；矩形截面高度的线性变化导致 EI33 三次方变化；I 形截面高度的线性变化导致 EI33 近似抛物线变化。

除了 EI33 与 EI22 之外的属性，程序假定其在每个分段两端之间线性变化。如假定质量和重量密度总是在每个分段两端之间线性变化。

◎ 相关操作请扫码观看视频：

视频 2.2-4 变截面的定义

6. 其他截面

1）通用截面

通用截面的截面几何属性不通过截面尺寸确定，而是由用户直接输入。在定义截面时，用户只需指定该截面的材料及几何属性，截面的尺寸仅影响构件在拉伸视图状态下的显示，并不会影响截面的物理属性。

在【截面形状】对话框（图 2.2-2）中，点击"特殊截面"中的【General】（通用截面），弹出如图 2.2-23 所示的对话框。

　　在该对话框中，点击【修改/显示截面属性】按钮，用户可直接输入该截面的几何属性，例如：横截面面积、惯性矩、截面模量、剪切面积、回转半径等（图 2.2-24）。ETABS 在后续分析和设计中将直接使用此对话框中的数值。

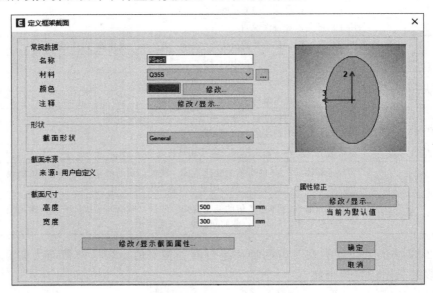

图 2.2-23　通用截面定义

图 2.2-24　通用截面定义

2）冷弯截面

程序内置的冷弯截面形状有三种：C 形冷弯截面（Cold Formed C）、Z 形冷弯截面（Cold Formed Z）、带卷边的 U 形冷弯截面（Cold Formed Hat），如图 2.2-25 所示。

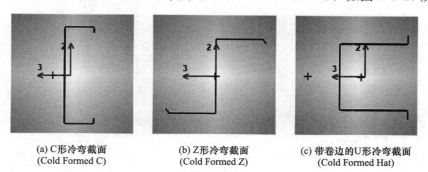

(a) C形冷弯截面 (Cold Formed C)　　(b) Z形冷弯截面 (Cold Formed Z)　　(c) 带卷边的U形冷弯截面 (Cold Formed Hat)

图 2.2-25　冷弯截面形状

定义冷弯截面时，首先在截面形状下拉列表中选择冷弯截面形状，如图 2.2-26 所示；然后指定截面尺寸。

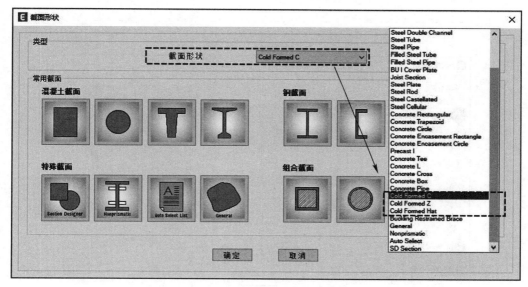

图 2.2-26　选择冷弯截面

以定义 C 形冷弯截面（Cold Formed C）为例，如图 2.2-27 所示，定义截面时用户需要指定截面材料和截面尺寸，程序根据截面尺寸自动计算截面属性。关于截面的属性修正可以参考本节钢筋混凝土截面中的相关内容。需要注意的是，对于冷弯截面，勾选"关于局部 2 轴镜像"复选框后，程序会对当前截面关于局部 2 轴进行镜像，得到一个新的截面，截面属性按照镜像后的新截面计算，与初始截面不同。

3）BRB 截面

ETABS 中可以定义防屈曲支撑（BRB）框架截面。在【截面形状】对话框（图 2.2-2）中截面形状的下拉列表中，选择"Buckling Restrained Brace"，然后点击【确定】按钮，弹出 BRB 截面定义对话框，如图 2.2-28 所示。

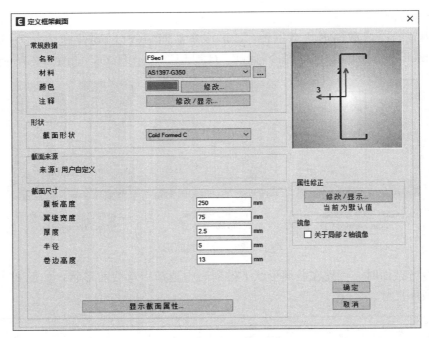

图 2.2-27　冷弯截面定义

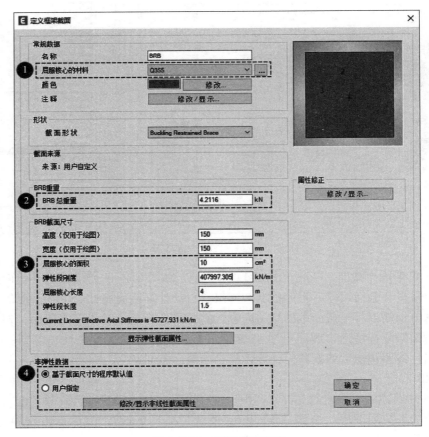

图 2.2-28　BRB 截面定义

　　定义 BRB 截面时，用户需要指定 BRB 截面定义中屈服核心的材料（图示①）、BRB 总重量（图示②）和截面尺寸（图示③）信息，注意截面尺寸中截面的高度及宽度仅用于拉伸视图中显示 BRB 构件的大小，不会影响构件的力学属性。程序会依据用户指定的截面信息计算 BRB 截面属性。

　　在图示④中，用户可以选择基于当前定义的截面尺寸，由程序计算截面的非线性属性，或由用户指定，默认由程序计算。点击【修改/显示非线性截面属性】选项，程序会显示当前截面的非线性属性参数，如图 2.2-29 所示。属性数据中有三类信息：Basic Properties（基本属性）、Acceptance Criteria（可接受准则）、Hysteresis Data（滞回数据），用户仅能修改可接受准则中的数据，其他数据均由程序确定，用户无法修改。基本属性中各个参数的计算方法可参考表 2.2-11，点击右侧的 "Check Data" 可以查看该 BRB 截面相应的力-变形曲线。

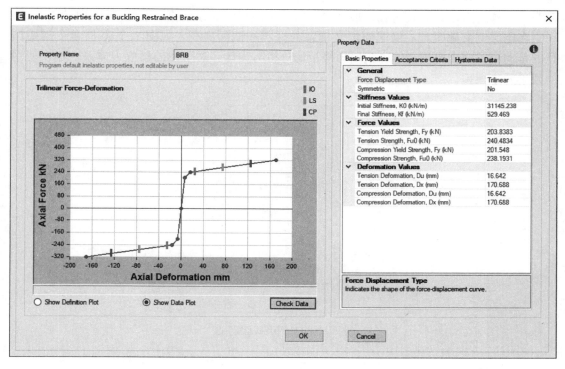

图 2.2-29　BRB 截面非线性

BRB 参数的计算 表 2.2-11

类别	参数	计算方法
Stiffness Values（刚度）	K_0	$K_0 = E \times$ 屈服核心面积/屈服核心长度
	K_f	$K_f = 0.017 \times K_0$
Force Values（力）	$F_{y, \text{tension}}$	$F_{y, \text{tension}} = 0.89 \times F_y \times$ 屈服核心面积
	$F_{u0, \text{tension}}$	$F_{u0, \text{tension}} = 1.05 \times F_y \times$ 屈服核心面积
	$F_{y, \text{compression}}$	$F_{y, \text{compression}} = 0.88 \times F_y \times$ 屈服核心面积
	$F_{u0, \text{compression}}$	$F_{u0, \text{compression}} = 1.04 \times F_y \times$ 屈服核心面积

续表

类别	参数	计算方法
Deformation Values（变形）	$D_{u,\text{tension}}$	$D_{u,\text{tension}} = 0.0039 \times$ 屈服核心长度
	$D_{x,\text{tension}}$	$D_{x,\text{tension}} = 0.04 \times$ 屈服核心长度
	$D_{u,\text{compression}}$	$D_{u,\text{compression}} = 0.0039 \times$ 屈服核心长度
	$D_{x,\text{compression}}$	$D_{x,\text{compression}} = 0.04 \times$ 屈服核心长度

注："计算方法"列中，E 为屈服核心材料的弹性模量，F_y 为屈服核心材料的屈服强度。

2.2.2 钢束截面

钢束是一种可以包含在其他对象（框架对象、面对象、实体对象）中的特殊对象类型，通过它可以模拟预应力和张拉应力对这些对象产生的影响。ETABS 中将钢束模拟为荷载，将预应力作为等效荷载，根据剖分的大小计算各剖分点的集中力和集中力矩。

在定义钢束截面时，仅需要定义钢束的材料和截面面积，如图 2.2-30 所示。需要注意的是钢束截面主要用于体内预应力楼板的分析与设计，对于体外预应力体系，建议使用框架单元来模拟。

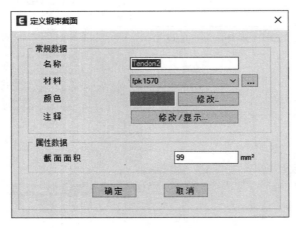

图 2.2-30　钢束截面定义

2.2.3 面对象截面

ETABS 把楼板、墙都抽象为面对象，依据其不同的特点将其分为楼板、组合楼板、墙体等不同的种类，但是它们的本质都是板壳对象。

在 ETABS 中定义面对象截面时，用户需要定义的基本信息包括截面的名称、单元类型、厚度、名义尺寸等，图 2.2-31（a）、（b）分别为定义楼板截面和墙截面的对话框。对于基本信息的定义，楼板、组合楼板、墙体的定义方法相同，仅在一些特有信息的定义方面存在差异。基本信息的具体介绍如表 2.2-12 所示，对于一些特有信息的介绍请查看相应章节。

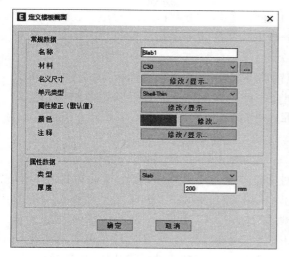

(a)【定义楼板截面】对话框

(b)【定义墙截面】对话框

图 2.2-31 楼板/墙截面定义

面对象截面常规数据定义 表 2.2-12

选项	说明
名称	指定截面的名称
材料	指定当前面截面的材料
名义尺寸	仅用于钢筋混凝土面截面的时间效应计算，详细说明请查看附注
单元类型	指定单元类型，可以选择：厚壳、薄壳、膜或分层壳，详细说明请查看附注
属性修正	用于对面对象截面的面内刚度、面外刚度、抗剪刚度等属性的修正，详细说明请查看附注
颜色	指定构件在模型视图中显示的颜色

附注：

（1）名义尺寸

支持根据构件截面定义时间相关属性数据中的名义尺寸。程序提供 3 种选项：自动计算、用户自定义、无。此处定义的参数只有在阶段施工工况中考虑时间相关效应时起作用。

（2）单元类型

ETABS 根据壳单元的力学性能提供了薄壳（Shell-Thin）、厚壳（Shell-Thick）、膜（Membrane）、非线性分层壳（Layered）几大类。

壳单元（Shell）具有面内刚度和面外刚度，既能承受面内膜力也能承受面外弯矩。壳单元适合模拟任何面对象。通过合理的网格剖分，在分析中能够考虑其刚度、质量对结构的贡献，并且能够得到面单元自身的应力、应变等结果。

另外，壳单元又分薄壳（Shell-Thin）和厚壳（Shell-Thick）。二者的主要区别在于是否考虑单元的横向剪切变形。一般地，当面对象的厚度小于其边长的 1/10 时，横向剪应力对变形的影响可以忽略，一般采用薄壳单元来模拟。厚壳单元适用于模拟横向剪切变形为主的面对象，例如：筏板、承台等。用户在不确定剪切变形是否可以忽略的情况下，推荐使用厚壳。

膜单元（Membrane）只具有面内刚度，仅能承受面内的力和法向弯矩。膜单元通常用于模拟建筑结构中的楼板，此类型单元在分析中只考虑其传递荷载的作用，而不关心单元本身的受力变形情况。

非线性分层壳（Layered）主要用于模拟钢筋混凝土壳体的非线性行为。分层壳单元考虑了面内弯曲-面内剪切-面外弯曲之间的耦合作用，能比较全面地反映壳体结构的空间力学性能，常用于模拟复杂的墙体或楼板的非线性行为。

图 2.2-32　面对象属性修正

（3）属性修正

刚度修正是对面对象刚度的调整（图 2.2-32），对话框中"膜"类型的修正指面内刚度的修正，以字母 f 表示；"抗弯"类型修正指面外刚度的修正，以字母 m 表示；抗剪刚度的修正以字母 v 表示，此外还有质量修正和重量修正。字母后面的数字表示面局部坐标轴方向。输入框中的是修正系数，默认值均为 1。在分析时，程序将使用修正系数与截面的刚度等属性相乘调整后的值。

修正系数只影响分析属性，不会影响任何设计属性。f11、f22 和 f12 实质上是壳单元厚度的修改系数，m11、m22 和 m12 实质上是壳单元厚度三次方的修改系数，但不会影响对质量和重量的计算。

1. 楼板/筏板截面

ETABS 中楼板/筏板截面的定义窗口如图 2.2-33 所示，这里主要介绍属性数据中的"类型"选项，包括了不同类型的楼板和筏板截面，用户可依据设计要求选择不同的类型。

图 2.2-33　楼板/筏板截面定义

程序中楼板截面类型有：Slab、Drop、Stiff、Ribbed、Waffle。其中 Slab 表示平板楼板截面，如图 2.2-34（a）所示。Drop 为托板，用来减小板跨、增加柱对板的支托面积，提高板的承载能力、刚度和抗冲切能力，如图 2.2-34（b）所示。Stiff 为刚域，在柱与楼板的连接、墙与楼板的连接处都存在刚度极大的区域，可以通过 Stiff 来模拟；刚域是刚性区域单元，程序将此单元的弯曲惯性矩增大 100 倍后考虑柱板、墙板的连接。Ribbed 表示设有单向加劲肋的楼板，如图 2.2-34（c）所示，在定义时用户需要指定加劲肋的尺寸、间距和方向。Waffle 为"华夫板"，设置有双向加劲肋，如图 2.2-34（d）所示，在定义时用户需要指定加劲肋的尺寸、间距。

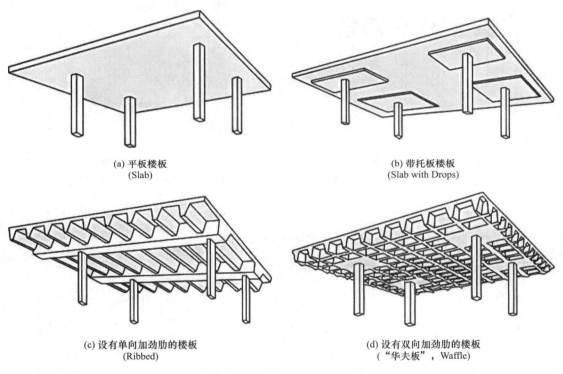

(a) 平板楼板
(Slab)

(b) 带托板楼板
(Slab with Drops)

(c) 设有单向加劲肋的楼板
(Ribbed)

(d) 设有双向加劲肋的楼板
（"华夫板"，Waffle）

图 2.2-34　各类型楼板示意图

如图 2.2-35（a）所示，在 ETABS 中，托板（Drop）、楼板（Slab）和刚域（Stiff）建立在同一平面上，这时，楼板和托板、刚域将出现重叠，如图 2.2-35（b）所示。在遇到面对象重叠时，程序基于板的优先级和绘制顺序来确定最终采用哪种属性。不同类型的板单元，其优先级为 Opening（开洞）＞Stiff（刚域）＞Drop（托板）＞Slab（楼板）。同种类型的板单元，如果面对象的形状尺寸相同，新（后）绘制的属性不会替代原有属性；如果面对象的形状尺寸不同，例如小板覆盖大板，则以小板的属性为优先，即以局部面单元的属性为优先。基于上述原因，在定义托板属性时，其厚度应该为从楼板顶面到托板底面的高度，刚域厚度以与托板厚度相同为宜。

当在重叠的面对象上施加荷载时，程序将叠加重叠区域的荷载。例如，在图 2.2-35 的楼板上施加了均布荷载，则该荷载同样作用于托板、刚域上。

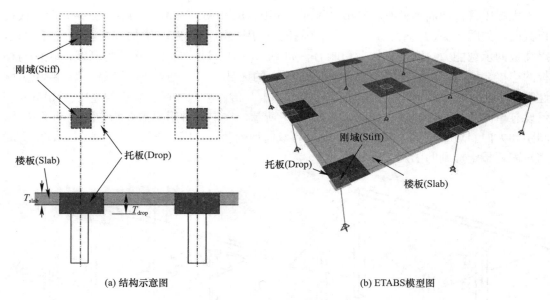

(a) 结构示意图　　　　　　　　　(b) ETABS模型图

图 2.2-35　楼板位置示意图

　　基础类型有筏板基础（Mat Founclation）、条形基础（Strap Footing）等，具体如图 2.2-36 所示。其定义方式和普通楼板（Slab）的定义方式相同，这里不再赘述。

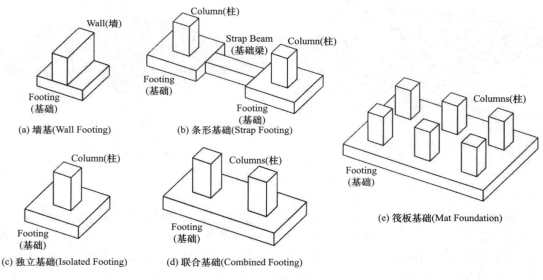

图 2.2-36　基础类型

◎相关操作请扫码观看视频：

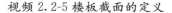

视频 2.2-5 楼板截面的定义　　　　视频 2.2-6 绘制楼板

2. 组合楼板截面

在钢结构中设计组合梁时，需要用到组合楼板（Deck）。在 ETABS 中，有三种不同类型的组合楼板，分别为非填充板（Unfilled）、填充板（Filled）和实体楼板（Solid Slab），如图 2.2-37 所示。

组合楼板的定义路径为：【定义→截面属性→组合楼板截面】。定义组合楼板时，需要定义面截面的常规数据及针对不同类型组合楼板的截面参数。

以定义一个"填充板（Filled）"组合楼板截面为例，如图 2.2-38 所示。该窗口中需要在"类型"选项卡中选择为"Filled"，确定类型后"属性数据"会自动依据所选类型调整所需输入的组合楼板截面参数。对于"Filled"截面参数可以参考图 2.2-37（b）填充板参数示意图来定义（在该窗口中点击"类型"选项卡后面的图标，可显示截面参数示意图）。程序会依据定义的参数自动计算相应截面的属性。需要注意的是，程序中组合楼板均采用膜单元（Membrane）模拟，用户无法修改。

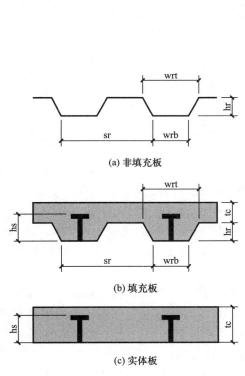

(a) 非填充板

(b) 填充板

(c) 实体板

图 2.2-37　组合楼板示意图

注：图中各尺寸标注的含义可参见图 2.2-38。

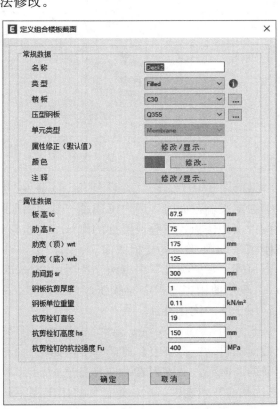

图 2.2-38　填充板（Filled）截面定义

◎ 相关操作请扫码观看视频：

视频 2.2-7 组合楼板的定义

3. 墙截面

ETABS 中墙肢、连梁可以采用墙截面模拟，【定义墙截面】对话框如图 2.2-39 所示。定义墙截面时，其类型通常选择为壳，同时考虑面内刚度和面外刚度。墙肢和连梁截面可以一起定义，也可以分开定义。如果一起定义，后续可通过墙肢/连梁标签区分。连梁刚度折减时，按连梁标签选择连梁再指定属性修正即可。如果分开定义，那么直接对连梁的刚度进行折减。

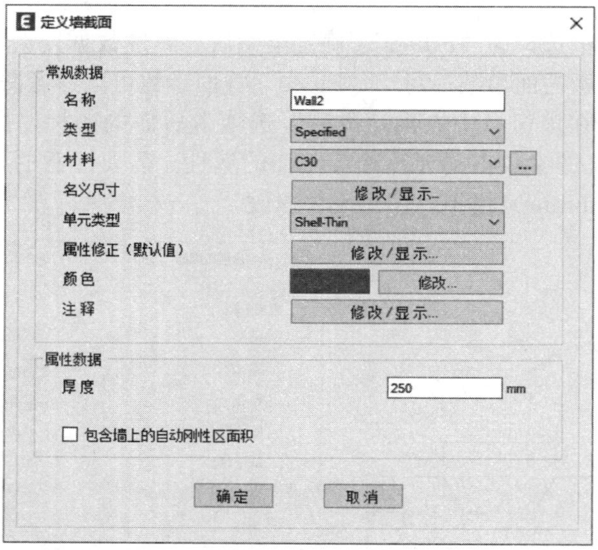

图 2.2-39 【定义墙截面】对话框

在定义墙截面时，用户可通过"包含墙上的自动刚性区面积"选项，来考虑墙顶和其他构件（如楼板）重叠位置处的刚域。勾选该选项后，程序会在重叠区域自动生成刚域，该刚域是 Stiff 类型的楼板截面。

另外，在"类型"中有两个选项，"Specified"和"Auto Select List"。其中，"Specified"表示使用当前指定的截面，"Auto Select List"类似框架截面中的自动选择列表截面，用于墙的优化设计。

当采用"Auto Select List"截面时，用户首先需要定义一系列备选墙截面。在【定义墙截面的自动选择列表】对话框中，如图 2.2-40 所示，"可用截面"列表中包含了所有已定义的墙截面，从该列表中选择备选截面后，点击【添加】按钮，选中的截面则显示在"已选截面"列表中，这一组截面将用于程序自动优化选择截面。默认情况下，ETABS 第一次分析所采用的截面为自动选择列表中按厚度排列在中间的截面。以图 2.2-40 为例，定义自动选择列表截面"Auto-Wall"，其所有截面均采用 C40，Wall-300 截面按面积大小排在第 3 位，程序默认选择该截面为墙的初始截面。用户可通过点击【初始截面】中的【修改】按钮修改初始截面。

当为模型中的墙体指定自动选择列表截面"Auto-wall"后，指定的墙体截面将显示"Wall-300（Auto-wall）"，表示墙体被用户指定为自动选择列表截面"Auto-wall"，并且初次分析所使用的截面为 Wall-300。依据分析内力，程序会自动判断墙截面是否满足规范要求，如果不满足，自动更换截面，直至找到满足规范要求的最小截面作为优化截面。

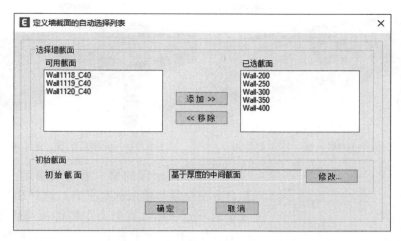

图 2.2-40　自动选择墙截面列表

◎相关操作请扫码观看视频：

视频 2.2-8 剪力墙的定义及绘制

2.3　模型设置

基本的建模过程除了搭建对象模型的几何位置，还需要依据实际结构的特点对模型对象进行调整，以得到更符合实际受力状态的分析结果。这些调整包括对构件间相对位置关系的调整、对构件刚度的调整、对构件间连接关系的调整等。ETABS 的【指定】菜单下，有一系列针对各类对象的属性指定命令，通过这些命令可以实现对模型更精细的调整或设置。

2.3.1　构件偏移

1. 梁板共同作用

依据《混凝土结构设计标准》GB/T 50010—2010（2024 年版）第 5.2.4 条规定，对现浇楼盖和装配整体式楼盖，宜考虑楼板作为翼缘对梁刚度和承载力的影响。用户可在有限元模型中考虑楼板作为翼缘对梁刚度的贡献，这需要两个前提条件：一是楼板需采用壳单元，不可选用膜单元，因为膜单元不具备平面外刚度（详见本书第 2.2.3 节），无法对梁抗弯刚度起到贡献；二是在建模过程中应正确反映梁板之间的相对位置关系。

在 ETABS 中创建几何模型时，一般遵循《混凝土结构设计标准》GB/T 50010—2010（2024 年版）第 5.2.2 条中规定，对梁、柱等一维构件的轴线取为截面几何中心的连线，墙、板等二维构件的中轴面宜取为控制截面中心线组成的平面或曲面，这样节点对应的位置通常为截面的几何中心，梁、板、柱的位置关系如图 2.3-1 所示，梁、板、柱的中心线相交于节点处。建模时，通过调整，柱顶节点标高通常为楼层标高，即板顶标高，因此真实的梁、板、柱的位置关系应如图 2.3-2 所示，柱顶、梁顶和板顶相交于楼层标高处。

图 2.3-1　不做调整的梁、板、柱位置关系

图 2.3-2　调整后的梁、板、柱位置关系

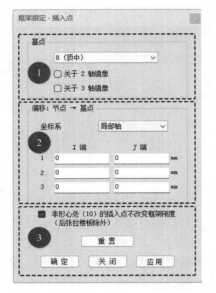

图 2.3-3　【框架指定 - 插入点】

用户可选择相应的梁，通过【指定→框架→插入点】命令使梁顶与楼层标高平齐；选择相应的楼板，通过【指定→壳→插入点】命令使楼板与楼层标高平齐，如图 2.3-3 和图 2.3-4 所示。用户通过调整梁的基点为"8（顶中）"（图 2.3-3 区域①），楼板的基点为"顶"（图 2.3-4 区域①），即可实现与楼层标高平齐。默认情况下，ETABS 中梁、板的插入点分别为"8（顶中）"和"顶"，所以直接在 ETABS 中建立的模型默认梁顶与板顶平齐，无需额外操作。但从外部接口导入的模型需要注意对此设置进行检查。如果梁采用的是钢梁，常常是梁顶与板底对齐，如图 2.3-5 所示，这时可通过基点偏移实现（图 2.3-3 的区域②）。用户首先选择坐标系为整体坐标系或局部坐标系，其中整体坐标系适合构件与整体坐标系平行的情况，局部坐标系适合各类情况，但是需在视图中显示框架局部轴，进而确定局部轴方向。确认坐标系后，输入相应的偏移值即可。如果使用 ETABS 的组合楼板，默认情况下钢梁顶即与板底对齐。

默认情况下，ETABS 中梁和板的偏心连接不会影响其截面刚度（轴向力产生附加弯矩），所以需要取消勾选"非形心处的插入点不改变框架刚度"复选框（图 2.3-3 和图 2.3-4 的区域③）。否则，插入点的作用仅限于在拉伸视图中形象直观地显示截面形状和构件位置，并不影响结构的分析结果。

需要注意的是，如果采用有限元的方法考虑梁板共同作用，全部楼板都会对结构刚度产生影响，而不是按照《混凝土结构设计标准》GB/T 50010—2010（2024 年版）表 5.2.4 的要求仅考虑有效翼缘宽度，这可能会造成结构刚度偏大。另外，这种建模方式的梁与板是两个对象，因此弯矩值也是由梁和板两者共同承担的，如图 2.3-6 所示，梁板共同承受的弯矩值 M 与梁板各自承受的内力值满足以下关系：

$$M = M_1 + M_2 + N \times h \tag{2.3-1}$$

式中：M_1——板承担的弯矩值；

　　　M_2——梁承担的弯矩值；

　　　N——梁、板承受的轴力值；

　　　h——梁截面形心与板截面形心之间的竖向距离。

图 2.3-4　【壳指定－插入点】

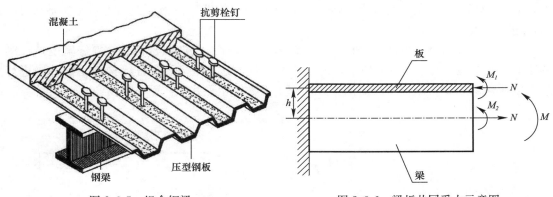

图 2.3-5　组合钢梁　　　　　　　图 2.3-6　梁板共同受力示意图

由上可以看出，单独查看梁时，梁为拉弯（或压弯）构件，但是在设计时，程序仅根据梁承担的弯矩值（即 M_2）进行配筋设计，因此会导致梁设计弯矩偏小，可能会给设计带来安全隐患，因此不推荐这种方法进行设计。所以，在常规结构设计中，更为常见的做法是：只考虑楼板的面内刚度（定义膜单元类型的楼板截面），对楼面梁指定刚度放大系数来考虑楼板翼缘对其面外刚度的影响，详见第 2.3.2 节。

2. 构件的偏移

当梁、柱的几何中心不在一条直线上时，需要在几何模型中体现构件偏心连接的效应。对于此类情况，推荐做法是：柱的轴线按几何中心确定，而对梁做偏心处理。因为如果对柱做偏心处理，柱底节点并不位于柱的几何中心处，可能使柱的支座反力产生一个由柱轴力和偏心引起的附加弯矩。当需要导出柱底反力进行基础设计时，由于提取的是柱底节点，而非柱几何中心处的支座反力，但基础建模又是以柱底节点为中心布置，柱的偏心

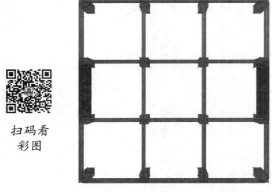

图 2.3-7　构件偏心的实现

处理可能会影响基础的合理设计。

　　用户可参考图 2.3-3 和图 2.3-4 进行构件偏移的设置，需要注意的是，墙偏移时，需先将墙与所属的节点都选中后，再执行壳插入点的命令。构件偏移设置后，可通过拉伸视图查看偏移效果，如图 2.3-7 所示。

　　◎相关操作请扫码观看视频：

视频 2.3-1 构件的偏移

2.3.2　框架梁调整

　　上节中介绍了通过有限元方法考虑楼板对梁刚度的贡献，但在实际工程中更多的是依据《高层建筑混凝土结构技术规程》JGJ 3—2010 第 5.2.2 条和《高层民用建筑钢结构技术规程》JGJ 99—2015 第 6.1.3 条，直接将梁刚度进行放大。用户可选择相应的梁，通过【指定→框架→属性修正】命令放大梁刚度，楼板对梁刚度的贡献主要是提高了梁关于 3 轴的惯性矩，因此在图 2.3-8 中"关于 3 轴的惯性矩"一项输入放大系数即可。一般情况下，混凝土框架梁可按中梁放大 2 倍，边梁放大 1.5 倍处理；钢框架梁可按中梁放大 1.5 倍，边梁放大 1.2 倍处理。

　　用户还可以通过【设计→结构总信息】命令让程序自动按照楼板有效翼缘宽度计算梁刚度的放大倍数，如图 2.3-9 所示，但是需要注意的是，这需要保证梁构件之前并未进行过刚度属性修正，否则程序会对两个属性修正系数做相乘处理，而非替换。

图 2.3-8　【框架指定-属性修正】

	选项	数值
01	结构体系	框架
02	楼层刚度	楼层剪力/位移
03	框架承担的倾覆力矩	规范方法
04	结构重要性系数 γ_0	1
05	活荷载使用年限调整系数 γ_L	1
06	超强系数	1
07	性能水准	常规设计
08	混凝土楼面梁刚度的自动放大	否
09	高层建筑?	否
10	不规则楼层调整系数	1.25
11	0.2Q_0调整系数的上限值	2
12	塔1	T1
13	首层层号	NONE
14	嵌固层层号	NONE
15	转换层层号	NONE
16	裙房顶层层号	NONE
17	楼层分段数	1

图 2.3-9　混凝土楼面梁刚度的自动放大

这种方法虽然能够考虑楼板对梁刚度的贡献，但是无法考虑楼板对承载力的贡献，这虽然对梁自身而言是偏于安全的，但也会因为梁配筋过大导致"强柱弱梁"难以实现，因而另外一种考虑楼板对梁刚度贡献的方法是采用 T 形截面进行建模，如图 2.3-10 所示。T 形截面建模的好处在于既可以考虑有效宽度内楼板对梁刚度的贡献，还可以在设计中考虑楼板混凝土对设计的贡献，是以上做法中与《混凝土结构设计标准》GB/T 50010—2010（2024 年版）第 5.2.4 条吻合最好的，但也会导致建模较为烦琐。

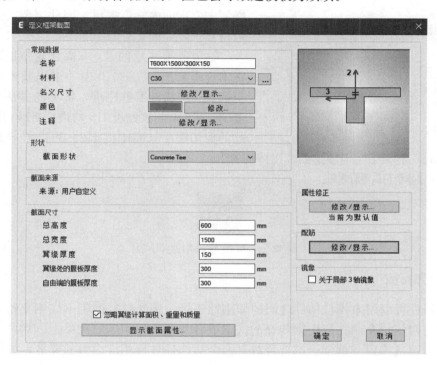

图 2.3-10　T 形截面定义

◎ 相关操作请扫码观看视频：

视频 2.3-2 楼面梁刚度放大

2.3.3　连梁调整

依据《高层建筑混凝土结构技术规程》JGJ 3—2010 第 5.2.1 条要求，高层建筑结构在地震作用效应计算时，可对连梁刚度进行折减，折减系数不宜小于 0.5。同时条文说明中也提到，当连梁跨高比较大（比如大于 5）时，重力作用效应比水平风荷载或水平地震作用效应更为明显，必要时可不进行梁刚度折减；且对重力荷载、风荷载作用效应计算不宜考虑连梁刚度折减。这就需要建立两个模型分别计算地震效应组合与重力荷载、风荷载作用组合，而在目前的 ETABS 中是难以进行这种多模型的自动分析与设计的，用户可以借助 CiSDC 软件完成多模型的自动分析与设计，详见第 7 章的相关内容。

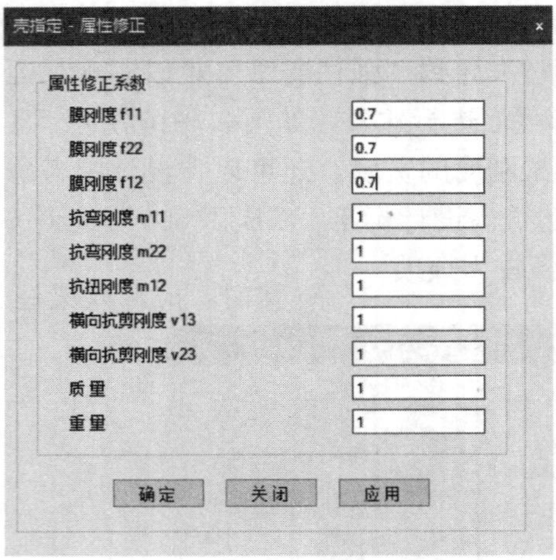

由于连梁可以采用框架单元或壳单元模拟，不同的单元类型相应的刚度调整的设置也不一样，当连梁采用框架模拟时，可参考 2.3.2 节中的图 2.3-8；当连梁采用壳单元模拟时，用户可选择相应的连梁，通过【指定→壳→属性修正】命令对连梁刚度折减，由于连梁和剪力墙的抗侧刚度主要由面内刚度提供，因此需要对其膜刚度进行修正，如图 2.3-11 所示。

这里需要注意的是，《高层建筑混凝土结构技术规程》JGJ 3—2010 中并未提及连梁的刚度折减具体应折减哪些刚度，常见的做法是将膜刚度 f11 和 f22 与膜刚度 f12 均进行折减，而折减连梁的剪切刚度（膜刚度 f12）可能会导致连梁剪

图 2.3-11　连梁属性修正

力也被折减，不利于实现连梁的"强剪弱弯"。

◎ 相关操作请扫码观看视频：

视频 2.3-3 连梁的刚度折减

2.3.4　端部释放

端部释放可以用来模拟构件之间的非刚性连接，例如铰接的钢梁、钢支撑或桁架腹杆等，有些时候也会用在与边梁相交的次梁或者与墙面外相连的次梁上。用户可选择相关杆件，通过【指定→框架→端部释放】命令对构件进行相应内力的释放，如图 2.3-12 所示。

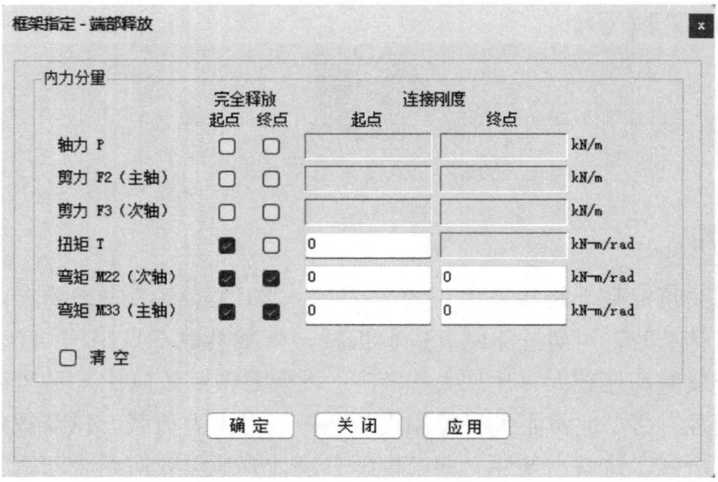

图 2.3-12　构件端部释放

◎ **相关操作请扫码观看视频：**

视频 2.3-4　杆件的端部释放

此命令还可以用于半刚性连接的模拟，《钢结构设计标准》GB 50017—2017 第 5.1.4 条指出，框架结构的梁柱连接宜采用刚接或者铰接。梁柱采用半刚性连接时，应计入梁柱交角变化的影响。此时用户需将计算得到的半刚性连接的刚度值直接填写入图 2.3-12 中的"连接刚度"内。由于我国规范并没有给出判断半刚性连接的依据和半刚性连接刚度的计算方法，目前可参考欧洲规范或者美国规范进行计算和判定，图 2.3-13 为美国 AISC-360 规范对半刚性连接刚度的计算和判定方法，其中 FR 为刚性连接；PR 为半刚性连接；Simple 为铰接；θ_s 为正常使用状态下的转角值；K_s 为正常使用状态下的割线刚度值，由正常使用状态下弯矩值与转角值的比值确定；$K_s=20EI/L$ 和 $K_s=2EI/L$ 分别为刚接与铰接的临界刚度值。

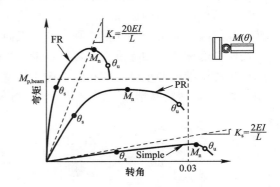

图 2.3-13　AISC-360 规范连接刚度的
计算与判定

目前，国际上已经有一些软件可以完成半刚性连接的计算和判定，例如 IDEA 软件，不仅可以通过有限元方法计算出节点的弹塑性弯矩-转角曲线，还可依据各国规范给出具体的节点刚度值，并进行连接性的判断，图 2.3-14 所示为按欧洲规范计算的连接刚度。

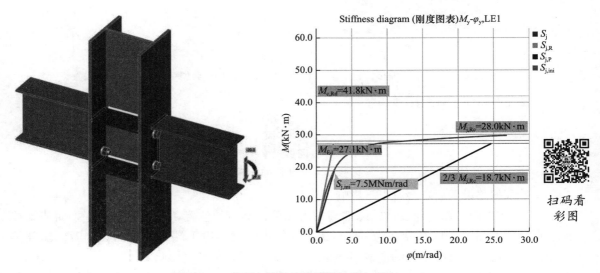

图 2.3-14　IDEA 软件连接刚度计算与判定

2.3.5 梁柱节点

对于框架结构，梁柱相交处存在重叠区域，这部分区域称为节点区。对于一维杆系模型，无法对节点区进行描述，因此需要在设计或者分析中对节点区做一些特殊处理。

1. 端部偏移

无论是混凝土框架还是钢框架，在设计时原则上均需保证强节点、弱构件，让预期的塑性铰发生在梁端或柱端，而非节点区域内，因此构件设计时可以不考虑节点区内的部分。用户可选择构件后，通过【指定→框架→端部偏移】命令描述节点区的范围，如图 2.3-15 所示。

程序默认的构件端部偏移如图 2.3-16 所示，图中加黑线段即构件端部偏移的范围。由于柱顶标高同结构板顶标高，因此柱的端部偏移统一设置为自节点向下偏移，偏移长度默认同梁高。而梁的端部偏移则是自节点向外偏移，偏移长度默认为柱宽的一半。程序还会按照端部偏移值扣除重叠区域的重量，当用户选择"自动计算"时，程序会计入柱全长的重量和梁净长的重量，即扣除梁偏移长度内的重量。对于大部分情况，用户可选择"自动计算"，如遇特殊情况，用户可手动设置偏移值。

图 2.3-15　端部偏移设置

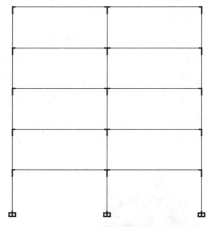

图 2.3-16　典型结构的端部偏移设置

◎ 相关操作请扫码观看视频：

视频 2.3-5 杆件的端部偏移

端部偏移设置后，会有以下影响：

1）构件内力输出与设计的端部测站为端部偏移后的位置，即柱边或梁底，而非梁端节点处。如图 2.3-17 所示，为方便对比，示例中的梁考虑了端部偏移而柱未考虑端部偏移。但是需要注意的是，端部偏移本身并不会对分析结果产生影响。

2）对于同时指定端部释放的框架对象，程序会将端部释放设置于端部偏移外，而非梁端节点处。如图 2.3-18 所示，为方便对比，示例中的梁考虑了端部偏移且端部按铰接释放，柱未考虑端部偏移和端部释放，可以看出梁铰接的位置位于端部偏移处，此处弯矩为零；由于梁端剪力的存在，梁端与柱端均存在弯矩。

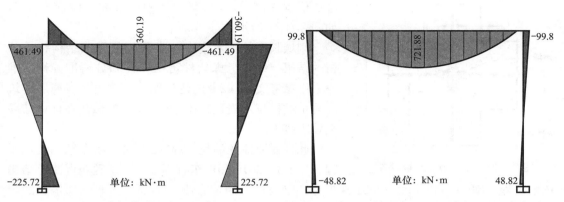

图 2.3-17　端部偏移对内力图的影响　　　图 2.3-18　梁考虑端部偏移和铰接释放时的弯矩图

3）如果构件为变截面，变截面的可变长度是基于构件的净长度，而非全长，净长度 $L_c = L - (i_{off} + j_{off})$。其中，$L$ 为框架对象的全长；i_{off} 和 j_{off} 分别为框架对象在 i 端和 j 端沿长度方向的端部偏移值。图 2.3-19 和 2.3-20 分别为不考虑端部偏移和考虑端部偏移后的变截面梁实际长度。对比可知，图 2.3-19 中的变截面梁是基于全长变化（从节点到节点），图 2.3-20 则是基于净长（从柱边到柱边）变化。

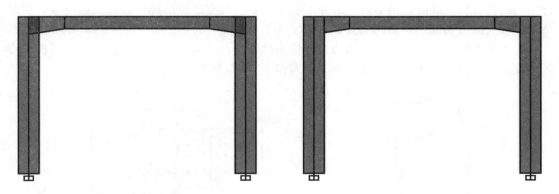

图 2.3-19　不考虑端部偏移　　　　　　　图 2.3-20　考虑端部偏移

2. 刚域

《混凝土结构设计标准》GB/T 50010—2010（2024 年版）第 5.2.2 条要求，梁、柱等杆件间连接部分的刚度远大于杆件中间截面的刚度，在计算模型中可作为刚域处理；《高层建筑混凝土结构技术规程》JGJ 3—2010 第 5.3.4 条则对刚域的长度做了具体的要求。用户可以通过在【框架指定-端部偏移】对话框（图 2.3-15）中指定刚域系数实现刚域的设置，刚域大小为偏移长度与刚域系数的乘积，当刚域系数为 1 时，表示整个偏移长度范围内均为刚域；当刚域系数为 0.5 时，表示从端点开始偏移长度 0.5 倍范围内为刚域。

不同规范对于刚域系数的取值有所不同。例如，广东省标准《高层建筑混凝土结构技术规程》DBJ/T 15—92—2021 第 5.3.4 条规定仅对梁设置刚域，不对柱设置刚域，这样可以增大柱的计算长度以及柱顶弯矩，有利于实现"强柱弱梁"。美国规范 ACI 中允许将

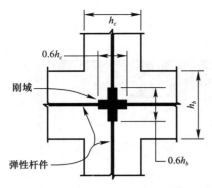

图 2.3-21 梁柱节点刚域设置

梁柱刚域系数设置为 1，而另一种更为常见的替代做法是依据文献［2］将梁、柱刚域系数均设置为 0.6，如图 2.3-21 所示。

刚域长度的确定会在一定程度上影响结构整体分析的结果。综合考虑软件可操作性和分析准确性，推荐采用参考文献［2］的建议取值，这也与《高层建筑混凝土结构技术规程》JGJ 3—2010 的做法在计算结果上较为接近。

此外需要注意的是，《高层建筑混凝土结构技术规程》JGJ 3—2010 和广东省标准《高层建筑混凝土结构技术规程》DBJ/T 15—92—2021 都规定，梁设计弯矩取自刚域端部，而非端部偏移的端部，进而出现了这样的做法：将端部偏移值设置为刚域长度，即刚域系数取为 1。由于两本规范均未对此种做法给出合理的依据，而且与国际上的做法不一致，也会造成梁配筋偏大，不利于实现"强柱弱梁"，因而本书不推荐此种做法，建议梁设计弯矩取自端部偏移后的端部，通常为柱边。

3. 节点区

依据《高层民用建筑钢结构技术规程》JGJ 99—2015 第 6.2.5 条的规定，梁柱刚性连接的钢框架计入节点域剪切变形对侧移的影响时，可将节点域作为一个单独的剪切单元进行结构整体分析。此时，钢节点区域并不会像混凝土节点区域那样形成很大的刚度，而是会产生较大的剪切变形，如图 2.3-22 所示。

由于节点区的变形，梁柱之间的交角将不再是直角，因此需要单独的单元来模拟节点区刚度。一种较为简单的计算模型为"剪刀模型"，如图 2.3-23 所示。

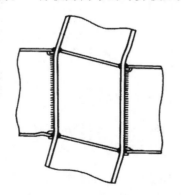

图 2.3-22 节点区变形示意图

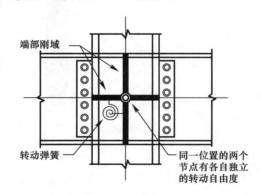

图 2.3-23 节点区计算简图

从计算简图中可以看出，节点区的剪切变形是采用在梁与柱之间的节点上添加一个弹簧的方法来模拟的，这似乎与前文中使用端部释放功能模拟梁柱半刚性连接是相似的，但是这两种方法描述的现象并不相同。"节点区"是用来描述节点区的剪切变形，针对的对象是节点；"端部释放"是描述梁与柱的转动连接关系，针对的对象是梁，如图 2.3-24 所示。

用户可以选择相应节点后，通过【指定→节点→节点区】命令来考虑节点区的刚度，如图 2.3-25 所示。

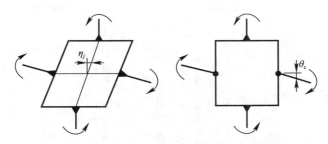

图 2.3-24　节点区（左）与梁半刚性连接（右）分析原理示意图

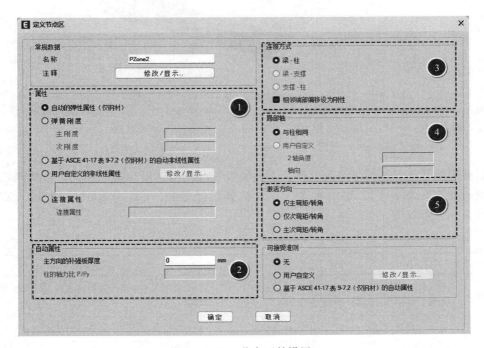

图 2.3-25　节点区的设置

对于一般的弹性分析，用户可在图 2.3-25 区域①中选择自动弹性属性，程序会自动按照柱腹板厚度、柱宽度以及梁高度计算弹簧属性；如果节点区设置有补强板，会增加节点区刚度，用户需要在区域②中进行设置；默认情况下，程序会将梁柱端部偏移区域设置成刚性，与图 2.3-23 相匹配，用户一般无须对区域③进行修改；当用户选择自动的弹性属性时，局部轴将直接设定为与柱相同，不可修改，见区域④；当柱为工字钢时，可以仅激活主方向弹簧，当柱为钢管截面时，需激活主次两个方向，用户可在区域⑤中进行设置。

2.3.6　隔板

隔板通常指的是楼板或屋面板，是结构的重要组成部分。隔板在结构中起到了多种作用，包括：将水平力传递至抗侧力构件；水平力的转换（例如带大底盘的多塔结构，大底盘的顶板就起到将塔楼的水平力转换到底盘中的作用，另外一个例子是转换层处的楼板）；传递竖向力；为竖向构件提供侧向支撑等。文献［3］中给出了隔板的具体作用以及隔板的设计方法，如图 2.3-26 所示。

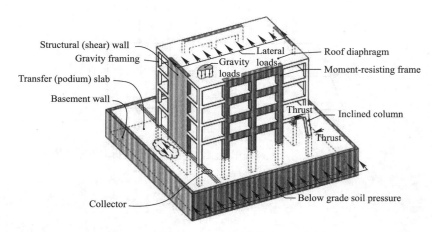

图 2.3-26　隔板的作用

注：Structure（shear）wall—剪力墙；Gravity framing—重力承载框架；Transfer（podium）slab—（底部）转换层楼板；Basement wall—地下室墙；Collector—水平作用传递梁；Gravity loads—重力荷载；Lateral loads—横向作用；Roof diaphragm—屋盖板；Moment-resisting frame—抗弯框架；Thrust—推力；Inclined column—斜柱；Below grade soil pressure—基底以下土压力。

　　隔板依据其刚度情况可分为三种：刚性隔板、准刚性隔板和柔性隔板，各类隔板的假定与使用范围见表 2.3-1，也可参考《建筑抗震设计标准》GB/T 50011—2010（2024 年版）第 3.6.4 条和第 5.2.6 条。

隔板假定与使用范围　　　　　　　　　　　　表 2.3-1

隔板类型	描述	适用范围
刚性隔板	假设隔板在平面内是刚度无穷大的，地震作用会按照竖向构件的相对刚度进行分配	适合于模拟大多数混凝土楼板或有混凝土填充的组合楼板
准刚性隔板	通过有限元方法在分析中考虑隔板的刚度，其刚度值由隔板的尺寸、厚度及材料确定	准刚性隔板更加真实，但是计算也更花费时间，适用于隔板不规则的情况，如大量开洞或狭长的隔板
柔性隔板	相比于竖向构件的刚度，假定柔性隔板是完全柔性的，隔板之间被认为是简支的，侧向力按照竖向构件的从属质量进行分配	适合于木楼板、钢格栅板等非混凝土楼板。更适合于手算而非计算机程序计算

　　由于隔板可能会被用于施加风荷载（详见第 3.2 节）和地震作用（详见第 3.3 节）的计算，因此用户一般需要在 ETABS 中对模型设置隔板。首先需要通过【定义→隔板】命令定义隔板，此步骤为隔板指定名称，并选择隔板类型（刚性或准刚性）。然后选择节点或楼板进行隔板的指定。

　　ETABS 提供两种隔板指定方式：节点隔板和壳隔板。二者的计算原理（约束方程）和力学性能（面内刚度无穷大）是完全相同的，但是两种隔板指定的方式是有所区别的。当通过选择节点，【指定→节点→隔板】命令进行指定时，用户所选的节点必须在同一标高处，如果节点标高不一致，程序将会给出警告。这种方法较为灵活，可以对任意区域的节点设置任意数量的隔板。当通过选择楼板，【指定→壳→隔板】命令进行指定时，程序会快速地将楼板范围内的所有节点指定到隔板，此种方法比较方便，如果已经对楼板指定隔板，后续建模时又在楼板范围内添加了其他节点，这些节点将自动添加到隔板中，无需再次指定。

　　对于隔板类型的选择，一般进行位移角、位移比等大指标统计时，推荐采用刚性隔板；而在构件设计阶段，则推荐采用准刚性隔板，因为刚性隔板可能会限制隔板内构件的变形，造成内力异常，例如计算温度作用时，刚性隔板导致面内节点不发生相对变形，梁、板等构件不能伸长或缩短，导致温度作用下构件的内力异常大；再例如刚性隔板会导致加强层伸臂桁架的上下弦杆不产生变形，进而不产生内力，因此《高层建筑混凝土结构技术规程》JGJ 3—2010 第 10.3.2 条第 2 款要求，结构位移和内力计算中，设置水平伸臂桁架的楼层宜考虑楼板平面内的变形。

　　◎ 相关操作请扫码观看视频：

视频 2.3-6 刚性隔板

2.3.7　二阶效应

　　依据《高层建筑混凝土结构技术规程》JGJ 3—2010 第 5.4.1 条和第 5.4.2 条的规定：当结构刚度不满足第 5.4.1 条规定时，结构弹性计算时应考虑重力二阶效应对水平力作用下结构内力和位移的不利影响。重力二阶效应可以分为 $P\text{-}\Delta$ 效应和 $P\text{-}\delta$ 效应，如图 2.3-27 所示。但是对于大多数结构，特别是高层建筑，$P\text{-}\Delta$ 效应对整体的二阶效应是占主导地位的，而 $P\text{-}\delta$ 效应只在比较柔的柱中相对显著，因此分析时可以将关注点放到 $P\text{-}\Delta$ 效应的计算上。

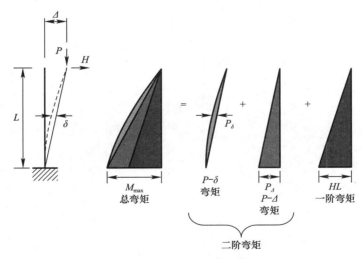

图 2.3-27　$P\text{-}\Delta$ 效应与 $P\text{-}\delta$ 效应

　　二阶效应分析属于几何非线性分析，由于非线性分析无法叠加，因此较为常见的做法是将荷载组合转化为非线性工况进行分析，但是这种方法计算量大，且无法考虑反应谱工况的相关组合。为此，文献［4］提出了一种近似的计算 $P\text{-}\Delta$ 效应的方法，并具有很好的精度。

　　ETABS 是通过几何刚度来计算二阶效应的，具体可参考第 6.1.1 节的内容，从图 6.1-1 可以看出，只有构件的轴力会对几何刚度产生影响，而构件水平力不会对几何刚度产生影响。对于整体结构而言，水平力虽会对竖向构件的轴力产生影响，但水平力会使部分竖向构件产生拉力，另一部分竖向构件产生压力，且拉力与压力等大，这会导致受拉的竖向构件刚化，使受压的竖向构件柔化，两相抵消，对整体刚度基本没有影响，所以结构整体的几何刚度将会受到重力荷载的控制。因此，按下面的做法考虑 $P\text{-}\Delta$ 效应是可行的：

1）先计算重力荷载下结构非线性刚度（包括结构弹性刚度与几何刚度），仅需计算一次。

2）所有工况均继承上述刚度进行线性静力分析（地震作用是通过模态工况继承非线性刚度考虑的）。

3）定义荷载工况进行线性组合。

上述考虑 $P\text{-}\Delta$ 效应的方法在 ETABS 中可以通过【定义→预设 P-Delta 选项】命令（图 2.3-28）快速实现（以下简称预设 $P\text{-}\Delta$ 方法），如图 2.3-28 所示。

为验证上述方法的可行性，现以一个 5 层的单榀平面框架为例进行说明。框架跨度为 8m，各层高度为 3m，梁、柱截面均为 HW300×300×10×15，钢材牌号为 Q235，各层柱顶节点施加竖向荷载 P 和水平荷载 H，大小分别为 500kN 和 50kN，模型如图 2.3-29 所示。

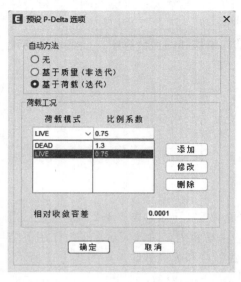

图 2.3-28　预设 $P\text{-}\Delta$ 选项定义

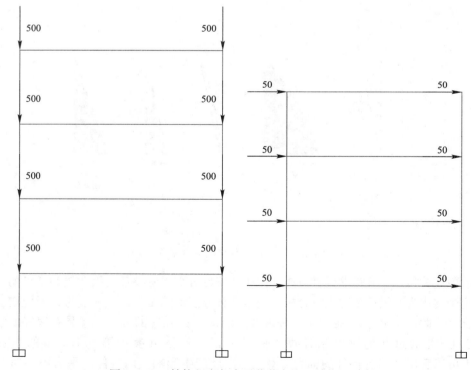

图 2.3-29　结构竖向与水平荷载布置（单位：kN）

在 P 和 H 荷载的共同作用下，结构的弹性分析变形如图 2.3-30 所示，2 号节点的水平变形为 193.408mm。

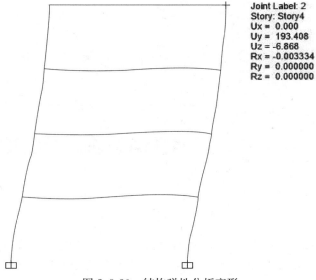

图 2.3-30　结构弹性分析变形

现分别采用非线性工况（图 2.3-31）和预设 P-Δ 方法（图 2.3-32）进行二阶效应分析。

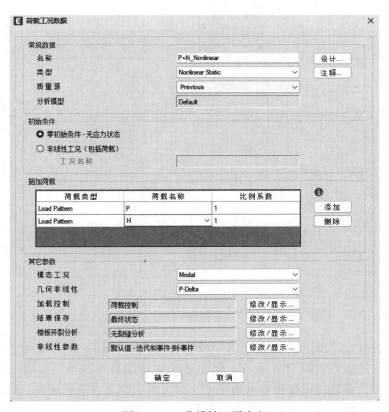

图 2.3-31　非线性工况定义

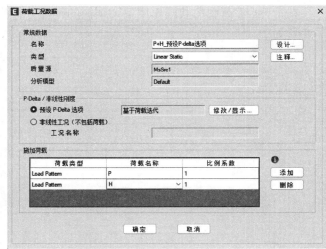

图 2.3-32　预设 P-Δ 方法

两种方法的计算结果如图 2.3-33 所示，可以看出两种方法有很好的一致性，2 号节点的变形分别为 239.410mm 和 239.503mm，均较弹性分析变形有所放大。

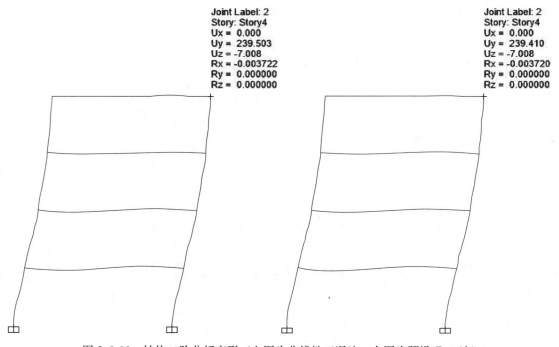

图 2.3-33　结构二阶分析变形（左图为非线性工况法，右图为预设 P-Δ 法）

由以上分析可知，预设 P-Δ 法通过一次性计算重力荷载下的非线性刚度，可以很好地计算出由结构侧移产生的 P-Δ 效应，但是各个荷载组合中的重力荷载不同，因此预设 P-Δ 选项中重力荷载选择就变得非常重要了。因为所选的重力荷载越大，P-Δ 效应将越显著，所以可以保守地选择一个较大的重力荷载。

依据规范，一般的结构需考虑以下荷载组合：

1）1.3DL＋1.5LL

2）1.3DL＋1.5LL±0.9WL

3）1.3DL＋1.05LL±1.5WL

4）1.3DL＋γ_{EG}×1.3LL±1.4Eh

5）1.0 DL＋1.5LL＋0.9WL

6）1.0DL＋γ_{EG}×1.3LL＋1.4Eh

（注：γ_{EG} 为计算重力荷载代表值时的可变荷载组合值系数，DL 为恒荷载，LL 为活荷载，WL 为风荷载，Eh 为水平方向地震作用。）

对于设计而言，荷载组合 1）没有侧向荷载，通常来讲其 P-Δ 效应是不重要的；对于荷载组合 2）和荷载组合 3），则通常是荷载组合 3）对结构整体响应起控制作用，因此更推荐将 1.3DL＋1.05LL 选为预设 P-Δ 选项中的重力荷载；对于荷载组合 3）和荷载组合 4），荷载组合 4）的重力荷载部分一般是更小的，但是当明确荷载组合 4）在设计中起控制作用时，也可将 1.3DL＋γ_{EG}×1.3LL 选为预设 P-Δ 选项中的重力荷载，如果无法判断控制组合，也可保守地取 1.3DL＋1.05LL；荷载组合 5）和荷载组合 6）的重力荷载相比荷载组合 3）和荷载组合 4）更小，可不予考虑。以上做法仅为推荐做法，用户也可按照《高层建筑混凝土结构技术规程》JGJ 3—2010 第 5.4.1 条，或《高层民用建筑钢结构技术规程》JGJ 99—2015 第 6.1.7 条规定中的 G_i（或 G_j）进行取值。

参考文献

[1]　American Institute of Steel Construction. Specification for Structural Steel Buildings：ANSI/AISC Standard 360-16 [S]. Chicago：American Institute of Steel Construction，2016.

[2]　BIRELY A C, LOWES L N, LEHMAN D E. Linear analysis of concrete frames considering joint flexibility [J]. ACI Structural Journal，2012，109（3）：381-391.

[3]　MOEHLE J P, HOOPER J D, KELLY D J, et al. Seismic Design of Cast-in-Place Concrete Diaphragms，Chords，and Collectors [M]. Washington DC：National Institute of Standards and Technology，2010.

[4]　WILSON E L, HALIBULLAH A. Static and Dynamic Analysis of Multi-Story Buildings Including P-Delta Effects [J] Earthquake Spectra，1987，3（2），289-298.

第3章

施 加 荷 载

从更广义的角度，荷载可分为静荷载和动荷载，荷载本身的属性决定了对应的分析方法。对于建筑结构而言，最常见的荷载有恒荷载、活荷载、风荷载、地震作用、温度作用等。这也是本章重点介绍的内容。在阅读本章内容之前，建议读者先了解本书第 1 章关于荷载模式、荷载工况等与荷载、分析相关的内容。

本章将介绍各种常见荷载的施加方式，这里涉及程序自身的一些技术，比如活荷载不利布置、风荷载作用方式、地震作用的计算方法等，希望通过解释说明帮助用户更好地应用这些技术。同时，本章也会结合我国设计规范的规定，阐释程序实现的细节。

3.1 恒荷载和活荷载

建筑结构中的恒、活荷载通常以点荷载、线荷载和面荷载的形式作用在结构上。在 ETABS 中，首先通过【定义→荷载模式】命令定义荷载模式，然后通过指定荷载命令施加相应的荷载。

程序为每个荷载模式自动创建对应的荷载工况用于结构分析。当设计阶段考虑基于规范生成默认荷载组合时，程序将根据荷载模式中的类型为各个荷载工况设定不同的比例系数（分项系数和组合系数的乘积）。

本节将介绍与恒、活荷载相关的设置和操作，以及工程应用中需要注意的问题。

3.1.1 恒荷载

建筑结构中通常所说的恒荷载包含自重荷载和附加恒荷载。对于自重荷载，ETABS通过荷载模式中的自重乘数加以考虑。自重乘数取 1 即代表一倍的自重，用户也可以根据需要对结构自重进行适当缩放。程序默认存在一个名称为 Dead 的恒荷载类型荷载模式，且自重乘数为 1，表示在分析中包含了结构的全部自重，基于该默认荷载模式施加的恒荷载最为常见。

对于框架对象和面对象，程序基于材料重度和构件体积计算自重，例如楼板的自重根据材料密度以及楼板厚度自动计算。对于连接单元，可直接定义截面自重或质量。注意避免给多个荷载模式定义非零的自重乘数，否则在分析过程中可能会重复计算自重。

当然，用户也可以定义多个恒荷载类型荷载模式，并且需要定义不同的名称。如图 3.1-1 所示，定义名称为 Equipment 和 Cladding 的恒荷载类型荷载模式，自重乘数为 0，分别用于施加设备荷载和外墙自重荷载。

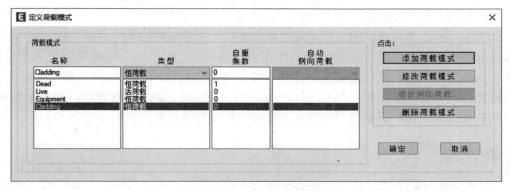

图 3.1-1　定义恒荷载类型的荷载模式

"附加恒荷载"（Super Dead）类型的荷载模式通常不用于中国设计规范，如果定义了"附加恒荷载"，它参与的荷载组合中，荷载工况的分项系数与"恒荷载"相同。

3.1.2　施加荷载

建筑结构中涉及的恒、活荷载按照分布形式分为集中荷载、线荷载和均布面荷载。

1）集中荷载：如施工和检修荷载、设备荷载；

2）线荷载：如梁上隔墙自重；

3）均布面荷载：如楼面建筑层做法（恒载）、楼面和屋面活荷载。

◎相关操作请扫码观看视频：

视频 3.1-1 施加面、线荷载

1．集中荷载

在 ETABS 中施加集中荷载的方法有两种，第一种是通过【指定→节点荷载→集中荷载】命令（图 3.1-2），选择的对象为节点对象，一般用于在楼板内部施加集中荷载；第二种是通过【指定→框架荷载→集中荷载】命令（图 3.1-3），选择的对象是框架对象，一般

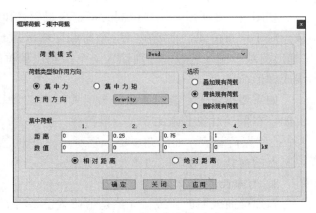

图 3.1-2　指定节点集中荷载　　　　　图 3.1-3　指定框架集中荷载

用于在框架内部施加集中荷载。

如果采用节点集中荷载的方式指定面对象或框架对象内部的集中荷载，用户必须先通过几何分割或绘制节点等方法生成荷载作用点。如图 3.1-4 所示，楼板采用壳单元模拟，在楼板内部绘制节点，然后指定集中荷载，如果按照壳默认的剖分选项（图 3.1-4b），集中荷载无法正确作用于分析模型上。但是如果程序根据面对象内部的节点自动调整壳单元的形状和大小，则可以保证集中力作用于楼板内部，具体设置方法请参见第 1.1.14 节。

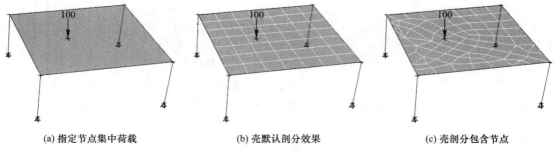

(a) 指定节点集中荷载   (b) 壳默认剖分效果   (c) 壳剖分包含节点

图 3.1-4　集中荷载与面对象的自动剖分

如果考虑在框架对象内部施加集中荷载，不建议对框架对象进行几何分割生成节点，这种操作虽然对结构的分析结果无影响，但几何长度的改变可能会影响构件的设计结果。此时建议指定框架集中荷载，既可以在构件内部施加集中荷载，也可以保证构件的完整长度，便于后续的截面校核或配筋计算。

集中荷载沿框架对象轴向的作用位置可采用基于起始端（Ⅰ端）的相对距离或绝对距离来指定，每次操作最多只能指定 4 个集中荷载。如需对同一框架对象指定更多的集中荷载，建议分多次指定并勾选【叠加现有荷载】选项。

2. 线荷载

建筑结构分析中在处理框架填充墙时，一般将填充墙自重转化为线荷载指定给梁。ETABS 通过【指定→框架荷载→分布荷载】命令指定作用在框架对象上的线荷载，即单位长度上的荷载。用户可随时通过【显示→荷载→框架】命令查看施加的线荷载效果，图 3.1-5 为作用在结构边梁上的线荷载。

如图 3.1-6 所示，用户可同时指定均布荷载和梯形荷载，后者也可以退化为三角形荷载。对于均布荷载，直接在"均布荷载"输入区域中输入荷载值；对于梯形荷载，则在"梯形荷载"输入区域中分别输入 4 个控制点的位置和荷载值，程序最终将 4 个荷载值连线成梯形荷载。

如需要指定更复杂的荷载分布形式，建议分多次指定并勾选【叠加现有荷载】选项。例如，在框架对象上施加 5 段分段荷载（图 3.1-7）。首先，在梯形荷载输入区域中输入前 4 个控制点荷载值，如图 3.1-8（a）所示；点击应用后，继续选择框架对象，输入后两个控制点的荷载值，如图 3.1-8（b）所示。

3. 均布面荷载

施加楼面或屋面荷载，无论是恒荷载还是活荷载，其方法都相同。例如施加楼面附加恒荷载，首先选择楼板面对象，然后点击【指定→面荷载→均匀荷载】命令，在该对话框

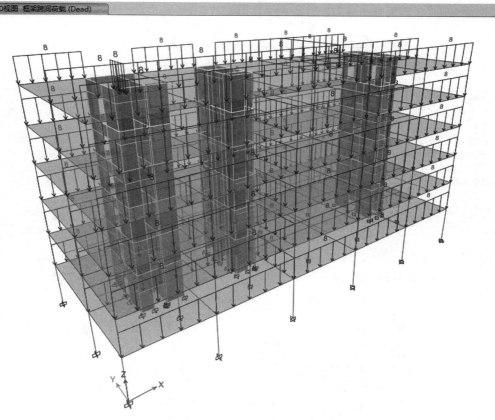

图 3.1-5　显示框架线荷载

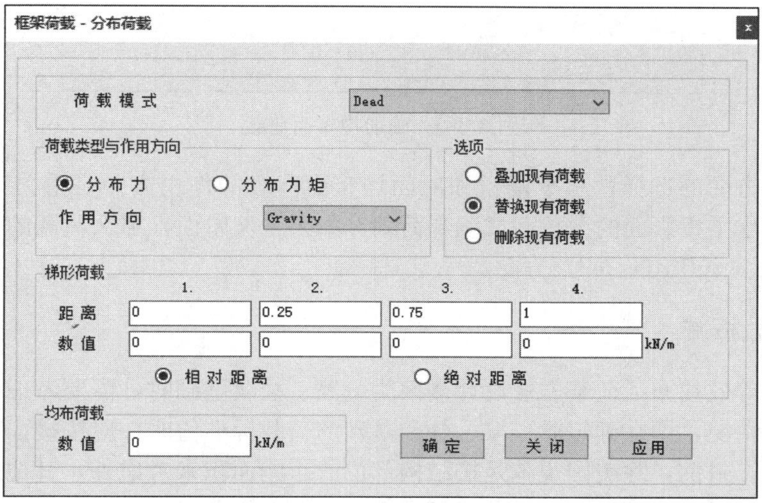

图 3.1-6　指定框架分布荷载

中选择荷载模式 Dead，在数值输入框中输入均布荷载的大小，如图 3.1-9 所示。用户可随时通过【显示→壳→荷载】命令查看施加的均布面荷载效果，可选择数值或云图方式显示，如图 3.1-10 所示。

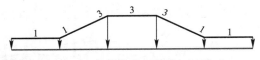

图 3.1-7　分段荷载（单位：kN/m）

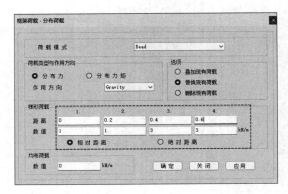

(a) 输入前4个控制点数值

(b) 输入后两个控制点数值

图 3.1-8　指定分段荷载操作

图 3.1-9　施加均布面荷载

对于荷载方向的选择，水平楼板和屋面均布面荷载的作用方向是重力（Gravity）方向，基于屋面水平投影面的雪荷载或积灰荷载，如果是坡屋面，那么荷载的作用方向选择重力投影（Gravity Projected）方向。

3.1.3　活荷载折减

采用楼面等效均布活荷载方法设计楼面梁、墙、柱及基础时，需要考虑实际荷载沿楼面分布的变异情况，即在确定梁、墙、柱和基础的荷载标准值时，应按楼面活荷载标准值乘以折减系数。目前，除美国规范是按结构部位的影响面积来考虑外，其他国家和地区均按传统方法，通过从属面积来考虑荷载折减系数。

ETABS 在设计后处理中（不是在分析中）考虑活荷载折减系数，可以对框架对象（梁、柱、支撑等）和墙属性面对象（壳单元）上的活荷载进行折减，对楼板属性面对象（壳单元）则不适用。

点击【设计→活荷载折减系数】命令，弹出如图 3.1-11 所示的对话框，用于指定活

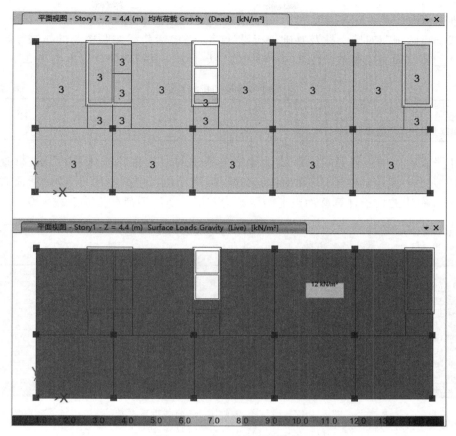

图 3.1-10　显示均布面荷载

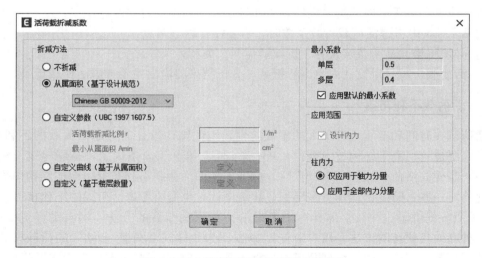

图 3.1-11　【活荷载折减系数】对话框

荷载折减系数（LLRF）。程序提供了多种活荷载折减选项，有些方法的活荷载折减系数受两个最小值控制："单层"适用于构件只承受一个楼层荷载的情况，"多层"适用于构件承受多于一个楼层荷载的情况。对于不同的计算方法，程序设置了不同的默认值，用户也可以对其进行修改。

当基于我国规范对墙、柱及基础进行设计时，考虑活荷载按照楼层的折减系数，程序自动按《工程结构通用规范》GB 55001—2021 表 4.2.5 进行取值（即本书表 3.1-1）。

活荷载按楼层的折减系数   表 3.1-1

墙、柱、基础计算截面以上的层数	2～3	4～5	6～8	9～12	>20
计算截面以上各楼层活荷载总和的折减系数	0.85	0.70	0.65	0.60	0.55

设计完成后，可以通过梁/柱/墙设计覆盖项中的"活荷载折减系数"进行查看。如图 3.1-12 所示，左边的柱子计算截面以上的层数为 6 层（包括本层），所以活荷载折减系数为 0.65；右边的柱子计算截面以上的层数为 5 层，所以活荷载折减系数为 0.7。

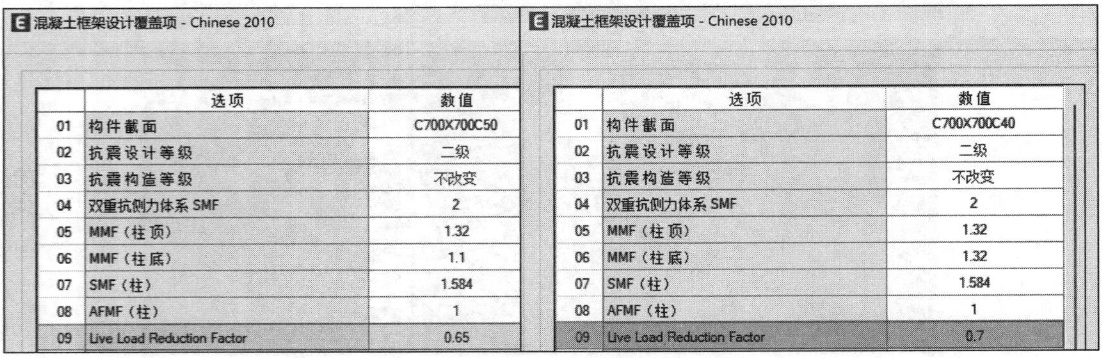

图 3.1-12　设计覆盖项中的活荷载折减系数

对于一些不适用于表 3.1-1 规定的特殊情况，ETABS 提供按楼层自定义的活荷载折减系数；或者，对于单独的构件设计，可通过设计覆盖项进行修改。

在 ETABS 中考虑活荷载折减系数时，需要注意以下两点：

1）必须将楼面活荷载定义为"折减活荷载"类型；

2）活荷载折减只对设计内力进行折减，分析结果的输出中不考虑活荷载折减。

3.1.4　活荷载不利布置

活荷载在时间和空间上有很大的不确定性，因此结构设计需考虑活荷载的不利布置。根据《高层建筑混凝土结构技术规程》JGJ 3—2010 第 5.1.8 条规定，高层建筑结构内力计算中，当楼面活荷载大于 $4kN/m^2$ 时，应考虑楼面活荷载不利布置引起的结构内力的增大。此外，一些大跨度钢结构、多层工业建筑设计时也需要考虑活荷载的不利布置。

ETABS 提供了一种在整体计算中考虑活荷载不利布置的方法，即自动样式活荷载，这是一种高效且便捷的方法。用户首先定义类型为"样式活荷载-自动"的荷载模式，然后按照活荷载不利布置的区域划分板块（Slab Panels），最后对所有楼板指定活荷载。

程序基于板块来划分考虑活荷载的不利布置的区域，自动将满布的活荷载转换为每个板块单独施加的活荷载，最终通过同号相加（Range Add）的组合方式对所有活荷载不利布置下的结构响应进行包络计算，得到的最大正值（Range Max）和最大负值（Range Min）通过自动生成的多步静力工况（Linear Multi-step Static）获取，无须手动添加同号相加类型的荷载组合。

接下来介绍操作步骤和结果的查看方式，在此之前，首先说明板块的概念。

1. 板块

ETABS 中的板块（Slab Panels）是一种非结构几何对象，依附于楼板体系，借助板块可以施加用于分析活荷载不利布置的活荷载分布样式。在 ETABS 中通过自动样式活荷载的方法考虑活荷载不利布置时必须添加板块，但是板块的布置方式不受限制，可以在任意楼层，也可以在某一楼层的局部区域。程序提供 3 种添加板块的方法：

1）基于轴网生成板块：点击【编辑→添加/编辑板块→使用轴线添加板块】命令，选择楼层和轴网系统，程序即基于轴网在所选楼层自动生成板块。

2）基于支承线生成板块：首先点击【绘制→绘制支承线】命令绘制支承线；然后选择所绘制的支承线，点击【编辑→添加/编辑板块→使用支承线添加板块】命令，程序即基于所选支承线自动生成板块。

3）手动绘制板块：点击【绘制→绘制板块】命令绘制板块，绘制板块的操作与绘制楼板类似。

2. 操作步骤

接下来通过绘制板块的方法举例说明操作步骤：

1）点击【绘制→绘制板块】命令，按照图 3.1-13 中活荷载的布置情况绘制板块。

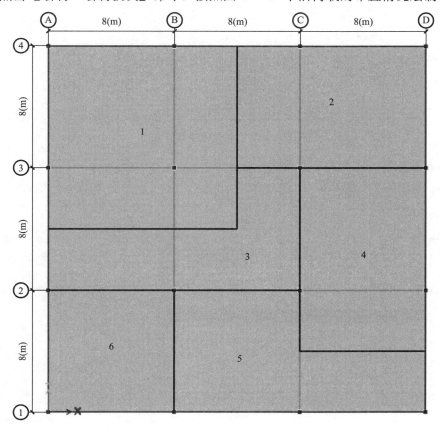

图 3.1-13　绘制板块（荷载单位：kN/m²）

2）添加类型为"样式活荷载-自动"（Pattern Live-Auto）的荷载模式，如图 3.1-14 所示。ETABS 默认存在名称为 Live 的活荷载荷载模式，如果没有，需要补充添加。

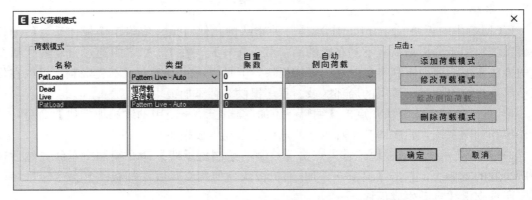

图 3.1-14　定义"样式活荷载-自动"类型的荷载模式

3）在楼板上施加活荷载，荷载模式选择 Live，如图 3.1-15 所示。

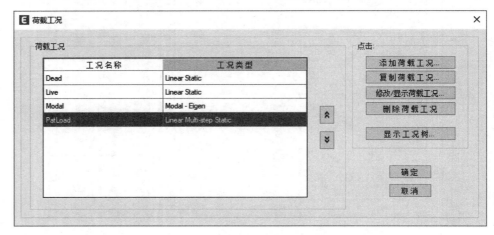

图 3.1-15　楼板施加活荷载

4）查看多步静力工况并定义荷载组合。

程序自动生成一个多步静力工况（图 3.1-16）用来考虑活荷载的不利布置，最终通过

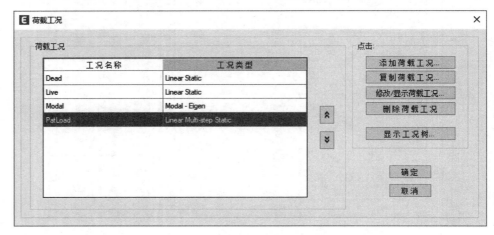

图 3.1-16　基于自动样式活荷载生成的多步静力工况

同号相加（Range Add）的方式为每个板块的活荷载进行组合，得到最大正值和最大负值。基于该多步静力工况定义荷载组合并将其添加到设计荷载组合中，即可在设计楼板时考虑活荷载不利布置。

3. 结果的查看

1) 图形显示

选择多步静力工况，可以通过切换步数（Step Number），依次查看活荷载单独作用在不同板块区域楼板的变形（图 3.1-17）或内力/应力，也可以查看同号相加得到的最大正值（Range Max）和最大负值（Range Min），如图 3.1-18 所示。

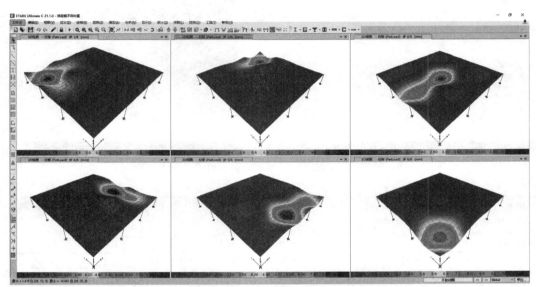

扫码看
彩图

图 3.1-17　各个板块分别作用活荷载时的变形图

2) 表格输出

构件设计时将生成对应的荷载组合，该组合对各类自动样式活荷载进行同号相加，以考虑活荷载的不利布置效果。如图 3.1-19 所示，查看示例中柱 C1 的设计内力，在考虑满布活荷载的荷载组合 1.3DL＋1.5LL 下其轴力为 191.0684kN，自动样式活荷载参与的荷载组合 1.3DL＋1.5LL-Pattern 下轴力值最大为 206.4642kN，说明自动样式活荷载可以考虑活荷载的最不利布置情况，得到更安全的设计结果。

3.1.5　施工模拟荷载

如图 3.1-20 所示，实际结构的施工是逐层进行的，因而每层结构的荷载也是随着施工进程逐层自下而上施加的。这意味着，一方面，第 i 层的主体结构施工阶段的重力荷载只影响到 i 层及以下各层主体结构，并不影响以上尚未形成的各层主体结构；另一方面，在主体结构施工到 i 层时，i 层以上的主体结构尚未形成，不应该参与 i 层及其以下各层主体结构施工阶段重力荷载下的协同工作。随着施工的进行，结构的刚度在不断地变化，因而每次计算时只施加一层荷载，而结构刚度矩阵都要随之发生变化。这是结构和荷载都

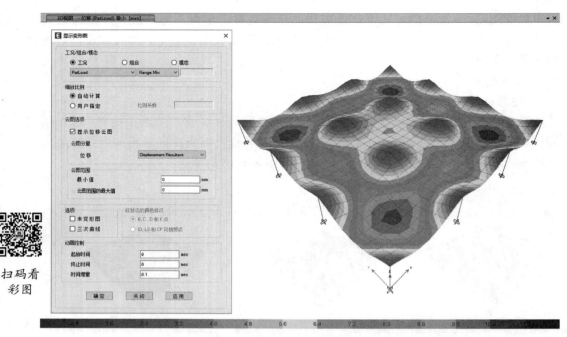

图 3.1-18 多步静力工况下同号相加的最大负值（Range Min）

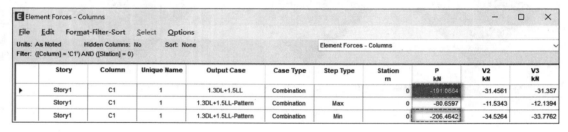

图 3.1-19 柱设计内力查看

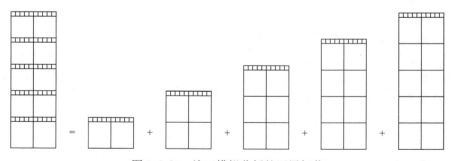

图 3.1-20 施工模拟分析的逐层加载

变化的非线性分析过程。ETABS 采用了这种模拟结构施工过程的计算分析方法，可以真实模拟阶段施工过程的影响。

ETABS 可以自动创建按楼层施工的阶段施工工况；也可以灵活定义不局限于按楼层施工的阶段施工工况，而且在施工过程中可以添加、移除结构等，从而模拟建筑物任意的建造或拆除过程。本小节仅介绍自动阶段施工工况的创建。

1. 自动阶段施工工况

点击【定义→自动的阶段施工工况】命令，弹出如图 3.1-21 所示的对话框。每个模型中只能定义一个自动施工顺序工况。在定义自动阶段施工工况之前，用户应首先定义荷载模式以便对激活的结构进行加载。

图 3.1-21　定义自动阶段施工工况

1）创建阶段施工工况

勾选"创建阶段施工工况"复选框，程序即自动生成相应的非线性阶段施工工况（图 3.1-22），该工况尤其适合模拟施工顺序加载。

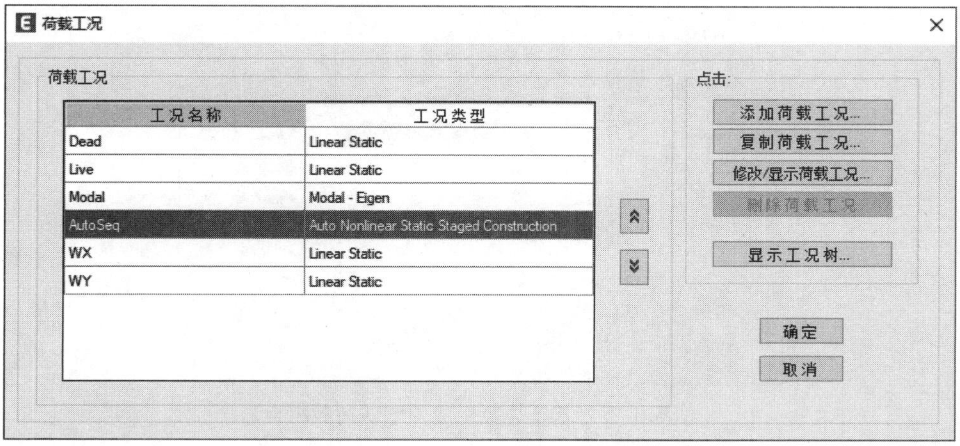

图 3.1-22　自动非线性阶段施工工况

用户无法对自动阶段施工工况进行删除和编辑，只能进行查看。该工况的生成完全取决于【自动生成阶段施工工况】对话框中的设置。如需删除，需要取消勾选"创建阶段施工工况"。

2）几何非线性

自动阶段施工工况只能考虑几何非线性，无法考虑诸如龄期、徐变和收缩等时间相关的材料属性。

3）施工顺序

用户可自定义每一个施工步中的楼层数及施工模拟中不考虑的部分，程序自动创建按楼层施工的荷载工况。

（1）每个施工步的楼层数量：指定在每个施工阶段中添加的楼层数量 n，即：第一个施工阶段添加 n 层，第二个施工阶段继续添加至 $2n$ 层，以此类推。

（2）最后施工步前排除的对象组：被选择的对象组在最后一个施工步中添加，前面施工步中排除该对象组。一般用于钢结构施工中先进行钢梁和钢柱吊装，最后进行钢支撑吊装的情况。

4）施加荷载

指定在每个施工阶段需要施加的荷载，荷载通过组合已有的荷载模式进行指定。施加的荷载为递增荷载，即：如果当前结构继承于某静力非线性工况，则结构响应为之前工况中的荷载与当前工况中的荷载共同作用的结果。

5）设计组合

勾选"在默认的设计组合中以该工况替换恒载（Dead）类型的工况"复选框（图 3.1-21）后，当前定义的施工阶段工况将在程序创建的所有默认设计组合中替换恒荷载类型的工况，如图 3.1-23 所示。

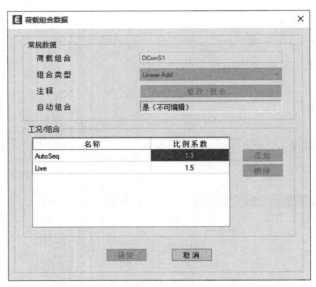

图 3.1-23　基于规范生成的默认荷载组合

图 3.1-24 即为创建的自动阶段施工工况，点击【阶段树】按钮可以展开查看所有阶段的操作。

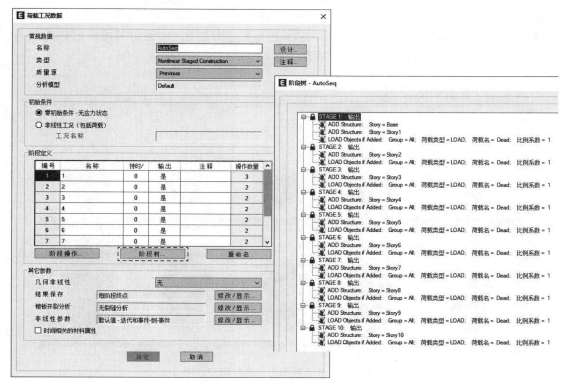

图 3.1-24　自动阶段施工工况与阶段树

2. 结果的查看

自动阶段施工的结果保存方式为"每个阶段的终止状态"（图 3.1-25），代表可以输出每个施工阶段终止状态的结果，用户无法修改。

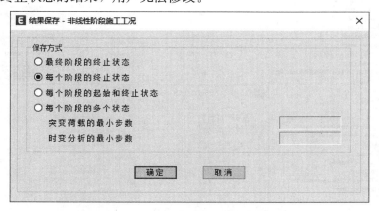

图 3.1-25　自动阶段施工工况的结果保存

阶段施工加载分析完成后，用户可以通过图形显示的方式查看每个阶段施工加载的结构变形图、内力图等。图 3.1-26 为各阶段的变形图，直观地显示了建筑物按照楼层施工加载的过程。

同时，用户还可以通过数据表格的方式输出整个阶段的内力、位移等信息。在显示表格之前，点击【Modify/Show Options】（修改/显示选项）按钮，如图 3.1-27 所示，可以设置结果输出的方式，默认为包络结果。如果想查看每个阶段的分析结果，需要将"非线性静力结果"选项修改为"逐步"，图 3.1-28 为示例中首层梁 B1 输出的每个阶段的内力结果，表格中的"Step Number"即代表施工步数。

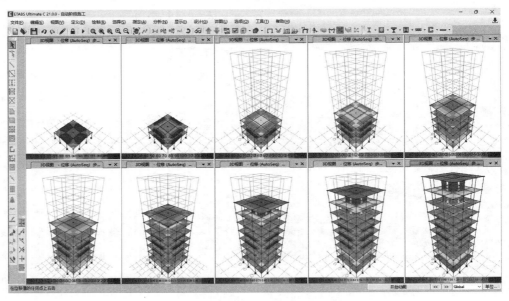

图 3.1-26　自动阶段施工各阶段变形图

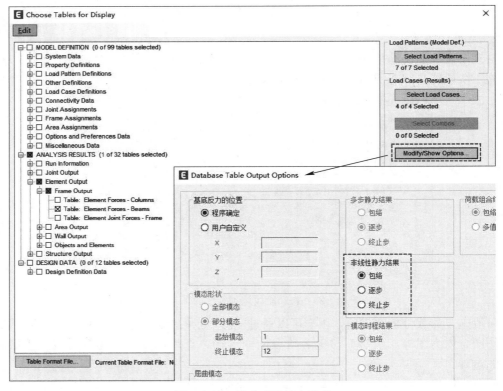

图 3.1-27　修改表格输出选项

Story	Beam	Output Case	Case Type	Step Type	Step Number	Step Label	Station m	P kN	V2 kN	V3 kN	T kN-m	M2 kN-m	M3 kN-m
Story1	B1	AutoSeq	Staged	Step By Step	1	1 - 1	1.1	0.3224	-8.7161	0.0171	-0.351	0.0044	6.2108
Story1	B1	AutoSeq	Staged	Step By Step	2	2 - 1	1.1	0.8259	-9.5053	0.0141	-0.274	0.0028	5.3221
Story1	B1	AutoSeq	Staged	Step By Step	3	3 - 1	1.1	0.9881	-9.6581	0.0181	-0.2698	0.0033	5.2262
Story1	B1	AutoSeq	Staged	Step By Step	4	4 - 1	1.1	1.2169	-9.8875	0.0212	-0.2547	0.0036	5.0124
Story1	B1	AutoSeq	Staged	Step By Step	5	5 - 1	1.1	1.4332	-10.083	0.0245	-0.2425	0.004	4.8392
Story1	B1	AutoSeq	Staged	Step By Step	6	6 - 1	1.1	1.653	-10.2605	0.0278	-0.231	0.0044	4.6799
Story1	B1	AutoSeq	Staged	Step By Step	7	7 - 1	1.1	1.873	-10.4175	0.0312	-0.2207	0.0048	4.5392
Story1	B1	AutoSeq	Staged	Step By Step	8	8 - 1	1.1	2.0942	-10.5554	0.0348	-0.2114	0.0053	4.4156
Story1	B1	AutoSeq	Staged	Step By Step	9	9 - 1	1.1	2.3163	-10.6753	0.0384	-0.2031	0.0059	4.3078
Story1	B1	AutoSeq	Staged	Step By Step	10	10 - 1	1.1	2.5541	-10.7951	0.0424	-0.1959	0.0074	4.1985

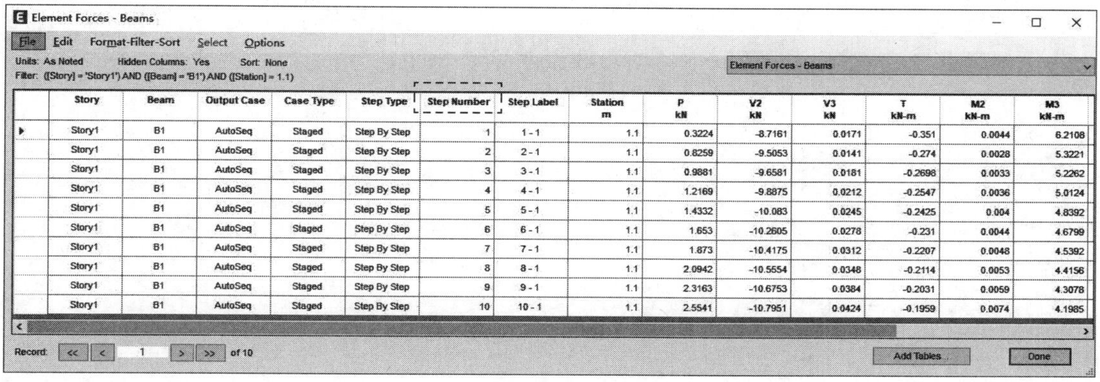

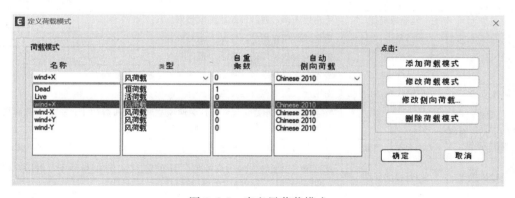

图 3.1-28 输出每个施工阶段的分析结果

3.2 风荷载

3.2.1 风荷载定义

ETABS 中风荷载的定义共有两种方法，分别是自动风荷载与手动风荷载定义，自动风荷载用于比较规则的塔楼结构，程序可以较好地识别风荷载的作用位置与大小；手动风荷载用于不规则的结构，由风洞试验获得的风荷载等复杂情况，或需精细定义风荷载的场合。下面分别介绍这两种方式。

1. 自动风荷载定义

在 ETABS 中定义自动风荷载，使用【定义→荷载模式】命令，荷载模式类型选择为"风荷载"，激活"自动侧向荷载"并在下拉列表中选择我国规范"Chinese 2010"，输入荷载模式名称如 wind+X，自重乘数为 0。点击【添加荷载】按钮，将自动风荷载模式添加到荷载模式列表中，见图 3.2-1。

图 3.2-1 定义风荷载模式

每个自动静力侧向荷载必须处于单独的荷载模式中。也就是说，在同一荷载模式中不能指定两个或多个自动静力侧向荷载。必须为每个风荷载方向定义单独的自动静力荷载模式。所以，对于不同风向，用户需定义多个风荷载模式，并建议在名称中体现风荷载方向。

风荷载模式定义对话框如图 3.2-2 所示，左侧为作用对象基于（准）刚性隔板，右侧为作用对象基于壳对象，对话框中各项参数说明见表 3.2-1。

图 3.2-2　基于我国规范的自动风荷载定义

风荷载模式对话框说明　　　　　　　　　　　　　　　　表 3.2-1

类别	选项	说明
作用对象	（准）刚性隔板	选择该项，程序将借助隔板约束自动确定风荷载作用位置和迎风宽度，允许用户修改。并且用户需指定风向角度、体型系数
	壳对象	选择该项通过面对象加载，指定不同风压系数，程序自动计算风荷载
几何参数	方向角和迎风宽度	风向与 X 轴的夹角（逆时针为正），可指定任意角度。列表显示风荷载作用宽度及隔板中心的坐标值，用户可根据需要对其进行修改（该项仅适用于基于隔板计算风荷载）
	结构宽度 B	程序自动计算默认风向角度隔板范围宽度或由用户输入
	体型系数 μ_s	风荷载体型系数，用于计算风压，由用户输入（该项仅适用于基于隔板计算风荷载）
	结构进深	程序自动计算默认风向角度隔板范围深度或由用户输入
风荷载系数	基本风压	用户指定，详见《建筑结构荷载规范》GB 50009—2012 第 8.1.2 条
	地面粗糙度	由用户选择，四种地面粗糙度类别：A、B、C 和 D
迎风高度	顶层	指定风荷载作用的高度最大值
	底层	指定风荷载作用的高度最小值
	女儿墙	输入女儿墙高度（该项仅适用于基于隔板计算风荷载）
风振效应	忽略风振效应	由用户根据规范确定是否考虑
横风向风振（该项仅适用于基于隔板计算风荷载）	转角修正系数 b/B	b 为削角或凹角修正尺寸，B 为迎风宽度；该参数用于计算矩形截面结构的角沿修正系数 C_m；由用户输入
	横向振动周期	横风向对应的第一阶模态周期，用于确定横风向共振因子，由用户输入
扭转风振	扭转振动周期	结构第一阶扭转振型的周期值，用于确定扭矩谱能量因子，由用户输入（该项仅适用于基于隔板计算风荷载）
基本周期 T_1	模态分析	由程序自动计算结构第一周期，用于确定顺风向风振系数
	用户指定	由用户直接指定
振型系数	模态分析	对于顺风向风振，结构第一振型系数 $\Phi_1(z)$ 可通过模态分析获得
	附录 G	按照《建筑结构荷载规范》GB 50009—2012 附录 G 规定的高宽比简化计算方法，见相应规范表 G.0.2～表 G.0.4

续表

类别	选项	说明
其他参数	阻尼比	结构阻尼比，用于确定顺风向风振系数，由用户输入。结构阻尼比影响脉动风荷载的共振分量因子，对钢结构可取 0.01，对有填充墙的钢结构房屋可取 0.02，对钢筋混凝土及砌体结构可取 0.05，对其他结构可根据工程经验确定

"作用对象"中选择"（准）刚性隔板"和"壳对象"的区别和作用机制将在第 3.2.2 节讨论。

"顶层"和"底层"的输入值决定了结构暴露在风中的高度范围。在大多数情况下，顶层应该是模型的最上层，这也是默认值。在某些情况下，例如模型中包含顶层局部房间时，可以更方便地指定顶层大屋面用于自动风荷载的屋顶的主要标高。然后可以将用户定义荷载添加到荷载模式中，以考虑作用在顶层局部房间上的风荷载。底层表示受风荷载影响的最低楼层。默认情况下，假定底层为结构的基准标高。在某些情况下，为风荷载指定一个更高的楼层作为底层更有利。例如，一座建筑有几个低于地面的水平楼层，它没有受到任何风荷载的作用。

在自动风荷载的几何参数选项中，单击【修改/显示】按钮，弹出窗口见图 3.2-3，由用户填写"方向角"项。宽度和深度可以由 ETABS 自动计算，如果平面形状复杂，需要手动干预，可以选择用户自定义。此时，表中的数据可以交互编辑，从而可以根据项目情况修改数据。

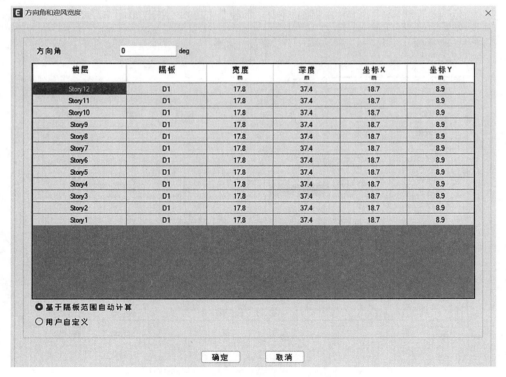

图 3.2-3　方向角与迎风宽度编辑窗口

指定风向角度时，用"°"（deg）作为测量单位。0°角指从全局负 X 方向吹向全局正 X 方向，90°角指风吹向全局正 Y 方向，180°角指风吹向全局负 X 方向，270°角指风吹向全局负 Y 方向。可以输入任意角度风向。测量角度为从全局正 X 轴方向逆时针转动，即为全局正 Z 方向向下看绕逆时针方向转动。

2. 手动风荷载定义

通过命令【定义→荷载模式】，打开定义荷载模式对话框。在该对话框的"名称"编辑框输入一个名称，在"类型"编辑框中选择"风荷载"，会激活自动侧向荷载下拉列表，在该下拉列表中选择"User Loads"（用户定义荷载），点击【添加荷载模式】按钮就会增加一个自定义风荷载的荷载模式（图 3.2-4）。

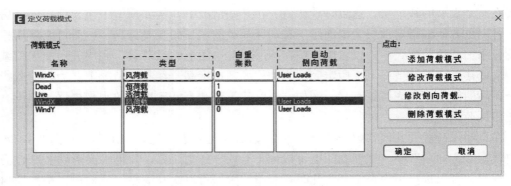

图 3.2-4　定义手动风荷载模式窗口

高亮显示该荷载模式，点击【修改侧向荷载】按钮，弹出如图 3.2-5 所示的对话框。

楼层	隔板	力 Fx kN	力 Fy kN	弯矩 Mz kN·m	X坐标 m	Y坐标 m
Story52	D1	82	143	53	18.7	8.9
Story51	D1	82	143	53	18.7	8.9
Story50	D1	82	143	53	18.7	8.9
Story49	D1	82	143	53	18.7	8.9
Story48	D1	78	139	50	18.7	8.9
Story47	D1	78	139	50	18.7	8.9
Story46	D1	78	139	50	18.7	8.9
Story45	D1	78	139	50	18.7	8.9
Story44	D1	75	136	48	18.7	8.9
Story43	D1	75	136	48	18.7	8.9
Story42	D1	75	136	48	18.7	8.9
Story41	D1	75	136	48	18.7	8.9
Story40	D1	75	136	46	18.7	8.9
Story39	D1	74	135	46	18.7	8.9
Story38	D1	74	135	46	18.7	8.9
Story37	D1	74	135	45	18.7	8.9

图 3.2-5　用户风荷载定义

在荷载集数编辑框中输入风向角数量。通过切换不同的风向角（对话框下部的编号），并在中间区域的编辑框中输入相应的数值（计算得到的风荷载大小、作用点位置等信息），就可以通过隔板将风荷载施加到结构上。通过这种方式，只需一个荷载模式，就可以将不同方向角的风荷载施加到结构上。在该工况中，每个风向角作为工况的一个分析步，不同风向角的分析结果不进行叠加。

如图 3.2-6 中，WindX 作为一个工况，包含了 16 个方向角。查看 WindX 工况下的变形图，可以通过在虚线框中选择"Step Number"（子步）1～16，来显示任一方向角的结果，虚线框中的 5 表示第 5 个荷载集数。点击应用即可显示第 5 个风向角的变形图。

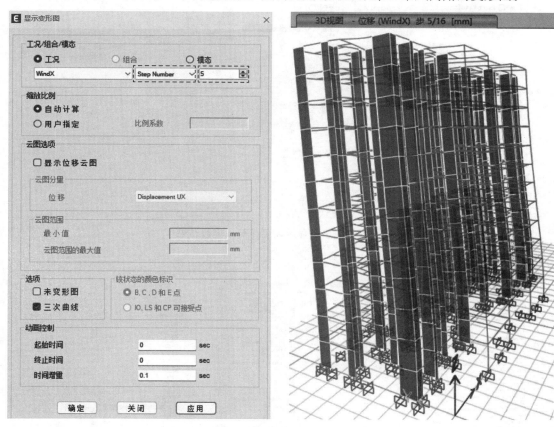

图 3.2-6　用户风荷载定义某荷载集数变形显示参数

用户如果需要通过表格查看每个风向角下的内力计算结果，点击【显示→显示表格→Select Load Patterns】，显示窗口如图 3.2-7 所示。在荷载模式窗口中可以选择需要显示的各风向角的内力。

当 WindX 参与荷载组合时，其内部的 16 种荷载集将分别作为一种子工况参与组合。如图 3.2-8 所示，DStlS44 是包含 WindX 的一种荷载组合，查看 DStlS44 下的内力表格，显示的是某根梁跨中位置测站处 16 种风向角度分别参与组合后的包络结果（最大值和最小值）。

3.2.2　风荷载施加方式及分配原则

风荷载施加方式有两种，分别为基于隔板和基于面对象。基于隔板施加又细分为基于

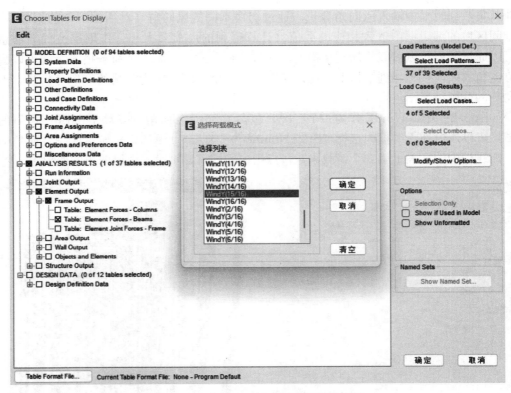

图 3.2-7　表格显示风工况荷载集数结果

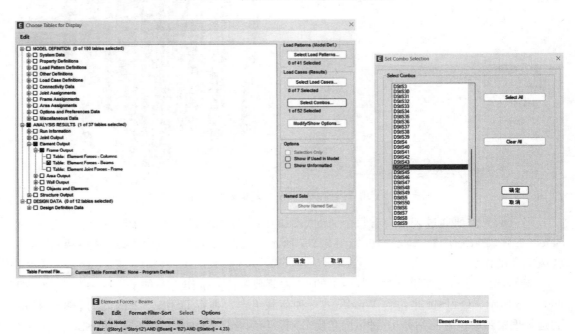

图 3.2-8　用户风荷载内力表格显示

刚性隔板和基于准刚性隔板两种。用户只需要根据情况选择其中一种方式即可。本节主要介绍程序如何通过这两种方式计算并施加风荷载。

1. 基于隔板

基于隔板施加风荷载时，主要通过隔板来识别风作用范围，计算出风荷载作用力后，施加到隔板上。

每层风荷载作用高度为楼板标高上下各半层，该范围内的风荷载施加到此隔板上。如图 3.2-9 所示，对于中间层，如作用于 story2（第 2 层）隔板的风，其计算高度为上下半层高度之和；对于顶层，风荷载计算高度为顶部半层；对于首层，下半层风荷载作用于支座位置。

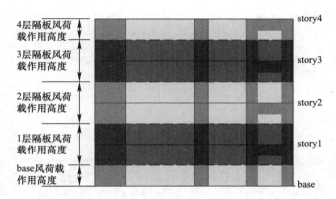

图 3.2-9　隔板承担风荷载竖向范围示意图

风荷载沿隔板的作用宽度，通过在隔板的从属节点中，找到垂直于风向的最大和最小坐标的点对象，利用最大坐标减去最小坐标得到风荷载的作用宽度。关于风荷载的作用点，刚性隔板与准刚性隔板有所不同，具体阐述如下。

1）基于刚性隔板

风荷载作用于隔板内一点，该点坐标为隔板各方向上最大与最小坐标点的平均值。例如图 3.2-10 所示的案例，基于刚性隔板施加风荷载。该结构平面 X、Y 轴两端的最大与

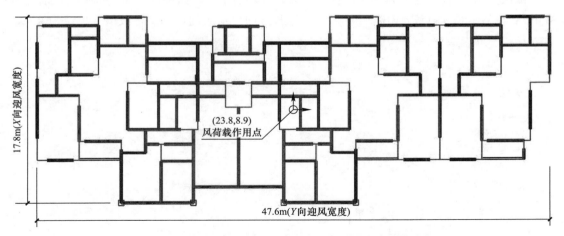

图 3.2-10　隔板 X 与 Y 向风荷载作用范围及作用点示意图

129

最小坐标分别是（0，47.6）和（0，17.8），故 X、Y 方向的迎风宽度分别是 47.6m、17.8m，风荷载作用点位置为（23.8，8.9）。

如图 3.2-11 所示，点击虚线框中的"基于隔板范围自动计算"，程序可以自动计算隔板宽度、深度、坐标 X 与坐标 Y（两方向最大与最小坐标点的平均值）；点击虚线框中的"用户自定义"，宽度、深度、坐标 X、坐标 Y 4 列中的数据变为可以手动编辑。

方向角和迎风宽度

楼层	隔板	宽度 m	深度 m	坐标X m	坐标Y m
Story12	D1	17.8	37.4	18.7	8.9
Story11	D1	17.8	37.4	18.7	8.9
Story10	D1	17.8	37.4	18.7	8.9
Story9	D1	17.8	37.4	18.7	8.9
Story8	D1	17.8	37.4	18.7	8.9
Story7	D1	17.8	37.4	18.7	8.9
Story6	D1	17.8	37.4	18.7	8.9
Story5	D1	17.8	37.4	18.7	8.9
Story4	D1	17.8	37.4	18.7	8.9
Story3	D1	17.8	37.4	18.7	8.9
Story2	D1	17.8	37.4	18.7	8.9
Story1	D1	17.8	47.6	23.8	8.9

方向角　0　deg

◉ 基于隔板范围自动计算
○ 用户自定义

确定　　取消

图 3.2-11　隔板上 X 与 Y 向风荷载作用范围及作用点

依次点击菜单项【显示→荷载→节点】，得到的窗口如图 3.2-12 所示，分别选择 WindX 与 WindY 后点击应用，可得到 X 与 Y 方向风荷载的作用点与数值（单位为 kN）。

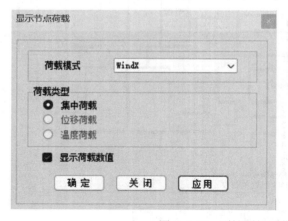

图 3.2-12　刚性隔板风荷载作用点与数值示意图

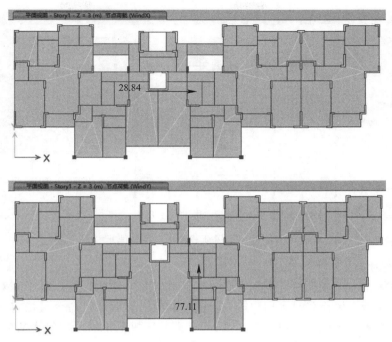

图 3.2-12　刚性隔板风荷载作用点与数值示意图（续）

2）基于准刚性隔板

当采用准刚性隔板时，风荷载将作用在垂直于风荷载作用方向的若干节点上（节点总数不超过 10 个），每个节点基于垂直于风荷载作用方向的最大投影宽度中的从属范围进行分配。作用效果如图 3.2-13 所示（单位为 kN）。

◎相关操作请扫码观看视频：

视频 3.2-1 风荷载（来自隔板）

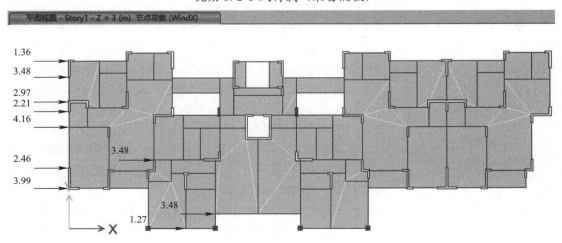

图 3.2-13　准刚性隔板风荷载作用点及数值示意图

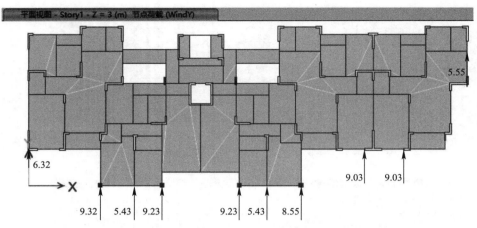

图 3.2-13　准刚性隔板风荷载作用点及数值示意图（续）

2. 基于壳对象

对于体育场馆、工业厂房、空间网壳等风荷载较复杂结构，可以基于壳对象指定风荷载。基于壳对象指定风荷载时，用户应先绘制壳对象，然后通过命令【指定→面荷载→风压系数】对壳对象指定风压系数（图 3.2-14），即我国规范中的风荷载体型系数 μ_s。

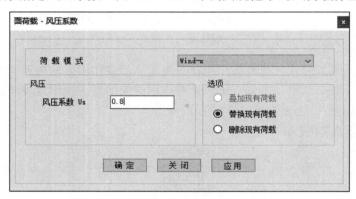

图 3.2-14　【面荷载-风压系数】对话框

指定风压系数的面对象既可以是结构构件（例如剪力墙），也可以是非结构构件（例如玻璃幕墙），还可以是无质量无刚度的虚面（None）。在非结构构件上施加风荷载时，ETABS 提供了自动绘制围覆面的功能。围覆面可以代表结构实际的受风面（包括迎风面和背风面），风荷载通过围覆面传递至主体结构。通常在为主体结构创建模型时并不考虑围覆结构，而是通过其他途径（如周期折减系数）来考虑其对主体结构的影响。因为围覆结构对主体结构的影响已经有所考虑，所以围覆面一般采用虚面，其刚度和质量都为零。

图 3.2-15　程序自动生成围覆面选项窗口

程序生成围覆面的流程为【绘制→自动绘制围覆面】，将弹出如图 3.2-15 所示的窗口，选择其中第一项"基于楼板生成围覆面"。

　　如图 3.2-16 所示，程序将自动在每层生成细分的围覆面（截面属性、厚度、面质量、材料等属性均被自动定义为无，见图 3.2-17），围覆面覆盖实体剪力墙，完全围住外周圈。程序默认将风荷载以集中力的形式传递至各面对象的角点上。

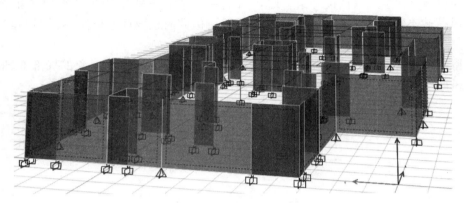

图 3.2-16　程序自动生成的围覆面

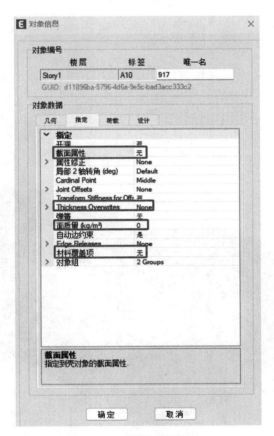

图 3.2-17　围覆面属性窗口

　　风荷载的方向由面对象局部 3 轴的方向及风压（体型）系数的正负决定。如果指定的风压系数为正值，则施加的风荷载将沿着局部 3 轴的正方向；如果指定的风压系数为负值，施加的风荷载将沿着局部 3 轴的负方向。为了判断施加的风荷载的方向，需要在指定风压前显示面对象的局部轴。

不过，如果结构所承受的正负风荷载的大小相等，方向相反，就没必要指定两次风荷载。因为程序会在生成默认设计组合时，对同一风荷载模式采用正负系数各组合一次；当正负风荷载不等时，就需要指定两次风荷载，但同时也要注意删除不需要的默认荷载组合。

模型计算后点击【显示→荷载→壳】，显示的蓝色坐标轴是面对象的局部 3 轴，黑色箭头是风荷载的朝向，括号内的数值是程序计算的风荷载（图 3.2-18）。

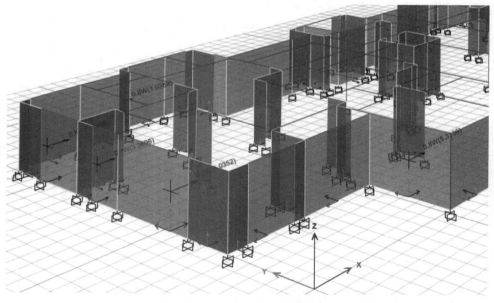

图 3.2-18　程序计算的虚面风荷载

◎ **相关操作请扫码观看视频：**

视频 3.2-2　风荷载（来自面对象）

3.2.3　风荷载相关组合

1. 采用默认荷载组合考虑风荷载组合

点击【定义→荷载组合→添加默认荷载组合】，程序将基于所选结构设计类型，自动生成荷载组合涵盖所有可能同时出现的不利荷载情况。对于每个方向的风荷载，程序将自动生成正反两个方向的风荷载参与组合，见图 3.2-19。如果两个方向的风荷载相同，只需要在 X 与 Y 方向各定义一个风工况，程序自动补充负方向；如果两个方向的风荷载不相同，例如 $+X$ 方向为 300kN，$-X$ 方向为 500kN，则正负方向需单独定义，并且需要删除不存在的 -300kN 与 -500kN 相关组合。

图 3.2-19　自动生成负方向组合

2. 考虑横风扭风组合的实现方法

参考《建筑结构荷载规范》GB 50009—2012 第 8.5.6 条规定，结构在风荷载作用下顺风向、横风向、扭转风振荷载一般是同时存在的，但三种荷载的最大值并不一定同时出现，故在设计时考虑以下 4 种风荷载的分组合工况，即组合数不变，每个含风组合自动生成 4 种分组合，分组合在内力、位移显示时以子步的方式呈现。4 种组合分别为：

① S_{DK}

② $0.6S_{DK}+S_{LK}$

③ $0.6S_{DK}+S_{LK}$

④ S_{TK}

其中，S_{DK} 为顺风向单位高度风力标准值；S_{LK} 为横风向单位高度风力标准值；S_{TK} 为单位高度风致扭矩标准值。

如果勾选考虑横风向和扭转风振效应，一个风荷载工况将自动包括四个子工况。例如，通过【显示→变形图】查看某个风荷载作用下的变形时，可以选择子步数 1～4，分别对应以上 4 种组合，如图 3.2-20 所示。

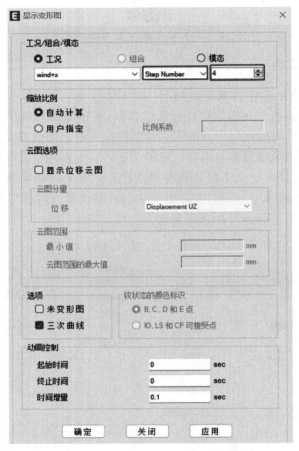

图 3.2-20　顺风向、横风向、扭转风振不同组合变形显示窗口

3.2.4　其他

1. 风洞试验结果在软件中的输入

风洞试验指将结构模型放置在风洞中，研究气体流动及其与模型的相互作用，以了解结构的空气动力学特性的一种空气动力试验方法。图 3.2-21 为一个风洞试验模型，左图中央深色模型为进行风研究的结构，其周边模型模拟邻近待建结构的周边建筑物，较远处的小块模拟附近的地面粗糙程度，更远处的锥形物体模拟远处的风环境。风从锥形物体后吹来，吹在放置于一个旋转平台上的结构及周边建筑物上，平台缓慢转动，使得风可以任意角度作用在结构上，此例中每旋转 10° 记录一次风压力，共得到 36 个风向角。

对应每个风向角在结构覆盖面上的每一点（包括侧面与顶面），试验会产生不同的风荷载体型系数，例如图 3.2-22 所示的结果。

有两种方法将风洞试验结果输入 ETABS。第一种方法是采用 3.2.1 节第 2 小节所讲述的手动侧向荷载中的 User Loads，可以用每点处的体型系数求出每一层合力的两个水平

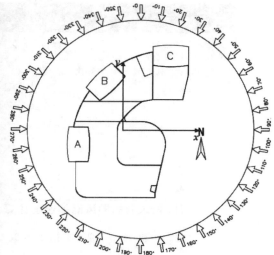

图 3.2-21　风洞中的结构模型

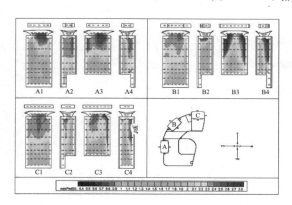
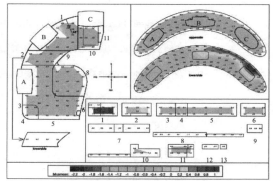

图 3.2-22　某风向角下围覆面各点体形系数

力和一个扭矩，作用于隔板形心。这种方法的优势是可以一次性输入多个方向角，其劣势是最多可输入 24 个方向角，当方向角多于 24 个时无法输入。第二种方法是 3.2.2 节第 2 小节所讲述的通过壳对象施加风荷载，通过为不同风向角在各壳单元上指定不同的体型系数来施加风荷载，每一个风向角需要定义一种风荷载模式，优势是可以定义数量无限制的风向角，劣势是定义操作较复杂、费时。

2. 结构顶点风振加速度限值及对策

结构顶点的顺风向和横风向振动最大加速度可按《建筑结构荷载规范》GB 50009—2012 附录 J 计算，也可通过风洞试验结果确定，计算时结构阻尼比对混凝土结构宜取 0.01～0.02，对钢结构宜取 0.01～0.015。在《建筑结构荷载规范》GB 50009—2012 规定的 10 年一遇的风荷载标准值作用下，结构顶点的顺风向和横风向振动最大加速度计算值不应超过《高层建筑混凝土结构技术规程》JGJ 3—2010 表 3.7.6 及《高层民用建筑钢结构技术规程》JGJ 99—2015 表 3.5.5 的限值。

CiSDC 软件依据上述规范要求进行风振舒适度计算，在计算书模块下点击舒适度计算图标，程序会自动计算并生成计算书，如图 3.2-23 所示。

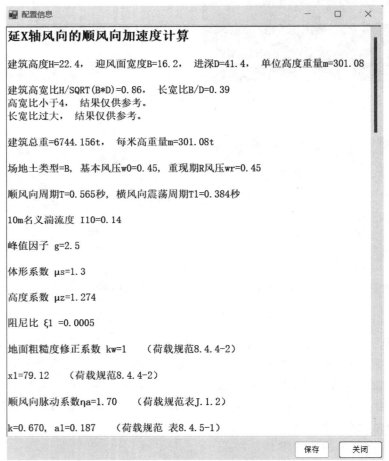

图 3.2-23　CiSDC 风振舒适度计算及计算书

随着建筑高度的不断增加，结构抗侧刚度趋于变柔，阻尼降低，结构对风荷载更加敏感。通过采用建筑外形空气动力学优化技术，可有效减小结构风荷载响应，从而降低结构造价。

建筑外形优化方法包括 3 个方面，分别为建筑物平面外形优化、建筑物立面外形优化、局部形状优化。此外，还可以采用 TMD、TLD、AMD、EC-TMD 等风振控制技术减小风致振动。

3.3　地震作用

随着国家标准《中国地震动参数区划图》GB 18306—2015 的实施，我国已经全面取消抗震不设防地区，因此抗震分析已经成为工程师必须考虑的内容，本节将主要介绍地震作用计算的相关内容。

3.3.1　质量

依据《建筑抗震设计标准》GB/T 50011—2010（2024 年版）第 5.1.3 条，计算地震作用时，建筑的重力荷载代表值应取结构和构配件自重标准值和各可变荷载组合值之和。条文中的重力荷载代表值就对应着 ETABS 中的质量。

质量可用于计算时程分析中的惯性力或者模态分析中的周期和模态，出于计算效率和求解精度的考虑，ETABS 中使用的是节点集中质量，且只考虑平动质量而忽略转动惯量。用户可以通过【定义→质量源】命令定义结构的质量，如图 3.3-1 所示。

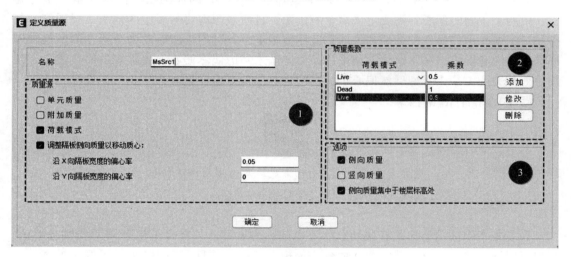

图 3.3-1　【定义质量源】对话框

ETABS 可以通过单元质量、附加质量以及荷载模式三种方式定义质量源，其中荷载模式的方式较为简单，且与规范契合得更好，使用得也更为广泛。用户只需将相应的荷载模式和组合系数依照《建筑抗震设计标准》GB/T 50011—2010（2024 年版）第 5.1.3 条和表 5.1.3 输入即可，如图 3.3-1 区域②所示。

ETABS 还允许对质量进行简化，如图 3.3-1 区域③所示，默认情况下，仅考虑侧向质量，并将侧向质量集中于楼层标高处（将上下各半层的质量集中于楼层标高处），这对于大部分有明显楼层划分的结构是一种合理的简化，但是对于一些特殊的结构需做额外调整。例如：当结构存在夹层或错层时，勾选"侧向质量集中于楼层标高处"可能会使夹层处的地震作用无法被正确考虑。如图 3.3-2 所示，由于夹层没有质量，导致其没有地震作用，不产生变形。而对于一些大悬挑或者大跨度的结构，当需要考虑竖向地震作用时，则需要勾选"竖向质量"。

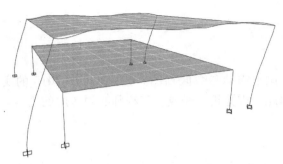

图 3.3-2　侧向质量集中于楼层标高处导致夹层处地震作用计算失真

ETABS 还允许用户在质量源中考虑质量偏心，如图 3.3-1 区域①所示，这种偏心是基于隔板的，因此必须提前定义好隔板，隔板的定义详见第 2.3.6 节。依据《高层建筑混凝土结构技术规程》JGJ 3—2010 第 4.3.3 条，计算单向地震作用时应考虑偶然偏心的影响。此处质量偏心的填写应按每层质心沿垂直于地震作用方向的偏心，且一次考虑一个方向的偏心。由于每次偏心后，将会对质量矩阵进行修正，因此无法在同一质量源中考虑正、负两个方向的偏心，需要定义多个质量源，且质量源需要与对应的地震工况呼应。基于质量的偏心虽然操作较为烦琐，但是适用范围更大，可用于所有动力分析，而不仅限于底部剪力法和反应谱法。这种方法采用动力方法来考虑偶然偏心，更常规的简化做法是使用等效静力的方法来考虑偶然偏心。关于两种方法的讨论详见本书第 3.3.4 节。

◎ 相关操作请扫码观看视频：

视频 3.3-1 不同质量源考虑地震作用的偶然偏心

3.3.2　模态

模态是指弹性结构的固有振动形状，也被称为振型，其包含了模态周期和模态形状。用户可以通过【定义→荷载工况】命令添加模态工况，并且 ETABS 提供了两种模态的求解方法：特征值向量法和 Ritz（里兹）向量法。

1. 特征值向量法

ETABS 中特征值向量法采用的是子空间迭代法进行特征值与特征向量的求解，特征值向量法的定义方式如图 3.3-3 所示。用户需要在区域①中选择工况类型为 "Modal"（模态），子类型为 "Eigen"（特征），质量源的设置可参考第 3.3.1 节的内容。

用户需在区域②中设置模态分析时使用的刚度，其中 "预设 P-delta 选项" 的设置请参考第 2.3.7 节的内容；而当结构中存在索或类似构件时，常常需要通过施工模拟或其他非线性工况模拟出索的真实刚度作为工作状态，这时模态分析就可以使用 "非线性工况（不包括荷载）" 选项继承非线性刚度做后续的分析。但需要注意的是，这种继承仅限于刚度的继承，不包含荷载。

区域③在一般情况下并不需要，只在分析中需要考虑静力修正时，可以打开 "高级" 勾选项进行设置。用户可以为任何加速度作用或荷载模式指定程序进行静力修正模态计算，对于地震作用分析可按图 3.3-3 中所示，仅考虑加速度作用即可，关于静力修正选项的具体内容详见下一小节。

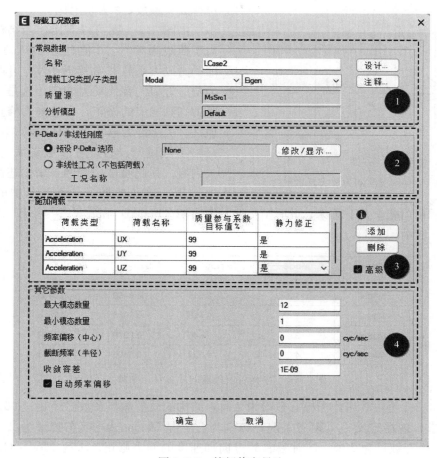

图 3.3-3　特征值向量法

区域④中，最重要的是设置最大和最小模态数量，而模态数量可依据《建筑抗震设计标准》GB/T 50011—2010（2024 年版）第 5.2.3 条取前 9～15 个模态，或按照《高层建筑混凝土结构技术规程》JGJ 3—2010 第 5.1.13 条，取模态数量使各模态参与质量之和不小于总质量的 90%（即质量参与系数达到 0.9），这也是实际工程中常用的确定模态数量的方法。程序不会自动增加模态数量使其满足质量参与系数达到 0.9，因此用户需要通过查看质量参与系数来确认模态数量是否足够；如果不够，需要增加模态数量，直至质量参与系数达到 0.9。质量参与系数的查看详见本节结果查看部分。

关于静力修正：

当使用反应谱法或者线性模态叠加时程分析法时，求出全部模态才可以得到精确的结果，但是对于大型结构，求解出所有的模态是非常困难的，也没有必要。一般情况下只需求解出部分低阶模态，使其质量参与系数达到 90%，即可达到较好的精度，这样高阶模态的响应就被舍弃掉了。实际中，对于常见的动力荷载形式，如地震作用、风荷载等，结构响应以低阶响应为主，高阶响应的贡献较小；并且一些理论分析也指出，高阶模态引起的

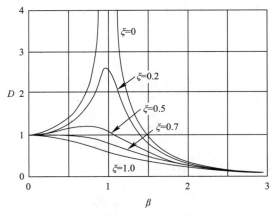

图 3.3-4　频率比与动力放大系数的关系

动力响应通常很小，如图 3.3-4 所示，图中，β 为荷载频率与结构频率的比值，D 为结构位移放大系数，ξ 为阻尼比。

由图 3.3-4 图可以看出，当结构频率远大于荷载频率时，β 值趋近于 0，此时结构的动力放大系数非常接近于 1，可以使用静力响应近似的替代动力响应，这是一种对截断的高频响应的修正，也是静力修正的主要原理。关于静力修正的具体表达，本书限于篇幅不做讨论，用户可参考文献［3］的相关内容。在此通过一个例子来阐述静力修正的作用，模型参见第 2.3.7 节中的平面框架，质量源由荷载 P 转化而来，此时结构的基本周期（Period）和质量参与系数（SumUY）如图 3.3-5 所示。

Case	Mode	Period sec	UY	SumUY
Modal	1	2.516	0.8459	0.8459
Modal	2	0.796	0.1058	0.9518
Modal	3	0.45	0.0376	0.9894
Modal	4	0.324	0.0106	1

图 3.3-5　结构各阶模态的质量参与系数

从图 3.3-5 可以看出，当模态数量为 2 时，结构的质量参与系数已经超过 95%，满足规范的要求，现在定义三个模态工况，分别为：工况 Modal A，模态数量为 2 个；工况 Modal B，模态数量为 2 个，同时考虑 Y 方向加速度的静力修正；工况 Modal C，模态数量为 4 个。基于这 3 个工况进行线性模态时程分析。输入的加速度时程为正弦函数，周期为 2s，加速度峰值为 1g，因工况 Modal C 包含了所有可能的模态，可视为精确值，具体计算结果见表 3.3-1。

不同工况下结构楼层剪力　　　　　　　　　　　　　　　　　表 3.3-1

楼层	Modal A（kN）	Modal B（kN）	Modal C（kN）	$\dfrac{\text{Modal C}-\text{Modal A}}{\text{Modal C}}$	$\dfrac{\text{Modal C}-\text{Modal B}}{\text{Modal C}}$
4	4108.9	3990.7	3989.5	-2.99%	-0.03%
3	7148.2	7191.3	7173.5	0.35%	-0.25%
2	8815.6	9018.4	8993.0	1.97%	-0.28%
1	9378.7	9126.2	9188.1	-2.07%	0.67%

从上述计算结果可以看出，静力修正用较少的模态数量即可得到较为精确的结果，当作用于加速度荷载时，静力修正模态即为质量丢失模态或残余质量模态，这在美国原子能机构规范 Regulatory Guide 1.92 Revision 2 中需要考虑。需要注意的是，当结构高频响应占主导时，例如碰撞或爆炸分析，静力修正方法将不再拥有更好的精度。

2. 力相关的 Ritz 向量法

1）特征向量法是使用准确的自由振动模态来解决结构动力分析，但是在一些情况下，这并不是最优的方法，文献［4］中指出了下列原因。

（1）对于大型的结构系统，求解自由振动振型和频率的特征值问题可能需要大量的计算工作。例如，对于结构底部质量较大，且刚度也较大的情况，如图 3.3-6 所示，结构虽然不大，但是由于底部的水池重量较大，且刚度也较大，仍需要 150 个模态才可以保证 X 和 Y 方向的质量参与系数达到 90％。类似地，用户将地下室也带入模型中进行分析时，常常也需要大量的模态。再例如，结构需要进行竖向地震作用分析时，由于竖向刚度通常较水平刚度大很多，竖向的振动频率也相对很大，就需要很多的模态数量。

图 3.3-6 某泵房结构

（2）在自由振动模态的计算中，完全忽视荷载的空间分布。因此，计算的许多模态对荷载是正交的，并且不参与动态响应。例如，对于质量和刚度对称的结构，当进行 X 向水平地震分析时，Y 向的模态与荷载正交，并不会产生动力响应。类似地，当进行水平地震分析时，一些竖向振动的局部振型也不会产生动力响应，这在一些下部为混凝土结构，上部为空间结构的建筑中比较常见。

2）为解决上述问题，ETABS 提供了 Ritz 向量法求解模态，文献［4］已证明，基于唯一一组荷载相关向量的动力分析，比使用相同数量的特征向量法，可产生更精确的结果，关于 Ritz 向量法的理论部分，可参考文献［4］，本文不再复述。类似特征值向量法，Ritz 向量法的定义如图 3.3-7 所示。

Ritz 向量法的定义与特征值向量法在图 3.3-3 和图 3.3-7 区域①、区域②和区域④的定义是相似的，但是区域③是有所不同的，用户可以定义任意数量的初始荷载向量。每一个荷载向量可以是如下的一种。

（1）全局 X、Y、Z 方向的加速度，对应荷载类型为"Acceleration"，一般用于反应谱分析，或者地震激励的线性模态时程分析。

（2）一种荷载模式，对应的荷载类型为"Load Pattern"，可用于一些力加载的时程分析，例如舒适度分析、风时程分析等情况。

（3）内置的非线性变形荷载，对应荷载类型为"Link"，这种荷载形式多用于使用连接单元的减隔震分析中，常用于 FNA 法中，限于内容，本书不在此详述。

第一个 Ritz 向量是对应初始荷载向量的静态位移向量，其余的向量由这样的循环关系确定：由先前求得的 Ritz 向量和质量矩阵的乘积作为下次静力求解的荷载向量。每一次静力求解称为一个循环数。某一荷载的循环数越大，那么会生成更多与这个荷载相关的 Ritz 向量，也会得到更多与这个荷载有关的模态。例如，某 8 层混凝土框架结构如图 3.3-8 所示。

使用 Ritz 向量方法进行模态分析，初始荷载考虑加速度"UX"和加速度"UZ"，模态总数为 4 个。其中模态工况"Modal A"中，加速度荷载"UX"和加速度荷载"UZ"

的循环数均为 2，模态工况"Modal B"中，加速度荷载"UX"和加速度荷载"UZ"的循环数分别为 3 和 1，两个模态工况的定义如图 3.3-9 所示。

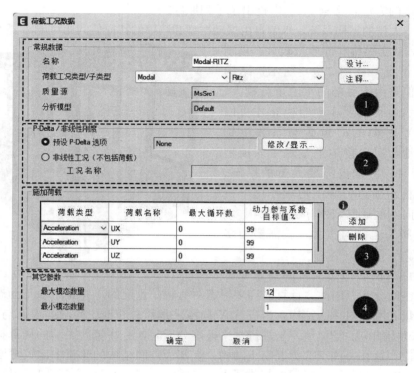

图 3.3-7　Ritz 向量法的定义

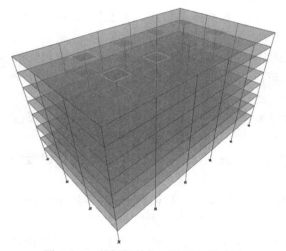

图 3.3-8　某框架结构三维模型示意图

计算得到的质量参与系数如图 3.3-10 所示，可以看出"Modal A"工况中，前 2 阶模态对应的是 X 向的模态，后 2 阶对应的是 Z 向的模态；"Modal B"工况中，前 3 阶对应的是 X 向模态，第 4 阶对应的是 Z 向的模态，这与工况中各个初始荷载的循环数相吻合。由于"Modal B"工况中加速度"UX"的循环数更多，因此 X 向的质量参与系数也会更多一些。而 Y 方向由于没有相应的初始荷载，因此并未激发出 Y 向的模态，所以 Ritz 向量法包含有静力凝聚的效果。

用户可以通过调整某个荷载的循环数，使其得到更大的质量参与系数，默认情况下，循环数为 0，表示不限制循环次数，这对于绝大多数情况是适用的。

Ritz 向量法包含有静力凝聚、Guyan 缩减、高阶模态截断时的静力修正等方法的优点，因此使用 Ritz 向量法相比于相同模态数量的特征向量法，可产生更精确的结果。以图 3.3-6 所示的模型为例，分别使用特征值向量法和 Ritz 向量法计算反应谱工况下的基底剪力，其中

Ritz 向量法仅考虑加速度"UX"和加速度"UY"作为初始荷载，计算结果见表 3.3-2。

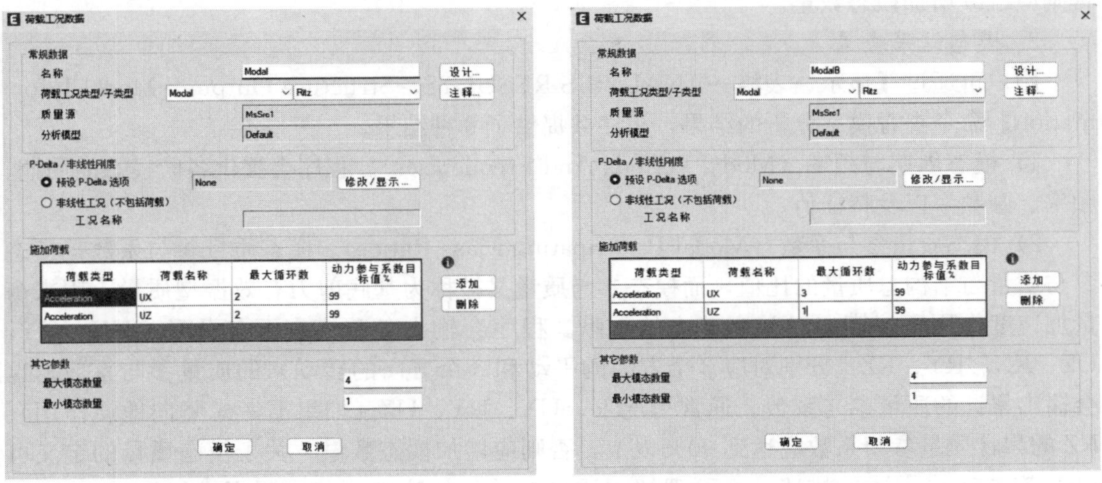

图 3.3-9 Modal A（左）与 Modal B（右）工况定义

图 3.3-10 Modal A 工况与 Modal B 工况的质量参与系数

特征值向量法与 Ritz 向量法在不同模态数量下的计算结果对比　　表 3.3-2

	模态数量						
	特征值向量法		Ritz 向量法				
	150	500	10	20	30	40	50
X 向质量参与系数	0.984	0.997	0.818	0.976	0.990	0.994	0.996
Y 向质量参与系数	0.910	0.997	0.927	0.983	0.989	0.993	0.997
X 向地震基底剪力(kN)	2624	2625	5000	3201	2607	2710	2616
Y 向地震基底剪力(kN)	2525	2545	3344	2647	2522	2526	2550

由表 3.3-2 可以看出，Ritz 向量可以使用更少的模态数量得到更高的质量参与系数，进而得到更加精确的基底剪力。

一般来讲，Ritz 向量模态不能像自振模态一样表达结构的内在特性，Ritz 向量模态是基于初始荷载向量的。找到足够数量的 Ritz 向量模态后，低阶的模态与自振模态和频率很接近，而高阶的并不是。用户必须结合工程实际来确定每个初始荷载向量所需的 Ritz 模态数，一般可以增加模态数量，观察相关响应是否有明显变化，如果变化很小可不再增加，否则应继续增加模态数量。

3. 模态结果查看

用户可通过【显示→表格→ANALYSIS RESULTS→Structure Output→Modal Information】命令查看模态分析的结果，程序共提供了 6 种结果。

1）模态周期与频率（Modal Periods And Frequencies）。程序会提供各阶模态的周期、频率、圆频率以及特征值。

2）模态质量参与系数（Modal Participating Mass Ratios）。模态质量参与系数是模态参与质量与结构总质量的比值，而模态参与质量又被称为基底剪力有效振型质量，用来衡量加速度作用下，模态对基底剪力的贡献。程序会输出各阶模态下各分量（UX、UY、UZ、RX、RY、RZ，分别对应 3 个方向的平动和 3 个方向的转动）的质量参与系数，也会输出累计的质量参与系数。通常情况下，UX、UY、UZ（如果需考虑竖向地震作用）、RZ 的累计质量参与系数应达到 90％以上，否则应增加模态数量。关于模态质量的定义可以参考文献［3］中的描述，也可理解为质量在单位加速度荷载作用下进行振型展开后，各振型剪力与总剪力的比值，如图 3.3-11 所示。

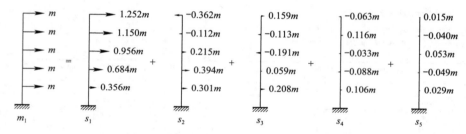

图 3.3-11　质量在单位加速度 m 作用下的振型展开

质量参与系数并不能作为其他类型荷载误差估算的指标，例如结构上的节点荷载，见图 3.3-12。

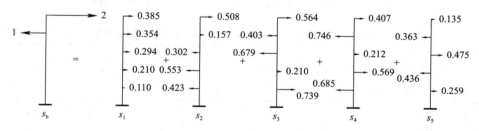

图 3.3-12　某节点荷载作用下的振型展开

从图 3.3-12 可以看出，对于加速度作用，高阶模态的贡献不大，可以忽略掉，但是对于某些节点荷载，这些高阶模态仍会对某些楼层剪力或者基底剪力产生重要影响。

3）荷载参与系数（Modal Load Participating Ratios）。荷载参与系数提供了所计算模态对于表达时程分析响应的满足程度的评价方法，这项评价在程序中并不是按照每一阶模态进行评价，而是对每一种荷载类型进行评价。荷载参与系数又分为静力荷载参与系数和动力荷载参与系数，分别用于衡量所计算模态表达在定静力荷载响应上的优劣程度，和衡量所计算模态表达在给定动力荷载响应的优劣程度。关于静力荷载参与系数和动力荷载参与系数的定义请参考文献 [4]。

静力荷载参与系数是给出的前 N 阶模态所捕捉到的应变能占总应变能的比例，当采用拟静力时程分析求解静力解时，对于任何静力荷载和非线性分析时的所有非线性变形荷载，静力荷载参与系数值应接近于 100%。而对于包含静力修正的特征值向量分析以及 Ritz 向量分析，静力荷载参与系数是 100%。

动力荷载参与系数是质量参与系数概念的延伸，当荷载形式为加速度作用时，动力荷载参与系数与质量参与系数相同。动力荷载参与系数只描述模态如何捕捉荷载的空间特性，而非其时间的特性。因此，动力荷载参与系数只是用于描述是否已计算足够模态的参数。用户仍必须检查不同数量模态的各个动力荷载引起的响应，来确定是否采用了足够的模态。威尔逊教授曾建议，对 Ritz 向量法，动力荷载参与系数在一般分析中应达到 95% 以上，参见文献 [4]。而另一种常用办法是增加一定的模态数量，观察所需的计算结果是否有明显的变化，如果结果稳定，就不必再次增加模态数量。

4）模态方向因子（Modal Direction Factors）。模态方向因子主要用于判断模态的方向。依据《高层建筑混凝土结构技术规程》JGJ 3—2010 第 3.4.5 条，高层结构应该控制结构扭转为主的第一自振周期 T_t 与平动为主的第一自振周期 T_1 之比，而 T_t 的判断就可以借助模态方向因子，观察 RZ 输出占主导的模态即可。

5）模态参与系数（Modal Participating Ratios）。模态参与系数是三个加速度作用和模态的点积。程序会输出各方向的模态参与系数以及模态质量和模态刚度。

6）反应谱分析模态信息（Response Spectrum Modal Info）。此表仅在反应谱分析之后输出，输出结果包括各阶模态下的阻尼、谱加速度、模态振幅。这些数值的含义可参考本节反应谱工况的相关内容。

◎ **相关操作请扫码观看视频：**

视频 3.3-2　模态分析及结果查看

3.3.3　底部剪力法

《建筑抗震设计标准》GB/T 50011—2010（2024 年版）第 5.1.2 条和第 5.2.1 条规定了底部剪力法的使用范围和计算方法，在 ETABS 中，可以通过【定义→荷载模式】命令添加一个底部剪力法的自动侧向作用荷载模式，如图 3.3-13 所示。用户定义好荷载模式的名称后，可在类型中选择"地震荷载"，自重乘数取为 0，自动侧向荷载中选取"Chinese 2010"。点击【修改侧向荷载】按钮，将进入具体的参数设置界面，如图 3.3-14 所示。

以下对各参数进行说明。

方向及偏心。 用户定义的一个荷载模式仅可以考虑一个方向及偏心，所以用户需要考虑多个荷载模式来考虑所有的情况，另外，用户需要设置偏心率，一般可基于隔板设置统一的偏心率 0.05，而广东省标准《高层建筑混凝土结构技术规程》DBJ/T 15—92—2021 第 4.3.3 条则要求对每一层按照楼层的回转半径计算偏心，这时就需要使用覆盖偏心，如

图 3.3-15 所示。

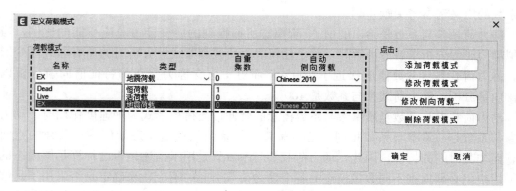

图 3.3-13　底部剪力法荷载模式定义

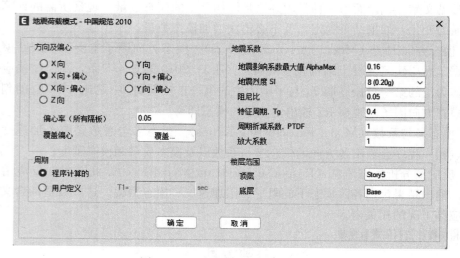

图 3.3-14　底部剪力法的参数设置

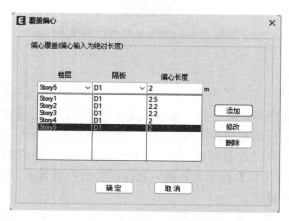

图 3.3-15　隔板偏心覆盖项

　　地震系数。 用户需再次输入反应谱的具体信息，此部分的设置也可参考反应谱函数定义的相关内容，其中放大系数是指对地震作用的整体放大系数，并非用于顶层附加地震作用的计算。

周期。 默认情况下，程序会取地震作用方向上质量参与系数最大的模态对应的周期作为计算周期，程序也允许用户自行指定周期。

楼层范围。 程序仅对楼层范围内的质量考虑地震作用。

底部剪力法在程序中是作为线性静力工况进行分析的，因此在组合是需要考虑正负号来表示地震力作用的方向。

◎相关操作请扫码观看视频：

视频 3.3-3　施加地震荷载及其结果查看（底部剪力法）

3.3.4　反应谱工况在程序中的实现

反应谱方法是在 1932 年由 M. A. Biot 引入的，而后 G. W. Housner 对地震反应谱的概念的推广与发展作出了巨大的贡献。目前反应谱法已经成为各国规范广泛采用的一种地震作用计算方法。

◎相关操作请扫码观看视频：

视频 3.3-4　施加地震荷载及其结果查看（反应谱法）

1. 反应谱函数

在定义反应谱工况之前，用户需要先定义反应谱函数，可通过【定义→函数→反应谱函数】命令，在反应谱类型中选择"Chinese2010"来添加《建筑抗震设计标准》GB/T 50011—2010（2024 年版）中的反应谱函数，如图 3.3-16 所示。

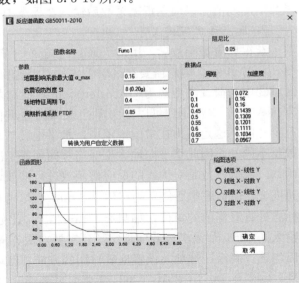

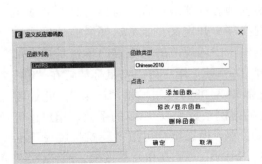

图 3.3-16　定义反应谱函数

函数参数中"地震影响系数最大值 α_max"和"场地特征周期 Tg"可按《建筑抗震设计标准》GB/T 50011—2010（2024 年版）要求填写，"抗震设防烈度 SI"对于分析没有影响，但是可能对设计的构造要求判断会产生一定的影响，例如《建筑抗震设计标准》GB/T 50011—2010（2024 年版）第 6.2.2 条就需要对框架就是否为"9 度的一级框架"做出判断。周期折减系数可按《高层建筑混凝土结构技术规程》JGJ 3—2010 第 4.3.17 条填写。阻尼比的数值可参考相关规范进行设置，程序会自动依据《建筑抗震设计标准》GB/T 50011—2010（2024 年版）第 5.1.5 条第 2 款进行调整。这里强烈建议此处的阻尼比应与反应谱工况中的阻尼比一致，这是因为当反应谱工况阻尼与反应谱函数阻尼不一致时，程序使用式（3.3-1）进行阻尼调整，而非中国规范公式，这会给分析带来不必要的误差。

（Newmark and Hall，Earthquake Spectra and Design，1982：）

$$A_2 = A_1 \frac{(2.31 - 0.41\ln D_2)}{(2.31 - 0.41\ln D_1)} \tag{3.3-1}$$

式中：D_1、A_1——函数阻尼比（%）和初始的谱加速度；

D_2、A_2——模态阻尼比（%）和修正的谱加速度。

当结构为混合结构，且使用了材料阻尼时，各阶模态的阻尼比将会不同（可在第 3.3.2 节中的反应谱分析模态信息中查到），此时建议尽量保持质量参与系数最大的模态阻尼与反应谱函数阻尼一致。

ETABS 目前仅内置了《建筑抗震设计标准》GB/T 50011—2010（2024 年版）的反应谱函数，并未纳入《建筑隔震设计标准》GB/T 51408—2021 和广东省标准《高层建筑混凝土结构技术规程》DBJ/T 15—92—2021 的反应谱函数，此时用户可以通过将函数类型（见图 3.3-16 中左图）设置为"用户自定义"或"来自文件"来自定义反应谱函数，但是定义时需要注意考虑"周期折减系数"，因为自定义方法是没有"周期折减系数"选项的，所以需要用户直接在反应谱函数中考虑"周期折减系数"。具体的做法是将常规的反应谱函数的周期值除以周期折减系数后输入至程序中。

2. 反应谱工况定义

获得反应谱函数后，用户可通过【定义→荷载工况】命令添加一个反应谱工况，如图 3.3-17 所示。用户需要在区域①中的类型选项设置为"Response Spectrum"（反应谱），区域②中的荷载类型选为"Acceleration"，荷载名称"U1、U2、U3"对应的是地震作用方向 X、Y、Z，用户可以定义单向或双向地震作用，但是不宜同时考虑 U1、U2 和 U3 三个方向，这是因为在中国规范中，水平地震与竖向地震在荷载组合同时出现时的分项系数是不同的，因此水平向地震工况与竖向地震工况必须分开定义。函数选择所需的反应谱函数。比例系数是对输入的反应谱函数进行缩放，由于中国规范的反应谱的单位是重力加速度 g，而程序中所使用的单位是"mm/s²"或者"m/s²"，用户可以将鼠标放置在 ⓘ 标志处查看当前的单位，如果是"mm/s²"，此处需输入 9806；如果是"m/s²"，此处需输入 9.806；如果考虑双向地震，还需要对次方向的比例系数乘以 0.85 的系数。用户还可以勾选"高级"选项，设置地震作用的方向。区域③中，模态组合可按《建筑抗震设计标准》GB/T 50011—2010（2024 年版）的要求选择"SRSS"（平方和开平方根）或"CQC"（完全二次组合），一般情况默认选项"CQC"是合适的，方向组合可选择默认选项"SRSS"。

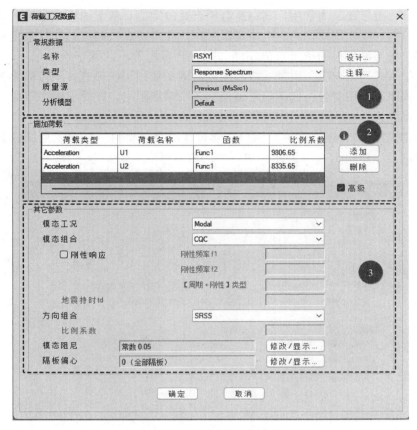

图 3.3-17　反应谱工况定义

以下对部分参数进行说明。

模态阻尼。模态阻尼具有三个不同的来源，分别是：

1）来自荷载工况的模态阻尼。对于每个反应谱荷载工况，用户可对工况进行阻尼比的指定，如图 3.3-18 所示。

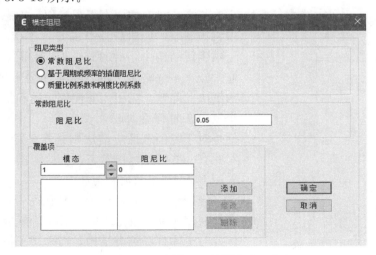

图 3.3-18　反应谱工况的模态阻尼定义

　　其中，常数阻尼比最为常用，其对所有模态是恒定值。基于周期或频率的线性插值则需要用户在一系列频率或周期的点上指定阻尼比，在指定点之间进行线性插值；在指定区域外，阻尼比将与最邻近的指定点值相同。此方法多用于不同频率段阻尼不一致的情况，如时程分析中衰减高频响应。质量系数和刚度比例系数用于模拟直接积分时程分析法中的比例阻尼，程序在使用时会将比例阻尼转换为各阶模态阻尼，并要求模态阻尼比不大于1，如果大于1将置为0.9995。

　　2）来自材料的复合模态阻尼。用户可通过【定义→材料→材料阻尼属性】命令进行材料阻尼的定义，如图3.3-19所示。更详细的内容可参考第2.1.3节。

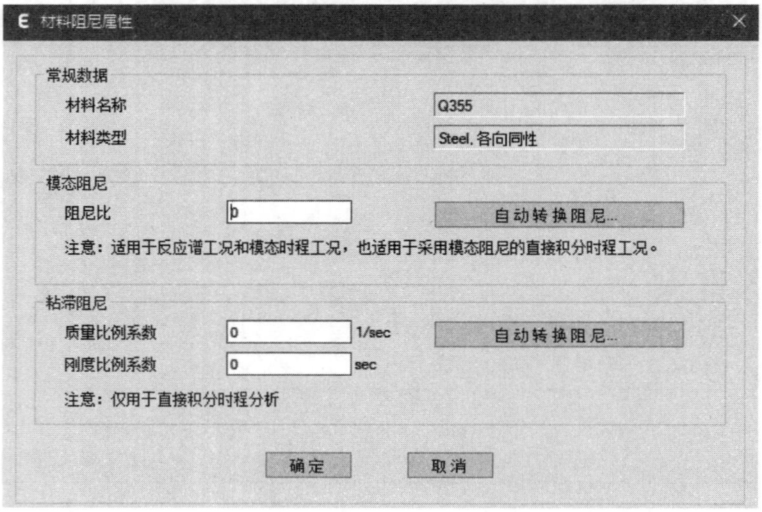

图 3.3-19　材料阻尼属性设置

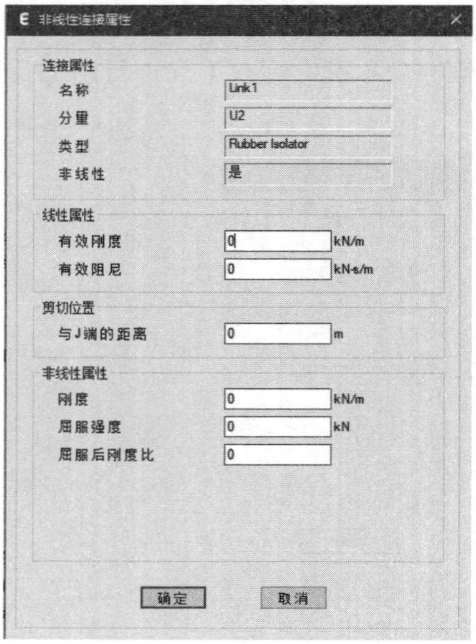

图 3.3-20　连接单元有效阻尼的定义

　　3）来自连接/支座单元的有效阻尼。用户可通过【定义→截面属性→连接/支座单元属性】命令进行连接/支座单元的有效属性定义，如图3.3-20所示。

　　与来自材料的模态阻尼类似，模态间的交叉耦合项将被忽略，此时应注意的是，连接/支座单元常用于减隔震结构中，此时连接/支座单元的等效阻尼比通常较大，忽略交叉耦合项可能会带来较大的误差。为解决此问题，需引入非比例阻尼和复模态方法，关于复模态时程叠加法，文献［3］中有完备的论述，但是对于复模态反应谱法则颇有争论，文献［5］中对此有一些讨论可供参考。在此，推荐对减隔震结构采用 FNA 法进行时程分析。

　　应当注意的是，以上3种阻尼是叠加在一起的，因此使用时需要注意，避免阻尼的重复定义或缺失。例如对于体育场馆类结构，当采用了材料阻尼时，工况阻尼通常设置为0；对于减隔震结构，如果考虑了隔震器或阻尼器等连接单元的等效阻尼，工况阻尼仍需设置，这个阻尼主要反映了上部结构振动时的阻尼。

隔板偏心。 用户应依据《高层建筑混凝土结构技术规程》JGJ 3—2010 第 4.3.3 条及条文说明设置隔板偏心，其中单向地震作用可考虑 0.05 的隔板偏心，而双向地震作用可不考虑隔板偏心。需要说明的是，此处的隔板偏心并不需要像底部剪力法那样，考虑正、负两种偏心，而是只考虑正偏心即可，因为程序中会自动包络正、负偏心两种情况。

关于偶然偏心的处理，分为两大类方法：第一类方法是等效静力方法，这种方法是将地震作用等效为静力，并与各层的偏心距离相乘得到楼层扭矩，最后再与结构的动力响应组合在一起；第二类方法是动力方法，这种方法是考虑质量的偏心，这会导致结构周期和模态形状的变化，需要分别考虑各个方向的偏心，并对计算结果进行包络。

在 ETABS 中，底部剪力法与反应谱法工况定义中的隔板偏心属于等效静力方法，程序是在完成反应谱工况分析后，求取结构各层规定水平作用，然后使用规定水平作用与偏心距离相乘，得到楼层扭矩，如果模型中采用的是准刚性隔板，楼层扭矩会按照各个节点的节点力与隔板中心的乘积的比例进行分配。

质量源中的隔板偏心属于动力方法，考虑偶然偏心下的真实动力响应，是一种更加全面的方法，适用范围也更广，不仅适用于底部剪力法、反应谱法，还可以用于各类时程分析中，以及用于静力分析中的加速度作用。在质量源中定义偏心的方法详见本书第 3.3.1 节。

3. 计算结果查看

用户可以通过【显示→变形图】或【显示→内力/应力图】来查看反应谱工况下的变形与内力/应力，如图 3.3-21 和图 3.3-22 所示。可以看到，反应谱工况下所有的响应值都为正值，这是因为在进行模态组合时，SRSS 或 CQC 方法均使响应值只有正值，程序会在荷载组合中考虑结构可能存在的负值响应。

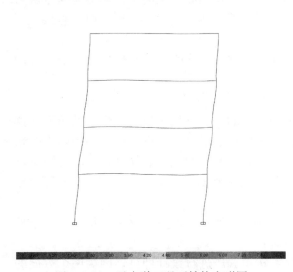

图 3.3-21　反应谱工况下结构变形图

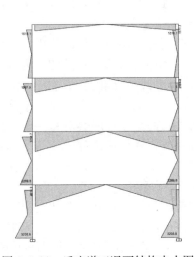

图 3.3-22　反应谱工况下结构内力图

另外，用户需要注意的是，当需要输出结构主应力（Smax、Smin 等）、Von Mises 应力（Svm）等组合应力时，程序不会输出反应谱工况下的计算结果，而是以默认值 0 代替，如图 3.3-23 所示。

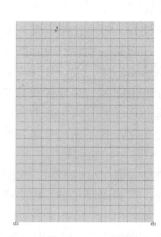

图 3.3-23　反应谱工况下的墙 S22 应力云图（左图）和 Smax 最大主应力云图（右图）

这是因为对于反应谱分析，所有的输出结果都是振型组合值，具体分析过程分为两步：

1）在各个振型下分别计算相应的物理量（如 S11、S12、S22 等应力），此时各个物理量之间还存在对应关系。

2）对各个物理量分别进行 CQC 或 SRSS 振型组合后得到峰值响应，此时各物理量之间已不存在对应关系。

因此不能使用反应谱分析后的 S11、S12、S22 等应力合成主应力。类似的情况还有结构某楼层各个竖向构件的剪力之和与楼层剪力不相同，这是因为竖向构件的剪力与楼层剪力是两个独立的物理量，所以应求解出各个模态下的楼层剪力，而后对楼层剪力直接进行 CQC 或 SRSS 振型组合。

除此之外，用户还可以输出层间位移角、扭转位移比、层刚度等与反应谱工况相关的指标，具体可参考第 4 章的相关内容。

4. 反应谱工况相关的荷载组合

反应谱工况在组合中提供两个值，最大值为计算的正值，最小值为最大值的负数。这里需要注意的是，程序会对每一个分量都提供最大值和最小值，当设计存在多个内力分量时，程序会自动生成内部子组合，包络所有可能的情况。以柱设计为例，在正截面设计时，需考虑 P、M2、M3 三个内力分量，这时程序内部将对反应谱组合生成 8 个子组合，如图 3.3-24 所示。

当荷载组合中存在双向地震作用时，构件内力的取值将变得更为复杂，特别是对于柱的内力取值问题，目前国内工程界常用三种方法：

1）部分学者认为双向地震作用下，"柱只需按单偏压进行设计即可，因为两个方向的地震作用都很大，但同时达到最大值的概率很小，不宜按双向偏心受力构件计算柱配筋"。称为方法 1。

Story	Column	Combo	Station m	P kN	M2 kN-m	M3 kN-m
Story1	C1	DConS4-1	0	-332.0409	136.9976	-9.008
Story1	C1	DConS4-2	0	-332.0409	-174.9261	-9.008
Story1	C1	DConS4-3	0	-332.0409	136.9976	-26.1554
Story1	C1	DConS4-4	0	-332.0409	-174.9261	-26.1554
Story1	C1	DConS4-5	0	-606.5669	136.9976	-9.008
Story1	C1	DConS4-6	0	-606.5669	-174.9261	-9.008
Story1	C1	DConS4-7	0	-606.5669	136.9976	-26.1554
Story1	C1	DConS4-8	0	-606.5669	-174.9261	-26.1554

图 3.3-24　反应谱组合中各子组合的设计内力

2）在某软件中，考虑双向地震作用时，对柱的弯矩和剪力采用与其他构件不同的处理方法，具体做法可参见文献 [8]。称为方法 2。

3）而对于 ETABS 和 SAP2000 来说，所有柱设计均按双偏压计算，其中单偏压构件按双偏压计算可自动退化为单偏压计算。并且考虑双向地震作用时如实考虑了方向组合，并未做任何简化或改动。称为方法 3。

为方便了解 3 种方法取值的不同之处，现举一简单算例说明。假设某框架柱在 X 向地震作用下的弯矩为（100kN·m，1000kN·m），在 Y 向地震作用下的弯矩为（1000kN·m，100kN·m），则在双向地震作用下三种方法的取值见表 3.3-3。通过考察柱的相互作用 PMM 包络面，上述三种方法的承载力状态区别较大，特别是：方法 1 是纯单偏压作用，方法 2 已经近似为单偏压作用，而方法 3 具有明显的双偏压作用效果，这会导致截面承载力设计有较大的差异。更多的内容可参考文献 [6]。

双向地震作用下柱内力取值对比（单位：kN·m）　　　　　　　　　　表 3.3-3

地震作用主方向	方法 1		方法 2		方法 3	
	M_x	M_y	M_x	M_y	M_x	M_y
X	0	1004	100	1004	856	1004
Y	1004	0	1004	100	1004	856

3.3.5　线性时程分析

依据《建筑抗震设计标准》GB/T 50011—2010（2024 年版）第 5.1.2 条第 3 款："特别不规则的建筑、甲类建筑和表 5.1.2-1 所列高度范围的高层建筑，应采用时程分析法进行多遇地震下的补充计算。"所谓的"补充"，主要指对计算结果的底部剪力、楼层剪力和层间位移进行比较，当时程分析法大于反应谱法时，应对相关部位的构件内力和配筋作相应的调整。由于是进行"多遇地震下"的补充验算，因此用户可采用线性时程分析法。现介绍如何在 ETABS 中实现线性时程分析。

1. 时程函数输入

时程函数是指荷载随时间变化的函数，对于地震作用，较为常见方法的是采用地震加速度时程函数；当需要考虑多点激励时，也可能会采用地震位移时程函数。应当注意的是，时程函数仅仅是一系列数值，不包含单位，用户需要在时程工况中的比例系数中对其调整，使其与期望的输入相符。

通过【定义→函数→时程函数】命令定义时程函数，一般情况下，可通过设置函数类型为"来自文件"导入天然波，通过设置函数类型为"匹配反应谱"生成人工波，如图 3.3-25 所示。

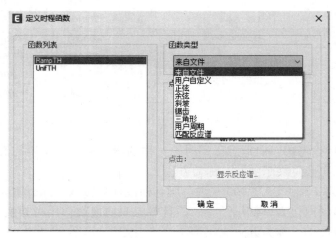

图 3.3-25　时程函数类型的选择

1）当选择函数类型为"来自文件"时，需要用户提供地震波文件，地震波文件目前支持 .txt 文件和 .dat 文件，以及 ETABS 程序中自带的 .th 文件。数据导入时，应按图 3.3-26 进行相关设置。具体介绍如下。

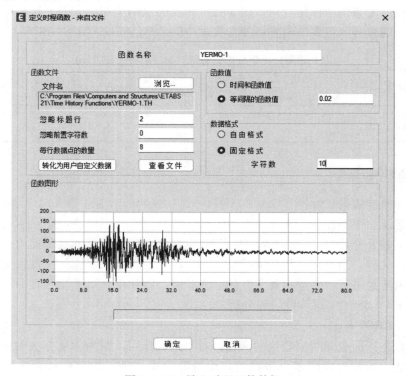

图 3.3-26　导入时程函数数据

(1) 文件名

用户需设置具体的文件路径，以便程序读取文件数据，但以文本文件导入的时程函数必须保证源文件的绝对路径不变，如：C:\Program Files\Computers and Structures\ETABS21\Time History Functions\YERMO-1.TH。如果用户移动或删除源文件，ETABS 将无法正确读入时程函数。此时，建议用户将文本文件中的数据转换为用户自定义数据，点击【转换为用户自定义数据】按钮即可。如此一来，时程函数的数据将被并入模型数据库（*.edb）中，既可以有效避免计算模型对源文件的依赖性，也便于不同用户间的模型交换。

(2) 忽略标题行和忽略前置字符数

如果文本文件的前若干行仅包含关于时程函数的描述性信息，或者每行数据的前若干个字符为标识性的数据行编号或无意义的固定字符串，用户可以通过以上两个选项忽略相应的数据行和字符串。如图 3.3-27 中，前两行为地震波相关描述信息，因此“忽略标题行”中应填为 2。

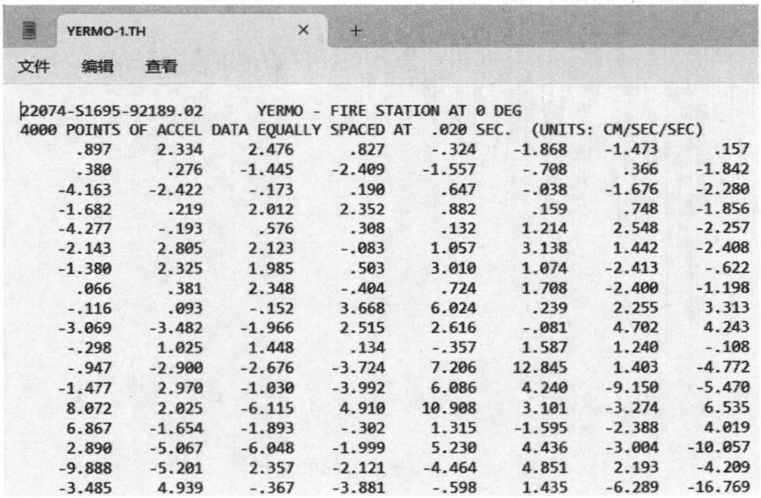
YERMO-1.TH

文件　编辑　查看

```
22074-S1695-92189.02        YERMO - FIRE STATION AT 0 DEG
4000 POINTS OF ACCEL DATA EQUALLY SPACED AT  .020 SEC.  (UNITS: CM/SEC/SEC)
      .897     2.334     2.476      .827     -.324    -1.868    -1.473      .157
      .380      .276    -1.445    -2.409    -1.557     -.708      .366    -1.842
    -4.163    -2.422     -.173      .190      .647     -.038    -1.676    -2.280
    -1.682      .219     2.012     2.352      .882      .159      .748    -1.856
    -4.277     -.193      .576      .308      .132     1.214     2.548    -2.257
    -2.143     2.805     2.123     -.083     1.057     3.138     1.442    -2.408
    -1.380     2.325     1.985      .503     3.010     1.074    -2.413     -.622
      .066      .381     2.348     -.404      .724     1.708    -2.400    -1.198
     -.116      .093     -.152     3.668     6.024      .239     2.255     3.313
    -3.069    -3.482    -1.966     2.515     2.616     -.081     4.702     4.243
     -.298     1.025     1.448      .134     -.357     1.587     1.240     -.108
     -.947    -2.900    -2.676    -3.724     7.206    12.845     1.403    -4.772
    -1.477     2.970    -1.030    -3.992     6.086     4.240    -9.150    -5.470
     8.072     2.025    -6.115     4.910    10.908     3.101    -3.274     6.535
     6.867    -1.654    -1.893     -.302     1.315    -1.595    -2.388     4.019
     2.890    -5.067    -6.048    -1.999     5.230     4.436    -3.004   -10.057
    -9.888    -5.201     2.357    -2.121    -4.464     4.851     2.193    -4.209
    -3.485     4.939     -.367    -3.881     -.598     1.435    -6.289   -16.769
```

图 3.3-27　典型地震波文件

(3) 每行数据点的数量

文本文件的一个数据行通常包含多个数据，以便减小文件的整体长度，如图 3.3-28 中，每行数据点的数量为 8。基于此，用户在导入时程函数时也应指定相同的数据点数量，防止遗漏数据。

(4) 函数值

文件中的数据既可以同时包含时间点和函数值，也可以只包含函数值。对于前者，时程函数的时间步不固定，用户可根据需要自行定义；对于后者，时程函数必须使用固定的时间步（如 0.02s）。

(5) 数据格式

自由格式以空格、逗号、制表符等作为数据的分隔符号，固定格式则以特定数量的字符串作为一个数据。相比之下，自由格式更加灵活便捷，故推荐使用。

（6）函数图形

文件数据读入后，程序将显示出时程函数的形状，用户可以通过观察函数的形状来判断文件数据导入是否成功。在图形的空白处，点击鼠标右键，可弹出更多的图形选项，对图形进行设置，其中"Display As Resizable Graph"选项可以查看函数图形的放大图，并在图形的左下角给出函数的最大值与最小值，如图 3.3-28 所示。

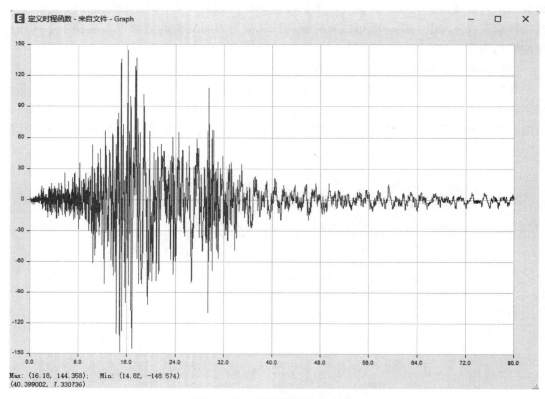

图 3.3-28　函数图形的放大图

2）当选择函数类型为"匹配反应谱"时，程序会依据反应谱函数生成人工波，如图 3.3-29 所示。具体介绍如下。

（1）用于匹配反应谱的方法

ETABS 提供了两种生成人工波的方法：频域法与时域法。频域法基于目标反应谱与参考天然波的反应谱的比值来调整傅里叶振幅谱，同时确保参考时程的傅里叶相位是固定的。尽管这个方法相对直接，但它的收敛性通常不好。同时，频域法总是趋向增大地面运动的总能量，常常在很大程度上改变时间序列的非平稳特性，使其不再像一个地震记录。时域法通常被认为是一种更好的谱匹配方法，该方法通过在时域添加小波来调整加速度时程。小波是一个数学函数，它定义了一种有效限制持时的波形，且均值为零。典型的小波振幅从零开始增加，然后降低到零。尽管时域上匹配谱的过程常常比频域更加复杂，但它有较好的收敛性，多数情况下保持了参考时间序列的非平稳特性。

（2）选择输入反应谱和参考时程

ETABS 在生成人工波时，除了需要选择输入的目标反应谱，还需要给出一条参考加

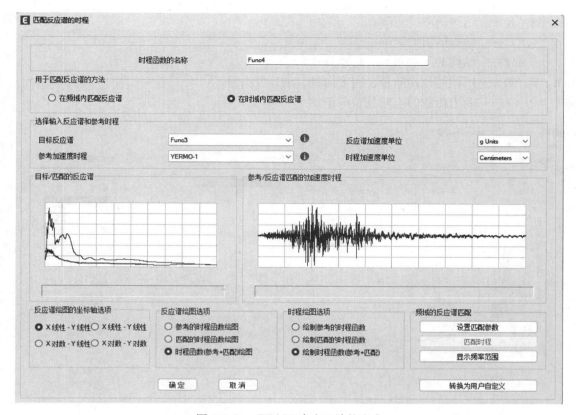

图 3.3-29　ETABS 中人工波的生成

速度时程，这与《建筑隔震设计标准》GB/T 51408—2021 第 4.2.4 条第 3 款的要求是一致的，即人工模拟地震动加速度时程曲线应考虑相位信息的影响。其中反应谱函数的单位应选择"g"（重力加速度），而参考加速度时程的单位通常选择"Centimeters"（厘米），单位的选择尽量贴近真实，否则对于频域法可能造成不收敛的情况，所生成的人工波异常。

（3）设置匹配参数（仅用于频域法）

如果需要，用户可具体指定匹配谱的频域范围。如果不指定，默认使用全频域段（0.01Hz 到 100.0Hz）。

将上述参数设置完成后，点击【匹配时程】按钮即可完成人工波的生成，之后可点击【转换为用户自定义】按钮，将人工波转换为自定义时程函数，保存在模型数据库（*.edb）中。

3）用户还可以通过【定义→函数→时程函数→显示反应谱】命令，查看已有时程函数的伪加速度谱。用户可查看各时程函数在不同阻尼比下的伪加速度谱，也可以查看这些时程的均值谱等等，如图 3.3-30 所示。

2. 时程分析的一般设置

时程分析针对随时间变化的动力荷载进行逐步求解，包括地震加速度荷载、设备转子离心力荷载、人行激励荷载等。ETABS 目前提供了两种线性时程分析方法：线性模态叠加法和线性直接积分法，本小节主要介绍两种方法的一些通用设置。

动力时程分析的本质即求解以下动力平衡方程：

$$\boldsymbol{K}u(t)+\boldsymbol{C}\dot{u}(t)+\boldsymbol{M}\ddot{u}(t)=\boldsymbol{r}(t) \tag{3.3-2}$$

式中： **K**——结构的刚度矩阵；

   C——结构的阻尼矩阵；

   M——结构的（对角）质量矩阵；

u、$\dot{u}$、$\ddot{u}$——结构的位移向量、速度向量、加速度向量；

   r——动力荷载的空间分布向量。

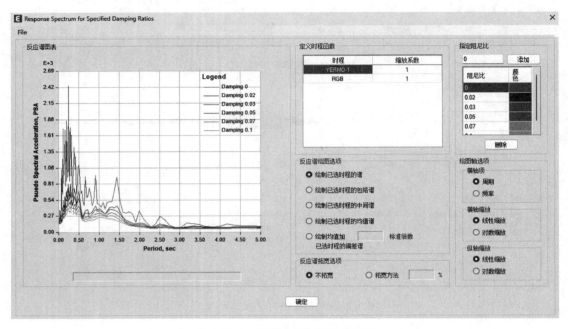

图 3.3-30 显示时程函数的反应谱

  上述参数中，质量矩阵的确定可参考第 3.3.1 节中的内容，其余参数需在时程工况中设定。通过【定义→荷载工况】命令添加线性时程工况，其中荷载工况类型选择为"Time History"（时程），子类型选择"Linear Modal"（线性模态叠加法）或"Linear Direct Integration"（线性直接积分法），如图 3.3-31 所示。各参数介绍如下。

  1）P-Delta/非线性刚度

  当线性时程工况的结构刚度为非线性工况的终止刚度时，ETABS 仅继承前置工况的刚度而不继承内力、能量等其他状态，由于线性时程分析具有可叠加性，可通过荷载组合考虑重力荷载等效应的叠加。

  还应注意的是，当线性时程工况的结构刚度为非线性工况的终止刚度时，ETABS 将继承前置工况终止时非线性单元的状态，并在当前工况中保持不变。例如，对于指定单拉属性的框架单元，如果该单元在非线性工况终止时处于受拉状态，那么它在后续线性时程工况中将具有完全相同的拉压刚度（即线性属性）；反之，如果该单元在非线性工况终止时处于受压状态（即无轴力状态），那么它在后续线性时程工况中的轴向刚度将始终为零。这些刚度在线性时程分析过程中将被固定，不再随荷载的变化而变化。

  2）施加荷载

  时程工况中施加的荷载包括加速度和荷载模式。前者以地震加速度的形式作用于结构

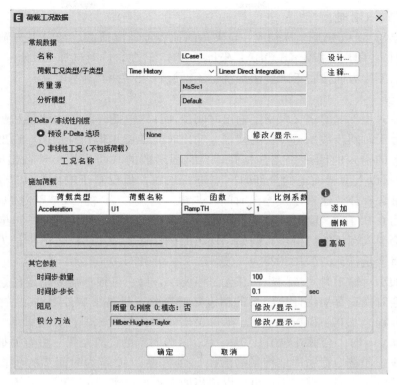

图 3.3-31　线性时程工况定义

上，仅在有质量的节点处产生惯性力，多用于地震时程响应的分析；后者以力的形式施加于结构上，力的分布需要用户提前指定，可用于风时程响应、人行激励响应等。除荷载名称和（时程）函数外，用户还可以勾选"高级"选项，指定以下荷载参数。

（1）比例系数

比例系数用于对时程函数的纵坐标（加速度或荷载）进行整体缩放，默认值为 1.0。以地震加速度荷载为例，比例系数可用于调整地震波峰值，由于函数文件是不包含单位的，用户可以将鼠标放置在"ⓘ"标志处查看当前的单位。例如函数 YERMO-1 的最大值为 400，当前单位为 mm/s^2，而目标输入地震动峰值为 $400cm/s^2$，那么比例系数应输入 10。

（2）时间系数

时间系数用于对时程函数的横坐标（时间）进行整体缩放，默认值为 1.0。多数情况下，该选项没有太大的实际意义，建议使用默认值即可。

（3）到达时间

到达时间即动力荷载作用于结构的延迟时间。默认情况下，全部动力荷载均在零时刻作用于结构上，如需考虑不同动力荷载作用于结构的时间差，推荐使用该选项。例如，基于行波效应的多点激励分析，即可通过对不同支座指定相同的地震波和不同的到达时间来实现。

（4）坐标系和角度

默认情况下，用户基于整体坐标系 GLOBAL 指定地震加速度荷载的作用方向，即：U1，U2，U3，R1，R2，R3 共六个分量。其中，U1，U2，U3 分别对应 GLOBAL 坐标系的 UX，UY，UZ 轴。

如需指定与 GLOBAL 坐标轴成一定夹角的地震加速度荷载（如沿 UX 轴和 UY 轴的角平分线方向），用户可指定 GLOBAL 坐标系和 45°转角，同时选择 U1 分量。当前的 U1 方向即默认的 UX 方向按右手螺旋法则绕 +Z 轴旋转 45°后的方向。

3）时间步

用户可在时程工况的定义中指定输出时间步，具体包括时间步的数量和步长。时程分析的总时长等于时间步数量与步长的乘积。输出时间步长并非分析步长，输出时间步长无需与时程函数的输入时间步长完全相同，当时程函数的时间步长小于输出时间步长时，ETABS 将会对以上两者确定的全部时间点进行求解，但仅基于输出时间步长输出结果，其余结果将被舍弃掉。通常建议输出时间步与输入时间步为整除或被整除的关系，例如：输入时间步为 0.02s 时，输出时间步可取为 0.04s 或 0.01s。如果输入时间步与输出时间步不同步，会形成额外的分析步，例如，输入时间步长为 0.075，输出步长为 0.1 时，计算的荷载步将会是：0.075，0.025，0.05，0.05，0.025，0.075。

模态叠加法对输出时间步的步长并无严格要求，用户可根据需要指定任意步长，因为分析步长不会对模态叠加法计算结果的精度造成影响，只是影响计算结果的采样。例如，当输出步长分别为 0.01s 和 0.02s 时，在 0.02s、0.04s 等时刻，计算结果是一致的，但是输出步长为 0.01s 时，会额外输出 0.01s、0.03s 等时刻的计算结果，更容易捕捉到结构最大的动力响应。通常推荐采用结构最高阶振型周期的 1/10 作为时间步的步长，如果高阶振型对结构动力响应的贡献较小，也可以适当增大步长。实际应用时，采用与地震波相同的采样间隔基本可以满足要求。

与模态叠加法不同的是，直接积分法的分析结果对输出时间步的步长异常敏感。建议采取逐步减小步长的方式确定最合理的取值，判断标准即分析结果不再随步长的减小而进一步改变。通常来讲，在同一个计算模型中，不同类型的分析结果对步长的要求也会有所不同。例如，与结构整体的侧向位移相比，刚性构件或结构局部的内力值对时间步长的要求更加严格（要求步长更小）。

3. 线性模态叠加时程分析法

模态叠加法利用模态正交性将多自由度体系（MDOF）的动力平衡方程解耦为多个单自由度体系（SDOF）进行求解，之后再将单自由度体系的动力响应叠加为结构整体的动力响应。

由于在 ETABS 中定义的各种函数均为分段线性函数（离散数据点拟合的函数曲线），对于分段线性的时程函数，采用分段解析法对单自由度体系进行求解可以得到分析的精确解，且不依赖于分析步长。因此，对于线性时程分析，模态叠加法比直接积分法更加高效、准确。

模态叠加法通常只采用有限数量的低阶模态，忽略高阶模态，因而存在截断误差。至于低阶模态的数量能否准确描述结构的动力响应，用户应从以下几个方面加以判断：模态的数量是否足够多；模态的频率范围是否足够广；模态的质量（或动力）参与系数是否足够大；模态的振动形式与结构期望的变形形式是否一致。

为了减小由于忽略高阶模态而引起的误差，用户可在特征向量法的模态分析中指定静力修正选项或采用 Ritz 向量法的模态分析。默认情况下，Ritz 向量法自动包含静力修正，故无需用户指定。基于静力修正的模态叠加法可以提高基底反力的计算精度，尤其是支座刚度较大且病态或敏感的计算模型。

模态阻尼的设置与反应谱工况中阻尼的设置是相同的，请参考第 3.3.5 节中模态阻尼的相关内容。

4. 线性直接积分时程分析法

直接积分法是在各个时间点上对结构整体的动力平衡方程直接进行求解，因此，即使在线性时程分析中，直接积分法也具有以下两个优势：第一，直接积分法可以考虑不同模态间的耦合阻尼，而模态叠加法只能采用解耦的模态阻尼比；第二，对于需要考虑大量参与模态的冲击爆破问题或波传播问题，直接积分法更为适合。

1) 积分方法

ETABS 支持多种可用于直接积分的数值方法，包括：Newmark-β 法、Wilson-θ 法、Collocation 法、Hilber-Hughes-Taylor 法以及 Chung & Hulbert 法。这些方法均满足收敛性、精确性、稳定性和高效性的要求，详细的理论验证和公式推导可参考相关文献。此处仅简要介绍其中两种较为常用的积分方法，具体如下。

（1）Newmark 方法族

直接使用泰勒公式展开可得到下述方程：

$$u_n = u_{n-1} + \Delta t \dot{u}_{n-1} + \frac{\Delta t^2}{2}\ddot{u}_{n-1} + \frac{\Delta t^3}{6}\dddot{u}_{n-1} + \cdots\cdots \tag{3.3-3}$$

$$\dot{u}_n = \dot{u}_{n-1} + \Delta t \ddot{u}_{n-1} + \frac{\Delta t^2}{2}\dddot{u}_{n-1} + \cdots\cdots \tag{3.3-4}$$

将这些方程截断并以下式进行表达：

$$u_n = u_{n-1} + \Delta t \dot{u}_{n-1} + \frac{\Delta t^2}{2}\ddot{u}_{n-1} + \beta \Delta t^3 \dddot{u}_{n-1} \tag{3.3-5}$$

$$\dot{u}_n = \dot{u}_{n-1} + \Delta t \ddot{u}_{n-1} + \gamma \Delta t^2 \dddot{u}_{n-1} \tag{3.3-6}$$

假定加速度在时间步长内是线性的，可得到

$$\dddot{u} = \frac{(\ddot{u}_t - \ddot{u}_{t-1})}{\Delta t} \tag{3.3-7}$$

将式（3.3-7）代入式（3.3-5）和（3.3-6），可产生标准形式的 Newmark 方程：

$$u_n = u_{n-1} + \Delta t \dot{u}_{n-1} + \left(\frac{1}{2} - \beta\right)\Delta t^2 \ddot{u}_{n-1} + \beta \Delta t^2 \ddot{u}_n \tag{3.3-8}$$

$$\dot{u}_n = \dot{u}_{n-1} + (1-\gamma)\Delta t \ddot{u}_{n-1} + \gamma \Delta t \ddot{u}_n \tag{3.3-9}$$

系数 γ 提供了初始和最终时刻加速度对速度改变贡献的权重，系数 β 则提供了初始和最终时刻加速度对位移改变贡献的权重。当 $\gamma = 1/2$ 及 $\beta = 1/4$ 时，Newmark 方法与平均加速度法相同，这也是程序的默认值；当 $\gamma = 1/2$ 及 $\beta = 1/6$ 时，Newmark 方法与线加速度法相同。当 γ 大于 1/2 时，会引入误差，这些误差与数值阻尼和周期延长有关。

当 $2\beta \geqslant \gamma \geqslant \frac{1}{2}$ 时，此方法为无条件稳定的，否则为条件稳定，而条件稳定的稳定时间步长应满足：

$$\Delta t_{\text{stable}} = \frac{1}{\omega_{\max}\sqrt{\frac{\gamma}{2}-\beta}} \tag{3.3-10}$$

大型实际结构通常包含很多小于积分时间步长的周期，因此有必要选择一个无条件稳定的数值积分方法，推荐采用 $\gamma=1/2$ 及 $\beta=1/4$。

（2）Hilber-Hughes-Taylor 法

该方法使用 Newmark 方法求解下列运动方程：

$$M\ddot{u}_n+(1+\alpha)C\dot{u}_n+(1+\alpha)Ku_t=(1+\alpha)P_n-\alpha P_{n-1}+\alpha C\dot{u}_{n-1}+\alpha Ku_{n-1}$$

$$(3.3\text{-}11)$$

α 的取值范围为 $[-1/3,0)$，α 为算法阻尼，α 值越小，阻尼越大，当 α 等于 0 时，此方法退化为常加速度法，无算法阻尼。α 值会在高阶阵型中产生数值能量损耗，产生类似刚度比例阻尼的效果。与刚度比例阻尼不相同的是，α 值引起的数值阻尼会随着时间步长的减小而减小，对于常规的地震波间隔，α 值取为 $-0.05\sim-0.02$ 是合适的。由于 Hilber-Hughes-Taylor 法是无条件稳定的，这种方法被大多数计算机程序采用。

2）比例阻尼与模态阻尼

在直接积分时程分析中，结构中的阻尼用完整的阻尼矩阵来模拟。与线性模态分析的模态阻尼不同，这允许考虑模态间的耦合。

直接积分可以考虑两种可相加的阻尼类型：比例阻尼和模态阻尼。直接积分法的阻尼来源有三个：来自荷载工况的阻尼、来自材料的阻尼和来自连接/支座单元的阻尼，所有来源都对比例阻尼有贡献，前两种来源对模态阻尼有贡献。来自不同来源的两种类型阻尼相加在一起，用户可以在一个荷载工况中同时使用比例阻尼和模态阻尼。

对模态阻尼，每个模态 i 有一个阻尼比 ξ_i，为临界阻尼的比值，必须满足：

$$0\leqslant\xi_i<1$$

程序会自动确保所有模态下，两个来源的模态阻尼比之和不超过 1。

现分别对比例阻尼和模态阻尼做具体的阐述：

（1）比例阻尼

比例阻尼也被称为瑞利阻尼，其阻尼矩阵为结构质量矩阵与结构刚度矩阵的线性组合，如下所示：

$$C=c_M M+c_K K \tag{3.3-12}$$

式中：c_M——质量比例系数；

c_K——刚度比例系数。

根据各阶振型关于质量矩阵和刚度矩阵的正交性可知，瑞利阻尼矩阵同样满足振型的正交性条件。基于此可进一步推导质量比例系数和刚度比例系数的计算公式，具体如下：

$$c_i=\phi_i^T C\phi_i=c_M\phi_i^T M\phi_i+c_K\phi_i^T K\phi_i=c_M m_i+c_K k_i \tag{3.3-13}$$

$$c_i=2\xi_i\omega_i m_i \quad \omega_i^2=\frac{k_i}{m_i} \quad \xi_i=\frac{c_M}{2\omega_i}+\frac{c_K\omega_i}{2} \tag{3.3-14}$$

式中：c_i、m_i、k_i——第 i 阶振型的振型阻尼、振型质量和振型刚度；

ξ_i、ω_i——第 i 阶振型的阻尼比和自振（圆）频率。

瑞利阻尼可通过图 3.3-32 直观地表达，从图中可以看出，刚度比例阻尼与结构的内部变形相关且与结构自振频率成正比，故刚度比例阻尼可以有效过滤高频（短周期）振动。质量比例阻尼与结构的整体运动相关（类似于结构在黏滞流体的内部进行运动），且与结构自振周期成正比，故质量比例阻尼可以有效过滤低频（长周期）振动。在给定的两个频率点之间的结构响应是处于欠阻尼的状态，而在给定的两个频率点之外的结构响应则是处于过阻尼的状态。

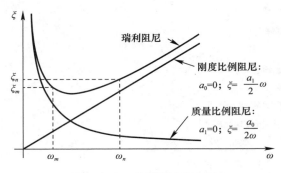

图 3.3-32　瑞利阻尼示意图

如果给定任意两个不同频率（或周期）的振型阻尼比，即可根据式（3.3-15）计算瑞利阻尼的质量比例系数和刚度比例系数。

$$\begin{bmatrix} \xi_i \\ \xi_j \end{bmatrix} = \frac{1}{2} \begin{bmatrix} \dfrac{1}{\omega_i} & \omega_i \\ \dfrac{1}{\omega_j} & \omega_j \end{bmatrix} \begin{bmatrix} c_{\mathrm{M}} \\ c_{\mathrm{K}} \end{bmatrix} \tag{3.3-15}$$

比例阻尼是一种数值阻尼，并非真实的物理阻尼，所以比例阻尼的数值确定需要用户有丰富的经验，Powell 教授推荐采用 $0.9T_1$ 和 $0.2T_1$ 作为给定的两个周期点，其中 T_1 为结构的基本周期。用户也可自行判断所需指定的周期点，应尽量覆盖所需关心的周期范围，避免设置过大或过小的阻尼，造成结构响应异常。

用户在设定比例阻尼时，可以直接输入质量比例系数和刚度比例系数，也可以通过指定任意两个周期（或频率）点的阻尼比，由程序来计算质量比例系数和刚度比例系数，应当注意的是，此处输入的应为第一个周期点和第二个周期点，而不是结构的第一周期和第二周期。程序还提供了一种简便的指定方法：直接指定基于模态工况的某一阶周期的周期比，如图 3.3-33 所示，两个周期点即为 $0.9T_1$ 和 $0.2T_1$。

（2）模态阻尼

直积积分时程分析中的完整模态阻尼矩阵 C_{modal} 为：

$$C_{\mathrm{modal}} = \sum_{i=1}^{n} \frac{4\pi}{T_i} \xi_i (M\boldsymbol{\phi}_i)(M\boldsymbol{\phi}_i)^{\mathrm{T}} \tag{3.3-16}$$

式中：T_i、ξ_i、ϕ_i——分别是模态 i 的周期、阻尼比和振型；

　　　　n——模态总数，由最大模态频率控制。

模态阻尼矩阵 C_{modal} 是一个完全填充的矩阵。在分析中，模态阻尼力的计算将包括模态阻尼矩阵的所有项，但模态阻尼对刚度矩阵的贡献只包括单元连接项；由于这种不一致性，线性直接积分时程分析可能在每步结束时产生不平衡力和能量误差。所有的不平衡力在下一步进行再平衡，通常这种效应导致的不平衡力是非常小的。

模态阻尼只对模态荷载工况相关的振型位移提供阻尼，而模态工况只求解出了部分低阶模态，同时忽略了高阶模态；但是直接积分时程分析中的总自由度数几乎都比所提供的

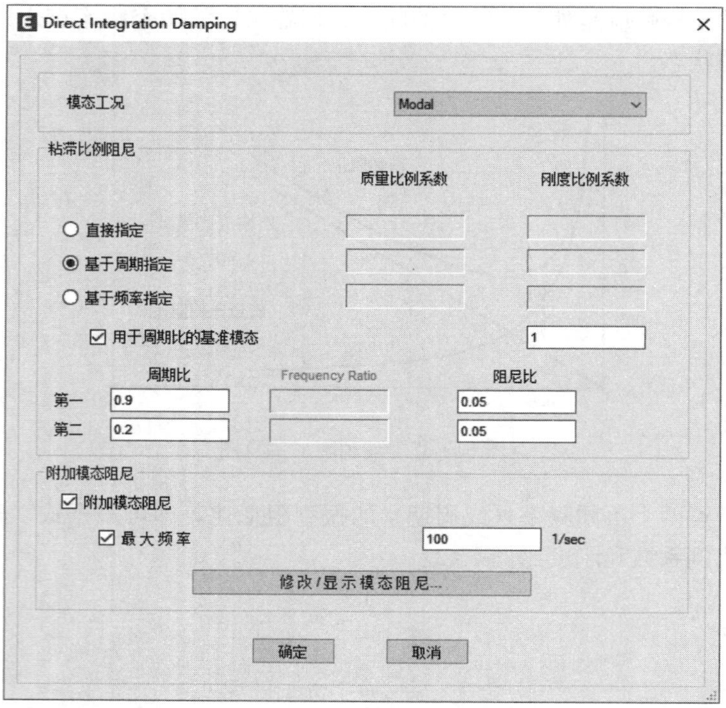

图 3.3-33 比例阻尼的指定

模态数量要大得多，因此可能存在高频响应处于欠阻尼或无阻尼状态。为了防止模型的高频响应为欠阻尼，建议在荷载工况中提供一个小的非模态的刚度比例阻尼。例如，如果模态阻尼影响的最高阶模态频率为 f，可以指定频率 f 和 $10f$ 对应的刚度比例阻尼分别为 0.005 和 0.05，程序将自动计算出一个刚度比例系数，用于给不受模态阻尼衰减的高频振动提供刚度比例阻尼，又不会对低频响应产生明显影响。

5. 随机模拟法

依据广东省标准《高层建筑混凝土结构技术规程》DBJ/T 15—92—2021 第 4.3.4 条第 4 款，允许采用时域显式随机模拟法进行弹性结构的地震响应计算，并在第 4.3.6 条进行了详细的规定，同时在附录 C 中给出了详细的理论解释。文献 [7] 中对此做了更加详细的介绍，并有大量的案例对比。

规范中推荐的各振型响应最大值的 CQC 组合方法是在一定的假定下由随机振动理论获得的，这些假定包括：地震动为平稳随机过程；地震动为宽带白噪声随机过程；结构响应的峰值因子与各振型响应的峰值因子相等。实际上，地震动具有强烈的非平稳性，且地震动能量主要集中在场地土卓越周期附近，各响应峰值因子之间一般也不具有一致性。因此这些假定将会带来一定的计算误差，尤其是对高层和超高层建筑等柔性结构。而时程分析法是一种直接积分法，可以输入真实的地震动时程并得到结构地震响应变化的全过程，但其输入不能反映地震动的随机特性，致使计算结果缺乏统计意义，不同的地震激励输入所得到的计算结果离散性较大，因此该方法一般用作反应谱法的补充计算方法。

随机模拟法是一种真正意义的随机振动方法，无须引入反应谱 CQC 法的计算假定，使用大量的具有统计意义的人工波进行时程分析，具有更高的计算精度，也更易为工程师所接受。随机模拟法的基本原理是：首先通过迭代计算获取与规范反应谱等价的等效地震动功率谱，再采用谐波合成法生成大量的人工波，人工波应有足够的数量，使得由人工波获得的平均反应谱与规范反应谱有足够的拟合度，一般要求人工波数量不少于 500 条，而后使用这些人工波进行时程分析，时程分析的方法即可采用时域显示法，也可采用线性模态叠加法或直接积分法等，最后求取时程分析的平均楼层剪力，用于校核反应谱分析结果。

随机模拟法目前已经被引入 CiSDC 软件中，具体的实现方法详见第 7 章的相关内容。

3.4　其他荷载

3.4.1　温度作用

温度作用即温度改变产生的温差与材料热膨胀系数共同产生的温度应变，故：温度应变＝温差×热膨胀系数。静定结构可以自由变形，温度作用不产生支座反力和结构内力；超静定结构无法自由变形，温度作用会产生支座反力和结构内力。

ETABS 中的温度作用包括两种类型，即：沿整个截面均匀分布的温差值（简称"均匀温差"），和沿局部轴方向线性变化的温度梯度值（简称"温度梯度"）。温度梯度即沿壳单元的截面厚度方向或框架单元的截面宽度和高度方向上单位长度的温差，正值代表沿局部轴正向升温，负值代表沿局部轴正向降温。

均匀温差产生轴向应变或面内应变，可用于指定节点荷载、框架荷载和面荷载。温度梯度产生弯曲应变，只能用于指定框架荷载和面荷载。对于超静定结构，前者产生框架单元的轴力或壳单元的膜内力，后者产生框架单元或壳单元的弯矩。

通过【指定→框架荷载→温度荷载】命令可以为框架对象指定温度作用，如图 3.4-1 所示。均匀温差即沿整个框架截面均匀分布的温差，用户输入的温度值的单位为℃。Temperature Gradient（温度梯度）2-2 或 3-3 分别为沿框架单元的局部 2 轴或 3 轴线性变化的温度梯度，用户输入的温度梯度的单位为℃/m 或℃/mm，具体的长度单位（m 或 mm）与当前单位制有关，用户可根据需求灵活切换。

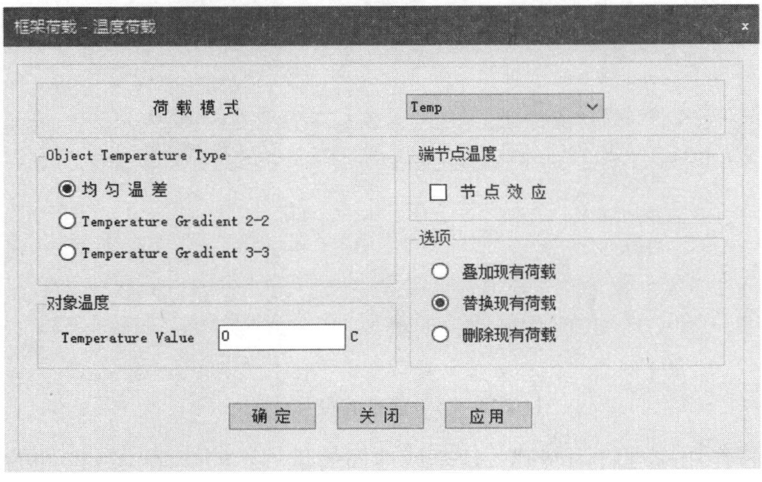

图 3.4-1　框架单元的温度作用

节点的温度作用不会直接使结构产生温度应变，而是叠加框架单元或壳单元的温度作用，用于定义沿杆件轴向或在墙板平面内线性变化的温度作用。通过【指定→节点荷载→温度荷载】命令可以为节点对象指定温度作用，如图 3.4-2 所示。壳单元的均匀温差为 30℃，左上角节点的温度荷载为 20℃。如果在指定楼板的均匀温差时叠加节点温度作用，左上角节点的均匀温差为 30+20＝50℃。

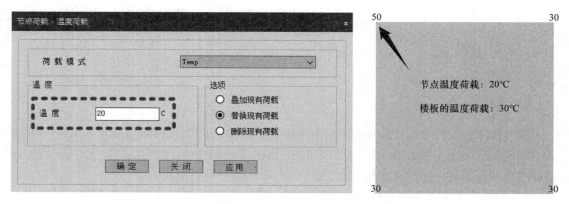

图 3.4-2　壳单元的温度作用叠加节点温度作用

3.4.2　位移作用

位移作用即强制的非零边界条件，常用于指定支座的水平移动、竖向沉降或转动角度。点击【指定→节点荷载→位移荷载】命令，弹出如图 3.4-3 所示的对话框。ETABS 中的节点位移荷载包括：沿全局坐标系 3 个坐标轴方向的平动位移和绕坐标轴的 3 个转动位移，共六个分量。其中，平动位移为长度单位，与当前单位制有关（如 m 或 mm）；转动位移为角度单位 rad（弧度），与当前单位制无关。

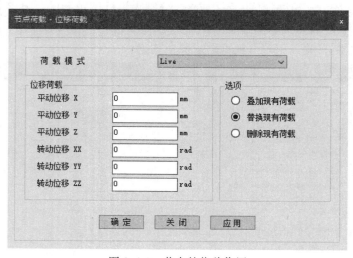

图 3.4-3　节点的位移作用

节点的位移作用应理解为基础、地基或地面的位移，而非结构或构件的端部位移。因此，用户必须先对节点指定某种形式的支座条件，否则无法施加位移作用。这里的节点支

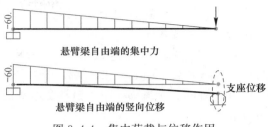

图 3.4-4　集中荷载与位移作用

座条件包括以【指定→节点→支座】命令指定的刚性节点支座，也包括以【指定→节点→弹簧】命令指定的柔性点弹簧。

如图 3.4-4 所示，在悬臂梁的自由端施加 10kN 的集中力可产生 55.2mm 的竖向位移。反之，如需在自由端施加 55.2mm 的竖向位移，用户应先对该节点指定竖向的节点支座，约束竖向平动，然后才能有效地施加位移作用。从悬臂梁的内力图可以看出，两种加载方式下的计算结果完全相同。

3.4.3　钢束荷载

预应力（钢束）荷载是作用于混凝土楼板的一组自平衡的力和力矩。点击【指定→钢束荷载→钢束荷载】命令，弹出如图 3.4-5 所示的对话框，用户需要输入张拉应力值并选择荷载模式和张拉位置。

点击【指定→钢束荷载→预应力损失】命令，弹出如图 3.4-6 所示的对话框。钢束的预应力损失可采用 3 种计算方法：预拉力比值（％），固定应力值和详细计算。前两种方法中的"应力损失"等于全部短期损失之和，第一种方法采用百分比定义，第二种方法采用应力值定义；长期损失等于收缩、徐变和应力松弛造成的预应力损失之和。部分参数的具体含义如下：

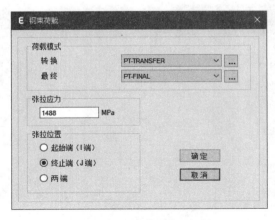

图 3.4-5　【钢束荷载】对话框

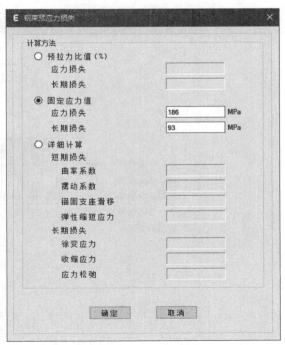

图 3.4-6　【钢束预应力损失】对话框

（1）曲率系数：以钢束的张拉位置为起点，沿钢束长度方向上单位转角（弧度）的预应力损失占比。该系数用于考虑因预应力钢束在张拉时与孔壁接触而产生的摩擦力对预应力的影响，主要用于曲线孔道。

（2）摆动系数：以钢束的张拉位置为起点，单位长度钢束上的预应力损失占比。该系数同样用于考虑摩擦力对预应力的影响，主要用于因局部位置发生凹凸而偏离设计位置的孔道。

（3）锚固支座滑移：由于锚具变形或锚具与垫板、构件间的缝隙被压缩而引起的支座滑移长度。

（4）弹性收缩（缩短）应力：由于预应力钢束松动回缩使张拉程度降低而引起的预应力损失。

徐变应力、收缩应力和应力松弛分别是由于混凝土的徐变、收缩和预应力钢束的松弛引起的长期预应力损失，用户应根据规范或文献计算并输入具体数值。

结合上述短期和长期的预应力损失，用户需要对钢束荷载定义两个荷载模式及其荷载工况。具体如下：

（1）"转换"荷载模式的默认名称为 PT-TRANSFER，用于定义初始状态下只考虑短期预应力损失的荷载组合。

（2）"最终"荷载模式的默认名称为 PT-FINAL，用于定义持续状态下同时考虑短期和长期预应力损失的荷载组合。

对于连续梁或连续板等超静定结构，预应力混凝土结构设计需要在设计组合中考虑预应力荷载引起的次效应。如图 3.4-7 所示，ETABS 以"最终"荷载工况 PT-FINAL 为基本工况，自动生成超静定荷载工况 PT-FINAL-HP，以此计算预应力荷载产生的次内力，并参与承载能力极限状态设计的荷载组合。

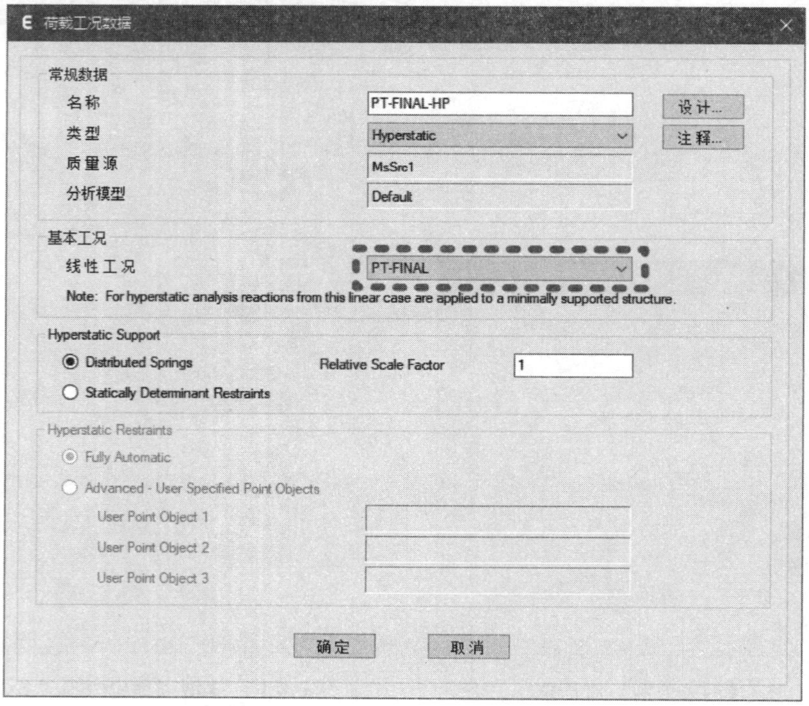

图 3.4-7 考虑次内力效应的超静定荷载工况

3.5　荷载组合

荷载组合用于组合荷载工况或其他荷载组合的分析结果，包括：节点位移、支座反力以及单元内力或应力等。用户可根据需要定义任意数量的荷载组合，但每个荷载组合的名称必须唯一，不得与其他荷载组合或荷载工况重名。如果在荷载组合的定义中包含其他荷载组合，用户应避免循环引用，即：不能出现组合 A 包含组合 B，同时组合 B 也包含组合 A 的情况。

用户可通过【定义→荷载组合】命令添加基于规范的默认荷载组合以及自定义荷载组合。

3.5.1　默认组合

根据《工程结构通用规范》GB 55001—2021、《建筑结构荷载规范》GB 50009—2012、《建筑抗震设计标准》GB/T 50011—2010（2024 年版）、《高层建筑混凝土结构技术规程》JGJ 3—2010 和《高层民用建筑钢结构技术规程》JGJ 99—2015 中的相关规定，ETABS 可以自动生成默认的设计组合，包括恒荷载、活荷载、风荷载以及地震作用，见表 3.5-1。其中，γ_{EG} 为质量源定义中可变荷载的组合值系数，用于确定结构的重力荷载代表值。

基于中国规范的默认荷载组合　　　　　　　　　　　　　　　　　　表 3.5-1

组合类型	备注	恒荷载	活荷载	风荷载	水平地震作用	竖向地震作用
恒荷载＋活荷载	恒荷载不利	1.3	1.5	—	—	—
	恒荷载有利	1.0	1.5	—	—	—
恒荷载＋风荷载	恒荷载不利	1.3	—	±1.5	—	—
	恒荷载有利	1.0	—	±1.5	—	—
恒荷载＋活荷载＋风荷载	活荷载控制	1.3	1.5	±0.6×1.5	—	—
	活荷载控制	1.0	1.5	±0.6×1.5	—	—
	风荷载控制	1.3	0.7×1.5	±1.5	—	—
	风荷载控制	1.0	0.7×1.5	±1.5	—	—
重力荷载＋水平地震作用	—	1.3	$1.3\gamma_{EG}$	—	1.4	—
	—	1.0	$1.0\gamma_{EG}$	—	1.4	—
重力荷载＋风荷载＋水平地震作用	—	1.3	$1.3\gamma_{EG}$	±0.3×1.5	1.4	—
	—	1.0	$1.0\gamma_{EG}$	±0.3×1.5	1.4	—
重力荷载＋竖向地震作用	—	1.3	$1.3\gamma_{EG}$	—	—	1.4
	—	1.0	$1.0\gamma_{EG}$	—	—	1.4
重力荷载＋风荷载＋竖向地震作用	—	1.3	$1.3\gamma_{EG}$	±0.3×1.5	—	1.4
	—	1.0	$1.0\gamma_{EG}$	±0.3×1.5	—	1.4
重力荷载＋水平地震作用＋竖向地震作用	—	1.3	$1.3\gamma_{EG}$	—	1.4	0.5
	—	1.3	$1.3\gamma_{EG}$	—	0.5	1.4
	—	1.0	$1.0\gamma_{EG}$	—	1.4	0.5
	—	1.0	$1.0\gamma_{EG}$	—	0.5	1.4

续表

组合类型	备注	恒荷载	活荷载	风荷载	水平地震作用	竖向地震作用
重力荷载+风荷载+水平地震作用+竖向地震作用	—	1.3	$1.3\gamma_{EG}$	$\pm0.3\times1.5$	1.4	0.5
	—	1.3	$1.3\gamma_{EG}$	$\pm0.3\times1.5$	0.5	1.4
	—	1.0	$1.0\gamma_{EG}$	$\pm0.3\times1.5$	1.4	0.5
	—	1.0	$1.0\gamma_{EG}$	$\pm0.3\times1.5$	0.5	1.4

3.5.2　自定义组合

对于包含雪荷载、预应力荷载、吊车荷载或温度作用等的荷载组合，用户需要自定义荷载组合，用于后续各种类型的结构设计。如图 3.5-1 所示，用户可以选择荷载组合的类型，也可以选择参与组合的荷载工况。每个荷载工况的比例系数等于荷载分项系数、组合值系数以及考虑结构设计使用年限的荷载调整系数三者的乘积。

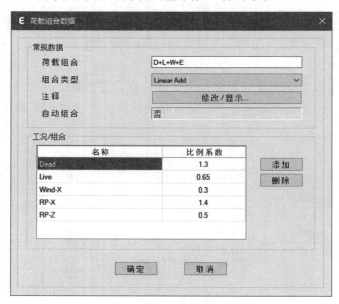

图 3.5-1　用户自定义荷载组合

当用户自定义的荷载组合数量较多时，建议使用交互式数据库功能提高工作效率。点击【编辑→交互式数据库】命令，选择荷载组合的数据库表格（依次展开【Load Case Definitions→Load Combination Definitions→Table：Load Combination Definitions】），打开的表格如图 3.5-2 所示。利用数据库表格可以快速插入、删除或粘贴荷载组合的名称、类型以及各个荷载工况的缩放系数。除直接在数据库表格中操作外，用户也可以将表格导出至 Excel 中编辑，然后再返回 ETABS 应用至计算模型，这样可以更高效地完成批量化的定义或修改。

3.5.3　组合类型

ETABS 提供 5 种类型的荷载组合，即：线性叠加（Linear Add）、绝对值叠加（Absolute Add）、平方和开平方（SRSS）、包络（Envelope），以及同号叠加（Range Add）。

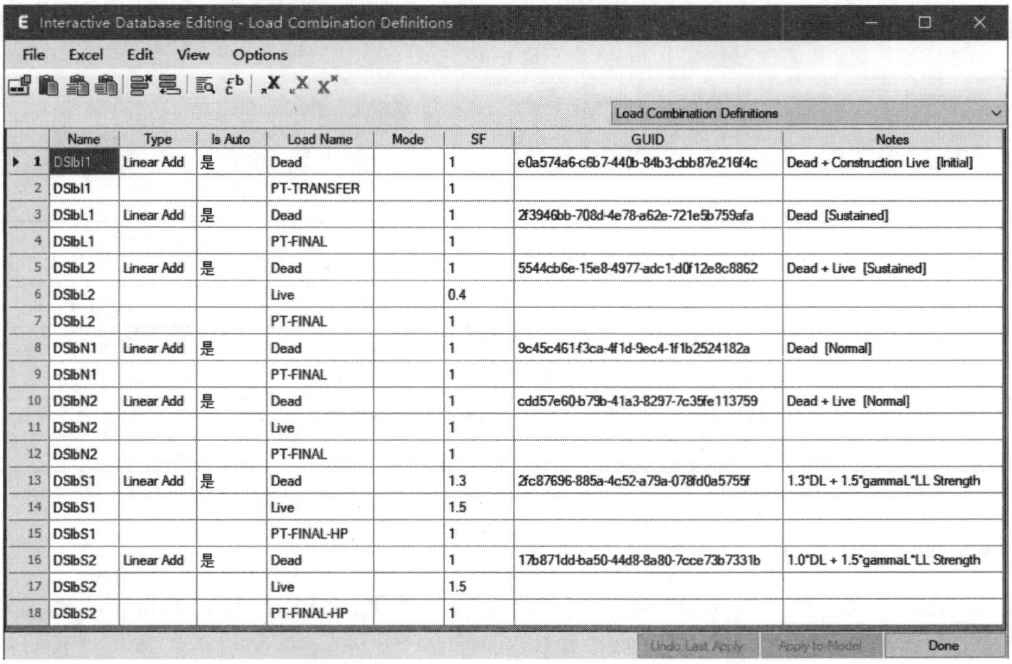

	Name	Type	Is Auto	Load Name	Mode	SF	GUID	Notes
1	DSlbI1	Linear Add	是	Dead		1	e0a574a6-c6b7-440b-84b3-cbb87e216f4c	Dead + Construction Live [Initial]
2	DSlbI1			PT-TRANSFER		1		
3	DSlbL1	Linear Add	是	Dead		1	2f3946bb-708d-4e78-a62e-721e5b759afa	Dead [Sustained]
4	DSlbL1			PT-FINAL		1		
5	DSlbL2	Linear Add	是	Dead		1	5544cb6e-15e8-4977-adc1-d0f12e8c8862	Dead + Live [Sustained]
6	DSlbL2			Live		0.4		
7	DSlbL2			PT-FINAL		1		
8	DSlbN1	Linear Add	是	Dead		1	9c45c461-f3ca-4f1d-9ec4-1f1b2524182a	Dead [Nomal]
9	DSlbN1			PT-FINAL		1		
10	DSlbN2	Linear Add	是	Dead		1	cdd57e60-b79b-41a3-8297-7c35fe113759	Dead + Live [Nomal]
11	DSlbN2			Live		1		
12	DSlbN2			PT-FINAL		1		
13	DSlbS1	Linear Add	是	Dead		1.3	2fc87696-885a-4c52-a79a-078fd0a5755f	1.3*DL + 1.5*gammaL*LL Strength
14	DSlbS1			Live		1.5		
15	DSlbS1			PT-FINAL-HP		1		
16	DSlbS2	Linear Add	是	Dead		1	17b871dd-ba50-44d8-8a80-7cce73b7331b	1.0*DL + 1.5*gammaL*LL Strength
17	DSlbS2			Live		1.5		
18	DSlbS2			PT-FINAL-HP		1		

图 3.5-2　关于荷载组合定义的数据库表格

ETABS 根据参与组合的各个荷载工况或荷载组合所提供的最大值和最小值，计算当前荷载组合的最大值和最小值。针对不同的组合类型，上述计算方法也有所不同。具体如下。

（1）线性叠加：最大值即各个工况或组合的最大值之和；同理，最小值即各个工况或组合的最小值之和。

（2）绝对值叠加：最大值即各个工况或组合的最大绝对值之和；最小值为最大值的相反数（异号）。

（3）平方和开平方：最大值即各个工况或组合的最大绝对值的平方和开平方；最小值为最大值的相反数（异号）。

（4）包络：最大值即各个工况或组合的最大值中的最大值；同理，最小值即各个工况或组合的最小值中的最小值。

（5）同号叠加：最大值即各个工况或组合的正最大值之和；同理，最小值即各个工况或组合的负最小值之和。

以上同号叠加与线性叠加的差别在于：同号叠加中最大值为负值的工况或组合并不参与最大值的计算；同理，最小值为正值的工况或组合也不参与最小值的计算。换言之，只有“同号”才能叠加，故同号叠加通常用于考虑活荷载的最不利布置。

现举例说明上述组合类型的区别，某框架对象在 4 个荷载工况中的轴力值如表 3.5-2 所示。注意，表格中的数值为归一化的相对值，故无单位。其中，线性静力工况为单值工况，最大值和最小值相同；反应谱工况为双值工况，最大值和最小值等大异号。

针对不同类型的荷载组合，最大值和最小值的计算结果如表 3.5-3 所示。其中，SRSS 组合的最大值和最小值绝对值相等且异号，线性叠加组合的最大值绝对值和最小值绝对值不一定相等，包络组合常用于输出不同荷载组合中的最不利荷载效应。

荷载工况中的轴力值 表 3.5-2

工况名称	工况类型	内力值	最大值	最小值
wind-x	线性静力	5	5	5
wind-y	线性静力	3	3	3
gravity	线性静力	10	10	10
EQ	反应谱	7	7	-7

荷载组合中的轴力值 表 3.5-3

组合名称	工况/组合	组合类型	最大值	最小值
wind	wind-x，wind-y	SRSS	$max=\sqrt{5^2+3^2}=5.8$	$min=-max=-5.8$
G-EQ	gravity，EQ	线性叠加	$max=10+7=17$	$min=10-7=3$
G-W	gravity，wind	线性叠加	$max=10+5.8=15.8$	$min=10-5.8=4.2$
severe	G-EQ，G-W	包络	$max=max(17,15.8)=17$	$min=min(3,4.2)=3$

3.5.4 选择设计组合

　　ETABS 自动生成的默认设计组合直接用于各种类型的结构设计，但自定义的荷载组合需要用户手动添加。在设计后处理模块中，例如对于混凝土框架设计，点击【设计→混凝土框架设计→选择设计组合】命令，弹出如图 3.5-3 所示的对话框。在【可选组合】列表中选择荷载组合，点击【≫】按钮即可添加至【设计组合】列表。同理，点击【≪】按钮可以移除设计组合。

　　同时，基于《高层建筑混凝土结构设计规程》JGJ 3—2010 抗震性能设计的要求，对于不同抗震性能水准的结构，用户也可以选择不同的设计组合。第 1 性能水准的结构应满足弹性设计要求，在设防烈度地震作用下，结构构件的抗震承载力校核采用的设计组合即图 3.5-3 中的【弹性】选项卡。第 2 性能水准的结构在设防或罕遇地震作用下，耗能构件的受剪承载力校核采用的设计组合即图 3.5-3 中的【不屈服】选项卡。

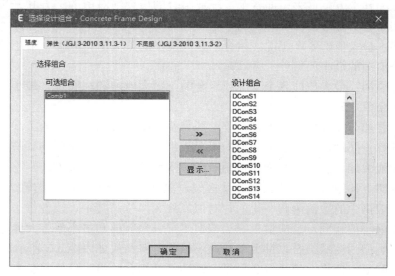

图 3.5-3　混凝土框架设计-选择设计组合

3.5.5　非线性工况

由于非线性工况的分析结果无法进行线性叠加的荷载组合，用户只能在非线性工况中同时施加各种荷载并指定相应的比例系数。此时，荷载模式的比例系数等于荷载分项系数与组合值系数等的乘积。对此，用户往往需要定义大量的非线性工况来代替荷载组合，操作烦琐且容易出错。

针对上述情况，ETABS 可以将自动生成的荷载组合批量转换为多个非线性工况。如图 3.5-4 所示，在添加默认组合后选择需要转换为非线性工况的荷载组合，点击【转换为非线性工况】按钮即可自动生成相同数量的以"NL"为后缀名的非线性荷载工况。

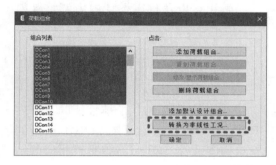

工况名称	工况类型
DCon1-NL	Nonlinear Static
DCon2-NL	Nonlinear Static
DCon3-NL	Nonlinear Static
DCon4-NL	Nonlinear Static
DCon5-NL	Nonlinear Static
DCon6-NL	Nonlinear Static
DCon7-NL	Nonlinear Static
DCon8-NL	Nonlinear Static
DCon10-NL	Nonlinear Static

图 3.5-4　荷载组合批量转换为非线性工况

参考文献

［1］ Computers and Structures Inc.，北京筑信达工程咨询有限公司. CSI 分析参考手册［Z］.

［2］ Computers and Structures Inc. ETABS v21 联机文档 Lateral Loads Manual［Z］.

［3］ ANIL K，CHOPRA. 结构动力学理论及其在地震工程中的应用［M］. 4 版. 谢礼立，吕大刚，等译. 北京：高等教育出版社，2016.

［4］ WILSON E L. Static and Dynamic Analysis of Structures［M］. 4th Edition（Revised June 2010）. Berkeley：Computers and Structures Inc，2010.

［5］ 吴文博. 筑信达 DC 隔震设计软件的隔震解决方案［C］//中国建筑学会建筑结构分会. 第二十七届全国高层建筑结构学术会议论文，2022.

［6］ 吴文博，李立，李楚舒. 双向水平地震作用下框架柱设计的探讨［C］//中国建筑学会建筑结构分会. 第二十四届全国高层建筑结构学术会议论文，2016.

［7］ 苏成，黄志坚，刘小璐. 高层建筑地震作用计算的时域显式随机模拟法［J］. 建筑结构学报，2015，36（1）：13-22.

［8］ PKPM 新规范计算软件 TAT、SATWE、PMSAP 应用指南［Z］.

第4章

结构整体指标输出及内力调整

本章主要介绍与我国设计规范相关的指标计算与输出，以及抗震设计内力调整等内容。这是 ETABS 中文版特有的功能之一。

4.1 结构总信息

建筑结构分析结果中，工程师最关心结构整体指标，它是衡量结构总体性能的重要内容。为了使 ETABS 能适应我国工程师的需要，ETABS 中文版设置了针对中国规范的"结构总信息"选项。用户在"结构总信息"中选择结构体系后，ETABS 将整理相应的结构指标，自动调整构件的地震内力、轴压比等构造要求。

4.1.1 结构总信息参数

通过【设计→结构总信息】，可以设置结构体系、结构重要性系数等参数，如图 4.1-1 所示。这些参数将影响模型的分析和设计结果。选中任一选项，可在右侧的"描述"中查看到该选项对应的解释。

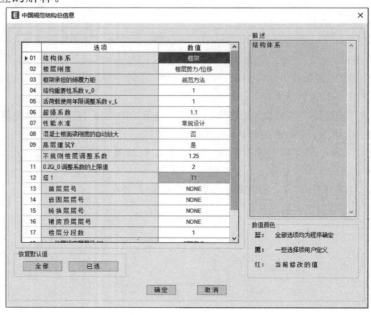

图 4.1-1 结构总信息

对话框中各项参数说明见表 4.1-1。

结构总信息说明　　　　　　　　　　　　表 4.1-1

编号	选项	数值	默认值	说明
1	结构体系	框架 剪力墙 框架-剪力墙 框架-核心筒 筒中筒 板柱结构 钢框架 钢框架-核心筒 钢框架-中心支撑 钢框架-偏心支撑 组合柱-核心筒	框架	双重抗侧力结构体系的框剪比调整与结构体系密切相关，详见 JGJ 3—2010 第 8.1.4 条、第 9.1.11 条、第 11.1.6 条，GB/T 50011—2010 第 8.2.3 条第 3 款、第 6.6.3 条
2	楼层刚度	楼层剪力/位移角 楼层剪力/位移	楼层剪力/位移	楼层刚度计算方法，详见 JGJ 3—2010 第 3.5.2 条
3	框架承担的倾覆力矩	规范方法 对基底重心求矩 对基底中心求矩	规范方法	程序提供了三种方法计算双重抗侧力体系中底层框架承担的倾覆弯矩比
4	结构重要性系数 γ_0		1	详见 GB 50009—2012 第 3.2.2 条
5	活荷载使用年限调整系数 γ_L		1	只用于可变荷载，设计使用年限的调整系数，详见 GB 50009—2012 第 3.2.5 条
6	超强系数		1.1	考虑实配钢筋面积的放大系数，用于一级框架结构及 9 度一级框架的内力调整
7	性能水准	常规设计 性能水准 1 性能水准 2（中震） 性能水准 2（大震）	常规设计	性能化设计，详见 JGJ 3—2010 第 3.11.3 条
8	混凝土楼面梁刚度的自动放大	是/否	否	考虑楼板作为翼缘对梁刚度和承载力的影响，程序自动计算放大系数，见 JGJ 3—2010 第 5.2.2 条和 GB/T 50010—2010 第 5.2.4 条
9	高层建筑？	是/否	是	根据 JGJ 3—2010 第 6.4.3 条规定，影响混凝土柱最小配筋率，影响钢构件长细比、宽厚比要求，JGJ 99—2015 第 7.1.2 条 φ_b 系数
10	不规则楼层调整系数		1.25	地震作用下不规则楼层内力放大系数，见 JGJ 3—2010 第 3.5.8 条
11	0.2Q_0 调整系数的上限值		2	由程序自动计算 0.2Q_0 调整系数，且不超过该限值。详见本书第 4.2.1 节
12	塔 1		T1	塔名称
13	首层层号	STORY 1 STORY 2 ……	NONE	T1 的首层层号

续表

编号	选项	数值	默认值	说明
14	嵌固层层号	STORY 1 STORY 2 ……	NONE	T1 的嵌固层层号，嵌固位置为本层顶。该参数与剪力墙底部加强区有关，见 GB 50011—2010 第 6.1.10 条。此处的指定不代表形成真正的约束形式或约束假定
15	转换层层号	STORY 1 STORY 2 ……	NONE	T1 的转换层层号，用于判断转换构件，同时影响框支柱内力调整，详见 JGJ 3—2010 第 10.2.17 条。也与框支-剪力墙结构中的剪力墙底部加强区范围有关，详见 GB/T 50011—2010 第 6.1.10 条
16	裙房顶层层号	STORY 1 STORY 2 ……	NONE	剪力墙底部加强区范围向上延伸至（裙房层数＋1）层，详见 GB/T 50011—2010 第 6.1.10 条条文说明
17	楼层分段数		1	根据结构竖向刚度变化设置分段数，用于调整框-剪结构中框架部分承担的最小框剪比，详见 JGJ 3—2010 第 8.1.4 条
18	楼层段底层层号 [1]	STORY 1 STORY 2 ……	STORY 1	[1] 表示第一段，指定该段的底层层号
19	不规则楼层数量		0	0 表示由程序自动判断。若不为 0，不规则层数将同时考虑程序判断值与用户输入值，详见本书第 4.2.1 节。当数量不为 0 时，下方出现不规则楼层层号的选项
20	加强层数量		0	对双重抗侧力体系，影响框剪比调整。详见本书第 4.2.1 节。当数量不为 0 时，下方出现加强层层号的选项

4.1.2 指标查看

当结构总信息定义完毕，运行结构分析后，ETABS 将基于中国规范的要求整理输出结构整体指标。查询结构指标主要有**表格输出**和**报告输出**两种方式，针对楼层位移、层剪力等楼层指标，程序还提供了**图形输出**。

通过【显示→显示表格】可以查看所有的表格输出，包括 Model Definition（模型参数）、Analysis Results（分析结果）和 Design Data（设计结果）三大部分，结构整体指标和构件计算结果主要在"分析结果"中，如图 4.1-2 所示，在窗口左侧勾选需查看的表格，右侧设置表格输出参数后，点击右下方的【确定】即可查看表格。

通过【模型浏览器→报告→双击 Summary Report】或【文件→创建报告→显示结构总信息】，便可以看到 ETABS 中文版特有的中文计算报告书 Summary Report。程序基于表格结果，针对不同的结构体系，自动整理相应的结构指标，汇总后输出报告书，可在"报表查看器"中选择将报告导出为 Word 文档，如图 4.1-3 所示。

通过【显示→楼层响应图】可以查看到所有荷载工况下层指标的图形输出结果，如图 4.1-4 所示。在"楼层响应图"窗口中，区域①为工具栏，从左往右的工具依次为：**保存绘图至模型树**，保存后可以在【模型浏览器→模型→命名绘图】中查看保存的楼层

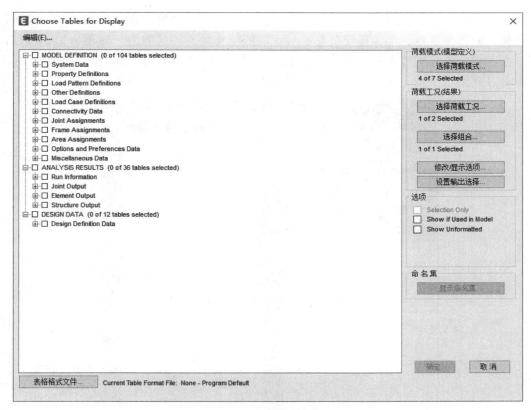

图 4.1-2　表格输出

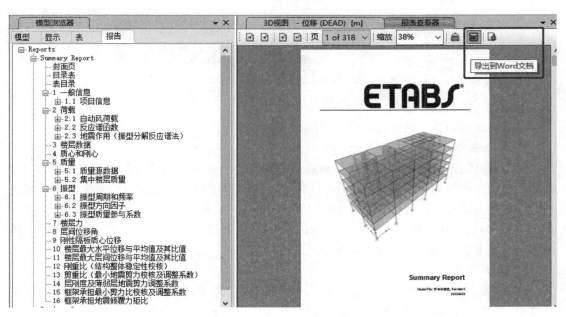

图 4.1-3　结构总信息报告

响应图；**打印绘图**；**捕捉图片**，将绘图保存为图片格式；**显示表格**，将图形数据导出至 Excel 或 Access；**显示报告**，基于该图形生成报告。区域②中可以设置显示的内容，程序能输出的指标包括作用于隔板的自动侧向荷载、作用于楼层的自动侧向荷载、隔板质心位移、隔板位移角、最大楼层位移、最大层间位移角、楼层剪力、倾覆力矩和楼层刚度。在区域③坐标轴处右键单击，可以在弹窗【图竖直轴数据】中调整坐标轴的显示，同理可以调整水平轴。在区域④状态栏可以查看响应图的最大值与最小值。

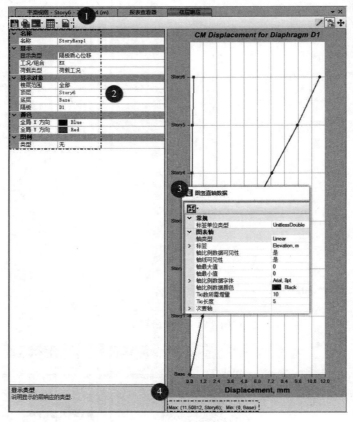

图 4.1-4　图形输出

以下将对结构总信息报告中的各项指标进行解析。

1. 质心和刚心

当模型被指定了隔板，程序将自动输出结构质心坐标。通过【分析→设置运行工况】命令，在弹窗中勾选"计算隔板刚心"（图 4.1-5），程序将自动输出刚心坐标。质心和刚心均可通过表格查看和报告查看，如图 4.1-6～图 4.1-8 所示，表格中各项参数的含义见表 4.1-2。根据《建筑抗震设计标准》GB/T 50011—2010（2024 年版），应尽量使楼层质心和刚心相重合，我们可以通过这里输出的数据判断。

2. 结构质量

ETABS 会根据质量源的定义来计算结构的质量，通常情况下，质量源定义采用"荷载模式"可与中国抗震规范中的"重力荷载代表值"相匹配，如图 4.1-9 所示。根据《建筑抗震设计标准》GB/T 50011—2010（2024 年版），针对不同可变荷载的组合值系数进行定义，一般采用 1.0Dead＋0.5Live（对应 1.0 倍恒荷载＋0.5 倍活荷载）。

当模型分析完成后，可通过多种方式查看结构的质量和材料用量。

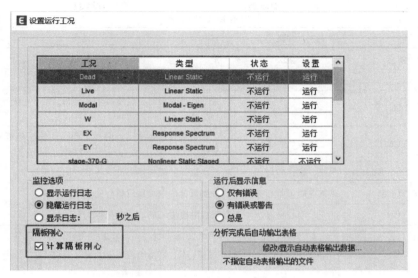

图 4.1-5　勾选"计算隔板刚心"

```
□-☒ ANALYSIS RESULTS (1 of 46 tables selected)
   ⊕-☐ Run Information
   ⊕-☐ Joint Output
   ⊕-☐ Element Output
   □-☒ Structure Output
      ⊕-☐ Base Reactions
      ⊕-☐ Modal Information
      □-☒ Other Output Items
         └─☒ Table: Centers Of Mass And Rigidity　刚心和质心
```

图 4.1-6　选择刚心和质心表格

Story	Diaphragm	Mass X kg	Mass Y kg	XCM m	YCM m	Cum Mass X kg	Cum Mass Y kg	XCCM m	YCCM m	XCR m	YCR m
Story10	D1	183518.32	183518.32	6.5	6.5	183518.32	183518.32	6.5	6.5	6.5	6.5
Story9	D1	201465.33	201465.33	6.5	6.5	384983.65	384983.65	6.5	6.5	6.5	6.5
Story8	D1	201465.33	201465.33	6.5	6.5	586448.98	586448.98	6.5	6.5	6.5	6.5
Story7	D1	201465.33	201465.33	6.5	6.5	787914.31	787914.31	6.5	6.5	6.5	6.5
Story6	D1	201465.33	201465.33	6.5	6.5	989379.64	989379.64	6.5	6.5	6.5	6.5
Story5	D1	201465.33	201465.33	6.5	6.5	1190844.96	1190844.96	6.5	6.5	6.5	6.5
Story4	D1	201465.33	201465.33	6.5	6.5	1392310.29	1392310.29	6.5	6.5	6.5	6.5
Story3	D1	201465.33	201465.33	6.5	6.5	1593775.62	1593775.62	6.5	6.5	6.5	6.5
Story2	D1	201465.33	201465.33	6.5	6.5	1795240.95	1795240.95	6.5	6.5	6.5	6.5
Story1	D1	201465.33	201465.33	6.5	6.5	1996706.28	1996706.28	6.5	6.5	6.5	6.5

图 4.1-7　刚心和质心表格输出

4 质心和刚心

Table 4.1 - Centers Of Mass And Rigidity

Story	Diaphragm	Mass X kg	Mass Y kg	XCM m	YCM m	Cum Mass X kg	Cum Mass Y kg	XCCM m	YCCM m
Story10	D1	183518.32	183518.32	6.5	6.5	183518.32	183518.32	6.5	6.5
Story9	D1	201465.33	201465.33	6.5	6.5	384983.65	384983.65	6.5	6.5
Story8	D1	201465.33	201465.33	6.5	6.5	586448.98	586448.98	6.5	6.5
Story7	D1	201465.33	201465.33	6.5	6.5	787914.31	787914.31	6.5	6.5
Story6	D1	201465.33	201465.33	6.5	6.5	989379.64	989379.64	6.5	6.5
Story5	D1	201465.33	201465.33	6.5	6.5	1190844.96	1190844.96	6.5	6.5
Story4	D1	201465.33	201465.33	6.5	6.5	1392310.29	1392310.29	6.5	6.5
Story3	D1	201465.33	201465.33	6.5	6.5	1593775.62	1593775.62	6.5	6.5
Story2	D1	201465.33	201465.33	6.5	6.5	1795240.95	1795240.95	6.5	6.5
Story1	D1	201465.33	201465.33	6.5	6.5	1996706.28	1996706.28	6.5	6.5

图 4.1-8　刚心和质心报告输出

刚心和质心表格说明 表 4.1-2

项目	含义	说明
Story	楼层	楼层号
Diaphragm	隔板	隔板标签
Mass X，Mass Y	隔板质心的质量	采用刚性隔板时，质量凝聚在隔板质心，程序将输出隔板质心沿 X、Y 方向的质量
XCM，YCM	隔板质心坐标	无论是刚性还是准刚性隔板，程序均输出隔板质心的 X、Y 坐标
Cum Mass X，Cum Mass Y	累计质量	按层累计的隔板质心沿 X、Y 方向的质量
XCCM，YCCM	累计质量质心坐标	按层累计的隔板质量质心的 X、Y 坐标
XCR，YCR	刚心坐标	隔板刚度中心的 X、Y 坐标

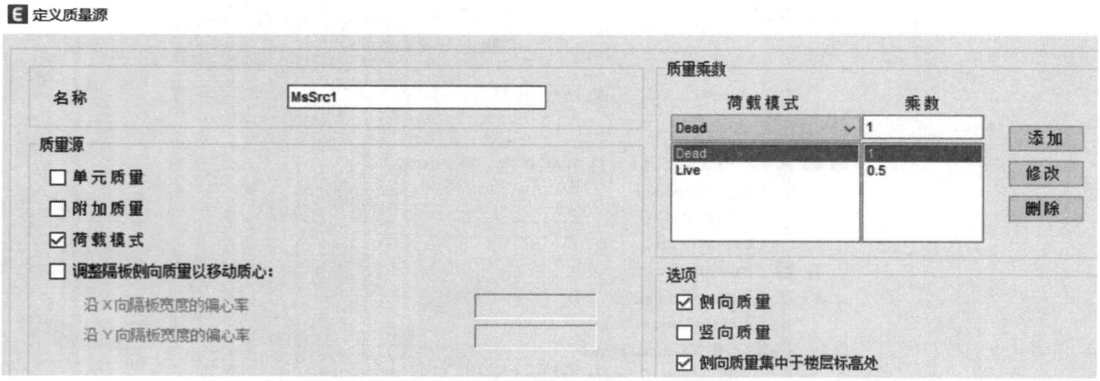

图 4.1-9　质量源

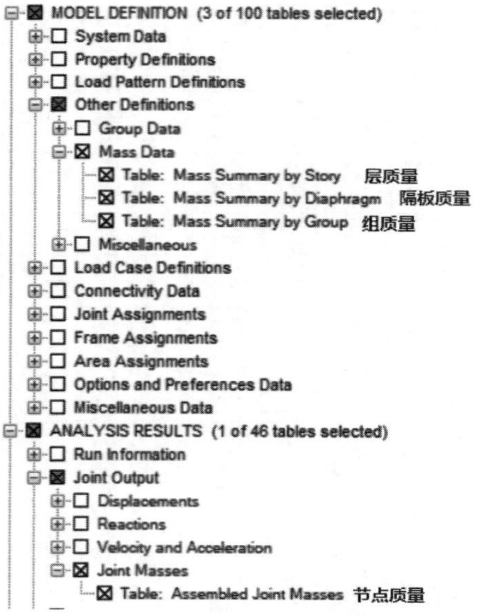

图 4.1-10　选择楼层质量、隔板质量、组质量和节点质量表格

1）通过表格查看结构质量

勾选图 4.1-10 中选中的表格，分别查看各层的质量、隔板质量、组质量和节点质量。

节点质量包含各节点（包括对象节点和分析节点）的凝聚质量。

层质量为基于质量源的定义统计的各层质量。当"质量源"定义中勾选了"侧向质量集中于楼层标高处"，竖向构件的质量将平分为两份，上下各半层范围内的质量凝聚到本层楼面标高处的节点上，层间节点处的质量为 0（图 4.1-11a）；当"质量源"定义中没有勾选"侧向质量集中于楼层标高处"，节点质量根据分配原则凝聚在各有限元节点处（图 4.1-11b）。最后，程序将按照本层的节点质量之和输出层质量。两种方式的层质量统计结果如图 4.1-12 所示，可以看到总质量均为 6872891kg。

隔板质量是各层隔板范围内的节点质量之和。

只有对模型指定了刚性或准刚性隔板时才会输出。由于隔板质量仅统计隔板范围内的节点质量，隔板质量与结构总质量可能不相等。

组质量则是各对象组中的节点质量之和。程序默认定义了"All"对象组，该对象组中包括了所有构件，基于"All"对象组输出的组质量等于节点质量中所有节点质量之和，即结构的总质量。

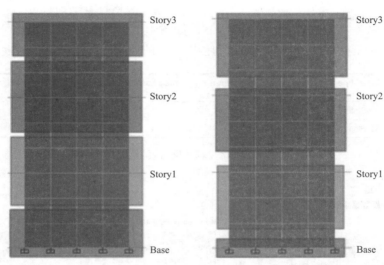

(a) 勾选"侧向质量集中于楼层标高处"　　(b) 不勾选"侧向质量集中于楼层标高处"

图 4.1-11　楼层质量统计范围

Story	UX kg	UY kg
Story6	1341241.83	1341241.83
Story5	1000035.07	1000035.07
Story4	1001382.93	1001382.93
Story3	1001382.93	1001382.93
Story2	1001382.93	1001382.93
Story1	1398730.36	1398730.36
Base	128734.68	128734.68

Story	UX kg	UY kg
Story6	1392889.03	1392889.03
Story5	1001004.6	1001004.6
Story4	1001382.93	1001382.93
Story3	1001382.93	1001382.93
Story2	1001382.93	1001382.93
Story1	1417067.66	1417067.66
Base	57780.64	57780.64

(a) 勾选"侧向质量集中于楼层标高处"　　(b) 不勾选"侧向质量集中于楼层标高处"

图 4.1-12　楼层质量统计结果

2）通过【Base Reaction】表格计算结构质量

通过图 4.1-13，可得到恒荷载和活荷载下的竖向反力 F_Z，如图 4.1-14 所示。根据

$$\frac{57436.1192 + 19927.8321/2}{9.806} = 6873.3464t$$

可得结构总质量为 6873.3464t，与图 4.1-12 中楼层质量之和为 6872.891t 吻合。

3）通过报告查看结构质量

如图 4.1-15 所示，报告中的第 5 章为结构质量相关结果，其中报告第 5.2 节基于层质

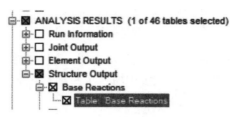

图 4.1-13　选择基底反力表格

量表格输出。需要注意的是，由于动力分析的需求，ETABS 允许定义不同自由度的质量值，因此对话框中的质量值基于质量源定义中勾选的自由度方向输出。当仅勾选侧向质量，没有勾选竖向质量时，UZ 方向质量为 0。

4）通过表格查看结构自重

如图 4.1-16～图 4.1-19 所示，可以在表格中分别选择查看基于构件类型、截面属性和楼层统计的混凝土和钢材材料用量。

Output Case	Case Type	Step Type	Step Number	Step Label	FX kN	FY kN	FZ kN
DL	LinStatic				0	0	57436.1192
LL	LinStatic				0	0	19927.8321

图 4.1-14　基底反力表格输出

5 质量

5.1 质量源数据

Table 5.1 - Mass Source Definition

Name	Is Default	Include Lateral Mass?	Include Vertical Mass?	Lump Mass?	Source Self Mass?	Source Added Mass?	Source Load Patterns?	Move Mass Centroid?	Move Ratio X	Move Ratio Y	Load Pattern	Multiplier
MsSrc1	是	是	否	是	否	否	是	否			DL	1
MsSrc1											LL	0.5

5.2 集中楼层质量

Table 5.2 - Mass Summary by Story

Story	UX kg	UY kg	UZ kg
Story6	1341241.83	1341241.83	0
Story5	1000035.07	1000035.07	0
Story4	1001382.93	1001382.93	0
Story3	1001382.93	1001382.93	0
Story2	1001382.93	1001382.93	0
Story1	1398730.36	1398730.36	0
Base	128734.68	128734.68	0

图 4.1-15　质量指标报告输出

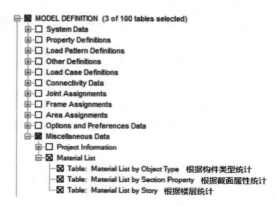

图 4.1-16　选择材料用量统计相关的表格

Object Type	Material	Weight kN	Number Pieces	Number Studs
Column	C40	3308.4205	75	
Column	C50	808.725	15	
Beam	C30	9398.4458	316	0
Wall	C40	7240.5817		
Wall	C50	1849.379		
Floor	C30	17445.7801		

图 4.1-17　根据构件类型统计材料用量

Section	Object Type	Number Pieces	Length m	Weight kN	Number Studs
B1110_Rect500X900_C30	Beam	5	41.4	426.4937	0
B1106_Rect400X900_C30	Beam	9	37.299	320.03	0
B1109_Rect500X650_C30	Beam	54	304.15	2301.234	0
B1107_Rect500X450_C30	Beam	4	19.149	97.8966	0
B1108_Rect500X500_C30	Beam	8	51.549	293.8255	0
B1102_Rect300X500_C30	Beam	46	103.243	371.5146	0
B1104_Rect400X500_C30	Beam	17	53.2	266.074	0
B1112_Rect600X450_C30	Beam	36	214.596	1307.1367	0

图 4.1-18　根据截面属性统计材料用量

Story	Object Type	Material	Weight kN	Floor Area m²	Unit Weight kN/m²	Number Pieces	Number Studs
Story6	Column	C40	661.6841	670.68	0.9866	15	
Story6	Beam	C30	2139.3537	670.68	3.1898	76	0
Story6	Wall	C40	1432.224	670.68	2.1355		
Story6	Floor	C30	3026.1232	670.68	4.512		
Story5	Column	C40	661.6841	656.24	1.0083	15	
Story5	Beam	C30	1399.0723	656.24	2.132	48	0
Story5	Wall	C40	1452.0894	656.24	2.2127		

图 4.1-19　根据楼层统计材料用量

3. 振型周期

ETABS 中可以基于表格输出和报告输出结构各振型周期值，并输出各振型质量参与系数与累计质量参与系数，如图 4.1-20、图 4.1-21 所示，表格参数说明见表 4.1-3 和表 4.1-4。此外，程序可以输出振型方向因子（图 4.1-22）。当振型方向因子 RZ 大于 0.5 时，该振型以扭转为主，具体可参考《高层建筑混凝土结构技术规程》JGJ 3—2010 第 3.4.5 条第 2 款条文说明。

可以根据振型质量参与系数和振型方向因子判断结构第一扭转周期和第一平动周期，

图 4.1-20 选择周期结果相关的表格

Case	Mode	Period sec	UX	UY	UZ	SumUX	SumUY	SumUZ	RX	RY	RZ	SumRX	SumRY	SumRZ
Modal	1	0.586	0.7065	4.09E-06	0	0.7065	4.09E-06	0	1.329E-05	0.3115	0.012	1.329E-05	0.3115	0.012
Modal	2	0.372	0.0015	0.6319	0	0.708	0.6319	0	0.2774	0.0008	0.0945	0.2774	0.3123	0.1065
Modal	3	0.332	0.0091	0.0944	0	0.7171	0.7263	0	0.0309	0.0053	0.6235	0.3084	0.3176	0.73
Modal	4	0.151	0.1857	0.0002	0	0.9028	0.7266	0	0.0005	0.43	0.0052	0.3089	0.7476	0.7352
Modal	5	0.104	0.002	0.1526	0	0.9048	0.8791	0	0.3723	0.0043	0.0313	0.6812	0.7519	0.7665
Modal	6	0.093	0.0018	0.0403	0	0.9067	0.9194	0	0.0964	0.0041	0.1529	0.7776	0.756	0.9194

图 4.1-21 振型质量参与系数表格输出

振型质量参与系数表格说明 表 4.1-3

项目	含义	说明
Mode	振型	振型阶数
Period	周期	周期值
UX, UY, UZ	平动质量参与系数	在全局坐标 X、Y 和 Z 三个平动方向的振型质量参与系数
Sum UX, Sum UY, Sum UZ	累计平动质量参与系数	按振型阶数累计的沿全局坐标 X、Y 和 Z 三个平动方向的振型质量参与系数
RX, RY, RZ	转动质量参与系数	绕全局坐标 X、Y 和 Z 三个转动方向的振型质量参与系数
Sum RX, Sum RY, Sum RZ	累计转动质量参与系数	按振型阶数累计的绕全局坐标 X、Y 和 Z 三个转动方向的振型质量参与系数

振型方向因子表格说明 表 4.1-4

项目	含义	说明
Mode	振型	振型阶数
Period	周期	周期值
UX, UY, UZ, RZ	振型方向因子	关于全局 X、Y、Z 轴的平动振型方向因子，以及关于平行于全局 Z 轴的结构质心轴转动振型方向因子。基于转动质量参与系数计算
UX*, UY*, UZ*, RZ*	振型方向因子*	关于全局 X、Y、Z 轴的平动振型方向因子，以及关于平行于全局 Z 轴的结构质心轴转动振型方向因子。基于各层楼板质心轴的质量参与系数计算。具体算法可参考筑信达官网知识库"振型方向因子"

Case	Mode	Period sec	UX	UY	UZ	RZ	UX*	UY*	UZ*	RZ*
Modal	1	0.586	0.984	0	0	0.016	0.983	0	0	0.017
Modal	2	0.372	0.002	0.887	0	0.111	0.002	0.868	0	0.13
Modal	3	0.332	0.014	0.123	0	0.863	0.013	0.13	0	0.858
Modal	4	0.151	0.963	0.001	0	0.036	0.971	0.001	0	0.027
Modal	5	0.104	0.014	0.893	0	0.094	0.011	0.821	0	0.168
Modal	6	0.093	0.023	0.164	0	0.813	0.009	0.207	0	0.784

图 4.1-22　振型方向因子表格输出

求出第一扭转周期与第一平动周期的比值，进而与《高层建筑混凝土结构技术规程》JGJ 3—2010 第 3.4.5 条中要求的限值进行比较分析。还可以根据表格中给出的累计质量参与系数（Sum）判断是否满足《建筑抗震设计标准》GB/T 50011—2010（2024 年版）第 5.2.2 条条文说明的要求。以图 4.1-21 和图 4.1-22 为例，第一阶 X 向平动质量参与系数为 70.65%，第一阶 X 向平动方向因子为 0.984，所以第一阶为第一平动周期，周期值为 0.586s；第三阶 RZ 质量参与系数为 62.35%，第三阶扭转方向因子为 0.863，所以第三阶为第一扭转周期，周期值为 0.332s，两者比值小于 0.9，满足规范要求。根据第六阶 X 向平动累计质量参与系数 SumUX 为 90.67%，Y 向平动累计质量参与系数 SumUY 为 91.94%，可知满足规范中提出的累计质量参与系数应达到 90% 的要求。

◎相关文档请扫码查看：

振型方向因子

4. 楼层力

ETABS 可以在表格、楼层响应图和报告书中输出楼层力，如图 4.1-23～图 4.1-25 所示，报告书与表格内容相似，此处不再展示。其中报告书仅输出风、地震侧向作用下的结果，包含 P（轴力）、VX（X 向剪力）、VY（Y 向剪力）、T（扭矩）、MX（绕 X 轴的弯矩）、

```
⊟ ☒ ANALYSIS RESULTS  (1 of 47 tables selected)
  ⊞ ☐ Run Information
  ⊞ ☐ Joint Output
  ⊞ ☐ Element Output
  ⊟ ☒ Structure Output
    ⊞ ☐ Base Reactions
    ⊞ ☐ Modal Information
    ⊟ ☒ Other Output Items
      ┈ ☐ Table: Centers Of Mass And Rigidity
      ┈ ☒ Table: Story Forces
      ┈ ☐ Table: Diaphragm Forces
      ┈ ☐ Table: Story Stiffness
      ┈ ☐ Table: Shear Gravity Ratios
      ┈ ☐ Table: Stiffness Gravity Ratios
      ┈ ☐ Table: Frame Shear Ratios In Dual Systems And Modifiers
      ┈ ☐ Table: Frame Overturning Moments in Dual Systems
      ┈ ☐ Table: Tributary Area and LLRF
```

图 4.1-23　选择楼层力表格

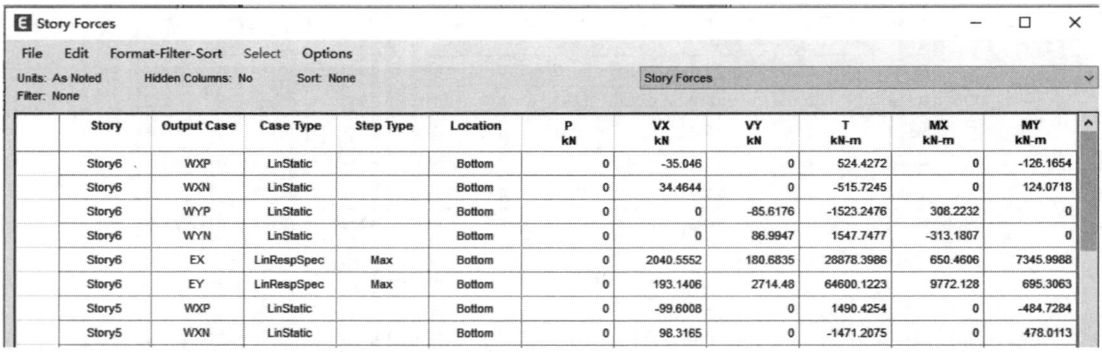

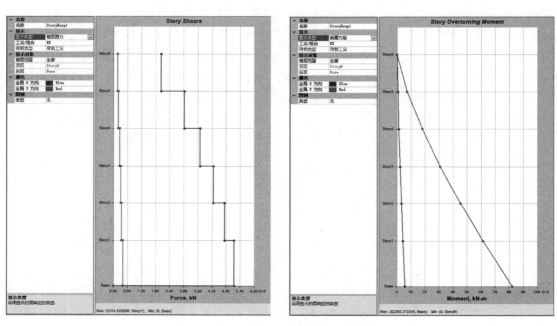

	Story	Output Case	Case Type	Step Type	Location	P kN	VX kN	VY kN	T kN-m	MX kN-m	MY kN-m
	Story6	WXP	LinStatic		Bottom	0	-35.046	0	524.4272	0	-126.1654
	Story6	WXN	LinStatic		Bottom	0	34.4644	0	-515.7245	0	124.0718
	Story6	WYP	LinStatic		Bottom	0	0	-85.6176	-1523.2476	308.2232	0
	Story6	WYN	LinStatic		Bottom	0	0	86.9947	1547.7477	-313.1807	0
	Story6	EX	LinRespSpec	Max	Bottom	0	2040.5552	180.6835	28878.3986	650.4606	7345.9988
	Story6	EY	LinRespSpec	Max	Bottom	0	193.1406	2714.48	64600.1223	9772.128	695.3063
	Story5	WXP	LinStatic		Bottom	0	-99.6008	0	1490.4254	0	-484.7284
	Story5	WXN	LinStatic		Bottom	0	98.3165	0	-1471.2075	0	478.0113

图 4.1-24　楼层力表格

图 4.1-25　层剪力和倾覆力矩楼层响应图

MY（绕 Y 轴的弯矩）六个内力分量，表格和楼层响应图则是输出所有工况下的层剪力 VX、VY 和倾覆力矩 MX、MY。

统计楼层力时，程序将根据属于楼层范围内的构件，以及构件端落在层标高处的节点进行统计。因此，构件应尽量布置在层范围内，越层构件宜在楼面处打断。

对于一些特殊情况，程序可能无法自动输出用户想统计的楼层力结果。例如图 4.1-26（a）所示的结构，基础错落在不同标高，那么程序只统计落在楼面标高处的构件（即图中的两根框架柱）输出楼层力；对于图 4.1-26（b）中的带越层柱的结构，程序会根据构件端部最高点的 Z 坐标判断它的所属楼层，图中越层柱顶点位于第二层，所以它从属于第二层，统计首层的楼层力时不会考虑该越层柱的内力；图 4.1-26（c）中的多塔结构，若 T1 和 T2 连接处的节点（图中虚框范围内）被指定在了 T1 中，不属于 T2，那么统计 T2 的首层剪力时，由于缺少竖向构件的底部节点，程序将无法输出 T2 的楼层力结果。对于上述情况，均可通过截面切割自行统计用户所关心范围的构件合力。

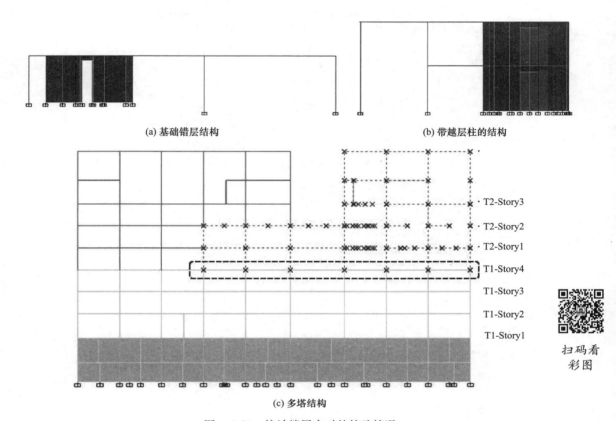

(a) 基础错层结构　　　　　　　　　　　　　(b) 带越层柱的结构

T2-Story3

T2-Story2

T2-Story1

T1-Story4

T1-Story3

T1-Story2

T1-Story1

扫码看
彩图

(c) 多塔结构

图 4.1-26　统计楼层力时的特殊情况

　　截面切割的具体操作为：在建模阶段或分析完成阶段，选中关心的构件及其底部节点，通过【指定→对象组】将这些构件指定在一个对象组中，然后点击【定义→截面切割】，如图 4.1-27 所示，基于定义的对象组定义截面切割，其他参数保持默认，点击【确定】完成定义。在【显示→显示表格】中选中图 4.1-28 中勾选的表格，即可查看截面切割结果（图 4.1-29），默认局部轴下，局部 1、2、3 轴对应于全局 X、Y、Z 轴，即 X 向地震作用下的剪力和弯矩为 F1 和 M2，Y 向地震作用下的剪力和弯矩为 F2 和 M1。关于截面切割更详尽的内容可查阅筑信达官网的教学短视频"截面切割（2）-定义截面切割组"。

　　◎相关操作请扫码观看视频：

视频 4.1-1 截面切割（2）-定义截面切割组

　　另外需要注意的是，程序输出的扭矩和弯矩都是基于程序坐标原点计算的。如果想通过扭矩值衡量结构扭转内力的情况，或者想通过程序输出的弯矩值判断侧向力产生的倾覆力矩，建议将结构刚心置于坐标原点附近。

5. 位移指标

　　ETABS 提供所有对象节点的位移结果，并基于节点位移整理输出位移指标，图 4.1-30 中选中的表格依次为隔板质心位移、隔板位移比、层间位移角、楼层位移比、层间位移比。

接下来通过一个示例说明这几个位移指标的输出。

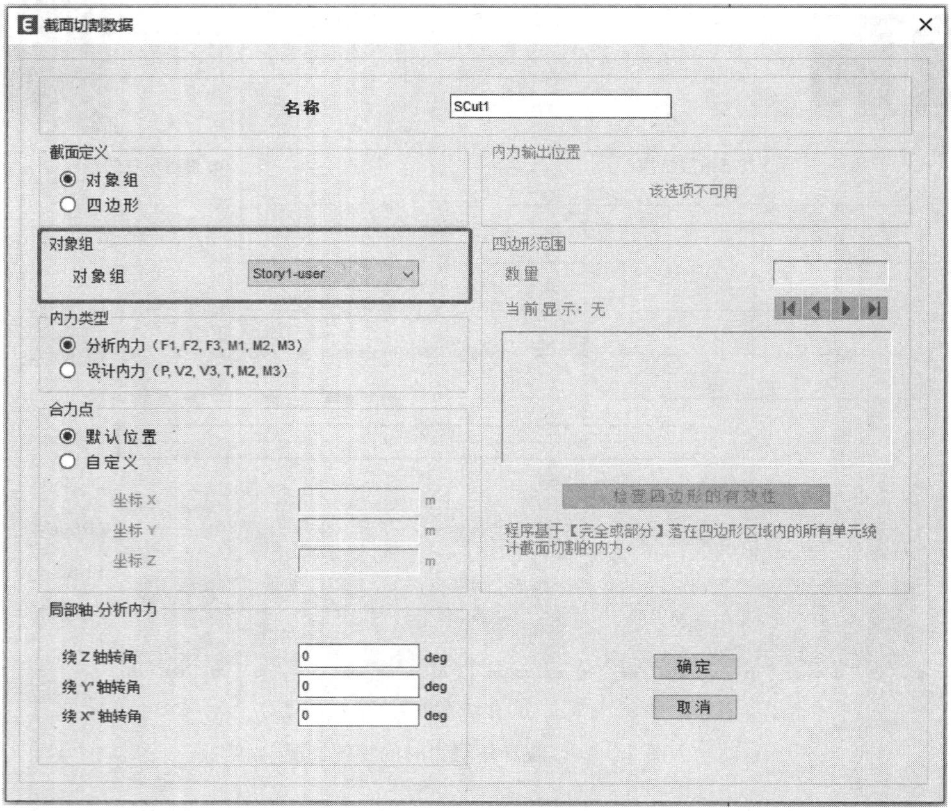

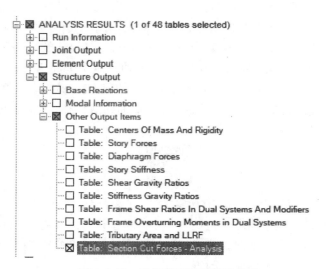

图 4.1-27　定义截面切割

图 4.1-28　选择截面切割结果表格

图 4.1-31 为某三层框架结构，层高 3m，全楼设置了刚性隔板。部分节点位移结果如图 4.1-32 所示。节点位移 Disp X 和 Disp Y 描述了节点处的平动位移，节点位移角 Drift

SectionCut	Output Case	Case Type	Step Type	F1 kN	F2 kN	F3 kN	M1 kN-m	M2 kN-m
SCut1	EX	LinRespSpec	Max	1051.2312	83.0367	0	1158.9847	16778.0462
SCut1	EY	LinRespSpec	Max	407.1557	7111.5067	0	118857.0414	5980.6153

图 4.1-29　截面切割结果

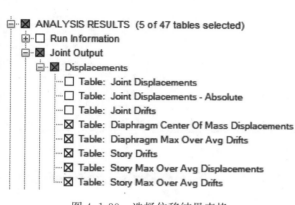

图 4.1-30　选择位移结果表格　　　　　　图 4.1-31　某三层框架结构

Story	Label	Unique Name	Output Case	Case Type	Disp X mm	Disp Y mm	Drift X	Drift Y
Story3	1	2	~Static+EccEX	LinStatic	6.396	-0.267	0.000627	2.5E-05
Story3	2	4	~Static+EccEX	LinStatic	5.863	-0.267	0.000576	2.5E-05
Story3	3	6	~Static+EccEX	LinStatic	6.396	0.267	0.000627	2.5E-05
Story3	4	8	~Static+EccEX	LinStatic	5.863	0.267	0.000576	2.5E-05
Story2	1	1	~Static+EccEX	LinStatic	4.516	-0.191	0.000889	3.7E-05
Story2	2	3	~Static+EccEX	LinStatic	4.135	-0.191	0.000815	3.7E-05
Story2	3	5	~Static+EccEX	LinStatic	4.516	0.191	0.000889	3.7E-05
Story2	4	7	~Static+EccEX	LinStatic	4.135	0.191	0.000815	3.7E-05

图 4.1-32　节点位移结果

则用于描述层间变形，默认由相邻楼层具有同一标签的两个节点之间的层间位移与层高的比值计算得到。比如，对于 Story3 标签号（Label）为 1 号的节点，其 X 向位移角为 $(6.396-4.516)/3000=0.000627$，与表格输出一致。如果楼层中某节点同时连接了竖向构件（比如柱）和斜构件（比如斜撑、桁架），程序会分别根据竖向构件和斜构件上下端点之间的层间位移与层高的比值计算节点位移角，然后输出较大值作为该节点的位移角。

1）隔板质心位移

表格、报告和楼层响应图中均会输出该指标。

如图 4.1-33 所示，隔板质心位移表格中会输出风荷载、地震作用下隔板质心的两个水平位移（UX 和 UY）和一个转动位移（RZ），报告同表格输出，此处不再展示。楼层响应图中则可以输出所有工况和荷载组合下隔板质心的水平位移（图 4.1-34）。

2）隔板位移比

表格中会输出该指标，报告中不进行输出，楼层响应图中则是输出隔板位移角最大值

（图 4.1-35）。

	Story	Diaphragm	Output Case	Case Type	Step Type	Step Number	UX mm	UY mm	RZ rad
▶	Story3	D1	WX	LinStatic			1.416	0	0
	Story3	D1	WY	LinStatic			1.416	0	0
	Story3	D1	EX	LinRespSpec	Max		6.045	2.107E-08	0.000107
	Story3	D1	EY	LinRespSpec	Max		2.979E-08	6.045	0.000107
	Story2	D1	WX	LinStatic			1.081	0	0
	Story2	D1	WY	LinStatic			1.081	0	0
	Story2	D1	EX	LinRespSpec	Max		4.285	1.49E-08	7.6E-05
	Story2	D1	EY	LinRespSpec	Max		2.108E-08	4.285	7.6E-05
	Story1	D1	WX	LinStatic			0.484	0	0
	Story1	D1	WY	LinStatic			0.484	0	0
	Story1	D1	EX	LinRespSpec	Max		1.757	7.363E-09	3.2E-05
	Story1	D1	EY	LinRespSpec	Max		1.054E-08	1.757	3.2E-05

Units: As Noted　　Hidden Columns: No　　Sort: None　　Filter: None　　Diaphragm Center Of Mass Displacements

图 4.1-33　隔板质心位移表格

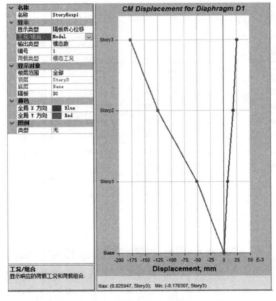

图 4.1-34　隔板质心位移响应图

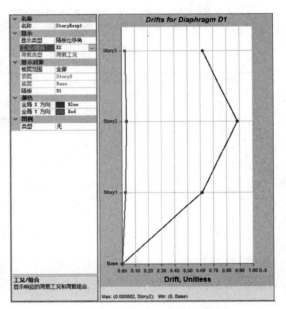

图 4.1-35　隔板位移角响应图

如图 4.1-36 所示，表格中会输出隔板范围内所有荷载工况和荷载组合下的最大位移角与平均位移角的比值结果，包括程序基于反应谱工况自动生成的规定水平力工况；～StaticEX 和～StaticEY 是无偶然偏心的规定水平力，～Static＋EccEX 和～Static＋EccEY 是考虑正偶然偏心的规定水平力，～Static－EccEX 和～Static－EccEY 是考虑负偶然偏心的规定水平力。隔板位移比表格中输出内容的说明详见表 4.1-5。

以 Story3 在～Static＋EccEX 工况下的位移比结果为例，根据图 4.1-32 中的节点位移结果，可知 X 向最大位移角为 0.000627，位于标签号为 1 和 3 的节点处（程序以节点 3 输出标签号），平均位移角为：

Units: As Noted		Hidden Columns: No		Sort: None						Diaphragm Max Over Avg Drifts		
Filter: None												
	Story	Output Case	Case Type	Step Type	Step Number	Item	Max Drift	Avg Drift	Ratio	Label	Max Loc X m	Max Loc Y m	Max Loc Z m
	Story3	WX	LinStatic			Diaph D1 X	0.000112	0.000112	1	4	5	5	9
	Story3	WY	LinStatic			Diaph D1 X	0.000112	0.000112	1	4	5	5	9
	Story3	EX	LinRespSpec	Max		Diaph D1 X	0.000619	0.000619	1	4	5	5	9
	Story3	EY	LinRespSpec	Max		Diaph D1 Y	0.000619	0.000619	1	2	0	5	9
	Story3	~StaticEX	LinStatic			Diaph D1 X	0.000601	0.000601	1	4	5	5	9
	Story3	~Static+EccEX	LinStatic			Diaph D1 X	0.000627	0.000601	1.042	3	5	0	9
	Story3	~Static-EccEX	LinStatic			Diaph D1 X	0.000627	0.000601	1.042	4	5	5	9
	Story3	~StaticEY	LinStatic			Diaph D1 Y	0.000601	0.000601	1	2	0	5	9
	Story3	~Static+EccEY	LinStatic			Diaph D1 Y	0.000627	0.000601	1.042	4	5	5	9
	Story3	~Static-EccEY	LinStatic			Diaph D1 Y	0.000627	0.000601	1.042	2	0	5	9

图 4.1-36　隔板位移比表格

隔板位移比表格说明　　　　　　　　　　　　　　　　　　　表 4.1-5

项目	含义	说明
Item	隔板号	隔板号和输出的位移方向
Max Drift	最大位移角	该层隔板范围内所有节点的最大位移角
Avg Drift	平均位移角	该层隔板范围内所有节点的最大、最小位移角的平均值
Ratio	最大位移比	最大位移角/平均位移角
Label	最大位移角节点标签号	最大位移角对应节点的标签号
Max Loc X/Y/Z	最大位移角节点坐标	最大位移角所在节点的坐标

$$\frac{0.000627 + 0.000576}{2} = 0.0006015$$

两者比值为 1.042，与隔板位移比表格中的数据一致。

3）层间位移角

表格、报告和楼层响应图中均输出该指标。

如图 4.1-37 所示，层间位移角表格中会输出所有荷载工况和荷载组合下楼层范围内的最大节点位移角，以及对应的节点标签号和坐标。报告、楼层响应图同表格输出，此处

Units: As Noted		Hidden Columns: No		Sort: None						Story Drifts		
Filter: None												
	Story	Output Case	Case Type	Step Type	Step Number	Direction	Drift	Label	X m	Y m	Z m	
	Story3	Modal	LinModEigen	Mode	9	X	6.1E-05	3	5	0	9	
	Story3	Modal	LinModEigen	Mode	9	Y	6.1E-05	3	5	0	9	
	Story3	WX	LinStatic			X	0.000112	4	5	5	9	
	Story3	WY	LinStatic			X	0.000112	4	5	5	9	
	Story3	EX	LinRespSpec	Max		X	0.000619	4	5	5	9	
	Story3	EY	LinRespSpec	Max		Y	0.000619	2	0	5	9	
	Story3	~StaticEX	LinStatic			X	0.000601	4	5	5	9	
	Story3	~Static+EccEX	LinStatic			X	0.000627	3	5	0	9	
	Story3	~Static-EccEX	LinStatic			X	0.000627	4	5	5	9	

图 4.1-37　层间位移角表格

不再展示。当隔板范围与楼层范围一致时，层间位移角与隔板位移比表格中的 Max Drift 结果一致。以 Story3 在～Static＋EccEX 工况下的位移角结果为例，根据图 4.1-32 中的节点位移结果，可知 X 向最大位移角为 0.000627，与层间位移角表格中的数据一致。

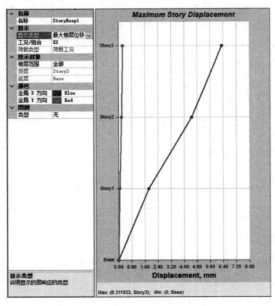

图 4.1-38　最大楼层位移响应图

根据《高层建筑混凝土结构技术规程》JGJ 3—2010 第 3.7.3 条，楼层层间最大位移应通过楼层竖向构件的最大水平位移差计算，规范同时给出了最大层间位移角的限值。ETABS 统计层间位移角时并不会区分斜向构件和竖向构件，因此对于一些特殊结构，比如布置了环带桁架的加强层，当层间位移角结果异常时，需检查 Story Drift 表格中最大位移角所处位置，以及最大位移角是否来自竖向构件，若不是，可基于 Joint Drift 表格手动统计该层竖向构件的层间位移角。

4）楼层位移比

表格、报告中均输出该指标，楼层响应图中则是输出最大楼层位移（图 4.1-38）。

如图 4.1-39 所示，表格中会输出楼层范围内全部节点在所有荷载工况和荷载组合下的楼层位移比结果。报告同表格输出，此处不再展示。位移比由最大位移/平均位移计算得到。根据该表格可判断结构是否满足《建筑抗震设计标准》GB/T 50011—2010（2024 年版）第 3.4.3 条关于平面规则性的要求。楼层位移比表格中输出内容的说明详见表 4.1-6。

	Story	Output Case	Case Type	Step Type	Step Number	Direction	Maximum mm	Average mm	Ratio
	Story3	WX	LinStatic			X	1.416	1.416	1
	Story3	WY	LinStatic			X	1.416	1.416	1
	Story3	EX	LinRespSpec	Max		X	6.312	6.312	1
	Story3	EY	LinRespSpec	Max		Y	6.312	6.312	1
	Story3	~StaticEX	LinStatic			X	6.129	6.129	1
	Story3	~Static+EccEX	LinStatic			X	6.396	6.129	1.043
	Story3	~Static-EccEX	LinStatic			X	6.396	6.129	1.043
	Story3	~StaticEY	LinStatic			Y	6.129	6.129	1
	Story3	~Static+EccEY	LinStatic			Y	6.396	6.129	1.043
	Story3	~Static-EccEY	LinStatic			Y	6.396	6.129	1.043

Units: As Noted　Hidden Columns: No　Sort: None　Story Max Over Avg Displacements
Filter: ([Story] = 'Story3')

图 4.1-39　楼层位移比表格

楼层位移比表格说明　　　　　　　　　　　　　　　　　　表 4.1-6

项目	含义	说明
Direction	方向	输出的位移方向
Maximum	最大位移	该层范围内所有节点的最大位移

项目	含义	说明
Average	平均位移	该层范围内所有节点的最大、最小位移的平均值
Ratio	最大位移比	最大位移/平均位移

以 Story3 在～Static＋EccEX 工况下的位移比结果为例，根据图 4.1-39 中的节点位移结果，可知 X 向最大位移为 6.396mm，平均位移为

$$\frac{6.396 + 5.863}{2} = 6.1295\text{mm}$$

两者比值为 1.043，与表格中的数据一致。

5）层间位移比

报告和表格中均会输出该指标。

如图 4.1-40 所示，表格中会输出楼层范围内全部节点在所有荷载工况和荷载组合下的层间位移比结果，位移比由最大层间位移/平均层间位移计算得到。报告同表格输出，此处不再展示。根据该表格可判断结构是否满足《建筑抗震设计标准》GB/T 50011—2010（2024 年版）第 3.4.3 条关于平面规则性的要求。当隔板范围与楼层范围一致时，层间位移比与隔板位移比结果一致。

	Story	Output Case	Case Type	Step Type	Step Number	Direction	Max Drift mm	Avg Drift mm	Ratio
	Story3	WX	LinStatic			X	0.335	0.335	1
	Story3	WY	LinStatic			X	0.335	0.335	1
	Story3	EX	LinRespSpec	Max		X	1.857	1.857	1
	Story3	EY	LinRespSpec	Max		Y	1.857	1.857	1
	Story3	~StaticEX	LinStatic			X	1.804	1.804	1
	Story3	~Static+EccEX	LinStatic			X	1.88	1.804	1.042
	Story3	~Static-EccEX	LinStatic			X	1.88	1.804	1.042

图 4.1-40　层间位移比表格

6. 楼层刚度

ETABS 可以在表格、楼层响应图和报告书中输出楼层刚度，并进行薄弱层判断，如图 4.1-41～图 4.1-43 所示。报告输出与表格一致，此处不再展示。参考《高层建筑混凝土结构技术规程》JGJ 3—2010，ETABS 中提供了两种层刚度计算方法，用户可以在【设计→结构总信息】中基于结构体系自行选择。一般情况下，对于框架结构，"楼层刚度"应选择"楼层剪力/位移"，即基于层剪力与平均层间位移的比值计算；对于其他结构体系，"楼层刚度"应选择"楼层剪力/位移角"，即基于层剪力与平均层间位移角的比值计算。楼层刚度表格中输出内容的说明详见表 4.1-7。

现通过两个示例进行说明。

〔示例一〕如图 4.1-44 所示，某 L 形框架结构，层高 3m。

该框架结构层剪力如图 4.1-45 所示，可知 Story1 层剪力为 824.5488kN。程序通过【Joint Drift】表格计算得到平均层间位移，该数值与图 4.1-46 中的 Avg Drift 基本吻合，

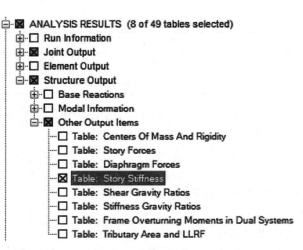

图 4.1-41　选择楼层刚度表格

Units: As Noted		Hidden Columns: No		Sort: None							Story Stiffness	
Filter: None												

	Story	Output Case	Case Type	Step Type	Shear X kN	Drift X mm	Stiff X kN/m	Shear Y kN	Drift Y mm	Stiff Y kN/m	Irregular	Modifier
▶	Story3	EX	LinRespSpec		39.616	1.857	21329.825	0	0.076	0	否	1
	Story2	EX	LinRespSpec		68.5956	2.645	25932.499	0	0.111	0	否	1
	Story1	EX	LinRespSpec		82.0151	1.837	44648.496	0	0.079	0	否	1
	Story3	EY	LinRespSpec		0	0.076	0	39.616	1.857	21329.8...	否	1
	Story2	EY	LinRespSpec		0	0.111	0	68.5956	2.645	25932.4...	否	1
	Story1	EY	LinRespSpec		0	0.079	0	82.0151	1.837	44648.4...	否	1

图 4.1-42　楼层刚度表格

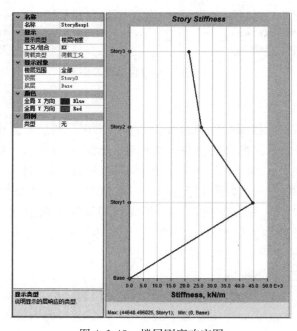

图 4.1-43　楼层刚度响应图

| | | | 楼层刚度表格说明 | | 表 4. 1-7 |

楼层刚度表格说明　　　　　　　　　　　　　表 4. 1-7

项目	含义	说明
Shear X，Shear Y	X/Y 向层剪力	X/Y 向的楼层剪力
Drift X，Drift Y	X/Y 向平均层间位移	X/Y 向的平均层间位移，即最大层间位移与最小层间位移的平均值
Stiff X，Stiff Y Stiff Xh，Stiff Yh	X/Y 向楼层刚度	楼层刚度值。选择"楼层剪力/位移"时，此处输出 Stiff X 和 Stiff Y；选择"楼层剪力/位移角"时，此处输出 Stiff Xh 和 Stiff Yh
Irregular	判断不规则	程序根据 JGJ 3—2010 第 3.5 节自动判断结构是否属于侧向刚度不规则。不规则时输出"是"，满足规则性则输出"否"。详见本书第 4.2.1 节
Modifier	层地震剪力调整系数	当判断为不规则时，程序根据规范给出地震剪力调整系数 1.25，并在抗震设计时考虑该数值

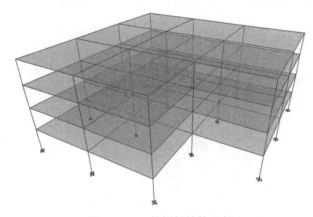

图 4.1-44　某框架结构示例

Units: As Noted		Hidden Columns: No		Sort: None			Story Forces	
Filter: None								
	Story	Output Case	Case Type	Step Type	Location	P kN	VX kN
▶	Story4	EX	LinRespSpec	Max	Bottom	0	333.4004
	Story3	EX	LinRespSpec	Max	Bottom	0	554.6174
	Story2	EX	LinRespSpec	Max	Bottom	0	712.3392
	Story1	EX	LinRespSpec	Max	Bottom	0	824.5488

图 4.1-45　某框架结构楼层剪力结果

Units: As Noted		Hidden Columns: No		Sort: None		Story Max Over Avg Drifts		
Filter: ([Output Case] = 'EX')								
	Story	Output Case	Case Type	Step Type	Direction	Max Drift mm	Avg Drift mm	Ratio
▶	Story4	EX	LinRespSpec	Max	X	3.214	3.123	1.029
	Story3	EX	LinRespSpec	Max	X	5.343	5.197	1.028
	Story2	EX	LinRespSpec	Max	X	6.848	6.664	1.028
	Story1	EX	LinRespSpec	Max	X	7.151	6.949	1.029

图 4.1-46　某框架结构楼层位移比结果

可知 Story1 平均层间位移为 6.949mm。计算可得 Story1 层刚度为 824.5488/0.006949＝118657.188 kN/m。由于数值精度问题，手动计算所得刚度与图 4.1-47 中程序输出的层刚度值 118655.306kN/m 存在细微误差，可忽略不计。

	Story	Output Case	Case Type	Step Type	Shear X kN	Drift X mm	Stiff X kN/m
▶	Story4	EX	LinRespSpec		333.4004	3.123	106759.217
	Story3	EX	LinRespSpec		554.6174	5.197	106721.916
	Story2	EX	LinRespSpec		712.3392	6.664	106886.462
	Story1	EX	LinRespSpec		824.5488	6.949	118655.306

Units: As Noted　Hidden Columns: No　Sort: None　Story Stiffness　Filter: None

图 4.1-47　某框架结构层刚度结果

〔示例二〕如图 4.1-48 所示，某框架-剪力墙结构，首层层高 4.4m，标准层层高 3.6m。

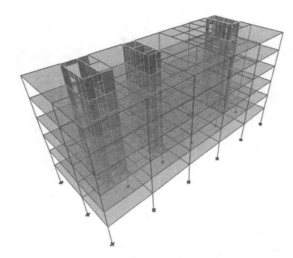

图 4.1-48　某框架-剪力墙结构示例

该框架-剪力墙结构第 6 层的层剪力如图 4.1-49 所示，为 2127.1153kN。平均位移值通过图 4.1-50 所示的【Joint Drift】表格计算得到，即（0.000666＋0.000573）/2×3600＝2.214mm，与图 4.1-51 输出的 2.23mm 存在一定精度误差。计算可得第 6 层刚度为 2127.1153/0.002214×3.6＝3458724.065kN/m，与图 4.1-52 中输出的楼层刚度值 3462399.958kN/m 存在微小误差，可忽略不计。

	Story	Output Case	Case Type	Step Type	Step Number	Step Label	Location	P kN	VX kN
	Story6	EX	LinRespSpec	Max			Bottom	0	2127.1153

Units: As Noted　Hidden Columns: No　Sort: None　Story Forces　Filter: ([Output Case] = 'EX')

图 4.1-49　某框架-剪力墙结构楼层剪力结果

7. 剪重比

ETABS 会在表格和报告书中输出剪重比 Lambda X 和 Lambda Y，并根据《建筑抗震

							Joint Drifts			
Units: As Noted　　Hidden Columns: No　　Sort: Drift X DESC										
Filter: ([Story] = 'Story6') AND ([Output Case] = 'EX')										
	Story	**Label**	**Unique Name**	**Output Case**	**Case Type**	**Step Type**	**Disp X mm**	**Disp Y mm**	**Drift X**	**Drift Y**
▶	Story6	3	165	EX	LinRespSpec	Max	12.976	2.953	0.000666	0.00015
	Story6	4	168	EX	LinRespSpec	Max	12.976	1.853	0.000666	9.5E-05
	Story6	5	171	EX	LinRespSpec	Max	12.976	0.744	0.000666	3.9E-05
	Story6	6	174	EX	LinRespSpec	Max	12.976	0.579	0.000666	2.7E-05
	Story6	50	444	EX	LinRespSpec	Max	11.114	2.759	0.000573	0.000137
	Story6	51	445	EX	LinRespSpec	Max	11.114	2.473	0.000573	0.000122
	Story6	52	446	EX	LinRespSpec	Max	11.114	2.677	0.000573	0.000133
	Story6	53	195	EX	LinRespSpec	Max	11.114	1.59	0.000573	8.2E-05
▶	Story6	55	199	EX	LinRespSpec	Max	11.114	0.439	0.000573	2.3E-05

图 4.1-50　某框架-剪力墙结构节点位移角结果

						Story Max Over Avg Drifts		
Units: As Noted　　Hidden Columns: No　　Sort: None								
Filter: ([Output Case] = 'EX')								
Story	**Output Case**	**Case Type**	**Step Type**	**Direction**	**Max Drift mm**	**Avg Drift mm**	**Ratio**	
Story6	EX	LinRespSpec	Max	X	2.398	2.23	1.076	
Story6	EX	LinRespSpec	Max	Y	0.541	0.312	1.731	

图 4.1-51　某框架-剪力墙结构楼层位移比结果

									Story Stiffness				
Units: As Noted　　Hidden Columns: No　　Sort: None													
Filter: None													
	Story	**Output Case**	**Case Type**	**Step Type**	**Shear X kN**	**Drift X mm**	**Stiff Xh kN**	**Shear Y kN**	**Drift Y mm**	**Stiff Yh kN**	**Irregular**	**Modifier**	
▶	Story6	EX	LinRespSpec		2127.1153	2.212	3462399.958	129.828	0.312	0	否	1	
	Story5	EX	LinRespSpec		3019.0397	2.382	4562953.7...	206.5111	0.333	0	否	1	

图 4.1-52　某框架-剪力墙结构层刚度结果

设计标准》GB/T 50011—2010（2024 年版）表 5.2.5 输出剪重比（地震剪力系数）限值 Lambda Min，以及地震作用内力调整系数建议值 Modifier，如图 4.1-53、图 4.1-54 所示。报告输出与表格一致，此处不再展示。

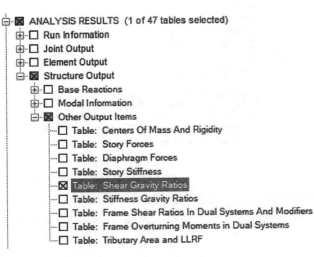

图 4.1-53　选择剪重比表格

	Story	Output Case	Case Type	Step Type	Gravity kN	Shear X kN	Lambda X	Shear Y kN	Lambda Y	Lambda Min	Modifier
▶	Story6	EX	LinRespSpec		15269.9464	2127.1153	0.139301	129.828	0.008502	0.032	1
	Story5	EX	LinRespSpec		25090.1607	3019.0397	0.120328	206.5111	0.008231	0.032	1
	Story4	EX	LinRespSpec		34910.375	3639.9802	0.104266	265.7976	0.007614	0.032	1
	Story3	EX	LinRespSpec		44730.5893	4180.5432	0.09346	307.6105	0.006877	0.032	1
	Story2	EX	LinRespSpec		54550.8036	4641.1251	0.085079	333.1842	0.006108	0.032	1
	Story1	EX	LinRespSpec		68517.3261	5061.2939	0.073869	349.5467	0.005102	0.032	1
	Story6	EY	LinRespSpec		15269.9464	136.0541	0.00891	2883.3573	0.188826	0.032	1
	Story5	EY	LinRespSpec		25090.1607	215.5911	0.008593	4318.3438	0.172113	0.032	1
	Story4	EY	LinRespSpec		34910.375	274.835	0.007873	5362.1291	0.153597	0.032	1
	Story3	EY	LinRespSpec		44730.5893	315.858	0.007061	6151.708	0.137528	0.032	1
	Story2	EY	LinRespSpec		54550.8036	338.7631	0.00621	6719.3243	0.123176	0.032	1
	Story1	EY	LinRespSpec		68517.3261	349.5467	0.005102	7162.2788	0.104532	0.032	1

Units: As Noted　Hidden Columns: No　Sort: None　Filter: None　Shear Gravity Ratios

图 4.1-54　剪重比表格输出

需要注意的是，ETABS 并不会自动调整各层地震作用内力，因为该做法会导致反应谱曲线丧失其固有的物理意义，且缺乏理论依据。因此，当剪重比不满足要求时，用户应在分析工况定义中放大地震作用比例系数或调整结构方案。详见第 4.2.1 节。

8. 刚重比

ETABS 会在表格和报告书中输出刚重比。程序输出的表格结果如图 4.1-55～图 4.1-57 所示。报告输出与表格一致，此处不再展示。程序只输出刚重比数值，用户需根据规范要求自行判断是否满足稳定性要求。

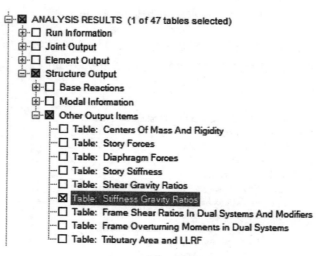

图 4.1-55　选择刚重比表格

根据《高层建筑混凝土结构技术规程》JGJ 3—2010 第 5.4.1 条和《高层民用建筑钢结构技术规程》JGJ 99—2015 第 6.1.7 条，不同的结构体系计算刚重比的方法不一，程序实现如下。

1) 框架结构

$$刚重比 = \frac{D_i}{\sum\limits_{j=i}^{n} G_j / h_i} \quad (i = 1, 2, \cdots, n) \tag{4.1-1}$$

式中：刚重比——图 4.1-56 中的 D/（G/H），程序将输出侧向作用（风、地震）下的结果；

　　　　D_i——第 i 层的弹性等效侧向刚度，由层剪力除以层间位移计算；

　　　　G_j——第 j 层的重力荷载设计值，取 1.2 倍永久荷载标准值和 1.4 倍楼面活荷载标准值的组合值；

　　　　h_i——第 i 层层高。

	Story	Output Case	Case Type	Step Type	Step Number	Direction	D kN/m	G kN	D/(G/H)
	Story3	WX	LinStatic			X	16866.146	421.76	119.969739
	Story3	WX	LinStatic			Y	0	421.76	0
	Story3	WY	LinStatic			X	16866.146	421.76	119.969739
	Story3	WY	LinStatic			Y	0	421.76	0
	Story3	EX	LinRespSpec			X	21329.825	421.76	151.720113
	Story3	EX	LinRespSpec			Y	0	421.76	0
	Story3	EY	LinRespSpec			X	0	421.76	0
	Story3	EY	LinRespSpec			Y	21329.825	421.76	151.720113

Units: As Noted　Hidden Columns: No　Sort: Story DESC　Stiffness Gravity Ratios　Filter: None

图 4.1-56　框架结构输出的刚重比表格

2）其他结构

$$刚重比 = \frac{EJ_d}{H^2 \sum\limits_{j=i}^{n} G_i} \quad (i = 1, 2, \cdots, n) \tag{4.1-2}$$

式中：刚重比——图 4.1-57 中的 EJ/（G/H²），与外荷载无关；

　　　　EJ_d——结构主轴方向的弹性等效侧向刚度。根据《高层建筑混凝土结构技术规程》JGJ 3—2010 第 5.4.1 条条文说明，程序内置了一个均匀分布的倒三角荷载，采用近似计算公式 $EJ_d = \dfrac{11qH^4}{120u}$ 计算得到，其中 q 是倒三角荷载的最大值，u 是该荷载作用下结构顶点质心的弹性水平位移；

　　　　G_i——第 i 层的重力荷载设计值，取 1.2 倍永久荷载标准值和 1.4 倍楼面活荷载标准值的组合值；

　　　　H——房屋高度。

	Story	Direction	EJ kN-m²	G kN	EJ/(GH2)
▶	Base - Bottom	X	919886008	98073.6379	18.693288
	Base - Bottom	Y	2384558208	98073.6379	48.457344

Units: As Noted　Hidden Columns: No　Sort: None　Stiffness Gravity Ratios　Filter: None

图 4.1-57　其他结构输出的刚重比表格

9. 框架承担倾覆力矩比

根据《建筑抗震设计标准》GB/T 50011—2010（2024 年版）第 6.1.3 条和《高层建筑混凝土结构技术规程》JGJ 3—2010 第 8.1.3 条，对于双重抗侧力结构体系，地震作用下结构底层框架部分承担的倾覆力矩比例将影响结构设计方法。基于此规定，程序在表格和报告书中输出在规定水平力工况下，结构底层框架部分承担的倾覆力矩、总倾覆力矩以及二者比值的结果。程序输出的表格结果如图 4.1-58、图 4.1-59 所示。报告输出与表格一致，此处不再展示。

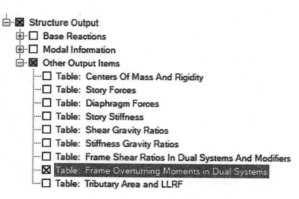

图 4.1-58　选择框架承担倾覆力矩比表格

Units: As Noted　Hidden Columns: No　Sort: None　Filter: None					Frame Overturning Moments in Dual Systems				
	Story	Output Case	Case Type	Step Type	Method	Direction	Frame kN-m	Total kN-m	Ratio
▶	Base	~StaticEX	LinStatic		GB50011-201...	X	-19135.9848	-85657.7858	0.2234
	Base	~Static+EccEX	LinStatic		GB50011-201...	X	-19279.6998	-85657.7858	0.225078
	Base	~Static-EccEX	LinStatic		GB50011-201...	X	-18992.2698	-85657.7858	0.221723
	Base	~StaticEY	LinStatic		GB50011-201...	Y	6909.6705	123079.5319	0.05614
	Base	~Static+EccEY	LinStatic		GB50011-201...	Y	6983.9713	123079.5319	0.056744
	Base	~Static-EccEY	LinStatic		GB50011-201...	Y	6835.3698	123079.5319	0.055536
	Base	~StaticEX	LinStatic		基底重心	X	-18752.3917	-85657.7858	0.218922
	Base	~Static+EccEX	LinStatic		基底重心	X	-18172.8848	-85657.7858	0.212157
	Base	~Static-EccEX	LinStatic		基底重心	X	-19331.8986	-85657.7858	0.225688
	Base	~StaticEY	LinStatic		基底重心	Y	9309.5786	123079.5319	0.075639
	Base	~Static+EccEY	LinStatic		基底重心	Y	9459.0087	123079.5319	0.076853
	Base	~Static-EccEY	LinStatic		基底重心	Y	9160.1485	123079.5319	0.074425
	Base	~StaticEX	LinStatic		基底几何中心	X	-18701.6992	-85657.7858	0.21833
	Base	~Static+EccEX	LinStatic		基底几何中心	X	-18121.3817	-85657.7858	0.211556
	Base	~Static-EccEX	LinStatic		基底几何中心	X	-19282.0167	-85657.7858	0.225105
	Base	~StaticEY	LinStatic		基底几何中心	Y	9081.5944	123079.5319	0.073786
	Base	~Static+EccEY	LinStatic		基底几何中心	Y	9227.5757	123079.5319	0.074972
	Base	~Static-EccEY	LinStatic		基底几何中心	Y	8935.613	123079.5319	0.0726

图 4.1-59　框架承担倾覆力矩比表格

关于倾覆力矩的计算，工程实践表明现有的规范算法有一定的适用条件和局限性。所以，除了规范方法，程序还提供额外两种更通用的算法，用户可选择使用或参考。下面分别说明三种方法的计算原理。

1）规范方法

计算公式基于《建筑抗震设计标准》GB/T 50011—2010（2024 年版）第 6.1.3 条，如下式所示：

$$M_c = \sum_{i=1}^{n} \sum_{j=1}^{m} V_{ij} h_i \qquad (4.1\text{-}3)$$

式中：M_c——规定水平力下底层框架倾覆弯矩；

$\quad n$——楼层数；

$\quad m$——计算楼层 i 的框架数量；

$\quad V_{ij}$——楼层 i 框架 j 的剪力；

$\quad h_i$——楼层 i 高度。

2）直接计算方法 1：对基底重心求矩

框架承担倾覆弯矩为基底反力对重心的合力矩，规定水平作用下 X、Y 方向的计算公式分别如下：

$$\begin{cases} M_{c,x} = \sum_{i=1}^{n} [M_{xi} + F_{zi}(y_G - y_i)] \\ M_{c,y} = \sum_{i=1}^{n} [M_{yi} + F_{zi}(x_G - x_i)] \end{cases} \qquad (4.1\text{-}4)$$

式中：　n——基底框架数量；

M_{xi}、M_{yi}——框架 i 基底反力分量 M_x、M_y；

$\quad F_{zi}$——框架 i 基底反力分量 F_z；

$\quad x_i$、y_i——框架 i 在基底的 x、y 坐标；

$\quad x_G$、y_G——基底重心 x、y 坐标。

3）直接计算方法 2：对基底中心求矩

框架承担倾覆弯矩为基底反力对几何中心的合力矩，规定水平作用下 X、Y 方向的计算公式分别如下：

$$\begin{cases} M_{c,x} = \sum_{i=1}^{n} [M_{xi} + F_{zi}(y_c - y_i)] \\ M_{c,y} = \sum_{i=1}^{n} [M_{yi} + F_{zi}(x_c - x_i)] \end{cases} \qquad (4.1\text{-}5)$$

式中：　n——基底框架数量；

M_{xi}、M_{yi}——框架 i 基底反力分量 M_x、M_y；

$\quad F_{zi}$——框架 i 基底反力分量 F_z；

$\quad x_i$、y_i——框架 i 在基底的 x、y 坐标；

$\quad x_c$、y_c——基底中心 x、y 坐标。

10. 框架承担最小剪力

根据《建筑抗震设计标准》GB/T 50011—2010（2024 年版）和《高层建筑混凝土结构技术规程》JGJ 3—2010 的相关条款，对于双重抗侧力结构体系，应保证框架承担一定的剪力值，程序可输出最小剪力比作为参考。程序将输出各层框架应承担的剪力，以及相应的剪力调整系数（剪力比）。输出的表格结果如图 4.1-60、图 4.1-61 所示。报告输出与表格一致，此处不再展示。框架承担最小剪力比表格中输出内容的说明详见表 4.1-8。

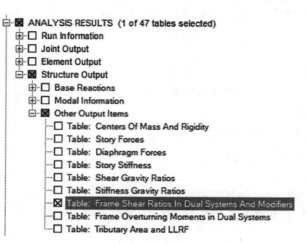

图 4.1-60　选择框架承担最小剪力比表格

	Story	Output Case	Case Type	Segment	Direction	Vo kN	Vf kN	Vf' kN	Ratiof
▶	Story6	EX	LinRespSpec	1	X	5061.2939	1138.9258	1138.9258	1
	Story5	EX	LinRespSpec	1	X	5061.2939	750.0358	1012.2588	1.349614
	Story4	EX	LinRespSpec	1	X	5061.2939	843.5755	1012.2588	1.199962
	Story3	EX	LinRespSpec	1	X	5061.2939	756.1071	1012.2588	1.338777
	Story2	EX	LinRespSpec	1	X	5061.2939	885.9739	1012.2588	1.142538
	Story1	EX	LinRespSpec	1	X	5061.2939	702.237	1012.2588	1.441477
	Story6	EY	LinRespSpec	1	Y	7162.2788	478.8466	718.2699	1.5
	Story5	EY	LinRespSpec	1	Y	7162.2788	260.8997	718.2699	2.75305
	Story4	EY	LinRespSpec	1	Y	7162.2788	313.6413	718.2699	2.2901
	Story3	EY	LinRespSpec	1	Y	7162.2788	296.9648	718.2699	2.418704
	Story2	EY	LinRespSpec	1	Y	7162.2788	232.928	718.2699	3.083656
	Story1	EY	LinRespSpec	1	Y	7162.2788	268.2245	718.2699	2.677869

Units: As Noted　Hidden Columns: Yes　Sort: None　Frame Shear Ratios In Dual Systems And Modifiers
Filter: None

图 4.1-61　框架承担最小剪力比表格

框架承担最小剪力比表格说明　　　　表 4.1-8

项目	含义	说明
V0	地震总剪力	地震作用下结构底层或某段底层结构总剪力，结构楼层分段在【结构总信息】中指定
Vf	调整前的框架承担剪力	地震作用下未经调整的各层或各段内各层框架承担的地震总剪力
Vf'	调整后的框架承担剪力	调整后的框架应承担的地震总剪力
Ratiof	剪力调整系数	调整后与调整前框架承担剪力的比值。抗震设计时程序会取该值与结构总信息中调整系数上限值的较小值

需要注意的是，ETABS 统计框架承担倾覆力矩和框架承担剪力时，默认根据单元类型统计内力，不考虑斜柱。竖向构件中，线单元的内力归为"框架承担部分"，面单元的

内力归为"剪力墙承担部分"，因此对于框架单元模拟的剪力墙端柱也会统计在"框架承担部分"范围内。根据《高层建筑混凝土结构技术规程》JGJ 3—2010，端柱应归为"剪力墙承担部分"，因此对于带有端柱的结构，需要通过截面切割手动统计指标。以图 4.1-62 所示的带端柱的框架-剪力墙结构为例，程序输出的框架承担剪力为 6688.5447kN。为了验证程序输出的框架承担剪力范围，本例定义了两个截面切割，其中"col"截面切割统计的是该层所有框架单元建立的竖向构件内力，统计结果为 6688.5447kN，与程序输出的框架承担剪力一致；"Frame"截面统计的是该层框架柱的内力，未考虑端柱，统计结果为 4888.2204kN，根据规范，该数值才是"框架承担部分的剪力 V_f"。

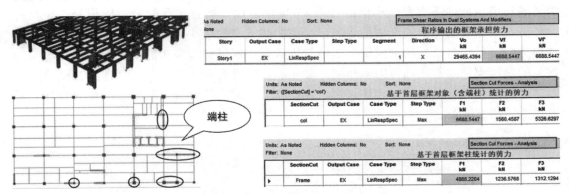

图 4.1-62　有端柱的框架-剪力墙结构

4.2　抗震设计内力调整

为了保证二道防线、强柱弱梁、强剪弱弯等抗震概念设计的要求，《建筑抗震设计标准》GB/T 50011—2010（2024 年版）对结构承受的地震作用、构件的抗震设计内力等有一系列的规定。ETABS 将其归纳为对整体结构或局部结构地震作用的调整与对构件内力的调整。以下具体介绍相关调整的判断和实现。

4.2.1　结构承担地震作用的调整

结构承担地震作用的调整内容包括剪重比、不规则楼层、框剪比，以及重要构件地震作用的调整方法，以下分别进行介绍。最后通过一个示例说明地震作用调整的效果。

1. 剪重比调整

如第 4.1.2 节第 7 小节所述，程序将根据《建筑抗震设计标准》GB/T 50011—2010（2024 年版）自动判别各层剪重比 λ_x（Lambda X）和 λ_y（Lambda Y），以及剪重比限值 λ_{min}（Lambda Min）。限值 Lambda Min 即楼层最小地震剪力系数值，按表 4.2-1 取值，当结构基本周期 T_1 介于 3.5～5s 之间时，按表 4.2-1 线性插值。

基于此，程序输出剪重比调整系数建议值 Lambda Min / Lambda。需要注意以下两种特殊情况：（1）当结构扭转影响明显时，最小剪力系数 Lambda Min 与 T_1 无关，应直接按表 4.2-1 中 T_1<3.5s 情况取值；（2）对于竖向不规则结构的薄弱层，Lambda Min 还需考虑 1.15 的增大系数。程序输出的 Lambda Min 未考虑上述两种情况，用户需自行判断。

楼层最小地震剪力系数值　　　　　　　　　　　　　　　　表 4.2-1

类别	SI（设防烈度）					
	6（0.05g）	7（0.1g）	7（0.15g）	8（0.2g）	8（0.3g）	9（0.4g）
$T_1<3.5s$	0.008	0.016	0.024	0.032	0.048	0.064
$T_1>5s$	0.006	0.012	0.018	0.024	0.032	0.040

根据《建筑抗震设计标准》GB/T 50011—2010（2024 年版）第 5.2.5 条条文说明，"由于地震影响系数在长周期段下降较快，对于基本周期大于 3.5s 的结构，由此计算得到的水平地震作用下的结构效应可能太小；出于安全的考虑，提出了结构总水平地震剪力及各楼层水平地震剪力最小值的要求。"也就是说，剪力系数的最小限值是一个与社会经济水平相关的一个安全阈值，与反应谱曲线本身的最小值及结构自身特性没有直接物理关联，只是对结构的反应谱分析结构进行最小底部剪力修正的安全保障而已。美国规范的规定也是判断底部剪力最小值，如不满足则进行全楼放大处理（详见文献［6］）。因此，若需考虑剪重比调整，建议用户在图 4.2-1 所示的分析工况中放大地震作用，或者调整结构方案。

图 4.2-1　在反应谱工况中输入剪重比调整系数

2. 不规则楼层调整

如第 4.1.2 节第 6 小节所述，程序根据用户选择的方法计算输出楼层刚度，如满足以下任意一条，则程序自动判断该楼层为不规则楼层。

1）对框架结构，楼层侧向刚度与其相邻上层的侧向刚度比值小于 0.7。

2）对框架结构，楼层侧向刚度与其相邻上三层的平均侧向刚度比值小于 0.8。

3）对剪力墙结构、框架-剪力墙、框架-核心筒结构、筒中筒结构、板柱-剪力墙结构、框支剪力墙结构以及组合柱-核心筒结构，楼层侧向刚度与其相邻上层的侧向刚度比值小于 0.9。

4）对剪力墙结构、框架-剪力墙、框架-核心筒结构、筒中筒结构、板柱-剪力墙结构、框支剪力墙结构以及组合柱-核心筒结构，楼层层高大于相邻上层层高的 1.5 倍，且楼层侧向刚度与其相邻上层的侧向刚度比值小于 1.1。

5）对剪力墙结构、框架-剪力墙、框架-核心筒结构、筒中筒结构、板柱-剪力墙结构、框支剪力墙结构以及组合柱-核心筒结构，楼层为底部嵌固楼层，且楼层侧向刚度与其相邻上层的侧向刚度比值小于 1.5。

6）用户在【结构总信息】中指定的不规则楼层。

进行抗震设计时，程序自动对不规则楼层的地震剪力考虑 1.25 的放大系数。注意，这些情况不包括转换层及其相邻下层。

3. 双重抗侧力体系的框剪比

如第 4.1.2 节第 10 小节所述，程序自动计算输出剪力调整系数 Ratiof。不同结构体系下的框剪比调整有所差异，根据规范对不同结构体系的要求，程序自动计算剪力调整系数，并且该值不会超过用户在【结构总信息】中指定的"0.2Q_0 调整系数的上限值"。当采用反应谱分析，地震作用的调整在振型组合之后进行。对于不同结构具体如下：

1）框架-剪力墙结构

抗震设计时，如果楼层框架承担的总剪力 V_f 小于 $0.2V_0$，则该楼层的框架总剪力应按照式（4.2-1）进行调整。根据《高层建筑混凝土结构技术规程》JGJ 3—2010 第 8.1.4 条，程序自动对每根框架柱和与之相连的框架梁的剪力及端部弯矩标准值乘以剪力调整系数。

$$V'_f = \min(0.2V_0, 1.5V_{f,\max}) \tag{4.2-1}$$

式中：V'_f，V_0——详见本书第 4.1.2 节第 10 小节；

$V_{f,\max}$——各层或某段中各层框架承担的地震总剪力最大值。

2）框架-核心筒结构、筒中筒结构、组合柱-核心筒结构

抗震设计时，如果楼层框架承担的总剪力最大值 $V_{f,\max}$ 小于 $0.1V_0$，则该楼层的框架总剪力应按照式（4.2-2）进行调整。根据《高层建筑混凝土结构技术规程》JGJ 3—2010 第 9.1.11 条和第 11.1.6 条，程序自动对每根框架柱和与之相连的框架梁的剪力及端部弯矩标准值乘以剪力调整系数，各墙肢的剪力和弯矩也乘增大系数 1.1。

$$V'_f = 0.15V_0，V'_w = 1.1V_w，且 V'_w \leqslant V_0 \tag{4.2-2}$$

式中：V'_f，V_0——详见本书第 4.1.2 节第 10 小节；

V_w——地震作用下未经调整的各层或某段内各层剪力墙承担的地震总剪力；

V'_w——调整后的剪力墙承担的地震总剪力。

如果 $V_{f,\max}$ 不小于 $0.1V_0$，且 V_f 小于 $0.2V_0$，则该楼层的框架总剪力应按照式（4.2-3）进行调整。根据《高层建筑混凝土结构技术规程》JGJ 3—2010 第 9.1.11 条，程序自动对每根框架柱和与之相连的框架梁的剪力及端部弯矩标准值乘以剪力调整系数。

$$V'_f = \min(0.2V_0, 1.5V_{f,\max}) \tag{4.2-3}$$

式中：V'_f，V_0，$V_{f,\max}$——同上文规定。

注意，如果框架-核心筒或筒中筒结构中存在加强层，则 $V_{f,\max}$ 不包含加强层及其相邻上下层。

3）板柱-剪力墙结构

根据《建筑抗震设计标准》GB/T 50011—2010（2024 年版）第 6.6.3 条第 1 款，各层板柱和框架承担的地震剪力和弯矩乘以剪力调整系数 V'_f/V_f，剪力墙承担的地震剪力和弯矩乘以 V'_w/V_w。V'_w 和 V'_f 按式（4.2-4）计算。

$$V'_w = V_w + V_f$$
$$V'_f = \max(V_f, 0.2(V_w + V_f)) \tag{4.2-4}$$

式中：V_f，V_f'，V_w，V_w'——同上文规定。

4）中心支撑框架或偏心支撑框架结构

根据《建筑抗震设计标准》GB/T 50011—2010（2024 年版）第 8.2.3 条第 3 款，程序自动对各层框架柱和与之相连的框架梁的剪力及端部弯矩标准值乘以剪力调整系数。V_f' 按式（4.2-5）计算。

$$V_f' = \max(V_f, \min(0.25V_0, 1.8V_{f,\max})) \tag{4.2-5}$$

式中：V_f，V_f'，V_0，$V_{f,\max}$——同上文规定。

4. 重要构件地震作用下的内力放大

本小节介绍一些重要构件，包括：转换梁、转换桁架、转换斜撑、转换板、转换柱等的地震作用调整在程序中实现方法。

1）转换构件

根据《高层建筑混凝土结构技术规程》JGJ 3—2010 第 10.2.4 条，在水平地震作用下，特一、一、二级转换构件（包括转换梁、转换桁架、转换斜撑、转换板等，转换柱除外）内力分别乘以放大系数 1.9、1.6、1.3。用户需通过【设计→混凝土框架设计→查看/修改覆盖项】将其指定为转换构件，程序自动考虑地震放大系数。以转换梁为例，即通过图 4.2-2 中的选项 10 "转换梁?" 调整地震作用。

选项	数值
01 构件截面	ConcBm
02 抗震设计等级	二级
03 抗震构造等级	不改变
04 耗能构件?	是
05 双重抗侧力体系 SMF	1
06 弯矩放大系数 MMF-梁	1
07 SMF（梁）	1
08 AFMF（梁）	1
09 Live Load Reduction Factor	1
▶ 10 转换梁?	是
11 重力荷载作用下梁的负弯矩折减系数	0.85
12 扭矩调整系数	1
13 抗扭钢筋的纵筋与箍筋强度比 ζ	1
14 箍筋的混凝土保护层	50

图 4.2-2　转换梁设计覆盖项

2）转换柱轴力

根据《高层建筑混凝土结构技术规程》JGJ 3—2010 第 10.2.11 条和第 3.10.4 条，在地震作用下，特一、一、二级转换柱轴力分别乘以放大系数 1.8、1.5、1.2。计算轴压比时，不考虑该放大系数。程序不会自动判断转换柱，用户需通过在【设计覆盖项】中指定【转换构件】，如图 4.2-3 所示，程序将根据抗震等级自动调整构件内力。

3）钢构件

根据《高层民用建筑钢结构技术规程》JGJ 99—2015 第 7.1.6 条，在地震作用下，托柱梁（转换梁）内力乘以 1.5 增大系数；根据《高层民用建筑钢结构技术规程》JGJ 99—98 第 7.3.10 条，承托钢筋混凝土剪力墙的钢框架柱（转换柱）地震内力，乘以 1.5 增大系数。程序不会自动判断转换梁和转换柱，用户需在【设计覆盖项】中指定【转换构件】，即图 4.2-4 中的 06 项（Is Transfer Member?），程序自动调整构件内力。

混凝土框架设计覆盖项 - Chinese 2010

	选项	数值
01	构件截面	1099_Rect 700X700_C50
02	抗震设计等级	一级
03	抗震构造等级	不改变
04	双重抗侧力体系 SMF	1.5
05	MMF（柱顶）	1.4
06	MMF（柱底）	1.5
07	SMF（柱）	2.1
08	AFMF（柱）	1.5
09	Live Load Reduction Factor	1
10	转换柱	转换柱

图 4.2-3　转换柱设计覆盖项

钢框架设计覆盖项 - Chinese 2018

	选项	数值
01	当前设计截面	HW350X350X12X19
02	框架体系	有侧移框架体系 SMF
03	设计类型	柱
04	抗震设计等级	二级
05	耗能构件？	Program Determined
▶ 06	Is Transfer Member?	是
07	地震放大系数	1

图 4.2-4　钢构件设计覆盖项

5．示例

以某六层框架剪力墙结构（图 4.2-5）为例，为了辅助说明，本例手动指定 Story3 为不规则楼层（图 4.2-6）。

图 4.2-5　某六层框架剪力墙结构

19	不规则楼层数量	1
20	不规则楼层 [1]	Story3
	加强层数量	0

图 4.2-6　在【结构总信息】中指定不规则楼层

计算输出的层刚度表格如图 4.2-7 所示。可以看到，程序将用户指定的不规则楼层 Story3 判别为不规则楼层，地震剪力调整系数（Modifer）为 1.25。此外，根据双重抗侧力体系的框剪比（图 4.2-8）判断，Story3 框剪比调整系数（Ratiof）为 1.335754，该系数计算过程验证如下：

$$0.2V_0 = 0.2 \times 5055.369 = 1011.074\text{kN}$$

$$1.5V_{f,\max} = 1.5 \times 1140.6132 = 1710.920\text{kN}$$

$$V'_f = \min(0.2V_0, 1.5V_{f,\max}) = 1011.074\text{kN}$$

$$\text{Ratiof} = V'_f/V_f = 1011.074/756.931 = 1.335754$$

Story	Output Case	Case Type	Shear X kN	Drift X mm	Stiff Xh kN	Shear Y kN	Drift Y mm	Stiff Yh kN	Irregular	Modifier
Story6	EX	LinRespSpec	2122.1432	2.215	3448528.9178	116.5058	0.31	0	否	1
Story5	EX	LinRespSpec	3012.1322	2.386	4543851.5112	187.029	0.33	0	否	1
Story4	EX	LinRespSpec	3630.9667	2.388	5474106.1533	242.2435	0.327	0	否	1
Story3	EX	LinRespSpec	4170.3461	2.213	6785225.6065	281.3956	0.301	0	是	1.25
Story2	EX	LinRespSpec	4631.455	1.724	9672354.239	305.4325	0.243	0	否	1
Story1	EX	LinRespSpec	5055.369	1.127	19732840	321.1153	0.174	0	否	1

图 4.2-7　层刚度表格

Story	Output Case	Case Type	Segment	Direction	Vo kN	Vf kN	Vf' kN	Ratiof
Story6	EX	LinRespSpec	1	X	5055.369	1140.6132	1140.6132	1
Story5	EX	LinRespSpec	1	X	5055.369	750.9005	1011.0738	1.346482
Story4	EX	LinRespSpec	1	X	5055.369	845.4158	1011.0738	1.195949
Story3	EX	LinRespSpec	1	X	5055.369	756.931	1011.0738	1.335754
Story2	EX	LinRespSpec	1	X	5055.369	901.1232	1011.0738	1.122015
Story1	EX	LinRespSpec	1	X	5055.369	714.3004	1011.0738	1.415474

图 4.2-8　框剪比表格

接着完成构件设计，为了方便数据对比，本例的设计组合采用 1.4EX（只考虑地震作用），而且将强柱弱梁、强剪弱弯等构件内力调整系数设置为 1。分别查看【显示→表格→Analysis Results→Element Output→Frame Output→Element Forces】中输出的构件分析内力和【Design Data→Design Force Data→Design Forces】中输出的构件设计内力，结果汇总如表 4.2-2 所示。

构件内力对比汇总　　　　　　　　　　　　　表 4.2-2

构件信息	楼层	内力类型	P(kN)	V_2(kN)	V_3(kN)	M_2(kN·m)	M_3(kN·m)
框架柱 C14	Story3	分析内力	144.318	1.290	93.782	178.684	3.139
		设计内力	144.318	2.153	156.586	298.347	5.241
		内力调整系数	1	1.34×1.25	1.34×1.25	1.34×1.25	1.34×1.25
与框架柱相连的框架梁 B7	Story3	分析内力	0	75.392	0	0	212.947
		设计内力	0	125.882	0	0	355.556
		内力调整系数	—	1.34×1.25	—	—	1.34×1.25

从表 4.2-2 中可以看出，对于框架柱和与之相连的梁，程序在抗震设计时考虑了不规则楼层剪力调整系数 1.25 和框剪比调整系数约 1.34，地震工况下的剪力和弯矩放大系数为 1.25×1.34=1.68，与规范要求相符。

4.2.2　构件内力调整

本节主要介绍程序对钢筋混凝土构件的内力调整，用以满足强剪弱弯、强柱弱梁、强节点弱构件的要求。用户可以选择任一构件，在【设计覆盖项】中查看到程序自动判别的构件内力调整系数，包括弯矩调整系数 MMF、剪力调整系数 SMF、轴力调整系数 AFMF，如图 4.2-9、图 4.2-10 所示。

	选项	数值
01	构件截面	1105_Rect400X650_C30
02	抗震设计等级	二级
03	抗震构造等级	不改变
04	耗能构件？	Yes
05	双重抗侧力体系 SMF	2
06	弯矩放大系数 MMF-梁	1
07	SMF（梁）	1.2
08	AFMF（梁）	1

图 4.2-9　梁内力调整系数覆盖项

	选项	数值
01	构件截面	1099_Rect700X700_C40
02	抗震设计等级	二级
03	抗震构造等级	不改变
04	双重抗侧力体系 SMF	2
05	MMF（柱顶）	1.2
06	MMF（柱底）	1.2
07	SMF（柱）	1.44
08	AFMF（柱）	1

图 4.2-10　柱内力调整系数覆盖项

1. 混凝土梁调整

根据《建筑抗震设计标准》GB/T 50011—2010（2024 年版）第 6.2.4 条，框架梁的剪力设计值按下式计算：

$$V_{bd} = SMF \cdot V_b + V_{Gb} \tag{4.2-6}$$

式中：V_{bd}——框架梁的剪力设计值；

V_b——框架梁的剪力，根据 $V_b = (M_b^l + M_b^r)/l_n$ 计算得到，其中 l_n 为梁净跨，M_b^l 和 M_b^r 是梁左右端弯矩；注意，一级框架两端弯矩均为负弯矩时，绝对值较小的弯矩取为零；

V_{Gb}——梁在重力荷载代表值作用下，按简支梁分析的梁端截面剪力设计值。

混凝土梁弯矩剪力调整系数详见表 4.2-3。

梁端弯矩、剪力调整系数　　　　　表 4.2-3

构件	结构体系	位置	抗震等级	MMF	SMF
梁	所有	所有	Super Ⅰ	1.0	1.3×1.2=1.56
			9SⅠ and Ⅰ		1.1×1.1×λ_s=1.21×λ_s
			Ⅰ		1.3
			Ⅱ		1.2
			Ⅲ		1.1

注：表中 λ_s 即为【结构总信息】中的**超强系数**选项，代表实配钢筋与计算配筋的比值，默认值为 1.1，用户可修改。"抗震等级"列，Super Ⅰ、Ⅰ、Ⅱ、Ⅲ分别对应构件抗震等级为特一、一、二、三级；9SⅠ and Ⅰ对应一级框架结构和 9 度一级框架，下同。

2. 混凝土柱调整

根据《建筑抗震设计标准》GB/T 50011—2010（2024 年版）第 6.2.2 条，柱的弯矩设计值按下式计算：

$$\sum M_{cd} = MMF \cdot \sum M_b \tag{4.2-7}$$

式中：$\sum M_{cd}$——梁柱节点上下柱端截面弯矩设计值之和。

$\sum M_b$——梁柱节点左右梁端截面的弯矩设计值之和。注意，一级框架两端弯矩均为负弯矩时，绝对值较小的弯矩取为零。

根据《建筑抗震设计标准》GB/T 50011—2010（2024 年版）第 6.2.5 条，柱剪力设计值按下式计算：

$$V_{cd} = SMF \cdot V_c \tag{4.2-8}$$

式中：V_{cd}——柱端剪力设计值。

V_c——柱端剪力。

混凝土柱内力调整系数与结构体系、所在楼层及位置有关，程序内置的弯矩、剪力调整系数详见表 4.2-4～表 4.2-6。

混凝土框架体系柱弯矩、剪力调整系数　　　　　表 4.2-4

柱类型	抗震等级	MMF		SMF
		柱顶	柱底	
中层柱 轴压比≥0.15	Super Ⅰ	1.7×1.2=2.04	2.04	2.04×1.5×1.2=3.672
	Ⅰ	1.7*	1.7*	1.7×1.5=2.55
	Ⅱ	1.5	1.5	1.5×1.3=1.95
	Ⅲ	1.3	1.3	1.3×1.2=1.56
	Ⅳ	1.2	1.2	1.2×1.1=1.32
顶层柱	Super Ⅰ	1.0	2.04	3.672
	Ⅰ	1.0	1.7	2.55
	Ⅱ	1.0	1.5	1.95
	Ⅲ	1.0	1.3	1.56
	Ⅳ	1.0	1.2	1.32
中层柱 轴压比<0.15	Super Ⅰ	1.0	1.0	1.5×1.2=1.8
	Ⅰ	1.0	1.0	1.5
	Ⅱ	1.0	1.0	1.3
	Ⅲ	1.0	1.0	1.2
	Ⅳ	1.0	1.0	1.1
底层柱	Super Ⅰ	1.7×1.2=2.04	2.04	2.04×1.5×1.2=3.672
	Ⅰ	1.7*	1.7*	1.7×1.5=2.55
	Ⅱ	1.5	1.5	1.5×1.3=1.95
	Ⅲ	1.3	1.3	1.3×1.2=1.56
	Ⅳ	1.2	1.2	1.2×1.1=1.32

注：1. 如果使用超强系数 λ_s，且为默认值 1.1，则 1.2×1.1×1.1=1.452<1.7，故带 * 数据取为 1.7；
　　2. 对于角柱，表中系数乘以 1.1；
　　3. 表格数据来自《建筑抗震设计标准》GB/T 50011—2010（2024 年版）第 6.2.2 条、第 6.2.3 条、第 6.2.5 条，《高层建筑混凝土结构技术规程》JGJ 3—2010 第 3.10.2 条第 2 款。

3. 剪力墙调整

程序按照规范相关规定，自动判断底部加强区高度，并对墙肢和连梁的地震作用进行调整。

根据《建筑抗震设计标准》GB/T 50011—2010（2024 年版）第 6.1.10 条，底部加强区高度按下式计算：

带剪力墙体系柱弯矩、剪力调整系数 表 4.2-5

柱类型	抗震等级	MMF		SMF
		柱顶	柱底	
中层柱 轴压比≥0.15	Super Ⅰ	1.4×1.2=1.68	1.68	1.68×1.68=2.822
	9SⅠ and Ⅰ	1.2×1.1×λ_s=1.32λ_s	1.32λ_s	(1.32λ_s)×(1.32λ_s)
	Ⅰ	1.4	1.4	1.4×1.4=1.96
	Ⅱ	1.2	1.2	1.2×1.2=1.44
	Ⅲ	1.1	1.1	1.1×1.1=1.21
	Ⅳ	1.1	1.1	1.1×1.1=1.21
顶层柱	Super Ⅰ	1.0	1.68	2.822
	9SⅠ and Ⅰ	1.0	1.32λ_s	(1.32λ_s)×(1.32λ_s)
	Ⅰ	1.0	1.4	1.96
	Ⅱ	1.0	1.2	1.44
	Ⅲ	1.0	1.1	1.21
	Ⅳ	1.0	1.1	1.21
中层柱 轴压比<0.15	Super Ⅰ	1.0	1.0	1.4×1.2=1.68
	9SⅠ and Ⅰ	1.0	1.0	1.32λ_s
	Ⅰ	1.0	1.0	1.4
	Ⅱ	1.0	1.0	1.2
	Ⅲ	1.0	1.0	1.1
	Ⅳ	1.0	1.0	1.1
底层柱	Super Ⅰ	1.68	1.0	2.822
	9SⅠ and Ⅰ	1.32λ_s	1.0	(1.32λ_s)×(1.32λ_s)
	Ⅰ	1.4	1.0	1.96
	Ⅱ	1.2	1.0	1.44
	Ⅲ	1.1	1.0	1.21
	Ⅳ	1.1	1.0	1.21

注：1. 对于角柱，表中系数乘以 1.1；
2. 表格数据来自《建筑抗震设计标准》GB/T 50011—2010（2024 年版）第 6.2.2 条、第 6.2.5 条，《高层建筑混凝土结构技术规程》JGJ 3—2010 第 3.10.2 条第 2 款；
3. 带剪力墙的结构体系包括框架-剪力墙、框架-核心筒、筒中筒及板柱-剪力墙结构。

部分框支剪力墙转换柱弯矩、剪力调整系数 表 4.2-6

柱类型	抗震等级	MMF		SMF
		柱顶	柱底	
与转换构件 相连的柱	Super Ⅰ	1.8	1.68	1.8×1.4×1.2=3.024
	9SⅠ and Ⅰ	1.5	1.4	2.1
	Ⅰ	1.5	1.4	1.5×1.4=2.1
	Ⅱ	1.3	1.2	1.3×1.2=1.56
	Ⅲ	1.1	1.1	1.1×1.1=1.21
底层柱	Super Ⅰ	1.68	1.8	3.024
	9SⅠ and Ⅰ	1.4	1.5	2.1
	Ⅰ	1.4	1.5	2.1

续表

柱类型	抗震等级	MMF		SMF
		柱顶	柱底	
底层柱	II	1.2	1.3	1.56
	III	1.1	1.1	1.1×1.1=1.21

注：1. 程序不会自动判别与转换构件相连的柱，用户需在覆盖项中将其指定为"转换柱"；
   2. 部分框支剪力墙体系中的非转换柱弯矩、剪力调整系数按表 4.2-6 取值；
   3. 对于角柱，表中系数乘以 1.1；
   4. 表格数据来自《高层建筑混凝土结构技术规程》JGJ 3—2010 第 10.2.11 条第 3 款、第 10.2.11 条第 4 款、第 3.10.4 条第 2 款；
   5. SMF 用于转换层框支柱及其对应的底层柱。

$$h_{\mathrm{E}} = \begin{cases} \max(H/10,\ h_{\mathrm{TF}} + h_{1,2}^{\mathrm{u}}) & \text{部分框支抗震墙} \\ \max(H/10,\ h_{1,2}) & \text{其他结构抗震墙} \end{cases} \tag{4.2-9}$$

式中：h_{E}——底部加强区高度。底部加强区高度从 0 标高处（地下室顶板）算起，不论剪力墙是否嵌固在 0 标高处，当结构计算嵌固端位于地下一层的底板或以下时，底部加强部位将向下延伸至计算嵌固端，即【结构总信息】中的"嵌固层"。

H——剪力墙总高度。

$h_{1,2}$——结构底部两层高度，地下室以上。

h_{TF}——框支层高度。

$h_{1,2}^{\mathrm{u}}$——框支层以上 2 层高度。

对于带裙房结构，底部加强区自动考虑延伸至裙房顶层以上 1 层，用户需在【结构总信息】中设置裙房顶层层号。

程序内置的墙肢、连梁弯矩和剪力调整系数详见表 4.2-7。

剪力墙弯矩、剪力调整系数　　　表 4.2-7

结构体系	构件类型	位置	抗震等级	MMF	SMF
全部	连梁	全部	Super I	1.0	1.3
			9S I and I		1.3
			I		1.3
			II		1.2
			III		1.1
纯剪力墙结构 框架-核心筒结构 筒中筒结构	短肢剪力墙	加强区	Super I	1.1	1.9
			9S I and I	1.0	1.7
			I		1.6
			II		1.4
			III		1.2
		其他	Super I	1.3	1.4
			I	1.2	1.4
			II	1.0	1.2
			III	1.0	1.1
	墙肢	加强区	Super I	1.1	1.9

续表

结构体系	构件类型	位置	抗震等级	MMF	SMF
纯剪力墙结构 框架-核心筒结构 筒中筒结构	墙肢	加强区	9S Ⅰ and Ⅰ	1.0	1.7
			Ⅰ		1.6
			Ⅱ		1.4
			Ⅲ		1.2
		其他	Super Ⅰ	1.3	1.4
			Ⅰ	1.2	1.3
			Ⅱ	1.0	1.0
			Ⅲ	1.0	1.0
部分框支剪力墙	墙肢	加强区	Super Ⅰ	1.8	1.9
			9S Ⅰ and Ⅰ	1.5	1.7
			Ⅰ	1.5	1.6
			Ⅱ	1.3	1.4
			Ⅲ	1.1	1.2
		其他	Super Ⅰ	1.3	1.4
			Ⅰ	1.2	1.3
			Ⅱ	1.0	1.0
			Ⅲ	1.0	1.0

注：1. 程序自动判断短肢剪力墙。按《高层建筑混凝土结构技术规程》JGJ 3—2010 第 7.1.7 条、第 7.1.8 条，墙肢长度与其宽度之比介于 4 到 8 之间，则判断该墙肢为短肢剪力墙，若长宽比≤4，则按柱截面设计。用户也可以通过【设计覆盖项】中"短肢剪力墙"选项手动指定是否为短肢剪力墙；

2. 对于部分框支剪力墙结构，由于我国规范中没有关于短肢剪力墙的特殊规定，故该结构所有剪力墙均按表 4.2-8 进行调整；

3. 部分框支剪力墙结构中，特一、二、三级落地剪力墙底部加强部位的弯矩设计值按墙底截面有地震作用组合的弯矩值乘以增大系数（见《高层建筑混凝土结构技术规程》JGJ 3—2010 第 10.2.18 条）。其他情况，在底部加强区的短肢剪力墙和普通剪力墙使用当前内力。无论剪力墙是否落地，用户都可通过设计覆盖项中的"框支剪力墙？"选项来指定该墙肢是否为框支剪力墙；

4. 表格数据来自《高层建筑混凝土结构技术规程》JGJ 3—2010 第 7.2.21 条、第 7.2.5 条、第 7.2.6 条、第 7.2.2-3 条、第 3.10.5-1 条、第 10.2.18 条相关规定。

参考文献

[1]　住房和城乡建设部. 混凝土结构设计标准：GB/T 50010—2010 [S]. 2024 年版. 北京：中国建筑工业出版社，2024.

[2]　住房和城乡建设部. 建筑抗震设计标准：GB/T 50011—2010 [S]. 2024 年版. 北京：中国建筑工业出版社，2024.

[3]　住房和城乡建设部. 高层建筑混凝土结构技术规程：JGJ 3—2010 [S]. 北京：中国建筑工业出版社，2010.

[4]　住房和城乡建设部. 建筑结构荷载规范：GB 50009—2012 [S]. 北京：中国建筑工业出版社，2012.

[5]　住房和城乡建设部. 高层民用建筑钢结构技术规程：JGJ 99—2015 [S]. 北京：中国建筑工业出版社，2015.

[6]　李楚舒，李立，王龙. 有关结构抗震设计底部剪力系数的讨论 [C] //中国建筑学会建筑结构分会. 第二十三届全国高层建筑结构学术会议论文，2014.

第5章

钢筋混凝土构件设计

对于钢筋混凝土构件设计，ETABS 按构件类型分为"混凝土框架设计""剪力墙设计"和"混凝土板设计"，本章把"组合柱设计"也纳入一并介绍。以上不同类型的构件设计都位于 ETABS"设计"菜单下。与设计相关的参数集中位于"首选项"和"覆盖项"，用户应在设计前查看确认。程序根据构件的分析内力，按照所选规范的要求，对钢筋混凝土构件进行配筋设计或校核。设计结果可以通过图形、文本、表格查看和输出。ETABS 内置了我国钢筋混凝土设计规范的相关规定，同时也为用户提供了更多设计手段或方法，比如柱 PMM 设计法、板设计方法、板裂缝及挠度分析、墙设计方法等。

本章将针对以上内容进行详细说明。

5.1 框架设计

5.1.1 混凝土框架设计的操作流程

在 ETABS 中完成结构分析后，用户可按以下操作流程完成混凝土框架设计，包括混凝土梁设计、混凝土柱设计和混凝土梁柱节点区抗震验算。

1）混凝土框架设计首选项

点击【设计→混凝土框架设计→查看/修改首选项】命令，用户可根据需要选择中国（Chinese 2010）或其他国家、地区的设计规范。设计规范的选择会影响其余首选项的数量和参数，ETABS 为全部首选项提供默认值，用户可根据需要修改。

2）混凝土框架设计覆盖项

点击【设计→混凝土框架设计→查看/修改覆盖项】命令，用户可对已选混凝土梁柱构件指定更多更详尽的设计参数。同理，ETABS 为全部覆盖项提供默认值，用户可根据需要修改。

3）选择设计组合

点击【设计→混凝土框架设计→选择设计组合】命令，用户可选择用于混凝土框架设计的荷载组合。关于这部分内容，详见本书第 3.5.4 节，此处不再赘述。

4）运行混凝土框架设计

点击【设计→混凝土框架设计→开始设计/校核】命令，运行混凝土框架设计。完成混凝土框架设计后，ETABS 将自动显示梁柱的纵向配筋面积。

5）显示设计信息

点击【设计→混凝土框架设计→显示设计信息】命令，用户可选择在视图窗口中显示各种设计结果，包括纵向配筋、抗剪配筋、抗扭配筋以及轴压比等。鼠标右键单击任意构件可查看构件的设计细节，详见后文。

5.1.2　基本参数设置

1. 设计首选项

如图 5.1-1 所示，混凝土框架设计首选项应用于计算模型中全部的混凝土梁柱构件。设计首选项的全部解释来自于【帮助→文档→中文技术文档】中的《中国 2010 规范混凝土框架设计技术报告》（文献 [1]）。以中国相关设计规范（Chinese 2010）为例，各个选项及其取值的详细解释见表 5.1-1。

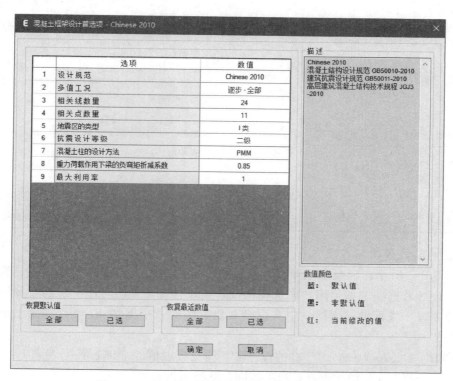

图 5.1-1　基于中国规范的混凝土框架设计首选项

Chinese 2010 包括《混凝土结构设计标准》GB/T 50010—2010（2024 年版）、《建筑抗震设计标准》GB/T 50011—2010（2024 年版）和《高层建筑混凝土结构技术规程》JGJ 3—2010 的相关条文。

基于中国规范的混凝土框架设计首选项　　　　表 5.1-1

选项	可选值	默认值	说明
设计规范	ACI 318-19/14/11；Eurocode 2-2004；SP 63.13330.2012 等	Chinese 2010	根据需要选择国家或地区的设计规范

续表

选项	可选值	默认值	说明
多值工况	包络 逐步 最后步 包络（全部） 逐步（全部）	逐步（全部）	该选项用于指定多值工况的取值方法。多值工况包括时程工况、多步线性静力工况和多步非线性静力工况
相关线数量	取 4 的整倍数	24	用于生成 PMM 相关面的相关线的数量
相关点数量	取不小于 5 的奇数	11	用于生成相关线的相关点的数量
地震区的类型（场地类别）	Ⅰ 类 Ⅱ 类 Ⅲ 类 Ⅳ 类	Ⅰ 类	该选项并不影响场地特征周期和地震影响系数的取值。根据 JGJ 3—2010 第 6.4.3 条规定，对于 Ⅳ 类场地上较高的高层建筑，柱的纵向受力钢筋的最小配筋率增加 0.1%
抗震设计等级	特一级 一级 二级 三级 四级 非抗震	二级	根据 GB/T 50011—2010 第 6.1.2 条规定，钢筋混凝土房屋应根据设防类别、烈度、结构类型和房屋高度采用不同的抗震等级，并应符合相应的计算和构造措施要求
混凝土柱的设计方法	PMM	PMM	混凝土柱的正截面设计采用 PMM 相关面方法
重力荷载作用下梁的负弯矩折减系数	无	0.85	根据 JGJ 3—2010 第 5.2.3 条规定，在竖向荷载作用下，可考虑框架梁端塑性变形内力重分布对负弯矩的折减
最大利用率（承载比）	无	1.0	混凝土柱截面的内力设计值与承载力比值的限值，该选项可用于混凝土柱正截面的设计或校核

2. 柱的设计覆盖项

如图 5.1-2 所示，混凝土框架设计覆盖项仅应用于用户选择的混凝土梁柱构件，优先级高于设计首选项。如果用户未选择构件，则设计覆盖项不可用。柱的设计覆盖项的全部解释来自于【帮助→文档→中文技术文档】中的《中国 2010 规范混凝土框架设计技术报告》。

以 Chinese 2010 为例，关于柱的设计覆盖项及其取值的详细解释见表 5.1-2。关于抗震等级的设计覆盖项与前述设计首选项相同，此处不再赘述。

混凝土框架设计采用的梁柱截面称为设计截面，结构分析采用的截面称为分析截面，两者可以不同。在首次设计时，默认的设计截面与分析截面相同，如果设计截面不满足要求，用户可通过覆盖项调整设计截面后重新设计，直至找到满足设计要求的截面，这便于用户对构件选择有初步的预估。

但是，上述设计过程是基于当前分析截面下的设计内力进行设计的。如果分析截面和设计截面不同，在完成结构设计后应解锁模型并修改分析截面为设计截面，然后重新运行结构分析和结构设计，保证分析截面和设计截面的一致性。

3. 梁的设计覆盖项

梁的设计覆盖项的全部解释来自于【帮助→文档→中文技术文档】中的《中国 2010 规范混凝土框架设计技术报告》。如图 5.1-3 所示，以 Chinese 2010 为例，关于梁的设计覆盖项及其取值的详细解释见表 5.1-3。

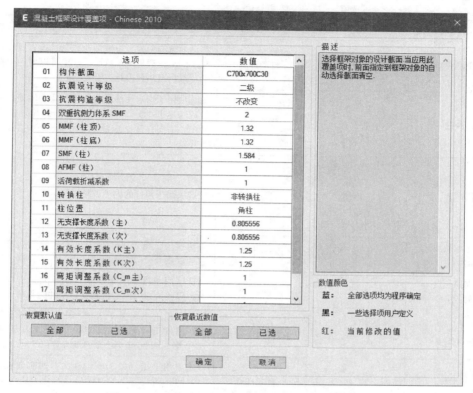

图 5.1-2　基于中国规范的混凝土柱的设计覆盖项

基于中国规范的混凝土柱的设计覆盖项　　　　　　　　　表 5.1-2

选项	可选值	默认值	说明
构件截面	混凝土截面	分析截面	该选项的构件截面即设计截面，如果当前设计结果不满足要求，用户可切换不同的设计截面，基于当前的设计内力进行设计或校核
抗震构造等级	增加一级 增加二级 不改变 降低一级 降低二级	不改变	根据 GB/T 50011—2010 第 6.1.2 条规定，Ⅰ类场地且抗震设防烈度高于 6 度时，混凝土结构的抗震构造等级可低于抗震等级
双重抗侧力体系 SMF	无	自动计算	该选项用于指定柱的剪力和端部弯矩的放大系数。根据 JGJ 3—2010 第 8.1.4 条、第 9.1.11 条、第 11.1.6 条和 GB/T 50011—2010 第 6.6.3 条第 1 款、第 8.2.3 条第 3 款的规定，双重抗侧力体系中框架部分分配的地震剪力应予以调整
MMF（柱顶）	无	自动计算	该选项用于指定框架柱和框支柱的柱顶弯矩放大系数
MMF（柱底）	无	自动计算	该选项用于指定框架柱和框支柱的柱底弯矩放大系数
SMF（柱）	无	自动计算	该选项用于指定框架柱的剪力放大系数

选项	可选值	默认值	说明
AFMF（柱）	无	自动计算	该选项用于指定框架柱的轴力放大系数
活荷载折减系数	无	自动计算	当活荷载类型为"折减活荷载"且设置【设计】菜单下的活荷载折减系数后，这里可以对各个构件的活荷载折减系数进行查看或修改
转换柱	非转换柱 转换柱 框支柱	非转换柱	该选项用于指定柱的内力调整方式，转换柱和框支柱应满足 JGJ 3—2010 第 10.2.11 条和第 3.10.4 条规定，框支柱调整应满足 JGJ 3—2010 第 10.2.17 条规定
柱位置	中柱 边柱 角柱 端柱 独立柱	自动计算	该选项用于角柱的内力调整
无支撑长度系数（主）	无	自动计算	该选项用于指定关于强轴（主）的无支撑长度系数，以此考虑构件搭接和支撑构件的影响
无支撑长度系数（次）	无	自动计算	该选项用于指定关于弱轴（次）的无支撑长度系数，以此考虑构件搭接和支撑构件的影响
有效长度系数（K 主）	无	自动计算	该选项用于指定关于强轴（主）的有效长度系数（即计算长度系数），ETABS 可根据 GB/T 50010—2010 第 6.2.20 条第 2 款自动计算
有效长度系数（K 次）	无	自动计算	该选项用于指定关于弱轴（次）的有效长度系数（即计算长度系数），ETABS 可根据 GB/T 50010—2010 第 6.2.20 条第 2 款自动计算
弯矩调整系数（C_m 主）	无	自动计算	该选项用于指定关于强轴（主）的构件端截面偏心距调节系数，ETABS 可根据 GB/T 50010—2010 第 6.2.4 条自动计算
弯矩调整系数（C_m 次）	无	自动计算	该选项用于指定关于弱轴（次）的构件端截面偏心距调节系数，ETABS 可根据 GB/T 50010—2010 第 6.2.4 条自动计算
弯矩调整系数（η_{ns} 主）	无	自动计算	该选项用于指定关于强轴（主）的柱端弯矩增大系数，ETABS 可根据 GB/T 50010—2010 第 6.2.4 条自动计算
弯矩调整系数（η_{ns} 次）	无	自动计算	该选项用于指定关于弱轴（次）的柱端弯矩增大系数，ETABS 可根据 GB/T 50010—2010 第 6.2.4 条自动计算

混凝土梁的部分设计覆盖项与前述设计首选项相同，包括抗震等级和重力荷载作用下梁的负弯矩折减系数。同时，混凝土梁的部分设计覆盖项与前述混凝土柱的设计覆盖项相同，包括构件截面、抗震构造等级、双重抗侧力体系 SMF 和活荷载折减系数。因此，上述关于混凝土梁的设计覆盖项，表 5.1-3 中不再赘述。

5.1.3 柱设计

ETABS 根据框架截面配筋数据的设计类型判断构件是否为柱，同时用户应在柱截面的定义中输入合理的钢筋布置及保护层厚度等信息。

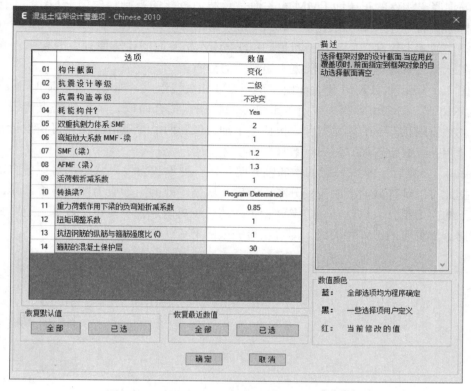

图 5.1-3　基于中国规范的混凝土梁的设计覆盖项

基于中国规范的混凝土梁的设计覆盖项　　　　表 5.1-3

选项	可选值	默认值	说明
耗能构件？	Yes/No	自动计算	根据 JGJ 3—2010 第 3.11.3 条第 2 款规定，第 2 性能水准的结构耗能构件的受剪承载力应按 JGJ 3—2010 式（3.11.3-1）计算，正截面承载力应按 JGJ 3—2010 式（3.11.3-2）计算
MMF（梁）	无	自动计算	该选项用于指定梁端弯矩的放大系数
SMF（梁）	无	自动计算	该选项用于指定梁的剪力放大系数
AFMF（梁）	无	自动计算	该选项用于指定梁的轴力放大系数
转换梁？	是/否	否	该选项用于指定是否按转换梁调整内力设计值
扭矩调整系数	无	1.0	根据 JGJ 3—2010 第 5.2.4 条规定，当计算中未考虑现浇楼盖对梁扭转的约束作用时，可对梁的扭矩予以折减
抗扭钢筋的纵筋与箍筋强度比（ζ）	无	1.0	根据 GB/T 50010—2010 第 6.4.4 条规定，抗扭纵筋与抗扭箍筋的配筋强度比值不小于 0.6 且不大于 1.7
箍筋的混凝土保护层厚度	无	30	该选项用于计算抗扭截面核心部分的面积和周长

221

1. PMM 设计法

钢筋混凝土构件的正截面 PMM 相关面是承载力校核的基础。根据 ETABS 美国标准混凝土框架设计手册（Concrete Frame Design Manual ACI 318-19 for ETABS）（文献［2］）提供的基本原则，ETABS 设计所用的 PMM 相关面的计算原理主要包括平截面假定和极限承载力下简化的受压区混凝土矩形应力分布。

如图 5.1-4 所示，PMM 相关面由一系列 PM 相关线组成，如 Curve♯1、Curve♯2 至 Curve♯NRCV。每条 PM 相关线由若干离散的数据点拟合而成，每个数据点代表一种正截面承载力极限状态下的内力组合，包括一个轴力值和两个弯矩值。用户可在设计覆盖项中设置"相关线数量"和"相关点数量"。

如图 5.1-5 所示，针对任意的中和轴方向，每一种承载力极限状态都对应各自的应变平面，据此可以计算截面上的应变分布。然后，根据等效的矩形应力图计算多组承载力极限状态下的内力组合，也就是一条 PM 相关线的若干离散点。重复以上步骤，逐步旋转中和轴方向计算更多的 PM 相关线，即可获得完整的 PMM 曲面。

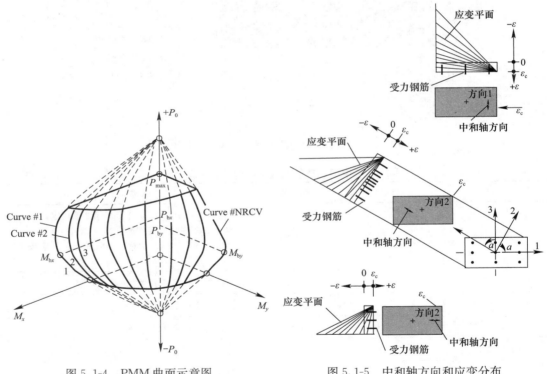

图 5.1-4　PMM 曲面示意图　　　　图 5.1-5　中和轴方向和应变分布

注意，以上对混凝土受压区采用等效矩形应力图的方式具有较强的近似性。筑信达开发的钢筋混凝土正截面设计软件 CiSDesigner 并未采用等效的矩形应力图，而是基于纤维材料的本构来生成 PMM 曲线（文献［3］）。有关 CiSDesigner 的介绍请见本书附录 E。

混凝土柱的正截面设计包括截面校核和截面设计，二者均需要利用 PMM 相关面。利用混凝土柱正截面承载力的 PMM 相关面，ETABS 计算正截面承载比的步骤如下：

1）根据剪重比、薄弱层或强柱弱梁等完成各个荷载组合下的截面内力调整后，正截面的设计内力为（P，M_2，M_3）。

2）根据杆端弯矩、构件长细比、附加偏心距等计算考虑二阶效应后控制截面的弯矩设计值，正截面的设计内力再次调整为（P，M_x，M_y）。

3）如图 5.1-6 所示，以上设计内力（P，M_x，M_y）在 PMM 相关面空间中的位置为 L 点，原点 O 和 L 点连线的延长线与 PMM 相关面的交点为 C 点，正截面的承载力比 D/C＝OL/OC。

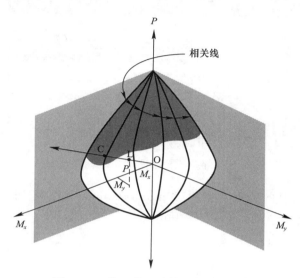

图 5.1-6　柱正截面承载比的计算原理

综上，当 OL＝OC 时，C 点落在 PMM 相关面上，柱的正截面承载力和设计内力相等；当 OL＜OC 时，C 点位于 PMM 相关面内，柱的正截面承载力满足要求；当 OL＞OC 时，C 点位于 PMM 相关面外，柱的正截面承载力不满足要求。

对于混凝土柱的正截面设计，ETABS 根据柱截面定义的配筋方案自动增大或减小配筋面积，保证正截面承载比等于设计首选项中指定的最大承载比。对于默认的最大承载比 1.0，设计内力（P，M_x，M_y）落在调整后配筋面积确定的 PMM 相关面上。

2. 设计结果解读

1）图形显示

完成混凝土框架结构设计后，点击【设计→混凝土框架设计→显示设计信息】命令，用户可选择在视图窗口中显示各种设计结果。如图 5.1-7 所示，混凝土框架设计结果的图形显示包括：

（1）总的纵向配筋面积（Total Longitudinal Reinforcing）

（2）总的配筋率（Total Rebar Percentage）

（3）抗剪配筋（Shear Reinforcing）

（4）柱 PMM 承载比（Column P-M-M Interaction Ratios）

（5）抗扭配筋（Torsion Reinforcing）

（6）抗扭纵筋（Torsional Longitudinal Reinforcing）

（7）抗弯纵筋（Flexural Longitudinal Reinforcing）

（8）轴压比（Axial Compression Ratio N/（fc＊A））

（9）综合配筋（General Reinforcement Details）

（10）PM 破坏（Identify P-M Failure）

（11）剪切破坏（Identify Shear Failure）

（12）全部破坏（Identify All Failures）

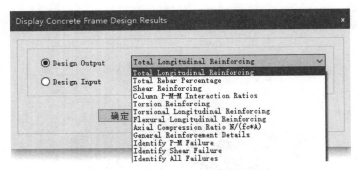

图 5.1-7　混凝土框架设计结果的图形显示

如图 5.1-8 所示，柱的截面尺寸为 700mm×700mm，纵向配筋 3920mm^2 由最小配筋率 0.8%控制，即：490000×0.8%＝3920mm^2。

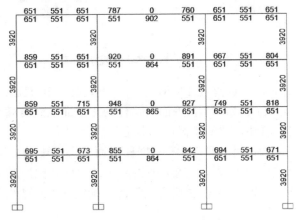

图 5.1-8　混凝土梁柱的纵向配筋面积

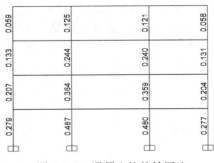

图 5.1-9　混凝土柱的轴压比

如图 5.1-9 所示，柱的轴压比指轴向压力设计值与（全截面面积×混凝土轴心抗压强度设计值）的比值。如果轴压比不符合规范要求，构件将显示为红色并标识"O/S"，用户可在构件的设计细节中查看轴压比校核的相关内容。

如图 5.1-10 所示，如果混凝土柱截面的配筋数据仅用于校核，用户可在视图中显示柱的 PMM 承载比。如果承载比超限，构件将显示为红色并标注"O/S"，用户可在构件的设计细节中查看 PMM 承载比的相关内容。

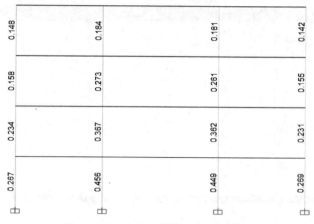

图 5.1-10　混凝土柱的 PMM 承载比

如图 5.1-11 所示，用户可在视图中标识构件的破坏类型，标有"M"的梁为弯曲破坏，标有"PMM"的柱为 PMM 破坏，用户可在构件设计细节中查看构件承载力校核的更多内容。

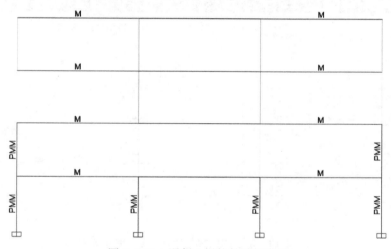

扫码看
彩图

图 5.1-11　混凝土梁柱的破坏类型

2）设计细节

以上图形显示的设计结果为全部设计组合的包络值，在实际工程中也是工程师最关注的设计结果。除此之外，用户也可以通过构件设计细节查看任意荷载组合下的设计结果。

在显示设计结果的视图中，鼠标右键单击任意混凝土柱即可打开【混凝土柱设计信息】对话框，如图 5.1-12 所示。该对话框显示各个荷载组合下各个测站的纵向配筋和主次两个方向的抗剪配筋，默认高亮显示起控制作用的数据行。

点击【相关面】按钮可以查看柱 PMM 相关面的形状和数据，如图 5.1-13 所示。用户可以根据需要查看基于中国规范 Chinese 2010 或纤维模型生成的 PMM 相关面，也可以改变三维曲面的空间角度或查看 PM 和 MM 相关线。ETABS 中混凝土柱的设计或校核采用基于设计规范的 PMM 相关面。

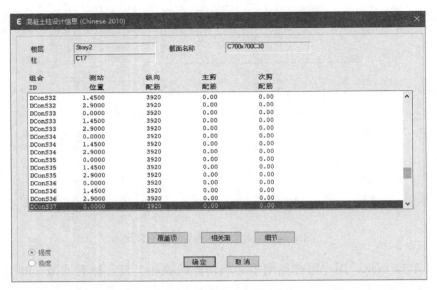

图 5.1-12　混凝土柱设计信息

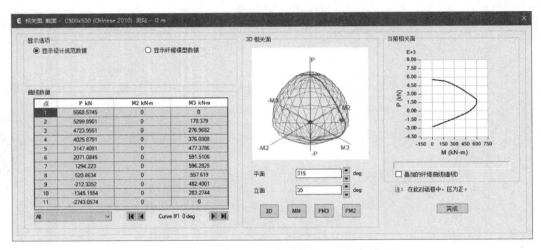

图 5.1-13　基于中国规范计算的 PMM 相关面

　　基于设计规范和纤维模型生成的 PMM 相关面有所不同，这与材料本构关系以及截面应力分布形式有关。如果在表格中显示设计规范数据，受压区混凝土的应力图形简化为等效的矩形应力图，详见《混凝土结构设计标准》GB/T 50010—2010（2024 年版）第6.2.6 条。如果在表格中显示纤维模型数据，ETABS 根据用户定义的钢筋和混凝土的本构模型计算各个纤维的应力并积分为截面的轴力和弯矩值。

　　点击图 5.1-12 中的【细节】按钮可以查看任意荷载组合下更全面、更详尽的柱设计结果，包含正截面抗弯细节和斜截面抗剪细节等，如图 5.1-14 所示。

　　抗弯细节对应柱的正截面承载力校核或正截面配筋计算，包括配筋面积、配筋率、承载比、轴压比、长细比、最小配筋率等设计结果，详细解释见表 5.1-4～表 5.1-6。

　　抗剪细节对应柱的斜截面承载力校核，包括设计内力（剪力、扭矩和轴力）、抗剪配筋、截面校核、配箍率等设计结果，详细解释见表 5.1-7。

图 5.1-14　基于中国规范的混凝土柱的设计细节

混凝土柱的抗弯设计细节（一）　　　　　　　　　　　　　　　表 5.1-4

项目	参数	说明
轴力及双向受弯设计 PMM	钢筋面积	混凝土柱正截面的计算配筋面积。如果在混凝土柱的截面配筋数据中选择"校核"类型，该参数等于用户自定义的纵筋截面面积
	钢筋比（配筋率）	配筋面积与截面面积的比值。如果在混凝土柱的截面配筋数据中选择"校核"类型，该参数为正截面的 PMM 承载比
	角筋面积	单根角部钢筋的截面面积
	中部钢筋面积	单根中部钢筋的截面面积
	设计 N	轴力设计值
	设计弯矩 M2	考虑二阶效应后控制截面的次弯矩设计值与轴力设计值产生的附加弯矩之和
	设计弯矩 M3	考虑二阶效应后控制截面的主弯矩设计值与轴力设计值产生的附加弯矩之和

续表

项目	参数	说明
轴力和双向弯矩	Factored P_u	轴力设计值
	弯矩 M_{u2}	未考虑二阶效应的次弯矩设计值
	弯矩 M_{u3}	未考虑二阶效应的主弯矩设计值

附：相关设计细节截图

轴力及双向受弯设计 PMM

钢筋面积 mm²	钢筋比 %	角筋面积 mm²	中部钢筋面积 mm²	设计 N kN	设计弯矩 M2 kN-m	设计弯矩 M3 kN-m
9144	3.66	571	571	100	342	302

轴力与双向弯矩

Factored P_u kN	弯矩 M_{u2} kN-m	弯矩 M_{u3} kN-m
100	340	300

混凝土柱的抗弯设计细节（二）　　　　　　　　　表 5.1-5

项目	参数	说明
Design Params（设计参数）（GB 50010 6.2.3）	半径 i	即四转半径，惯性矩与截面积的比值的平方根，$i = \sqrt{I/A}$
	长度 l_c	即计算长度，几何长度和有效长度系数 μ 的乘积
	M_1	绝对值较小的柱端弯矩设计值
	M_2	绝对值较大的柱端弯矩设计值
	p-Δ 效应	根据 GB/T 50010—2010 第 6.2.3 条判断是否考虑轴向压力产生的附加弯矩
稳定效应 P-δ 系数（GB 50010 6.2.4）	系数 η_{ns}	根据 GB/T 50010—2010 第 6.2.4 条计算的柱端弯矩增大系数
	C_m	根据 GB/T 50010—2010 第 6.2.4 条计算的构件端截面偏心距调节系数
	e_0	初始偏心距，$e_0 = M2/N$ 或 $M3/N$，N、M2、M3 的含义见表 5.1-4
	附加 e_a	附加偏心距，$e_a = \max(20, h/30)$，h 为弯矩作用方向的截面最大尺寸
Design Params（设计参数）（GB 50010 6.2.15）	有效 μ	用户可在柱的设计覆盖项中修改
	Slenderness Ratio λ	即长细比，构件的计算长度与截面回转半径的比值
	Slenderness l_0/b	即长细比，构件的计算长度与截面短边尺寸的比值
	稳定 φ	根据 GB/T 50010—2010 第 6.2.15 条计算轴心受压构件的稳定系数

附：相关设计细节截图

Design Params (GB50010 6.2.3)

	半径 i mm	长度 l_c mm	M_1 kN-m	M_2 kN-m	p-Δ 效应
主抗弯(M3)	144.3	9000	30	300	是
次抗弯(M2)	144.3	9000	-20	340	是

稳定效应 P-δ 系数(GB50010 6.2.4)

	系数 η_{ns}	C_m	e_0 mm	附加 e_a mm
主 (M3)	1	1	3000	20
次 (M2)	1	1	3400	20

Design Params (GB50010 6.2.15)

	有效 μ	Slenderness Ratio λ	Slenderness L_0/b	稳定 φ
主抗弯(M3)	1.25	77.942	22.5	0.704
次弯矩(M3)	1.25	77.942	22.5	0.704

混凝土柱的抗弯设计细节（三）　　　　　　　　　　　表 5.1-6

项目	参数	说明
Axial Compression Ratio（GB 50010 11.4.16）（轴压比）	相对位置	用户可在柱的设计覆盖项中修改
	承载力 AgFc	混凝土轴心抗压强度设计值与全截面面积的乘积
	轴压比例	轴向压力设计值与轴心抗压承载力的比值
	轴压比限值	根据 GB/T 50010—2010 第 11.4.6 条计算不同抗震等级下柱的轴压比限值
	抗震荷载？	荷载组合中是否包含地震作用？
	比例通过？	轴压比是否满足规范要求？
配筋率限值	最小值	根据 GB/T 50010—2010 第 8.5.1 条和第 11.4.12 条计算的纵筋最小配筋率
	最大值	根据 GB/T 50010—2010 第 9.3.1 条和 JGJ 3—2010 第 6.4.4 条计算的纵筋最大配筋率

附：相关设计细节截图

Axial Compression Ratio (GB50010 11.4.16)

相对位置	承载力 AgFc kN	轴压比例	轴压比限值	抗震荷载？	比例通过？	配筋率限值	
						最小值（%）	最大值（%）
独立柱	3575	0.028	1.05	否	是	0.6	6

混凝土柱的抗剪设计细节　　　　　　　　　　　　　　表 5.1-7

项目	参数	说明
抗剪设计 V2-V3（双向抗剪设计）	抗剪箍筋 Asv/s	考虑双向剪力相互影响的主次方向抗剪箍筋，0 代表混凝土和轴向力的抗剪承载力大于剪力设计值，无需计算抗剪箍筋
	设计 V	剪力设计值
	设计 T	扭矩设计值
	设计 N	轴力设计值
	tan（正切值）	主次方向的剪力之比，用于考虑双向剪力的相互影响
抗剪截面验算（GB 50010 6.3.16/11.4.6）	应力 V/（b * h_0）	混凝土柱的截面剪应力
	限值	根据 GB/T 50010—2010 第 6.3.16 条计算的截面剪应力的上限值
	λ	剪跨比，$\lambda = M/(Vh_0)$，M、V、h_0 分别为截面的设计弯矩、设计剪力和有效高度
	β_c	混凝土强度影响系数，详见 GB/T 50010—2010 第 6.3.1 条
	超过？	即超限，如果超限，需要增加截面尺寸；如果未超限，需要计算抗剪箍筋
剪力设计细节（GB 50010 6.3.12/6.3.14/6.3.17……）	混凝土 Vc	混凝土贡献的受剪承载力
	轴力 Va	轴向压力贡献的受剪承载力
	箍筋 Asv_{str}/s	考虑双向剪力相互影响的主次方向抗剪箍筋

续表

项目	参数	说明
柱体积配箍率 (GB 50010 11.4.17)	ρ_v	根据抗剪箍筋计算的体积配筋率
	λ_v	根据 GB/T 50010—2010 第 11.4.17 条计算最小配箍特征值
	$\rho_{v,min}$	根据 GB/T 50010—2010 第 11.4.17 条计算最小体积配筋率 $\rho_{v,min}=\lambda_v f_c/f_{yv}$，$f_c$、$f_{yv}$ 分别为混凝土轴心抗压强度设计值、箍筋抗拉强度设计值

附：相关设计细节截图

抗剪设计 V2-V3

	抗剪 Asv/s mm²/m	设计 V kN	设计 T kN-m	设计 N kN	tan(ang)
主(V2)	0	145.187	0	1485.4639	0.281
次(V3)	0	49.8122	0	1485.4639	1.871

抗剪截面验算 (GB50010 6.3.16/11.4.6)

	应力 V/(b*H₀) MPa	限值 MPa	λ	β_c	超过?
主轴	0.27	2.06	1.707	1	否
次轴	0.09	1.01	2.318	1	否

剪力设计细节 (GB50010 6.3.12/6.3.14/6.3.17/11.4.7/11.4.8/11.4.10)

	混凝土 Vc kN	轴力 Va kN	钢筋 Asv_str/s mm²/m
主轴	0	0	0
次轴	0	0	0

柱体积配箍率 (GB50010 11.4.17)

ρ_v %	λ_v	ρ_v,min %
0.212	0.08	0.6

3. 设计结果使用

用户在得到柱设计配筋面积后，进行施工图绘制时，应注意以下问题。

1）柱纵向配筋

柱纵向配筋应依据截面定义中的配筋数据（图 5.1-15）确定钢筋材料和钢筋根数与位置，依据表 5.1-4 中的角筋面积和中部钢筋面积确定钢筋直径。但是这种方法较为烦琐，需要查看每一根柱的设计细节来确认钢筋直径，用户也可通过显示纵筋配筋面积（图 5.1-8），结合配筋数据，间接确定钢筋直径。

例如：某柱的设计配筋面积为 $5100mm^2$，配筋数据中沿 3 轴和沿 2 轴的纵筋数量均为 4 根，总计 12 根，且角筋和纵筋的直径相同。此时，单根钢筋面积应大于 $5100/12=425mm^2$，实配钢筋可选为 12Φ25。

上述做法是使用 ETABS 设计配筋面积进行配筋的标准方法，有别于国内的一些设计软件，用户不可随意调整钢筋材料以及布筋位置和数量，仅能对配筋直径做适当的调整。如果当前的布筋方案无法选出合适的钢筋或导致钢筋净距不满足规范要求，用户应对该构件指定新的截面，并在新截面中修改配筋数据，重新分析和设计。

图 5.1-15 柱截面的配筋数据

但是，以上方法会增加用户的设计难度，因此筑信达开发了 CiSDesigner 软件，解决布筋方案难以选择的问题，具体可参考附录 E 的内容。另外，也有一些经验性的做法，虽然并不十分精确，但是也可以帮助用户更快地完成柱的配筋。以下介绍 ETABS 中常用的两种：

（1）当希望通过调整布筋方案确定合适的钢筋直径时，应尽量保证沿 2 轴和沿 3 轴的纵筋数量的比例不变，这可以尽可能减少 PMM 相关面的变化。

〔例 1〕某柱截面尺寸为 $600mm \times 600mm$，混凝土强度为 C30，钢筋为 HRB400，设计配筋面积为 $5800mm^2$，配筋数据中沿 3 轴和沿 2 轴的纵筋数量均为 4 根，总计 12 根，且角筋和纵筋直径相同。配筋方案如下：

方案一：采用实配 12Φ25，总面积 5891 mm^2，每边 4 根。

方案二：采用实配 24Φ18，总面积 6108 mm^2，每边 7 根。

在这两个配筋方案中，方案二的总配筋面积比方案一大约 4%，PMM 曲面也略大。以上两种配筋方案的 PMM 相关面的形状非常接近，如图 5.1-16 所示。

如果沿 2 轴和沿 3 轴的纵筋数量的比例改变，可能会造成 PMM 相关面的显著变化，这就可能导致配筋不足，造成安全隐患。

〔例 2〕柱的基本信息同例 1，但采用配筋方案三：实配 12Φ25，总面积 5891 mm^2，沿 2 轴方向布置 5 根，沿 3 轴方向布置 3 根。对比方案一，总配筋不变，但沿 2 轴和沿 3 轴的纵筋数量的比例改变，PMM 相关面也发生显著变化，如图 5.1-17 所示。同理，角筋面积与中部钢筋面积也应成比例地调整。

（2）初始配筋方案应有目的性地设置。对于方形截面，推荐沿 2 轴和沿 3 轴的纵筋采用相同的数量，但是钢筋根数不宜过少。

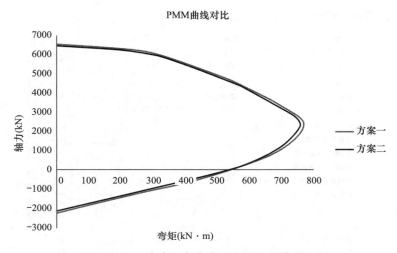

图 5.1-16　方案一与方案二 PM 相关线对比

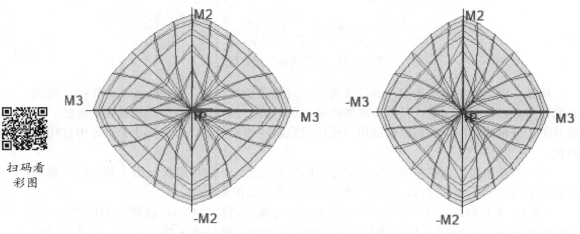

图 5.1-17　方案一（左图）与方案三（右图）MM 相关线对比

〔例 3〕某悬臂柱的截面尺寸为 600mm × 600mm，混凝土强度为 C30，钢筋为 HRB400，柱设计轴力值为 1000kN，设计弯矩值为 600kN・m。现分别采用四种布筋方式进行设计：

方案一：每侧布置 2 根钢筋，共 4 根钢筋；

方案二：每侧布置 3 根钢筋，共 8 根钢筋；

方案三：每侧布置 4 根钢筋，共 12 根钢筋；

方案四：每侧布置 7 根钢筋，共 24 根钢筋。

采用 ETABS 进行柱设计，计算配筋如表 5.1-8 所示。可以看出，当钢筋总根数较少时，角部钢筋所占比例较大，配筋面积较小。如果实配钢筋的根数大于设计布筋方案时，可能会造成设计不安全。所以，使用较大的钢筋根数作为初始配筋方案，一般会得到较为保守的实配钢筋。对于矩形截面，推荐将更多的钢筋布置于短边处，这是因为柱子在长边方向上有更大的刚度，常常会吸收更大的侧向力。

不同配筋方案下的设计配筋面积　　　　　　　　表 5.1-8

配筋方案	配筋面积（mm²）
方案一	4838
方案二	5406
方案三	5569
方案四	5614

2）柱箍筋

柱箍筋配筋面积可通过图 5.1-7 中抗剪配筋（Shear Reinforcing）进行显示。将鼠标移动至柱上即可详细显示主、次方向的配筋面积，如图 5.1-18 所示。通常情况下，主方向对应柱的局部 2 轴方向，次方向对应柱的局部 3 轴方向，用户可结合柱的局部坐标轴配筋箍筋。

图 5.1-18　柱抗剪配筋

需要注意的是，ETABS 中显示的箍筋计算面积为单位长度下的配筋面积，即：A_{sv}/s。其中，A_{sv} 为各肢箍筋的总面积，s 为箍筋的间距。A_{sv}/s 的值与当前选用的单位制有关，图 5.1-18 采用的单位制为默认的米制 SI 单位，柱配筋面积为 784.09mm²/m。如果非加密区箍筋间距为 200mm，箍筋采用 4 肢箍，单肢箍筋的面积应为：784.09×0.2/4＝39.2mm²，箍筋配筋可取为 4Φ8@200mm 。

5.1.4　梁设计

ETABS 根据框架截面配筋数据的设计类型判断构件是否为梁，同时用户应在梁截面的定义中输入钢筋材料和保护层厚度等信息。

1. 图形显示

如图 5.1-19 所示，梁的纵向配筋数据分为上下两排，对应梁截面的顶部和底部配筋，每排三个数据对应梁的两端和跨中三个控制截面。

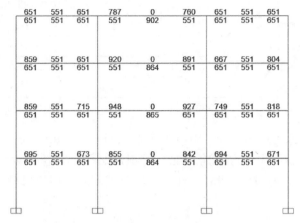

图 5.1-19　混凝土梁的纵向配筋面积

　　如图 5.1-20 所示，梁的抗剪配筋数据无须区分截面顶部和底部，沿轴向的三个数据分别对应梁的两端和跨中三个控制截面。本例中的梁剪力较小，抗剪配筋由最小配箍率 0.15% 控制，均为 $444.89\text{mm}^2/\text{m}$。

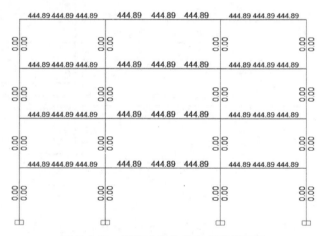

图 5.1-20　混凝土梁柱的抗剪配筋面积

　　除以上配筋结果的图形显示外，点击【设计→平面显示】命令，选择楼层并输入合适的文字高度，也可在同一个平面内显示梁柱的纵筋、箍筋以及柱的轴压比等数据，如图 5.1-21 所示。梁柱配筋结果的平面显示便于工程师查看配筋结果和绘制配筋图，符合国内工程师的工作习惯。

　　针对混凝土梁的配筋结果，点击【设计→混凝土框架设计→显示梁设计】命令，ETABS 可以采用类似构件内力图的方式更加形象直观地显示梁的纵筋和箍筋。如图 5.1-22 所示，深色部分为截面底部纵筋，浅色部分为截面顶部纵筋，水平线代表沿构件轴线的配筋范围。

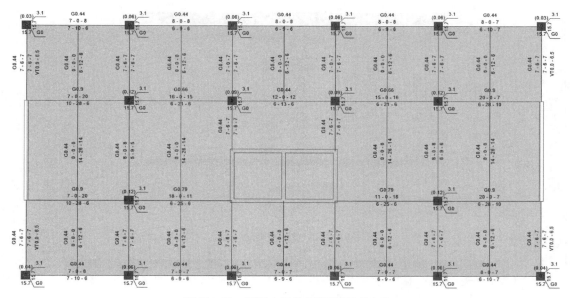

图 5.1-21　混凝土梁柱配筋的平面显示

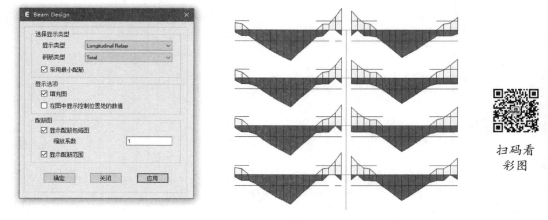

扫码看
彩图

图 5.1-22　混凝土梁配筋结果的图形显示

2. 设计细节

在图形显示设计结果的视图中，鼠标右键单击任意混凝土梁即可打开【混凝土梁设计信息】对话框，如图 5.1-23 所示。该对话框显示各个荷载组合下各个测站的截面顶部和底部的纵向配筋和抗剪配筋，默认高亮显示起控制作用的数据行。

点击【细节】按钮可以查看任意荷载组合下更全面更详尽的梁设计结果，包含正截面抗弯细节和斜截面抗剪细节等，如图 5.1-24 所示。

抗弯细节对应梁的正截面承载力设计，包括截面顶部和底部的实配钢筋、正负弯矩单向配筋、最小配筋面积和梁的弯矩设计值。ETABS 先按单筋梁计算配筋面积，如果无法满足设计要求，再按双筋梁重新计算，最后验算最大和最小配筋率并输出实配钢筋面积。其中，非地震组合的最小配筋率根据《混凝土结构设计标准》GB/T 50010—2010（2024年版）第 8.5.1 条确定，地震组合根据第 11.3.6 条确定。

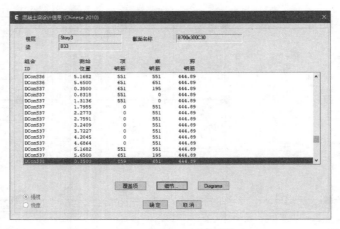

图 5.1-23　混凝土梁设计信息

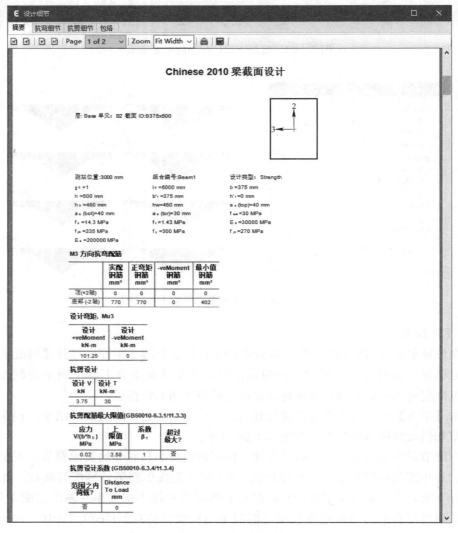

图 5.1-24　基于我国规范的混凝土梁的设计细节

抗剪细节对应梁的斜截面承载力校核，包括设计内力（剪力和扭矩）、抗剪配筋、截面校核、最小配箍率等设计结果，详细解释见表 5.1-9。

混凝土梁的抗剪设计细节（一）   表 5.1-9

项目	参数	说明
抗剪设计	设计 V	剪力设计值
	设计 T	扭矩设计值
抗剪配筋最大限值（GB 50010 6.3.1/11.3.3）	应力 $V/(b*h_0)$	混凝土梁的截面剪应力
	上限值	根据 GB/T 50010—2010 第 6.3.1 条或第 11.3.3 条计算的截面剪应力的上限值
	系数 β_c	混凝土强度影响系数，详见 GB/T 50010—2010 第 6.3.1 条
	超过最大？	即超限，如果超限，需要增加截面尺寸；如果未超限，需要计算抗剪箍筋
抗剪设计系数（GB 50010 6.3.4/11.3.4）	范围之内荷载？	是否为集中荷载作用下的独立梁？
	Distance To Load	即荷载位置，集中荷载作用点至支座截面或节点边缘的距离
抗剪设计（GB 50010 6.3.4/11.3.4/9.2.9）	抗剪箍筋 Asv/s	根据 GB/T 50010—2010 第 6.3.4 条计算的抗剪箍筋
	$\rho_{sv,min}$	根据 GB/T 50010—2010 第 9.2.10 条计算最小体积配筋率 $\rho_{sv,min}=0.28f_t/f_{yv}$
	抗剪箍筋 Asv（min）/s	根据以上最小体积配筋率计算的最小抗剪箍筋

附：设计细节截图

抗剪设计

设计 V kN	设计 T kN-m
100.967	0

抗剪设计系数 (GB50010-6.3.4/11.3.4)

范围之内荷载？	Distance To Load mm
否	0

抗剪配筋最大限值(GB50010-6.3.1/11.3.3)

应力 $V/(b*h_0)$ MPa	上限值 MPa	系数 β_c	超过最大？
0.43	2.86	1	否

抗剪设计 (GB50010-6.3.4/11.3.4/9.2.9)

抗剪 Asv/s mm²/m	ρ_{svmin} %	配筋 Asv(min)/s mm²/m
444.89	0.15	444.89

剪力和扭转共同作用下的抗剪细节还包含截面几何常数、截面限值、截面承载力校核和抗扭配筋等设计结果，详细解释见表 5.1-10、表 5.1-11。

混凝土梁的抗剪设计细节（二）   表 5.1-10

项目	参数	说明
剪扭设计	钢筋 Ast1/s	抗扭箍筋
	钢筋 Astl	抗扭纵筋
	钢筋 Asv/s	抗剪箍筋
抗扭计算几何属性（GB 50010 6.4.3）	塑性矩 Wt	全截面抗扭的塑性抵抗矩，Wt＝Wtw＋Wtf
	塑性矩 Wtw	腹板抗扭的塑性抵抗矩
	塑性矩 Wtf	翼缘抗扭的塑性抵抗矩

续表

项目	参数	说明
抗扭计算几何属性 （GB 50010 6.4.3）	腹板核芯面积 Acore	即核心区面积，根据截面尺寸和设计覆盖项中的箍筋保护层厚度计算该值
	腹板核芯周长 ucore	即核心区周长，其余解释同上
剪扭设计？（GB 50010 6.4.2/ 6.4.12）（剪扭 承载力的下限值）	应力 $V/(b*h_0)$	剪力产生的剪应力
	应力 T/W_t	扭矩产生的剪应力
	$0.7*f_t$	如果以上两种剪应力之和小于该值，只需配置构造钢筋；否则，需要考虑剪扭共同作用
	$0.35*f_t$	如果剪力产生的剪应力小于该值，按纯扭构件计算配筋
	$0.175*f_t$	如果扭矩产生的剪应力小于该值，按纯剪构件计算配筋
	考虑剪力？	如果剪力产生的剪应力大于 $0.35*f_t$，需要考虑剪力
	考虑扭矩？	如果扭矩产生的剪应力大于 $0.175*f_t$，需要考虑扭矩

附：设计细节截图

剪扭设计

钢筋 Ast1/s mm²	钢筋 Astl mm²	钢筋 Asv/s mm²
0	0	444.89

抗扭计算几何属性 (GB50010-6.4.3)

塑性矩 Wt cm³	塑性矩 Wtw cm³	塑性矩 Wtf cm³	腹板核芯面积 Acore cm²	腹板核芯周长 ucore mm
0	0	0	0	0

剪扭设计？(GB50010-6.4.2/6.4.12)

应力 $V/(b*h_0)$ MPa	应力 T/W_t MPa	$0.7*f_t$ MPa	$0.35*f_t$ MPa	$0.175*f_t$ MPa	考虑 剪力？	考虑 抗扭？
0.66	0	1	0.5	0.25	No	No

混凝土梁的抗剪设计细节（三）　　　　表 5.1-11

项目	参数	说明
剪扭截面校核 （GB 50010 6.4.1） （剪扭承载力的 上限值）	应力 $V/(b*h_0)$	剪力产生的剪应力
	应力 $T/(0.8W_t)$	扭矩产生的剪应力
	应力总数	即合应力，剪力和扭矩产生的剪应力之和
	上限 Vmax	根据 GB/T 50010—2010 第 6.4.1 条计算的截面剪应力的上限值
	超过最大？	即超限，如果超限，需要增加截面尺寸；如果未超限，需要计算抗剪箍筋
抗扭侧向配筋设计 （GB 50010 6.4.4/ 6.4.8）	β_t 系数	剪扭构件的抗扭承载力降低系数
	ζ 系数	抗扭纵筋与抗扭箍筋的配筋强度比，可在设计覆盖项中修改
抗扭纵向钢筋设计	腹板钢筋 Astl（str）	抗扭纵筋的计算值
	腹板钢筋 Ast1/s	抗扭箍筋的实配，取计算值和最小配筋的较大者
	钢筋 Asv/s	抗剪箍筋

附：设计细节截图

剪扭截面校核(GB50010-6.4.1)

应力 $V/(b^*h_0)$ MPa	应力 $T/(0.8W_t)$ MPa	应力 总数 MPa	上限 Vmax MPa	超过 最大？
0.66	0	0.66	2.86	否

抗扭侧向配筋设计 (GB50010-6.4.4/6.4.8)

β_t 系数	ζ 系数
0	0

抗扭纵向钢筋设计

腹板钢筋 Astl(str) mm²	腹板钢筋 Astl mm²	钢筋 Asv/s mm²/m
0	0	444.89

3. 设计结果使用

基于中国规范的混凝土结构设计，参考例如图 5.1-21 所示的结构平面图绘制施工图更为直观。对于其他国家或地区的规范，推荐使用综合配筋（General Reinforcing Details）显示梁的计算配筋面积，如图 5.1-25 所示。图中所选梁的配筋共有四排数据，由上至下分别是抗剪箍筋面积、顶部抗弯纵筋配筋面积、底部抗弯纵筋配筋面积以及抗扭箍筋面积和抗扭纵筋面积。

当配置纵向钢筋时，可将抗弯纵筋与抗扭纵筋的一半相加，或直接查看总的纵向配筋面积（Total Longitudinal Reinforcing）。当配置箍筋时，在得到抗剪计算配筋 A_{sv}/s 和抗扭配筋面积 A_{st1}/s 后，单肢的配箍面积为：$\dfrac{A_{sv1}}{s} = \dfrac{A_{st1}}{s} + \dfrac{A_{sv}}{ns}$，其中 n 为抗剪箍筋的总肢数。

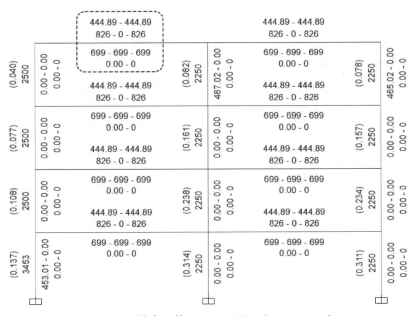

图 5.1-25　综合配筋（General Reinforcing Details）

5.1.5 节点区抗震验算

根据《混凝土结构设计标准》GB/T 50010—2010（2024 年版）第 11.6.1 条规定，一、二、三级抗震等级的混凝土框架应进行节点核心区抗震受剪承载力验算；四级抗震等级的框架节点可不进行计算，但应符合抗震构造措施的要求。

混凝土梁柱节点的材料属性与柱相同，ETABS 根据柱的主轴和次轴分别验算节点的抗剪承载力。节点区验算包括计算节点核心区的剪力设计值和校核节点核心区的抗剪承载力。节点区验算的结果无法在视图窗口中显示，用户只能在柱顶测站的设计细节中查看详细数据。详细解释见表 5.1-12～表 5.1-14。

混凝土梁柱节点区的抗剪设计细节（一）　　　　　　　表 5.1-12

项目	参数	说明
节点抗剪设计（GB 50010 11.6.4/11.6.6）	钢筋 A_{svj}/s	核心区有效验算宽度范围内同一截面验算方向的箍筋
	钢筋 A_{sh}/s	同一截面验算方向的拉筋和非圆形箍筋
	γ_{RE}Factor	构件承载力的抗震调整系数，详见 GB/T 50010—2010 第 11.1.6 条
	混凝土承载力 V_c	混凝土提供的抗剪承载力
	Contrib N V_n	节点上柱柱底的轴向压力提供的抗剪承载力
节点剪力（抗剪）承载力校核（GB 50010 11.6.3/11.6.5）	节点剪力 V_j	节点核心区的剪力设计值
	γ_{RE} 系数	构件承载力的抗震调整系数，详见 GB/T 50010—2010 第 11.1.6 条
	η_j 系数	正交梁对节点的约束影响系数，详见 GB/T 50010—2010 第 11.1.6 条
	β_c 系数	混凝土强度影响系数
	最大承载力 V_{jmax}	节点核心区的抗剪承载力的上限值，详见 GB/T 50010—2010 第 11.6.3 条
	承载力比例	节点核心区的剪力设计值与考虑抗震调整系数后的混凝土抗剪承载力的比值

附：设计细节截图

节点抗剪设计(GB50010 11.6.4/11.6.6)

	钢筋 A_{svj}/s mm²/m	钢筋 A_{sh}/s mm²/m	γ_{RE} Factor	混凝土承载力 V_c kN	Contrib N V_n kN
主轴	6307.49	0	0.85	393.25	3.1542
次轴	98.74	0	0.85	393.25	3.1542

节点剪力承载力校核(GB50010 11.6.3/11.6.5)

	节点剪力 V_j kN	γ_{RE} 系数	η_j 系数	β_c 系数	最大承载力 V_{jmax} kN	承载力比例 kN
主轴	1307.8507	0.85	1	1	1072.5	2.804
次轴	479.5305	0.85			1072.5	1.028

混凝土梁柱节点区的抗剪设计细节（二）　　　　　　　表 5.1-13

项目	参数	说明
与节点相连的柱	柱截面	与节点相连的下柱的截面名称
	柱长度	下柱的长度
	宽度 1/直径（33）b 或 D	验算方向为局部 3 轴时的截面宽度或直径

续表

项目	参数	说明
与节点相连的柱	宽度 2（22）h	验算方向为局部 2 轴时的截面宽度
	旋转度	柱绕轴线的旋转角度
与节点相连的梁	梁截面	即构件类型，默认为梁
	梁截面	与节点相连的梁的截面名称
	混凝土 f_{ck}	混凝土抗压强度标准值
	钢筋 f_{yk}	钢筋屈服强度标准值
	宽度 b	梁截面宽度
	总高 h	梁截面高度
	钢筋 As（顶）	梁截面的顶部纵筋面积
	钢筋 As（底）	梁截面的底部纵筋面积

附：设计细节截图

与节点相连的柱

柱截面	柱长度 mm	宽度1/直径 (33)b 或D mm	宽度2 (22) h mm	旋转度
下部C500x500	9000	500	500	0

与节点相连的梁

梁截面	梁截面	混凝土 f_{ck} MPa	钢构件 f_{yk} MPa	宽度 b mm	总高 h mm	钢筋 As(顶) mm²	钢筋 As(底) mm²
梁	B375x500	20.1	335	375	500	0	1703
梁	B375x500	20.1	335	375	500	1930	579
梁	B375x500	20.1	335	375	500	0	1332

混凝土梁柱节点区的抗剪设计细节（三）　　　　表 5.1-14

项目	参数	说明
节点剪力计算 (GB 50010 11.6.2)	和（M_b）/（$h_{b0}-a_s'$）力	$\sum M_b/(h_{b0}-a_s')$，节点左、右侧的梁端逆时针或顺时针方向组合弯矩设计值之和与梁截面拉压纵筋间距的比值，即：梁端弯矩转换的节点区水平剪力
	求和（M_b）/（H_c-h_b）力	$\sum M_b/(H_c-h_b)$，节点上柱和下柱抵消的节点区水平剪力
	增强系数 SMF_j	节点剪力增大系数
	V_j 力	节点剪力
	总高度 h	柱的截面高度
节点几何信息	节点宽度 b_j	框架节点核心区的截面有效验算宽度
	柱宽度 b_c	验算方向柱截面宽度
	柱厚度 h_c	验算方向柱截面高度
	节点面 A_j	节点核心区有效截面面积
节点限制	主轴/次轴	柱截面的主轴和次轴
	前/后	位于主轴或次轴的正方向为前，反之为后

附：设计细节截图

节点剪力计算(GB50010 11.6.2)

	和(M$_b$)/(h$_{b0}$ - a'$_s$) 力 kN	求和(M$_b$)/(H$_c$-h$_b$) 力 kN	增强 系数 SMF$_j$	V$_j$ 力 kN
顺时针(主)	891.4997	111.4375	1	1307.8507
逆时针(主)	154.1766	19.2721	1	208.4386
顺时针(主)	337.8616	42232.699	1	479.5305
逆时针(主)	0	0	1	0

节点几何信息

	节点 宽度 b$_j$ mm	柱 宽度 b$_c$ mm	柱 厚度 h$_c$ mm	节点 面 A$_j$ cm²
主轴	500	500	500	2500
次轴	500	500	500	2500

节点限制 (局部坐标轴主方向 +ve 33 前视图)

主轴 前	主轴 后	次轴 前	次轴 后
是	是	是	否

5.2 楼板设计

本节将介绍混凝土楼板的设计方法和过程，以及设计结果的输出。

5.2.1 设计板带

ETABS 中的设计板带是指定了宽度的线段，是一种内力统计的工具，并不会对分析结果产生影响。程序统计板带宽度范围内的有限元节点内力，从而形成板带内力。在设计的过程中，程序可根据板带内力进行配筋设计，得到基于板带的设计结果。

设计板带的布置是可以任意的，用户可以根据工程需求指定任何方向、任何宽度的设计板带，板带之间不需要相互垂直，也可以交叉重叠。板带的方向宜与实际钢筋走向相同。板带宽度对设计结果影响很大，应符合各国规范设置要求，对于复杂楼板宜试算多个板带宽度，并研判其设计结果。

实际工程中，楼板往往采用双向双层的配筋方式，复杂楼板可能还需要布置斜向的钢筋。所以需要添加不同方向的设计板带，程序中可以通过板带层来控制不同方向钢筋层放置的位置。程序提供了三个板带层，分别为"板带层 A""板带层 B"和"板带层其他"，一般可用"板带层 A"和"板带层 B"来描述两个主方向的钢筋层，"板带层其他"则用于描述局部斜向的钢筋层。在"设计首选项"中，用户可以选择板带层 A 或 B 对应的钢筋层放置在内侧，如图 5.2-1 所示。假设 X 方向的钢筋层设置为板带层 A，Y 方向的钢筋层设置为板带层 B，程序默认板带层 B（即 Y 方向钢筋层）放置在了内侧，同时板带层 A（即 X 方向钢筋层）放置在外侧。

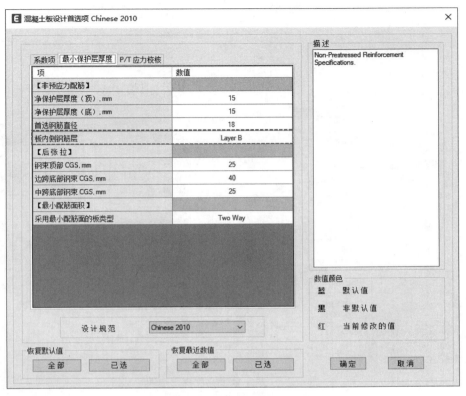

图 5.2-1　板内侧钢筋层的设置

　　程序提供了两种添加设计板带的方法，分别是自动生成和手动绘制。

1. 自动生成设计板带

1）基于轴线生成设计板带

　　点击【编辑→添加/编辑设计板带→使用轴线添加设计板带】命令，如图 5.2-2 所示。程序可基于选择的轴网生成设计板带，包括轴线位置的柱上板带（Column Strips）和轴线之间的跨中板带（Middle Strips）。如果同时包含柱上板带和跨中板带，默认情况下，柱上板带宽度范围为轴网两侧跨度各 0.25 倍范围，跨中板带为跨度的 0.5 倍范围。程序也支持用户指定板带宽度。基于轴网生成设计板带的方法适用于轴网规则的楼板，可得到很好的布置效果。

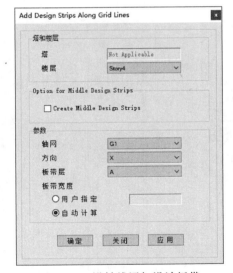

图 5.2-2　沿轴线添加设计板带

　　在【视图→设置视图选项】中可以设置显示板带层和板带宽度，如图 5.2-3 所示。例如，某楼板轴网间距 8m，基于轴网依次添加 X 方向的板带层 A 和 Y 方向的板带层 B，板带类型包含柱上板带和跨中板带。如图 5.2-4 所示分别显示板带层 A 和板带层 B，柱上板带和跨中板带的板带宽度均为 4m。

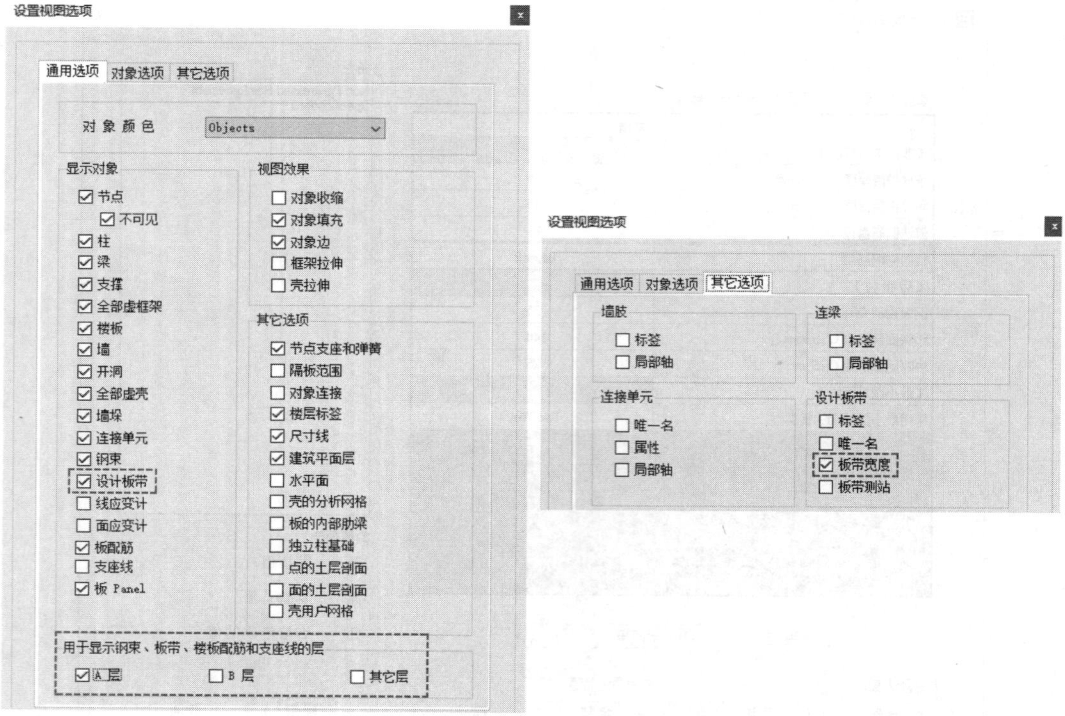

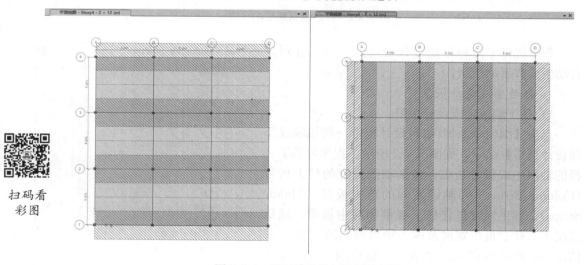

图 5.2-3　显示板带宽度视图选项

扫码看
彩图

图 5.2-4　基于轴线添加的设计板带

2）基于支承线生成设计板带

支承线用于辅助创建设计板带，程序可以基于支承线自动生成设计板带。如果同时包含柱上板带和跨中板带，默认情况下，柱上板带宽度范围为支承线两侧各 0.25 倍跨度范围，跨中板带为支承线跨度的 0.5 倍范围。程序也支持用户指定板带宽度。

基于支承线添加设计板带的操作流程如下：

（1）首先添加支承线。添加支承线的方法有两种：第一种是通过点击【编辑→添加支承线】命令基于轴线添加，类似基于轴线添加设计板带，在此不做详细介绍。第二种是通过【绘制→绘制支承线】命令绘制支承线，该方法更加灵活，便于在轴线以外的位置添加设计板带，例如当柱子随意布置时。添加支承线时可以依次添加支承线层 A 和支承线层 B。

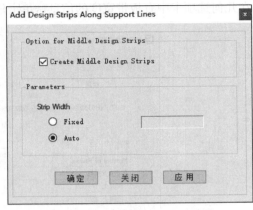

（2）然后通过【选择→选择→对象类型】选择支承线层，再点击【编辑→添加/编辑设计板带→使用所选支承线添加设计板带】，如图 5.2-5 所示，程序基于选择的支承线自动生成对应的设计板带。

图 5.2-5　沿支承线添加设计板带

2. 手动绘制设计板带

点击【绘制→绘制设计板带】命令，弹出设计板带的【对象属性】对话框，如图 5.2-6 所示。用户指定对应的板带层、设计类型、起点和终点宽度，可绘制任意设计板带。该方法不需要轴线或支承线，适用性更广泛。绘制设计板带时仅绘制起点和终点，此时板带分段数为 1。也可在关注的位置绘制分段点，比如柱上、墙端或板带宽度发生变化的位置，此时绘制得到的板带存在多个分段。

3. 编辑板带宽度

无论采用上述哪种方法生成设计板带，用户都可以编辑板带宽度。编辑板带宽度的方法有两种：

1）第一种方法：选择设计板带，点击【编辑→添加/编辑设计板带→编辑板带宽度】命令，弹出【编辑板带宽度】对话框，如图 5.2-7 所示。该方法可以批量编辑板带宽度。板带宽度默认为"自动拓宽"，和自动生成的板带宽度类似；选择"分段指定"，则可以手动指定各分段的板带宽度。

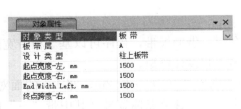

图 5.2-6　绘制设计板带对话框

图 5.2-7　【编辑板带宽度】对话框

2）第二种方法：右键单击任意设计板带，弹出【板带对象信息】对话框（图5.2-8）。在几何选项卡中有板带宽度的信息，单击任意输入框也可以弹出【编辑板带宽度】对话框。

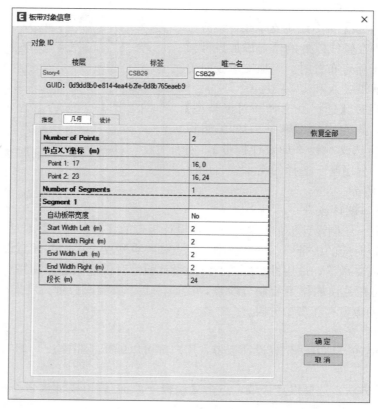

图5.2-8 【板带对象信息】对话框

5.2.2 板设计方法

程序提供了两种板设计方法，分别为有限元设计法和板带设计法，具体如下。

1. 有限元设计法

有限元设计法为基于有限元的楼板直接设计法，以每一个单元为基础，根据单元内力确定所需的配筋面积。这种方法对于受力情况非常复杂的楼板设计有很大的帮助，例：图5.2-9中的复杂形状楼板，对于该类楼板，在未进行设计前，工程师较难直接确定设计板带的范围，直接基于有限元进行分析设计，可以了解配筋的分布，进一步为工程实配钢筋提供依据。

2. 板带设计法

板带的概念与定义已在第5.2.1节中详细介绍。借助板带，程序可以基于板带宽度范围内的每一个单元，统计得到单位宽度的板带内力和设计弯矩。

现以一个小例子进行说明板带内力的统计。图5.2-10为一长2m、宽1m的面对象，四端固支，剖分得到①～⑧共8个面单元，图中标注了各节点标签号（其中带"～"的为面剖分生成的有限元节点），加粗实线为板带，板带两侧宽度均为0.5m。图5.2-11为各单元节点内力，图 5.2-12 为板带内力。程序基于各单元节点的内力统计板带弯矩，以板带跨中 1m 处的内力为例，从图 5.2-12 中可以看出，程序统计测站 1m 处弯矩 M3 为 2.4977kN·m。手算过程如下，与程序输出吻合。

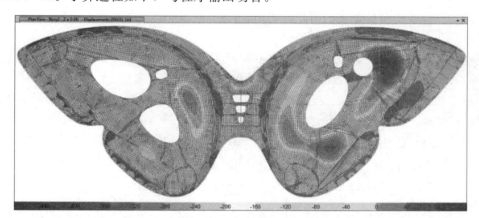

扫码看
彩图

图 5.2-9　复杂楼板示例

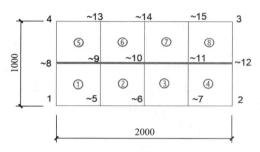

图 5.2-10　板带示意图

TABLE: Element Forces - Slabs

Area	AreaElem	Node	M11	M22	M12
1	2	~6	2.579964	0.112197	0.078618
1	2	~10	2.420537	0.054189	-0.07849
1	6	~10	2.420537	0.054189	0.078495
1	6	~14	2.579964	0.112197	-0.07862

图 5.2-11　单元节点内力

TABLE: Strip Forces

Strip	Station	Location	P	V2	T	M3	GlobalX	GlobalY	CutWidth
Text	m	Text	kN	kN	kN-m	kN-m	m	m	m
CSA1	0	Before	0	0	0	0	0	0.5	1
CSA1	0	After	0	-2.808	2E-13	0.0068	0	0.5	1
CSA1	0.5	Before	0	-2.808	-1.4E-13	1.8682	0.5	0.5	1
CSA1	0.5	After	0	-0.937	-1.4E-13	1.8773	0.5	0.5	1
CSA1	1	Before	0	-0.937	-1.9E-13	2.4977	1	0.5	1
CSA1	1	After	0	0.937	-1.9E-13	2.4977	1	0.5	1
CSA1	1.5	Before	0	0.937	-8.5E-14	1.8773	1.5	0.5	1
CSA1	1.5	After	0	2.808	-8.3E-14	1.8682	1.5	0.5	1
CSA1	2	Before	0	2.808	3.7E-13	0.0068	2	0.5	1
CSA1	2	After	0	0	0	0	2	0.5	1

图 5.2-12　板带内力

（⑥单元中角点～10 和～14 平均值＋②单元中角点～10 和～6 平均值）×板带宽度

$$= \left[\frac{2.579964 + 2.420537}{2} + \frac{2.579964 + 2.420537}{2} \right] \times 0.5 = 2.500250 \text{kN} \cdot \text{m}$$

若板带每侧宽度调整为 0.25m，程序会先线性内插得到 0.25m 宽度处的节点内力，即图 5.2-13 中的～a 至～j 号节点，再进行内力统计。

需要注意的是，板带内力与设计弯矩并不相同，相比于板带内力，设计弯矩还包含了扭矩。程序基于 Wood-Armer 方法积分得到设计弯矩，然后根据所选设计规范来设计所需要的配筋。内力按照以下方式转换为单位宽度的设计弯矩：

如果 $m_A \geqslant -|m_{AB}|$，则 $m_{bA} = m_A + |m_{AB}|$，$m_{bB} = m_B + |m_{AB}|$；

否则 $m_{bA}=0$，$m_{bB}=m_B+m_{AB}^2/|m_A|$。

如果 $m_B \leqslant |m_{AB}|$，则 $m_{tA}=-m_A+|m_{AB}|$，$m_{tB}=-m_B+|m_{AB}|$；

否则 $m_{tA}=-m_A+m_{AB}^2/|m_B|$，$m_{tB}=0$。

式中：m_A、m_B——单位宽度的弯矩内力；

m_{AB}——单位宽度的扭矩；

m_{bA}、m_{bB}——板底 A 方向和 B 方向的单位宽度的设计弯矩；

m_{tA}、m_{tB}——板顶 A 方向和 B 方向的单位宽度的设计弯矩。

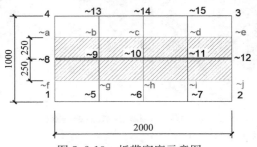

图 5.2-13　板带宽度示意图

使用 Wood-Armer 方法积分得到的设计弯矩，大多数情况下不会完全满足平衡状态，但对于能够精确捕捉到板的整体行为的网格划分，该方法可以得到一个良好的设计结果。

5.2.3　板抗弯设计

程序将基于有限元法和板带法得到的设计弯矩，根据所选规范完成板的抗弯设计，设计过程可参考【筑信达官网→手册书籍→ETABS→中国规范混凝土板设计技术报告】。如果模型中有后张预应力，还将完成施工阶段（transfer）、正常使用状态（normal）、长期状态（long term）三个阶段的应力校核。程序将各阶段下的弯矩转换为应力，判断是否满足设计首选项中指定的应力限值要求，若不满足，将增加适配钢筋来承担拉应力。所有增加的适配钢筋和用户定义的预应力钢筋一起计算名义弯矩承载力，用于强度校核。

本节将介绍板抗弯设计的基本参数设置和设计结果解读。

1. 设计基本参数设置

模型运行分析后，需要先在【设计→混凝土板设计→查看/修改首选项】中设置设计规范等基本信息，如图 5.2-14 所示。设计首选项中各参数含义详见表 5.2-1。

首选项的设置对所有板对象有效。如果个别或局部板对象的设计参数与其他板对象不同，用户也可以通过覆盖项调整其设计参数。

当采用有限元设计法时，选择需调整的楼板，然后点击【设计→混凝土板设计→查看/修改抗弯设计覆盖项→基于 FEM 设计】，在图 5.2-15 所示的对话框中指定钢筋材料、保护层厚度、活荷载折减系数、是否设计该楼板以及设计楼板时是否忽略预应力等设计参数。注意，此处的保护层厚度为 1、2 方向的纵筋中心到板顶或板底的距离。

当采用板带设计法时，选择需调整的板带，然后点击【设计→混凝土板设计→查看/修改抗弯设计覆盖项→基于板带设计】，在图 5.2-16 所示的对话框中指定选择板带的板带层号、钢筋材料、保护层厚度、活荷载折减系数等设计参数。注意此处的保护层厚度为该板带层的纵筋中心到板顶或板底的距离。

设计参数设置完毕，点击【设计→混凝土板设计→选择设计楼层】选择需设计的楼层，然后完成楼板设计。

2. 设计结果解读

设计完成后可以通过图形、表格、设计细节三种方式查看抗弯设计结果。

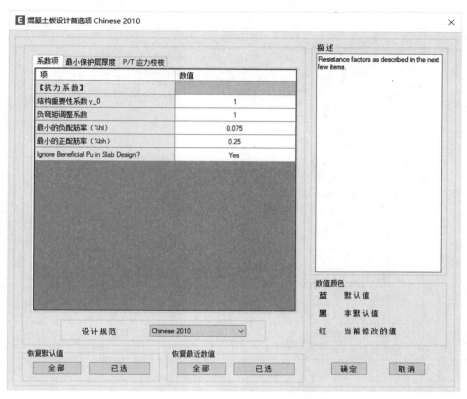

图 5.2-14　混凝土板设计首选项

混凝土板设计首选项说明　　　　　表 5.2-1

类别	选项	默认值	说明
系数项	【抗力系数】	—	—
	结构重要性系数 γ_0	1	详见 GB 50009—2012 第 3.2.2 条
	负弯矩调整系数	1	详见 GB/T 50010—2010 第 5.4.3 条
	最小的负配筋率（%hl）	0.075	负弯矩区的最小配筋率，h 为板截面高度，l 为板带宽度，取纵横两个方向板跨度的较大值
	最小的正配筋率（%bh）	0.25	正弯矩区的最小配筋率，h 为板截面高度，b 为板带宽度
	Ignore Beneficial Pu in Slab Design?	Yes（可选 Yes/No）	板设计时是否忽略轴力的有利作用。选择"Yes"时，设计结果采用压/拉弯配筋和纯弯配筋的较大值；选择"No"时，仅按压/拉弯配筋
最小保护层厚度	【非预应力钢筋】	—	—
	净保护层厚度（顶）	15	顶部最外侧纵筋净保护层厚度
	净保护层厚度（底）	15	底部最外侧纵筋净保护层厚度
	首选钢筋直径	18	—
	板内侧钢筋层	Layer B（可选 Layer A/B）	放置于内侧的钢筋层
	【后张拉】	—	

续表

类别	选项	默认值	说明
最小保护层厚度	钢束顶部 CGS	25	钢束重心距板顶的距离
	边跨底部钢束 CGS	40	边跨钢束重心距板底的距离
	中跨底部钢束 CGS	25	中跨钢束重心距板底的距离
	【最小配筋面积】	—	
	采用最小配筋面积的板类型	Two way（可选 One/Two way）	最小配筋率适用的板类型
P/T 应力校核	【初始应力（转换）】	—	施工阶段应力校核
	混凝土转换强度比 fci/fc	0.8	预应力强度比限值，详见 JGJ/T 140—2019 第 3.1.9 条
	纤维最大拉应力/ftk	1	最大拉应力系数限值，即弯矩转换得到的最大拉应力与材料抗拉强度标准值的比值限值
	纤维最大压应力/fck	0.8	最大压应力系数限值
	【最终应力】	—	正常使用阶段应力校核
	纤维最大拉应力/ftk	1	最大拉应力系数限值
	【持续应力】	—	长期状态应力校核
	纤维最大拉应力/ftk	0	最大拉应力系数限值
	活荷载准永久系数	0.4	活荷载准永久组合系数

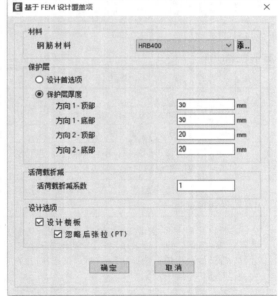

图 5.2-15 【基于 FEM 设计覆盖项】对话框

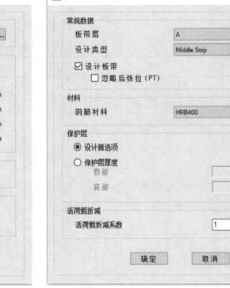

图 5.2-16 【基于板带的设计覆盖项】对话框

1）图形输出

楼板设计完成后，将在视图窗口中自动显示抗弯配筋结果，如图 5.2-17 和图 5.2-18 所示。图 5.2-17 为有限元法配筋结果，显示了单位宽度范围内的板底配筋面积云图，可以看到跨中底部配筋较多。图 5.2-18 为板带法配筋结果，图中板带上方或左侧为单位宽度范围内的板底配筋结果，板带下方或右侧为板顶配筋结果，图中数值为控制点的配筋面积。鼠标放置在任意位置将显示该位置的配筋结果。

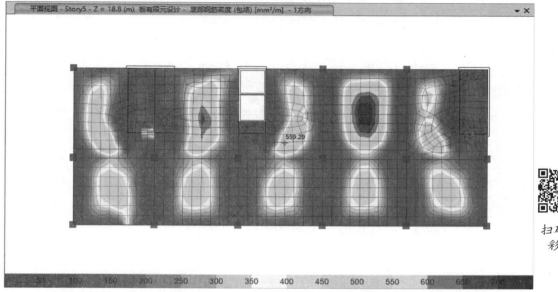

图 5.2-17 基于有限元法的配筋结果

扫码看
彩图

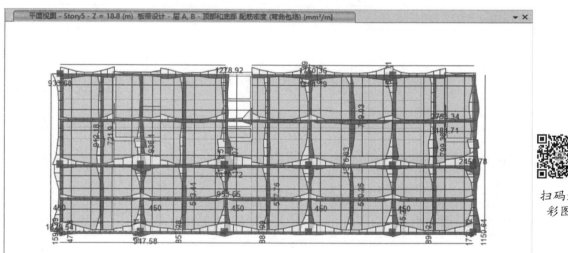

扫码看
彩图

图 5.2-18 基于板带法的配筋结果

用户也可以通过【设计→混凝土板设计→显示抗弯设计结果】调整显示的配筋信息。如图 5.2-19 所示,可以在"设计方法"中选择"Strip Based(基于板带)"或"Finite Element Based(基于有限元)",然后通过"显示内容"查看所选方法下的各项设计结果,接下来分别介绍可以显示的设计内容,显示效果详见第 5.2.3 节第 3 小节示例。

(1) Enveloping Flexural Reinforcement(抗弯包络配筋结果)

勾选"最小配筋面积"复选框后,视图中显示的配筋结果将考虑规范要求的最小配筋率,否则仅输出计算配筋结果。窗口中其他选项的含义详见表 5.2-2 和表 5.2-3。

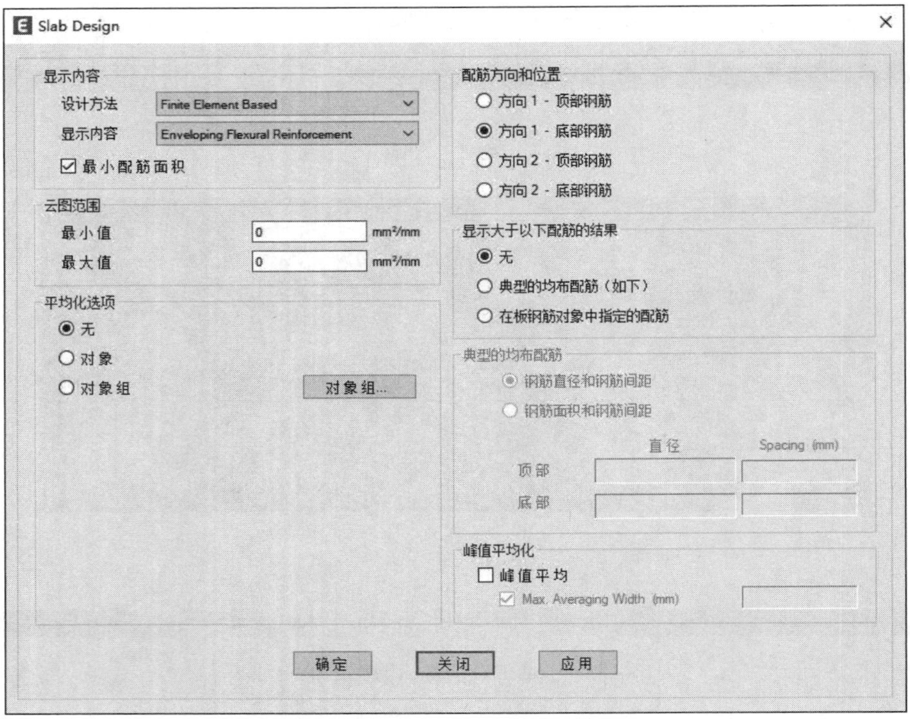

(a) 基于有限元法

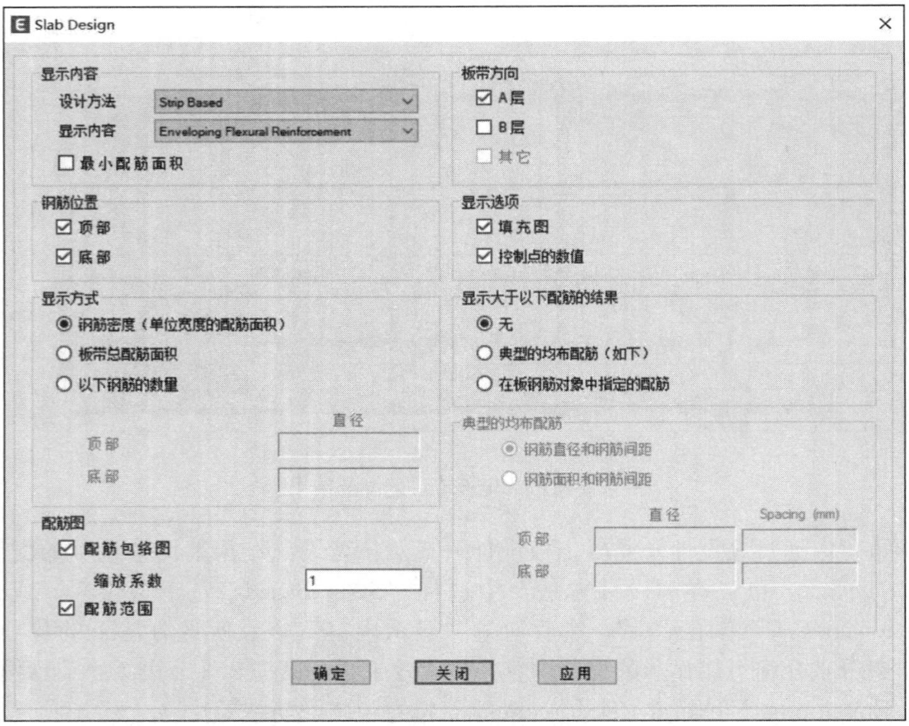

(b) 基于板带法

图 5.2-19　抗弯设计结果对话框

有限元法-抗弯包络配筋结果显示说明　　　　表 5.2-2

选项	可选项	说明
配筋方向和位置	方向 1-顶部钢筋	选择显示的钢筋位置和方向
	方向 1-底部钢筋	
	方向 2-顶部钢筋	
	方向 2-底部钢筋	
云图范围	最大值	设置显示的配筋范围
	最小值	
平均化选项	无	节点处配筋云图平均化显示。可选择不平均或基于对象、基于指定的对象组平均配筋结果
	对象	
	对象组	
显示大于以下配筋的结果	无	显示单位宽度的总配筋面积
	典型的均布配筋（如下）	勾选后激活"典型的均布配筋"选项，用户指定钢筋直径和间距，程序将显示除了指定的配筋以外需额外配置的钢筋面积
	在板钢筋对象中指定的配筋	显示除了用户在"编辑"或"绘制"中指定的配筋以外需额外配置的钢筋面积
峰值平均化	峰值平均	基于输入的"最大平均宽度"对配筋结果进行平均。具体而言，程序对"最大平均宽度"范围内的峰值进行平均，并将得到的平均值指定给同号范围内的所有单元

板带法-抗弯包络配筋结果显示说明　　　　表 5.2-3

选项	可选项	说明
钢筋位置	顶部	选择显示的钢筋位置和方向
	底部	
板带方向	A 层	
	B 层	
显示选项	填充图	勾选显示配筋填充图效果和控制点的配筋数值
	控制点的数值	
显示方式	钢筋密度（单位宽度的配筋面积）	程序提供了三种显示方式，显示单位宽度的配筋面积、显示板带范围内总配筋面积、基于所选钢筋直径显示配筋数量
	板带总配筋面积	
	以下钢筋的数量	
配筋图	配筋包络图	勾选显示沿着板带线的配筋包络图
	配筋范围	勾选用双线显示单位宽度的配筋范围，如图中 5.2-17 中双蓝色线条所示范围
显示大于以下配筋的结果	详见表 5.2-2	

（2）Shear Reinforcement（抗剪配筋结果）

仅板带法输出该结果。视图中将显示单位宽度内的抗剪钢筋面积。

（3）Flexural Strength/Stress Reinforcement（强度/应力设计配筋结果）

对于后张预应力板，将分别输出强度设计配筋结果和应力设计配筋结果，此时包络配筋结果为两者的较大值。窗口中其他选项的含义与包络设计时一致，此处不再赘述。

（4）Flexural Stress Check-Transfer/Normal/Long Term（施工、正常使用、长期阶

段应力校核结果）

对于后张预应力板，将分别输出施工阶段、正常使用、长期阶段的应力校核结果，可选择查看应力结果和 D/C 比（即应力系数）结果。基于板带法显示时还可以同时显示应力限值线，校核失败时窗口中将显示“Failed”。

（5）Flexural Moment Capacities 抗弯承载力

仅“板带法”输出该结果。对于后张预应力板，视图中将显示单位宽度内板的正、负抗弯承载力。

2）表格输出

基于板带设计法的设计结果均可以在【显示→显示表格】中查看或导出，如图 5.2-20 所示。抗弯和抗剪设计结果表格（Concrete Slab Design Summary-Flexure and Shear Data）中的部分参数说明详见表 5.2-4。

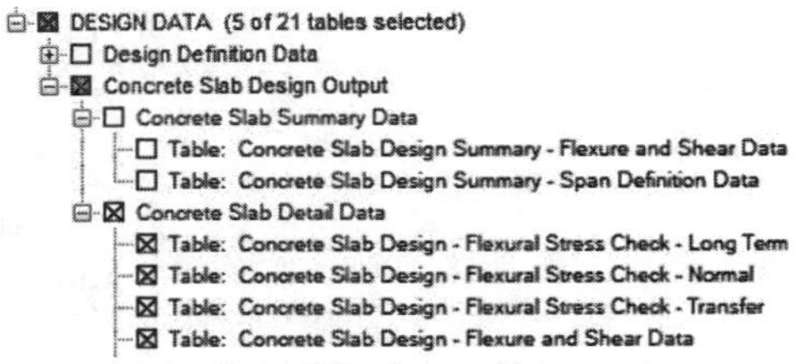

(a) 选择板设计结果表格

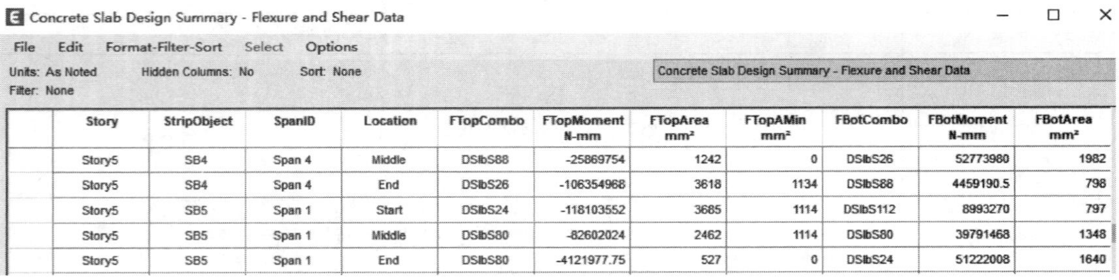
Concrete Slab Design Summary - Flexure and Shear Data

File Edit Format-Filter-Sort Select Options

Units: As Noted Hidden Columns: No Sort: None

Filter: None

Story	StripObject	SpanID	Location	FTopCombo	FTopMoment N-mm	FTopArea mm²	FTopAMin mm²	FBotCombo	FBotMoment N-mm	FBotArea mm²
Story5	SB4	Span 4	Middle	DSlbS88	-25869754	1242	0	DSlbS26	52773980	1982
Story5	SB4	Span 4	End	DSlbS26	-106354968	3618	1134	DSlbS88	4459190.5	798
Story5	SB5	Span 1	Start	DSlbS24	-118103552	3685	1114	DSlbS112	8993270	797
Story5	SB5	Span 1	Middle	DSlbS80	-82602024	2462	1114	DSlbS80	39791468	1348
Story5	SB5	Span 1	End	DSlbS80	-4121977.75	527	0	DSlbS24	51222008	1640

(b) 抗弯和抗剪设计结果表格

图 5.2-20 选择板设计结果表格

抗弯和抗剪设计结果表格说明 **表 5.2-4**

参数	说明
StripObject	板带编号
Station	结果输出位置
ConcWidth	板带宽度
FTopCombo/FBotCombo	板顶/底抗弯设计控制组合
FTopMoment/FBotMoment	板顶/底抗弯设计控制弯矩
FTopArea/FBotArea	板带宽度范围内板顶/底总抗弯配筋面积
FTopAMin/FBotAMin	板带宽度范围内板顶/底总抗弯构造配筋面积
AxialForce	抗弯控制组合下的轴力
VCombo	抗剪设计控制组合
VCapacity	抗剪承载力

续表

参数	说明
VArea	每延米所需的抗剪钢筋面积
Status	设计是否通过
GlobalX/Y	当前测站位置的 X、Y 坐标
CapTopM/CapBotM	忽略轴力时，基于包络配筋计算的板顶/底抗弯承载力

3）设计细节输出

采用板带设计法时，可以在视图窗口中右键单击任意板带，在弹出的窗口中查看其设计细节，如图 5.2-21 所示。设计细节中将输出板带设计基本信息、板带包络弯矩图、抗弯配筋图、包络剪力图、抗剪配筋图。

ETABS 21.0.0　　　　　　　　　　　　　　　　　　　　License #252f5(1#)

Chinese 2010 混凝土板带设计

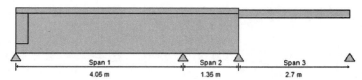

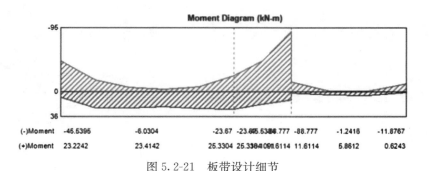

(-)Moment	-45.5395	-6.0304	-23.67 -23.865.5386.777	-88.777	-1.2416	-11.8767
(+)Moment	23.2242	23.4142	25.3304 25.33841091.6114	11.6114	5.8612	0.6243

图 5.2-21　板带设计细节

3. 示例

接下来通过两个例子说明抗弯设计结果的查看。

1）基于板带法的配筋结果

图 5.2-22 为某框架-剪力墙结构的第 5 层平面图，对其布置了双向的柱上和跨中板带，采用板带法对该层楼板进行抗弯设计。

设计完成后，在【设计→混凝土板设计→显示抗弯设计结果】弹出的对话框中选择"Strip Based"设计方法（板带法），并勾选"最小配筋面积"，"显示方式"默认选择"钢

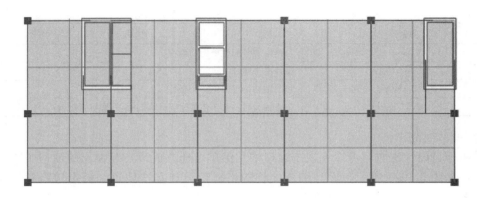

图 5.2-22　某框架-剪力墙结构的第 5 层平面图

筋密度"，视图中将显示考虑最小配筋率后，单位宽度范围内所需的配筋面积 A_s/b，如图 5.2-23 所示，板带线以上是顶部配筋结果，以下是底部配筋结果。除了按单位宽度显示配筋面积之外，还可以在"显示方式"中勾选显示"板带总配筋面积"，如图 5.2-24 所示，视图中将显示板带宽度范围内总的配筋面积，该结果与【显示→表格】中输出的配筋结果一致。或在"显示方式"中勾选"以下钢筋的数量"，将显示指定钢筋直径的配筋数量，如图 5.2-25 所示，视图中显示的"10-10d"表示板带宽度范围内需要 10 根直径为 10mm 的钢筋。

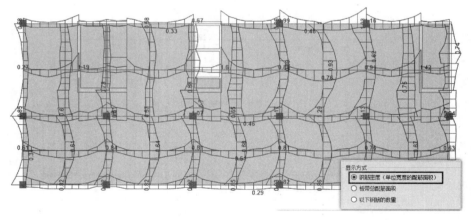

图 5.2-23　显示钢筋密度

　　勾选"显示大于以下配筋的结果-典型的均布配筋（10d@200）"，将显示除了通长配筋 10d@200 以外（10d 表示直径为 10mm 的钢筋，后同），还需局部加强的配筋数值及位置，如图 5.2-26 所示。

　　同理，可以手动添加板配筋对象（具体操作详见第 5.2.5 节第 1 小节），然后勾选"显示大于以下配筋的结果-在板配筋对象中指定的配筋"，显示除指定的板配筋外还需配置的钢筋（图 5.2-27）。如图 5.2-28 所示，图中对板指定了 X 向 12d@200 的通长钢筋，上图为板带单位宽度的配筋结果，下图为除了指定的通长配筋外需额外配置的钢筋结果。

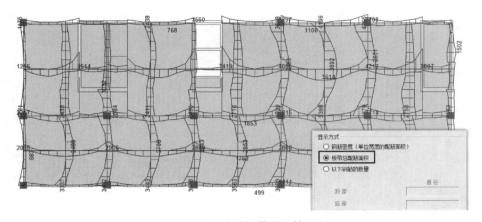

图 5.2-24 显示板带总配筋面积

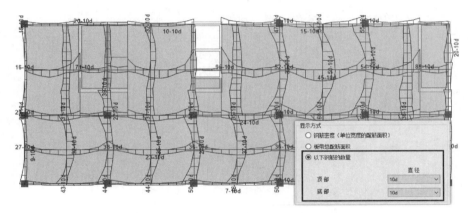

图 5.2-25 显示板带指定钢筋的数量

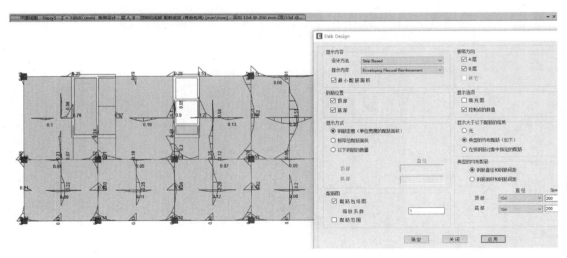

图 5.2-26 基于板带法显示需局部加强的配筋结果

2）基于有限元法的配筋结果

图 5.2-29 为某不规则无梁楼盖，本例借助有限元法完成配筋设计。

图 5.2-27　选择显示大于指定配筋的配筋结果

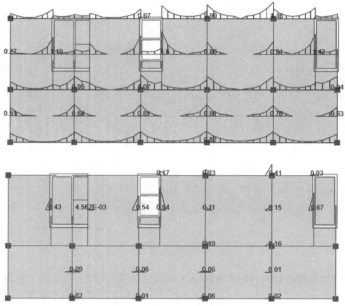

图 5.2-28　板带层 X 向的配筋结果

图 5.2-29　某不规则无梁楼盖

设计完成后，在【设计→混凝土板设计→显示抗弯设计结果】弹出的对话框中选择"Finite Element Based"设计方法（有限元法），勾选"最小配筋面积"和"显示大于以下配筋的结果-典型的均布配筋（12d@200）"，将显示考虑最小配筋率后，除了通长配筋12d@200 以外，支座处板顶和跨中板底还需局部加强的配筋数值及位置，如图 5.2-30 所示。可以看见 12d@200 的通长配筋基本上可以满足设计要求，只有柱顶和洞口边缘因为应力集中需局部加强。

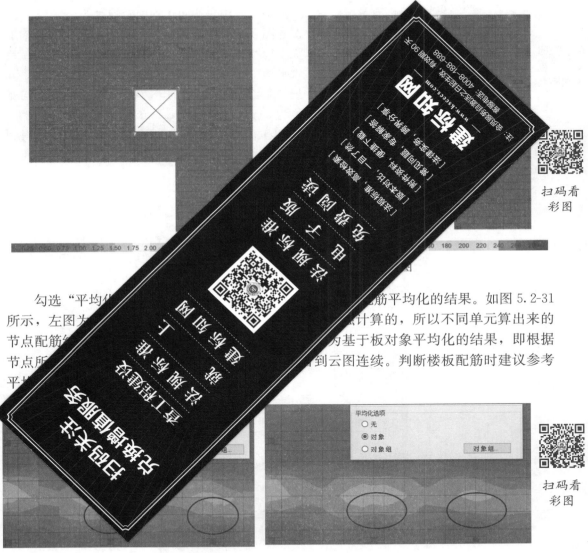

扫码看
彩图

扫码看
彩图

图 5.2-31　平均化的配筋云图

勾选"平均化" ⋯⋯⋯⋯⋯⋯⋯⋯⋯⋯⋯⋯⋯ 筋平均化的结果。如图 5.2-31 所示，左图为 ⋯⋯⋯⋯⋯⋯⋯⋯⋯⋯ 计算的，所以不同单元算出来的节点配筋 ⋯⋯⋯⋯⋯⋯⋯⋯⋯⋯ 为基于板对象平均化的结果，即根据节点所 ⋯⋯⋯⋯⋯⋯⋯⋯⋯ 到云图连续。判断楼板配筋时建议参考平 ⋯⋯⋯⋯⋯⋯⋯⋯⋯⋯⋯⋯

对于无梁楼盖，柱顶处往往由于应力集中需要大量配筋，如图 5.2-32 所示，柱顶输出的配筋密度为 2040.40mm^2/m，导致此处很难完成配筋工作。程序提供了"削峰"的选项，即"峰值平均化"（图 5.2-19a），可解决该类问题。

勾选"峰值平均化"后，程序将基于输入的最大平均宽度输出平均化的结果。如

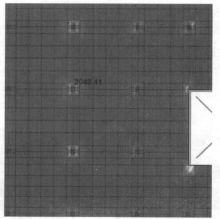

图 5.2-32　柱顶配筋量较大

图 5.2-33 所示的板内力示意图，L 为内力同号区域宽度（以负弯矩为例），L1、L2 为用户设置的最大平均宽度值（L1→L2）。程序对在最大平均宽度范围内的峰值进行平均，分别得到均值 1 和均值 2，并将得到的平均值指定给同号范围（L）内所有的单元，可以看出最大平均宽度越大，得到的均值越小，从而达到削峰的目的。

图 5.2-34 中分别给出了图 5.2-33 例在不同最大平均宽度下峰值平均化的结果，可以看见，最大平均宽度为 1m 时，上述配筋量为 2040.4mm²/m 处的配筋结果降低为 1151.28mm²/m，最大平均宽度为 2.5m 时降至 834.8mm²/m。

同时勾选"峰值平均化"和"显示大于以下配筋的结果-典型的均布配筋"可以得到更具有工程指导意义的配筋结果。图 5.2-35 中显示了峰值平均化宽度为 1m 时，除了通长配筋 12d@200 以外需局部加强的配筋数值及位置。

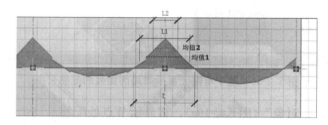

图 5.2-33　板内力示意图

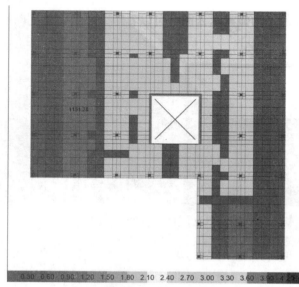

(a) 最大平均宽度1m

图 5.2-34　峰值平均化的结果（一）

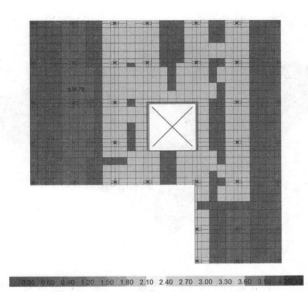

(b) 最大平均宽度2.5m

图 5.2-34　峰值平均化的结果（二）

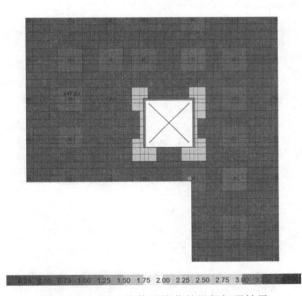

图 5.2-35　基于峰值平均化的局部加强结果

5.2.4　冲切设计

冲切校核是无梁楼盖设计中的一项重要内容。ETABS 内置了完整的冲切验算流程：首先根据柱的位置及开洞情况确定冲切截面及周长；然后计算不平衡弯矩和冲切剪力，确定临界截面的剪应力分布；判断临界截面的剪应力是否满足要求，如果不满足要求可以选择配置抗冲切钢筋（箍筋或抗剪栓钉）；最后计算并布置抗冲切钢筋，并再次验算抗冲切承载力。

接下来以一个无梁楼盖（图 5.2-36）为例介绍在 ETABS 中进行冲切设计的流程。

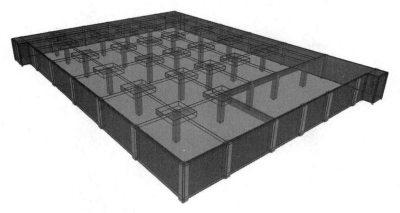

图 5.2-36　某无梁楼盖模型

第一次运行完分析和楼板设计后，点击【设计→混凝土板设计→显示冲切校核结果】命令，如图 5.2-37 所示，此时程序计算的冲切承载力比是无筋冲切的结果。

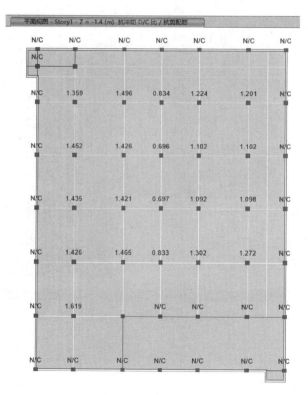

图 5.2-37　显示冲切校核结果

N/C 表示程序未计算该处冲切。程序默认：若有梁与柱相连，则不验算柱对底板的冲切。因为程序判定的逻辑类似于：梁与柱相连，就不应该存在柱冲切板的问题，比如对于常规的梁板柱框架结构，因为有框架梁的存在，就不需要验算柱子对楼板的冲切。该例子中冲切校核结果显示 N/C 的柱子，均与框架梁相连或者与墙体相连。

冲切承载力比大于 1 代表无筋冲切承载力不足，除了通过改变构件尺寸的方式使其满足要求之外，还可以通过配置抗冲切钢筋来提高抗冲切承载力。在 ETABS 中可以通过修改冲切校核覆盖项中的相关参数，来实现抗冲切的配筋设计，具体操作流程如下。

1）修改抗冲切校核覆盖项

选中冲切承载力不足的节点，点击【设计→混凝土板设计→查看/修改冲切校核覆盖项】命令，如图 5.2-38 所示，点击"允许配筋"选项的下拉菜单，选择 Rebar Ties（箍筋）或 Stud Rails（栓钉）。此时，"配筋样式"等选项被激活，用户可根据工程实际情况，输入钢筋强度标准值、钢筋直径，以及钢筋间距。

图 5.2-38　冲切设计覆盖项

覆盖项中部分项的含义见表 5.2-5。

冲切设计覆盖项参数释义　　　　表 5.2-5

项目	可选值	默认值及说明
抗冲切校核	程序默认（Program Determined）/否	选择"程序默认"，则程序按默认设置对模型进行冲切校核；选择"否"，则对选中的构件不进行冲切设计
位置类型	自动（Auto）/内部/边 1/边 2/边 3/边 4/角 1/角 2/角 3/角 4	选择"自动"则程序自动判断构件是内柱、边柱还是角柱；也可人为指定，影响冲切周长及柱类型
周长	自动/指定冲切周长/指定受荷尺寸	选择"自动"则程序自动确定冲切周长；也可人为指定冲切周长
有效高度	自动/指定	选择"自动"则程序自动确定有效高度；也可人为指定有效高度
开洞	自动/指定	选择"自动"则程序自动根据开洞位置确定冲切周长；也可人为指定开洞数据

续表

项目	可选值	默认值及说明
允许配筋	否/箍筋/栓钉	选择"否"则程序按无筋冲切计算；选择"箍筋"则无筋冲切不满足时，计算所需抗冲切箍筋；选择"栓钉"则无筋冲切不满足时，计算所需抗冲切栓钉
钢筋强度	用户输入	抗冲切钢筋的设计强度 F_y
钢筋直径	用户输入	抗冲切钢筋的直径
钢筋间距	用户输入	抗冲切钢筋的间距 s

2）再次运行设计

完成覆盖项的修改之后，原设计结果将被删除，需要重新对模型运行楼板设计，才能得到配筋结果。

3）查看抗冲切配筋方案

点击【设计→混凝土板设计→显示冲切校核结果】命令，如图 5.2-39 所示。当冲切承载力比不超过 1.0 时，程序直接输出冲切承载力比。当冲切承载力比超过 1.0 时，程序基于指定的钢筋类型自动计算所需的抗冲切钢筋，并输出抗冲切钢筋配置方案。

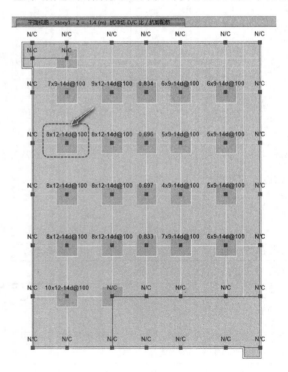
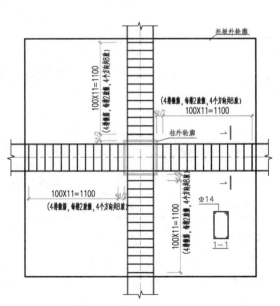

图 5.2-39　抗冲切配筋方案（左）抗冲切箍筋平面布置图（右）

以图中高亮标识的配筋方案"8x12-14d@100"为例说明各参数含义：其中箍筋直径（d）为 14mm；箍筋间距范围内与冲切锥体斜截面相交的全部箍筋根数为 8 根，8 根箍筋可均分在内柱的四个方向，每个方向有双肢箍，对应平面布置示意图中的 1-1 剖面；每个方向所需箍筋总排数为 12；两排箍筋距离为 100mm。

4）查看抗冲切设计细节

在显示抗冲切承载力比的视图窗口中，右键单击柱节点位置，弹出抗冲切设计细节，图 5.2-40 为基于中国规范的抗冲切设计细节。

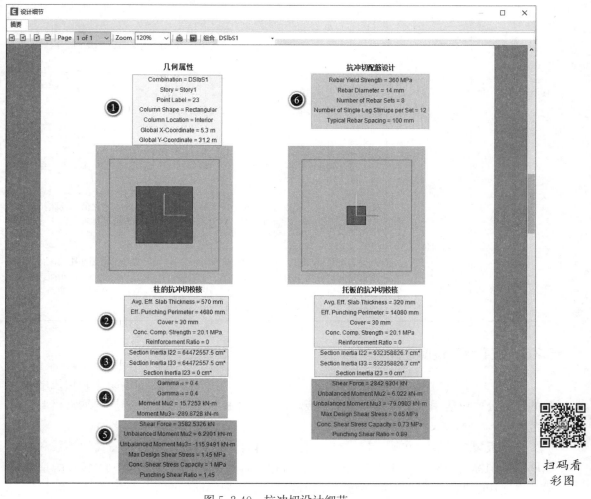

图 5.2-40　抗冲切设计细节

设计细节的各部分内容的解读详见表 5.2-6。

基于中国规范的抗冲切设计细节　　　表 5.2-6

项目	图示区域	解释
几何属性	①	冲切位置处的基本信息，包括：默认最不利荷载组合、楼层、柱截面中心点标签、截面形状、位置信息以及柱截面中心点坐标
柱的抗冲切校核	②	冲切周长的相关参数，包括：冲切截面有效厚度、冲切周长、混凝土保护层厚度、混凝土抗压强度以及配筋率

项目	图示区域	解释	
柱的抗冲切校核	③	I22、I33、I23 为对 2、3 轴在临界截面计算的类似极惯性矩，用于计算剪应力	
	④	Gamma$_v$	折减系数，与柱截面尺寸、柱位置相关，代表弯矩转化为剪力的百分比
		Moment Mu	不平衡弯矩，绕临界截面周长重心轴作用，近似等于柱顶弯矩与剪力引起的弯矩之和
	⑤	Shear Force	剪力，近似等于柱底反力扣除柱自重、冲切周长内的荷载（包含冲切范围内材料的自重）
		Unbalanced Moment Mu	转化为剪力的不平衡弯矩值；等于 Gamma$_v$ 与 Moment Mu 的乘积
		Max Design Shear Stress	最大剪应力，程序分别在柱截面四个点处计算剪应力，取最大值
		Conc. Shear Stress Capacity	容许剪应力，程序根据 GB/T 50010—2010 第 6.5.1 条，取 $F_l = (0.7\beta_h f_t + 0.25\sigma_{pc,m})\ \eta u_m h_0$
		Punching Shear Ratio	冲切系数，为最大剪应力与容许剪应力的比值，反映抗剪承载能力。该值小于 1 时代表冲切验算满足要求，大于 1 代表抗剪承载力不满足要求
抗冲切配筋设计	⑥	抗冲切箍筋：抗冲切箍筋抗拉强度设计值 f_y、箍筋直径、箍筋间距范围内与冲切锥体斜截面相交的全部箍筋根数、所需箍筋总排数，两排箍筋之间的距离 抗冲切栓钉：抗冲切栓钉抗拉强度设计值 f_y、栓钉直径、全部栓钉架根数、每根栓钉架的栓钉颗数，栓钉间距	

5.2.5　板裂缝及挠度分析

《混凝土结构设计标准》GB/T 50010—2010（2024 年版）规定的混凝土结构挠度和裂缝的计算公式仅适用于梁，并不适用于板，因此计算板裂缝和长期开裂挠度均需借鉴国外规范做法。

关于板裂缝计算，文献［4］指出：国标的计算方法与欧标接近，公式的参数和格式相同；但国标的经验系数来自钢筋混凝土梁的试验数据，仅适用于梁，欧标却既适用于梁，也适用于板。对于一般的环境，美标通过控制纵向钢筋的间距来限制裂缝宽度。

关于挠度分析，混凝土受弯构件的挠度主要取决于构件的刚度。文献［4］指出：国标使用刚度折减系数将短期刚度折减为长期刚度，然后计算长期挠度。美标先计算考虑刚度折减后的短期挠度，使用放大系数计算徐变的附加长期挠度，再通过叠加短期变形与附加变形来计算长期挠度。国标和美标的计算公式仅适用于梁。欧标则全面采用徐变基本理论，使用混凝土有效弹性模量替代弹性模量来计算长期挠度，既适用于梁，也适用于楼板。

综上，不同国家规范在计算裂缝和长期开裂挠度时，采用的原理不同，因此适用性不同。ETABS 按照欧标考虑这两类问题，适用于楼板。

1. 配筋来源

计算板裂缝和开裂挠度时均需要考虑混凝土配筋。点击【分析→开裂分析选项】命令，弹出【开裂分析的配筋选项】对话框（图 5.2-41），用于设置裂缝宽度以及开裂挠度计算的配筋定义方式。程序提供了三种配筋定义方式，分别是：用户指定配筋、楼板设计配筋和快速指定抗拉钢筋。

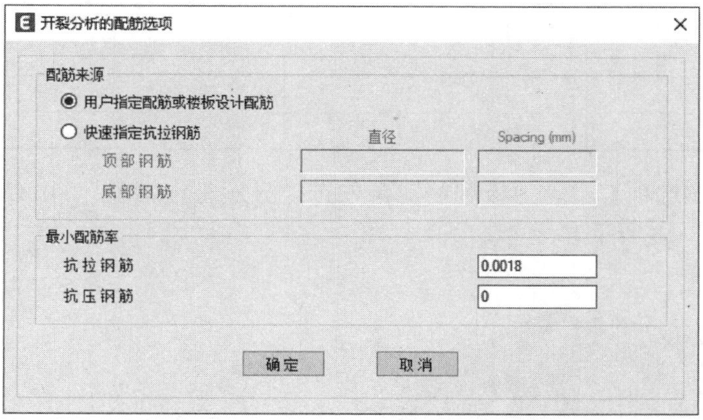

图 5.2-41　【开裂分析的配筋选项】对话框

1）用户指定配筋或楼板设计配筋

用户指定配筋是指手动添加的板配筋对象，楼板设计配筋是指基于有限元设计的配筋结果。如果用户没有手动添加板配筋对象，那么程序将使用有限元设计的配筋结果；如果手动添加了板配筋对象，需同时添加抗拉和抗压钢筋，即双层双向配筋，此时用户添加配筋将覆盖有限元设计配筋（局部添加则局部覆盖）。

程序提供两种方式添加板配筋对象：

（1）方式一：首先选择楼板，然后点击【编辑→添加/编辑板钢筋→添加板配筋】命令。如图 5.2-42 所示，程序根据用户填写的板钢筋数据为楼板添加板配筋对象。

板钢筋层用于设置不同方向的钢筋，类似板带层，可以选择 A/B/Other。钢筋的起始点坐标值是基于全局坐标系 GLOB-AL，左、右宽度用于确定板钢筋的范围。不同层的钢筋通过调整竖向位置实现，竖向位置是钢筋中心到所选楼层标高的竖向距离。

假设某层楼板跨度 8m，厚度 200mm，钢筋直径 10mm，净保护层厚度 15mm，楼板的插入点默认为板顶。现为楼板依次添加双层双向板配筋对象，选择对应的楼层、板钢筋层、起始点坐标值（m）和竖向位置（mm）的数据详见表 5.2-7，钢筋

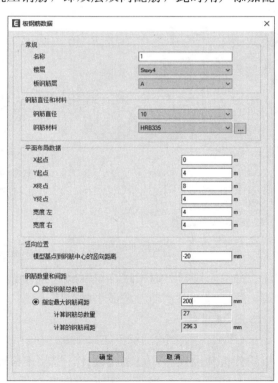

图 5.2-42　【板钢筋数据】对话框

范围为左、右宽度均 4m。

楼板双层双向配筋数据　　　　　　　　　　　　　　　表 5.2-7

钢筋类型	板钢筋层	X 起点（m）	Y 起点（m）	X 终点（m）	Y 终点（m）	竖向位置（mm）
顶层外侧钢筋	A	0	4	8	4	−20
顶层内侧钢筋	B	4	0	4	8	−30
底层外侧钢筋	A	0	4	8	4	−180
底层内侧钢筋	B	4	0	4	8	−170

在【设置视图选项】中，为板配筋对象勾选"显示每根钢筋"，可以显示板配筋对象的布局，如图 5.2-43 所示。

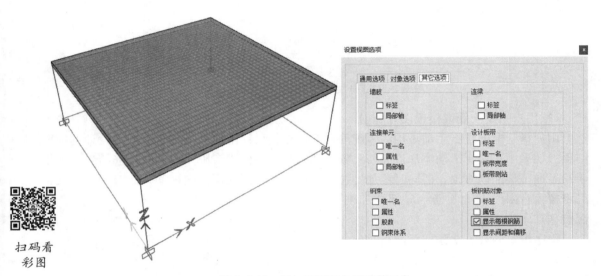

图 5.2-43　添加双层双向板配筋对象

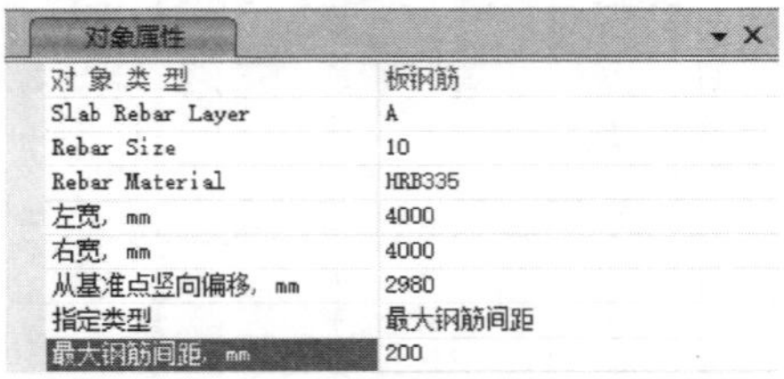

图 5.2-44　绘制板配筋对象

（2）方式二：在平面视图中，点击【绘制→绘制板配筋】命令绘制板配筋对象。输入的板配筋数据参考方式一，如图 5.2-44 所示。绘制时，依次点击钢筋起点和终点位置。

2）快速指定抗拉钢筋

该选项直接指定楼板钢筋直径和间距，方便简化考虑均匀配筋。

最后，用户可以指定抗拉钢筋和抗压钢筋的最小配筋率。不管采用上述何种定义方式，程序都可以自动考虑最小配筋率。

2. 板裂缝

ETABS 按照欧洲标准 EN 1992-1-1：2004 第 7.3.4 条计算楼板的裂缝宽度。完成楼板的分析和设计后，点击【设计→混凝土板设计→裂缝宽度】命令，弹出【裂缝宽度】对话框，如图 5.2-45 所示。程序根据此对话框中的参数以及楼板的配筋计算裂缝宽度。其中楼板的配筋来源由开裂分析的配筋选项确定。

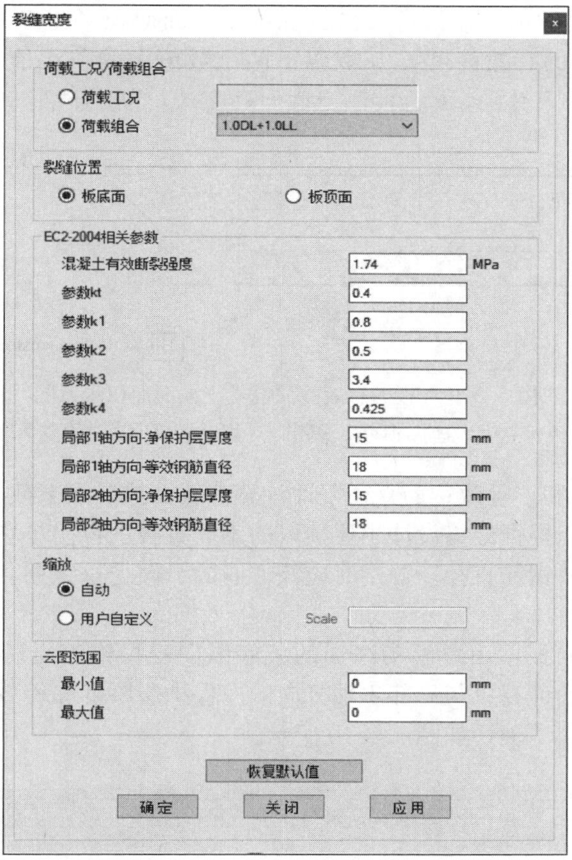

图 5.2-45　【裂缝宽度】对话框

裂缝宽度的计算公式为：$\omega_k = s_{r,\max}(\varepsilon_{sm} - \varepsilon_{cm})$，其中，$s_{r,\max}$ 为最大裂缝间距，$\varepsilon_{sm} - \varepsilon_{cm}$ 为钢筋平均应变与混凝土平均应变之差。

1）最大裂缝间距 $s_{r,\max}$

当钢筋间距不大于 5（$c + \phi/2$）时，程序根据欧标计算最大裂缝间距的公式如下。该公式中的 k_1、k_2、k_3 和 k_4 也正是"裂缝宽度"对话框中需要填写的相关参数。

$$s_{r,\max} = k_3 c + k_1 k_2 k_4 \phi / \rho_{eff}$$

式中：c——净保护层厚度，纵向受拉钢筋外边缘至受拉区底边的距离。

　　　ϕ——等效钢筋直径，当存在多个规格的钢筋直径时，应取等效直径 $\phi_{eq} = \dfrac{\sum n_i d_i^2}{\sum n_i v_i d_i}$。

　　k_1——钢筋的相对粘结特性系数：带肋钢筋取 0.8，光圆钢筋取 1.6。

　　k_2——构件受力特征系数：受弯构件取 0.5，受拉构件取 1.0，对于偏心受拉构件或局部受力构件，k_2 可按照公式 $k_2 = (\varepsilon_1 + \varepsilon_2)/2\varepsilon_1$ 计算，其中 ε_1 和 ε_2 分别为基于开裂截面边缘计算得到的较大和较小拉应变。

　　k_3——保护层系数，建议值为 3.4。

　　k_4——经验系数，建议值为 0.425。

　　ρ_{eff}——纵向受拉钢筋配筋率：$\rho_{eff} = A_s / A_{c,eff}$，其中 A_s 为配筋面积，由开裂分析的配

筋选项确定；$A_{c,eff}$ 为有效受拉混凝土截面面积（图 5.2-46）。程序根据欧洲标准确定的有效高度 $h_{c,ef}$ 取以下两个数值中的较小值：$2.5 \times (c + \phi/2)$ 和 $(h-x)/3$，其中，h 为混凝土截面高度，x 为受压区高度。

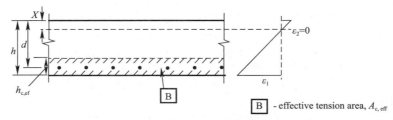

图 5.2-46　板的有效受拉混凝土截面面积示意图

注：图 5.2-46 引自欧洲标准，其中以"B"标识的区域为有效受拉区。

"净保护层厚度"和"等效钢筋直径"即计算有效受拉混凝土截面面积时所用的参数，其中等效钢筋直径可以根据最终设计想要选取的钢筋直径进行初步填写。不同方向的"净保护层厚度"和"等效钢筋直径"分别对应该方向的纵向受拉钢筋，且两个方向的裂缝计算是相互独立的。

例如，对于某单向板，用户手动添加的板底纵向受拉钢筋沿局部 1 轴，如图 5.2-47 所示。那么裂缝宽度的计算只与局部 1 轴方向的净保护层厚度和等效钢筋直径有关，最终裂缝的走向垂直于局部 1 轴，如图 5.2-48 所示。

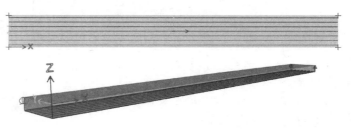

图 5.2-47　单向板沿局部 1 轴的纵向受拉钢筋

扫码看
彩图

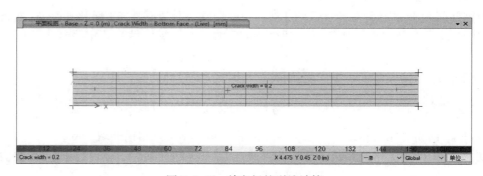

图 5.2-48　单向板的裂缝计算

对于双向板，假设最外侧受拉钢筋沿局部 1 轴，保护层厚度为 20mm，钢筋直径为 12mm，那么"局部 1 轴方向-净保护层厚度"填写 20mm，"局部 2 轴方向-净保护层厚度"填写 $20+12=32$mm。

2）钢筋平均应变与混凝土平均应变之差 $\varepsilon_{sm} - \varepsilon_{cm}$

计算公式如下，该公式中的 k_t 和 $f_{ct,eff}$ 也正是【裂缝宽度】对话框中需要填写的相关参数。

$$\varepsilon_{sm} - \varepsilon_{cm} = \frac{\sigma_s - k_t \dfrac{f_{ct,eff}}{\rho_{eff}}(1 + \alpha_e \rho_{eff})}{E_s} \geqslant 0.6 \frac{\sigma_s}{E_s}$$

式中：σ_s——纵向受拉钢筋应力，程序根据选择的荷载工况/荷载组合计算该值；

α_e——钢筋与混凝土弹性模量之比 E_s/E_{cm}；

k_t——荷载周期系数：长期荷载取 0.4，短期荷载取 0.6；

$f_{ct,eff}$——混凝土发生第一条裂缝时的有效开裂强度，即 "裂缝宽度" 对话框中的 "混凝土有效断裂强度"。根据欧洲标准，该值可以取混凝土轴心抗拉强度平均值 f_{ctm} （图 5.2-49），也可以根据工程经验对 f_{ctm} 进行折减后作为混凝土有效断裂强度。

	Strength classes for concrete														Analytical relation / Explanation
f_{ck} (MPa)	12	16	20	25	30	35	40	45	50	55	60	70	80	90	
$f_{ck,cube}$ (MPa)	15	20	25	30	37	45	50	55	60	67	75	85	95	105	
f_{cm} (MPa)	20	24	28	33	38	43	48	53	58	63	68	78	88	98	$f_{cm} = f_{ck}+8$ (MPa)
f_{ctm} (MPa)	1,6	1,9	2,2	2,6	2,9	3,2	3,5	3,8	4,1	4,2	4,4	4,6	4,8	5,0	$f_{ctm}=0,30 \times f_{ck}^{(2/3)} \leq C50/60$ $f_{ctm}=2,12 \cdot \ln(1+(f_{cm}/10))$ $> C50/60$

图 5.2-49　混凝土轴心抗拉强度平均值 f_{ctm}（引自欧洲标准 EN 1992-1-1：2004 表 3.1）

在【裂缝宽度】对话框中填写好相关参数后，点击确定，平面视图中即显示所选荷载工况/荷载组合下的裂缝宽度平面图，包含了裂缝走向和裂缝宽度的信息。鼠标放在任意位置可以显示该位置处的裂缝宽度数值。图 5.2-50 为某楼板在标准组合下的裂缝宽度平面图。

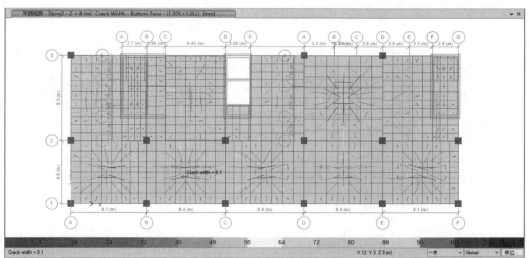

扫码看
彩图

图 5.2-50　裂缝宽度平面图

3. 挠度分析

由于混凝土开裂、徐变和收缩的影响，长期荷载作用下混凝土楼板会产生较大挠度，这个挠度值要比弹性计算的挠度值大得多。因此楼板设计需要计算长期挠度值，必要时还需要根据计算的挠度值对楼板进行预起拱。

ETABS 可以计算三种挠度值，分别是弹性挠度（Elastic Deflection）、瞬时开裂挠度（Immediate Cracked Deflection）以及考虑徐变和收缩的长期挠度（Long-term Deflection）。弹性挠度不考虑结构配筋，根据构件的截面模量，按照结构力学方法计算出挠度，是一个线性分析问题。瞬时开裂挠度以及考虑徐变和收缩的长期挠度均考虑开裂导致的构件截面刚度下降，所以是一个非线性分析问题。

1）弹性挠度

在 ETABS 中点击【定义→荷载工况】命令，添加荷载工况，类型选择线性静力（Linear Static），根据中国规范采用正常使用极限状态下的标准组合，所以工况中施加比例系数为 1 的恒荷载和活荷载，该工况下的变形结果即为弹性挠度。

2）瞬时开裂挠度

欲在 ETABS 中完成开裂挠度的计算，只需设置对应的非线性工况即可。点击【定义→荷载工况】命令，添加荷载工况，类型选择非线性静力（Nonlinear Static），点击被激活的选项"楼板开裂分析"，弹出对话框，如图 5.2-51 所示。其中楼板开裂分析选项有三个：无开裂分析、开裂（短期）和开裂（长期）。此处选择"开裂（短期）"，程序自动考虑构件承受荷载瞬间，开裂导致的构件截面刚度下降。

图 5.2-51　楼板开裂分析参数

计算瞬时开裂挠度时，同样采用正常使用极限状态下的标准组合，所以施加荷载包含恒荷载和活荷载，且比例系数均为 1，图 5.2-52 为计算瞬时开裂挠度的荷载工况定义。

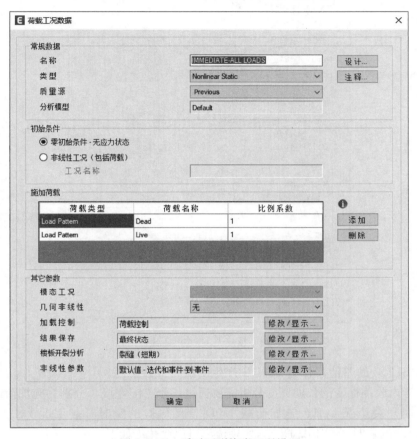

图 5.2-52　瞬时开裂挠度工况设置

3）考虑徐变和收缩的长期挠度

考虑徐变和收缩的长期挠度的计算过程与瞬时开裂挠度一样，只是用户计算时，需要在"楼板开裂分析"中选择"开裂（长期）"，额外输入徐变系数和收缩应变这两个参数来考虑混凝土徐变和收缩的影响，如图 5.2-53 所示。徐变系数和收缩应变这两个参数，可参考欧标 EN 1992-1-1：2004 的附录 B 进行取值。

计算考虑徐变和收缩的长期挠度时，基于我国标准的准永久组合为 1.0DL＋0.5LL，短期荷载组合为 1.0DL＋1.0LL，构件的实际受力状态为先承受短期荷载组合 1.0DL＋1.0LL，之后还需继续承受准永久组合 1.0DL＋0.5LL。若只按照准永久组合 1.0DL＋0.5LL 计算长期挠度，则丢失了 0.5LL 产生的瞬时开裂挠度。因此，除了需要计算准永久组合 1.0DL＋0.5LL 的长期挠度外，还需要考虑 0.5LL 产生的瞬时开裂挠度。

这里需要注意的一点是，不能直接设置一个 0.5LL 的非线性工况计算瞬时开裂挠度，因为 0.5LL 的荷载实际上是在 1.0DL＋0.5LL 的短期荷载工况导致构件刚度折减的基础上再施加的。直接采用 0.5LL 的非线性工况算出的瞬时开裂挠度，会远小于实际发生的瞬时开裂挠度。一般我们可以采用将瞬时开裂挠度（1.0DL＋1.0LL）与瞬时开裂挠度

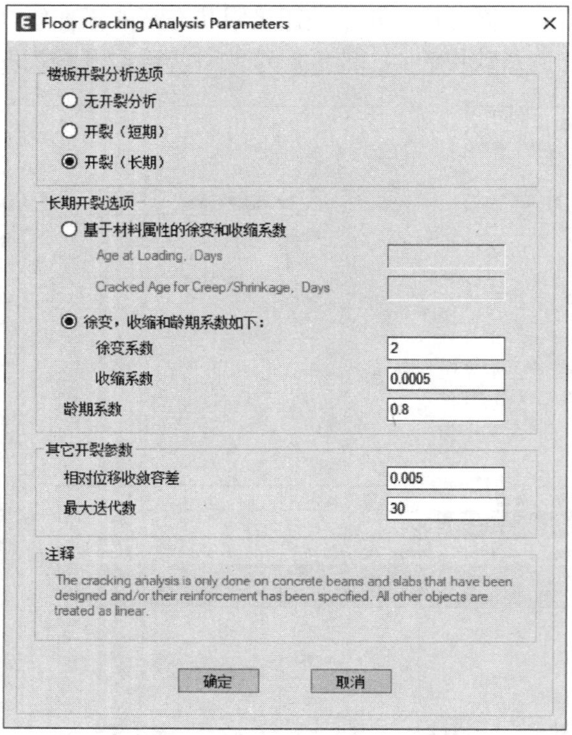

图 5.2-53　楼板开裂分析参数（长期）

（1.0DL＋0.5LL）的差值，作为 0.5LL 产生的瞬时开裂挠度。

综上，考虑收缩徐变的长期挠度分析需要通过三个工况完成，分别为施加荷载 1.0DL＋0.5LL 的长期开裂工况 Def1、施加荷载 1.0DL＋1.0LL 的瞬时开裂工况 Def2、施加荷载 1.0DL＋0.5LL 的瞬时开裂工况 Def3，实现流程可以简化为如下 4 个式子：

① 长期挠度（long term deflection）Def $1=1.0DL+0.5LL$

② 瞬时开裂挠度（immediate cracked deflection）Def $2=1.0DL+1.0LL$

③ 瞬时开裂挠度（immediate cracked deflection）Def $3=1.0DL+0.5LL$

④ 最终的长期挠度 $Def=Def1+Def2-Def3$

4）示例

文献 [4] 使用 SAFE 对地下室柱支承双向顶板进行有限元分析，计算得到裂缝宽度和长期挠度。SAFE 是 CSI 公司另外一款产品，专门针对楼板和基础体系进行分析设计；ETABS 具有和 SAFE 相同的分析引擎，所以文献 [4] 中的结论同样适用于 ETABS。

该地下室两个方向均为 5 跨，跨度均为 9m，层高 5m，柱截面尺寸 1.0m×1.0m，板厚 0.3m，厚跨比 1/30，混凝土强度等级 C40，钢筋 HRB400。二 a 类环境类别（相当于欧洲标准中的 XC2）。考虑覆土厚度 1.5m，活载 3.5kN/m²。表 5.2-8（引自文献 [4]）分别列出了按有限元法以及按欧洲标准和我国标准公式计算得到的结果。

文献 [4] 通过对比发现，有限元法计算的结果接近于按欧标公式计算的结果，而按国标公式计算的结果偏小，对于双向板裂缝和长期挠度分析的适用性，有待进一步研究。此外，采用有限元法进行挠度分析时，最大弹性挠度为 15.2mm，最大长期开裂挠度为

60.5mm，两者之比约为 3.95，超出了工程设计中按 3 倍的弹性挠度估算长期开裂挠度的惯例，所以长期开裂挠度为弹性挠度 3 倍左右的工程经验未必一定安全。使用极限状态的裂缝宽度和长期开裂挠度也许是截面设计的控制指标，需要工程界引起重视。

裂缝宽度和长期挠度比较表　　　　　　　　表 5.2-8

分析方法		有限元法	板带分析法	
规范		EC 2：2004	EC 2：2004	GB/T 50010—2010
裂缝宽度（mm）	板面	0.296	0.306	0.282
	板底	0.263	0.270	0.253
长期挠度（mm）		60.5	63.3	57.1

ETABS 实现了基于欧洲标准 EC 2：2004 的板有限元非线性分析，为用户验算双向板裂缝和长期开裂挠度提供了便利。

5.3　剪力墙设计

在 ETABS 中完成混凝土剪力墙设计主要包括以下几步：

（1）指定墙肢、连梁标签；

（2）设置剪力墙设计首选项；

（3）指定墙肢截面设计方法；

（4）设置墙肢、连梁覆盖项；

（5）完成设计，查看设计结果。

本节将介绍混凝土剪力墙的设计方法和具体过程，以及设计结果输出情况。

5.3.1　墙肢、连梁标签

对于剪力墙设计，首先程序需要获取墙肢、连梁的设计内力。与板带的概念类似，由于 ETABS 本身为有限元分析软件，壳单元的内力只在各个有限元节点处输出，为了统计一定范围内的设计内力，需要对设计对象分别标记墙肢、连梁标签，程序基于标签统计设计对象的内力。

1. 墙肢、连梁标签标记原则

同一楼层内定义为一个相同名称标签的墙肢或相同名称标签的连梁将作为一个设计对象，程序将基于标签统计内力、设计配筋。

对于墙肢和连梁标签，可以在模型绘制完成后通过【指定→壳/框架→墙肢标签】或【指定→壳/框架→连梁标签】完成指定，如图 5.3-1 所示，点击图 5.3-1 中的【修改/显示】可以在弹窗中自定义墙肢标签号，同理可在指定连梁标签时自定义连梁标签号（图 5.3-2）。

除了可以对壳对象指定标签，程序也允许对框架指定标签，如对框架模拟的端柱指定墙肢标签，相同

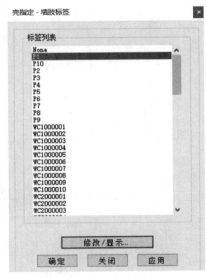

图 5.3-1　对壳对象指定墙肢标签

标签号的端柱和墙肢将作为一个整体进行构件设计，再比如对线单元模拟的连梁指定连梁标签，这样线单元梁将作为连梁进行构件设计。

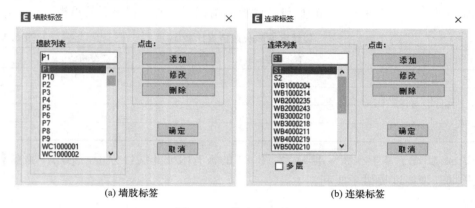

图 5.3-2　修改/显示标签

墙肢和连梁标识的唯一性由楼层和标签共同决定。对于墙肢，同层内相同标签的对象为一个整体，不同的楼层则可以用同一标签代表不同的墙肢，这对设计没有任何影响；对于连梁，楼面标高处上下各半层范围内相同标签的对象为一个整体，该范围以外同一标签代表不同的连梁，当深连梁的深度超过半层层高时，可在连梁标签对话框中勾选"多层"，此时超过该范围的同一个连梁标签仍为一个整体。为了更清楚地说明墙肢与连梁的标记原则，下面分别举例。

〔示例一〕筒体剪力墙

如图 5.3-3 所示，P 开头的为墙肢标签，S 开头的为连梁标签。左右两部分筒体由线单元模拟的 S3 连梁和 S4 连梁连接，筒体左半部分和右半部分展示了两种标记标签的方式，筒体左半部分由 P5 标签的墙对象和 P5 标签的端柱组成了 C 形组合墙，筒体右半部分由多段一字墙组成，包括 P10、P9、P8、P7 墙肢，和壳元模拟的连梁 S1。

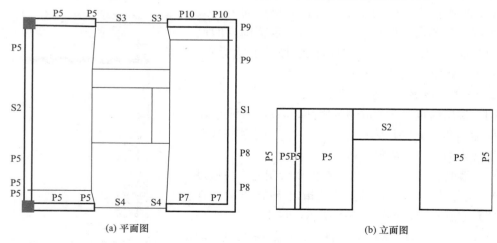

图 5.3-3　剪力墙墙肢连梁标签（示例一）

〔示例二〕单片剪力墙

图 5.3-4 中的四层剪力墙由左侧的一字墙 P1、中间的连梁和右侧的一字墙 P2 组成。

左侧剪力墙的墙肢标签虽然都是 P1，但程序会基于楼层识别剪力墙，所以每层剪力墙单独设计。连梁则根据所处位置判断，由于图中相邻连梁对象均属于同一层的上下各半层范围，所以标记为同一标签的相邻连梁对象将作为一个整体，不同楼层分别进行内力统计，即图 5.3-4（a）与（b）标记效果完全一致。图 5.3-4（b）中连梁 S1 属于 Story4，标记了 S3 的两个面对象为一整片连梁，属于 Story3，同理 S2 属于 Story2，S11 属于 Story1，这四片连梁独立设计，互不影响。

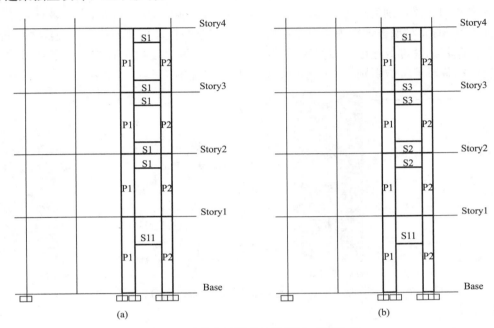

图 5.3-4　剪力墙墙肢连梁标签（示例二）

〔示例三〕深连梁

图 5.3-5 中的连梁标签均为 S1，由于连梁深度较大，超过了半层层高，程序将根据连梁所处位置识别构件范围。Story5、Story4 之间的连梁由上下两片组成，虽然下半片面对象超过了半层层高范围，但是该面对象顶部处于 Story5 的上下半层范围内，所以该面对

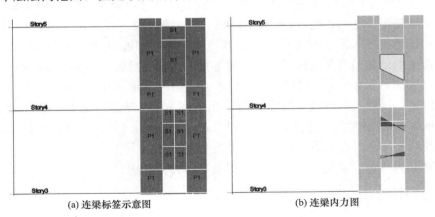

(a) 连梁标签示意图　　　(b) 连梁内力图

图 5.3-5　深连梁标签方式一（示例三）

象仍属于 Story5，程序将这两个面对象识别为一个整体，可以从连梁内力图中看到，它们按一整片连梁输出内力。Story4、Story3 之间的连梁由六个面对象组成，由于底下两个面对象处于 Story4 的上下半层范围外，所以这两个面对象被识别为一片连梁，剩下四个面对象被识别为一片连梁。可以从连梁内力图中看到，这六个面对象一共被识别为两片连梁，分别输出内力，这不是期望的方式。

此时可定义一个勾选了"多层"的连梁标签 S2 来标记这六个面对象，将 Story4、Story3 之间的连梁识别为一个整体。如图 5.3-6 所示，从内力图可以看出，被标记了多层连梁标签 S2 的面对象被识别为了一个连梁。需要注意的是，当其他楼层也有类似情况时，应该重新命名标签进行标记，如勾选了多层的 S3、S4 等，否则所有被标记了"多层"的相同连梁标签对象将被识别为一个整体，这与真实情况不符。

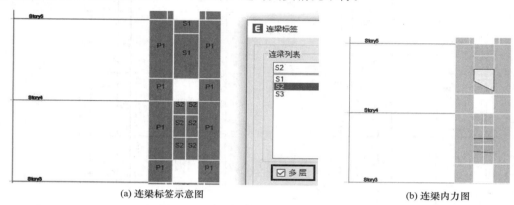

(a) 连梁标签示意图　　　　　　　　　　(b) 连梁内力图

图 5.3-6　深连梁标签方式二（示例三）

2. 墙肢、连梁内力输出

墙肢、连梁标签标记完毕后，程序将基于标签输出构件内力。对于墙肢，输出顶部和底部的内力，用于剪力墙设计，墙肢中部的内力通过线性插值得到；对于连梁，输出左侧和右侧的内力，用于连梁设计，连梁中部的内力通过线性插值得到。如图 5.3-7 所示，墙肢和连梁的局部 3 轴默认均指向面外，墙肢局部 1 轴沿着竖向向上，连梁局部 1 轴沿着水平向向右，因此沿着 1 轴的 F1 为轴向力 P，M3 为面内弯矩，程序内部通过截面切割分别统计墙肢、连梁的 F1 和 M3，用于构件设计。此处注意区分面对象的局部轴和墙肢连梁的局部轴，两者是不一样的，前者用于统计壳面应力或内力，后者用于统计墙肢、连梁内力。墙肢、连梁的局部轴通过【视图→设置视图选项→其他选项→墙肢/连梁→局部轴】查看，面对象的局部轴则是通过【视图→设置视图选项→对象选项→壳→局部轴】查看。

也可以选择图 5.3-8 中的墙肢（Pier）内力表格和连梁（Spandrel）内力表格查看墙肢、连梁内力。示例二中墙肢、连梁内力输出如图 5.3-9 所示，墙肢会输出墙顶（Top）和墙底（Bottom）的内力，连梁输出左侧（Left）和右侧（Right）的内力。顶/底、左/右的判别与局部 1 轴方向有关，墙底、连梁左侧分别沿着局部 1 轴指向墙顶、连梁右侧。构件受压时 P 为负值，其他内力符号可根据局部轴方向判别。

5.3.2　墙肢设计方法

程序提供了三种墙肢设计方法，分别为简化法（Simplified C&T Section）、均匀配筋

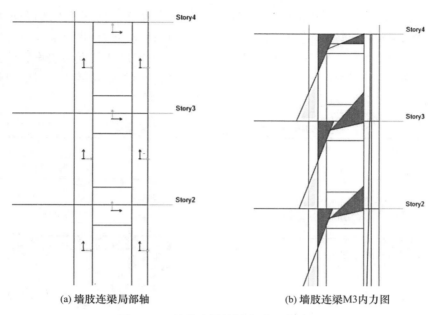

| (a) 墙肢连梁局部轴 | (b) 墙肢连梁M3内力图 |

图 5.3-7　墙肢连梁结果查看（示例二）

法（Uniform Reinforcing Pier Section）和通用配筋法（General Reinforcing）。后两种方法除了用于设计，还可以用于校核。均匀配筋法从原理上和通用配筋法是一样的，都是基于 PMM 相关面来设计和校核墙肢。差异在于两者的钢筋分布方式不同，均匀配筋法所使用的钢筋直径和间距在截面内是相同的，通用配筋法只针对通用墙肢截面，其截面形状和配筋方式都由用户指定。

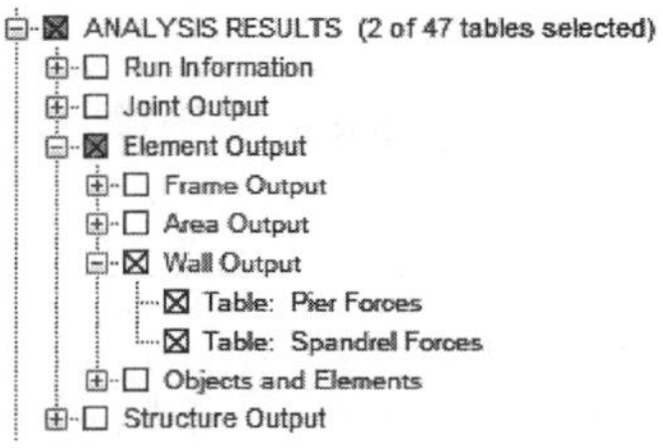

图 5.3-8　选择墙肢
内力、连梁内力表格

　　设计墙肢时，通过选择需设计的墙肢，点击【设计→剪力墙设计→指定墙肢截面】指定其设计方法。以下分别介绍三种方法的原理。

Story	Pier	Output Case	Case Type	Location	P N	V2 N	V3 N	T N-mm	M2 N-mm	M3 N-mm
Story1	P2	DL	LinStatic	Top	-1002558.6	-40805.01	22984.77	-8919779.51	-36632969.53	131128464.06
Story1	P2	DL	LinStatic	Bottom	-1077187.13	-39056.67	17906.01	-3968080.03	16342512.75	-37162951.89

(a) 墙肢

Story	Spandrel	Output Case	Case Type	Location	P N	V2 N	V3 N	T N-mm	M2 N-mm	M3 N-mm
Story1	S1	DL	LinStatic	Left	-50800.98	-53092.23	-1489.71	2047186.16	-1890956.49	-33604485.67
Story1	S1	DL	LinStatic	Right	-23264.47	-16340.07	-1000.21	2438791	608525.42	13825317.87

(b) 连梁

图 5.3-9　墙肢、连梁内力表格输出

1. 简化法

　　程序默认对墙肢采用简化设计法，简化法即基于中国规范计算正截面配筋，该方法适用于一字形墙肢的设计。程序自动根据中国规范相关要求考虑暗柱的尺寸 l_c，即取

400mm 和墙厚的较大值，用户也可以选择任意剪力墙，在【设计→剪力墙设计→查看/修改墙肢覆盖项】中手动调整该墙肢的暗柱尺寸。程序自动判别暗柱尺寸时，首先判断剪力墙轴压比，当轴压比大于表 5.3-1 中的数值时，底部加强区以及其上一层设置约束边缘构件，约束边缘构件范围如图 5.3-10 所示（图中相关符号的含义可参见《高层建筑混凝土结构技术规程》JGJ 3—2010 第 7.2.15 条）。

剪力墙可不设约束边缘构件的最大轴压比			表 5.3-1
等级或烈度	一级（9 度）	一级（6、7、8 度）	二、三级
轴压比	0.1	0.2	0.3

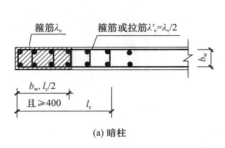 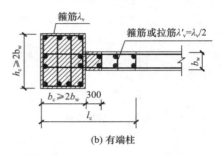

图 5.3-10　约束边缘构件范围

对于约束边缘构件，l_c 取值按表 5.3-2 计算。

约束边缘构件沿墙肢的长度						表 5.3-2
	一级（9 度）		一级（6、7、8 度）		二、三级	
	$\mu_N \leqslant 0.2$	$\mu_N > 0.2$	$\mu_N \leqslant 0.3$	$\mu_N > 0.3$	$\mu_N \leqslant 0.4$	$\mu_N > 0.4$
l_c	$0.20 h_w$	$0.25 h_w$	$0.15 h_w$	$0.20 h_w$	$0.15 h_w$	$0.20 h_w$

注：μ_N 为墙肢在重力荷载代表值作用下的轴压比，h_w 为墙肢的长度。

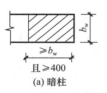 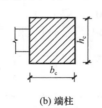

图 5.3-11　非约束边缘构件范围

对于非约束边缘构件，l_c 范围按图 5.3-11 设置（图中相关符号的含义可参见《高层建筑混凝土结构技术规程》JGJ 3—2010 第 7.2.16 条）。

设计时，构件中部钢筋通过设计覆盖项进行指定，并均匀配置于非阴影区域，墙肢的正截面承载力计算基于《高层建筑混凝土结构技术规程》JGJ 3—2010 的相关规定完成，设计结果中仅输出暗柱范围钢筋面积 AS1 和 AS2。

2. 均匀配筋法

均匀配筋法假定墙肢的纵向钢筋是均匀分布的，可通过命令【设计→剪力墙设计→指定墙肢截面→均匀配筋】设置选中墙肢的均匀配筋方案，可分别指定角筋和边筋直径，如图 5.3-12 和图 5.3-13 所示，程序通过 PMM 相关曲面来校核或设计墙肢截面。

当已知墙肢截面尺寸、钢筋尺寸间距、材料强度时，程序将自动计算其 PMM 曲面，并考虑规范的相关要求。如果是校核墙肢配筋，程序通过判断构件内力是否在相关面以内，来校核当前配筋方案是否满足承载力要求，并输出墙肢的需求/能力比。如果是设计墙肢配筋，程序会在初始钢筋布置的基础上，调整钢筋面积，再通过相关面校核来确定最终需要的配筋。

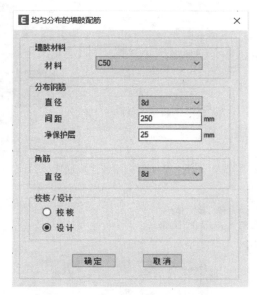

图 5.3-12　均匀配筋法参数设置

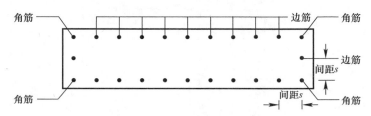

图 5.3-13　均匀布筋示意图

3. 通用配筋法

通用配筋法基于通用墙肢截面设计配筋，所以该方法包括"定义通用截面"和"指定通用截面"两个步骤。

程序中可以通过截面设计器定义任意形式的墙肢截面，即 SD 截面。这类截面可以来自现有的墙肢，也可以由用户自定义。通过命令【设计→剪力墙设计→定义通用的墙肢截面】打开如图 5.3-14 所示的对话框，即可定义通用墙肢截面。"截面来源"有两种，一是基于现有的墙肢自动生成，在"现有墙肢"选项中选择对应的楼层和墙肢标签号，即可在"截面设计器"中查看到该截面，如图 5.3-15 所示；二是自定义，在"截面设计器"中手动绘制截面形状和布筋形式，如图 5.3-16 所示。在"截面设

图 5.3-14　定义通用墙肢截面

计器"中点击【显示→相关面】，将弹窗显示当前墙肢的 PMM 相关面，如图 5.3-17 所示。

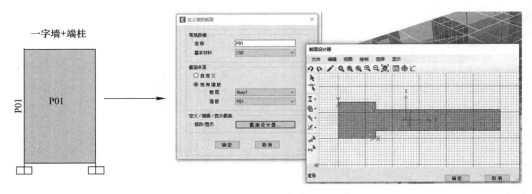

图 5.3-15　基于现有墙肢生成通用截面

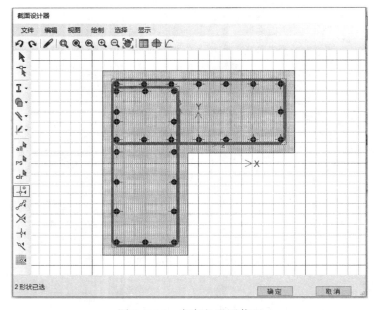

图 5.3-16　自定义通用截面

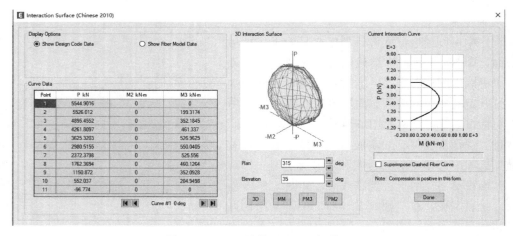

图 5.3-17　SD 墙截面 PMM 相关面

选中墙肢后，通过命令【设计→剪力墙设计→指定墙肢截面→通用配筋】将定义的通用截面指定到墙肢上，如图 5.3-18 所示，用户可对墙肢的顶部和底部指定任意 SD 墙截面，程序将基于 SD 截面的 PMM 相关面对墙肢进行配筋设计或校核。

◎ 相关操作请扫码观看视频：

视频 5.3-1 通用配筋法设计剪力墙

5.3.3　设计基本参数设置

在模型运行分析后，便可以指定墙肢、连梁标签，通过"设计首选项"设置剪力墙设计的基本参数，然后

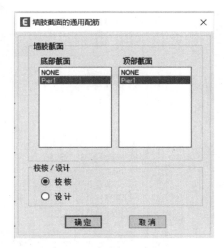

图 5.3-18　指定通用截面

通过"指定墙肢截面"设置所选中墙肢的设计方法，接着通过"设计覆盖项"查看墙肢连梁更详细的设计参数，选择需计算的设计组合，若不选择，程序将根据设计首选项中的规范自动生成荷载组合，最后完成构件设计。ETABS 的中国规范剪力墙设计手册内置在了程序的帮助文档中，可通过【帮助→文档→中文技术文档】随时查看，如图 5.3-19 所示。

图 5.3-19　中国 2010 混凝土剪力墙设计技术报告

下文将详细介绍"设计首选项"和"设计覆盖项"的设置。

1. 设计首选项

点击【设计→剪力墙设计→查看/修改首选项】，弹出图 5.3-20 所示的【剪力墙设计首选项】对话框，首选项中各选项说明详见表 5.3-3。

2. 设计覆盖项

设计首选项设置完毕后，可通过覆盖项调整单个或部分构件的设计参数。具体操作

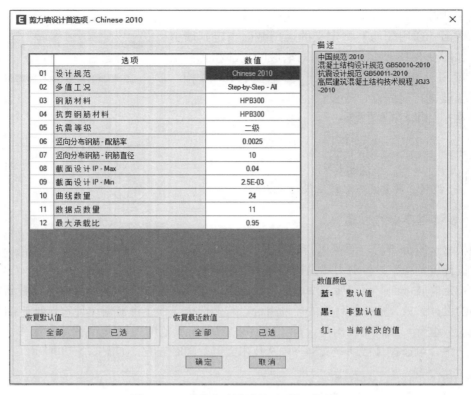

图 5.3-20 【剪力墙设计首选项】对话框

剪力墙设计首选项说明

表 5.3-3

序号	选项	数值/选项	默认值	说明
1	设计规范	各国规范	Chinese 2010	选择 Chinese 2010 时执行 GB/T 50010—2010、GB/T 50011—2010 和 JGJ 3—2010 的相关规定
2	多值工况	包络、逐步、最后步、包络-全部、逐步-全部	Step-by-Step-All（逐步-全部）	选择在设计中如何使用多值工况（如时程分析、非线性静力分析、多步静力分析）的结果。"包络"表示对时程、多步静力取包络，对非线性静力取最后一步；"逐步"表示对时程、多步静力取每一步，非线性静力取最后一步；"最后步"表示所有多值工况取最后步；"包络-全部"表示所有多值工况取包络值；"逐步-全部"表示所有多值工况取每步的值
3	钢筋材料	已定义的所有钢筋材料	HPB300	抗弯和边缘构件区域纵筋材料
4	抗剪钢筋材料	已定义的所有钢筋材料	HPB300	抗剪钢筋材料
5	抗震等级	特一级、一级、二级、三级、四级、非抗震	二级	抗震设计等级，详见 GB/T 50011—2010 第 6.1.2 条
6	竖向分布钢筋-配筋率	>0 且 $\leqslant 1$	0.0025	竖向分布钢筋的配筋率，详见 GB/T 50010—2010 第 11.7.14 条

续表

序号	选项	数值/选项	默认值	说明
7	竖向分布钢筋-钢筋直径	—	10	竖向分布钢筋的直径
8	截面设计 IP-Max	—	0.04	均匀配筋或通用配筋时墙肢的最大配筋率
9	截面设计 IP-Min	—	0.0025	均匀配筋或通用配筋时墙肢的最小配筋率
10	曲线数量	—	24	形成相关面所需要的相关线数量，取 4 或 4 的倍数
11	数据点数量	—	11	形成相关曲线所需要的点数量，取奇数
12	最大利用率	≥0	0.95	应力比限值，即截面计算承载力与截面实际承载力比值限值，小于等于该值则认为校核通过

为：选择需要调整的墙肢或连梁，点击【设计→剪力墙设计→查看/修改墙肢覆盖项】或【设计→剪力墙设计→查看/修改连梁覆盖项】，弹出图 5.3-21 和图 5.3-22 所示的"设计覆盖项"对话框，覆盖项中各选项说明详见表 5.3-4 和表 5.3-5，根据项目需求调整覆盖项即可。点击"确定"后，被选中构件的设计参数将被调整。需要注意的是，设计之前"设计覆盖项"中显示的都是默认参数，并不是程序基于当前构件判断的设计参数，构件设计后"设计覆盖项"中才会显示选中构件的实际设计参数。

图 5.3-21　【墙肢设计覆盖项】对话框

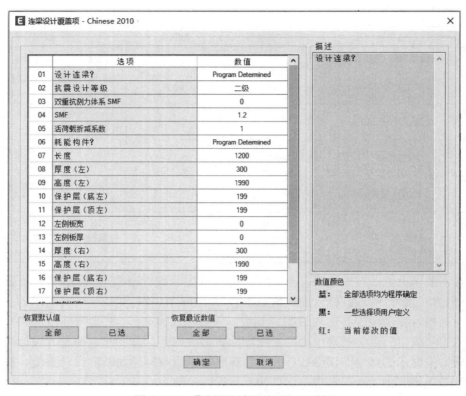

图 5.3-22 【连梁设计覆盖项】对话框

墙肢设计覆盖项说明 表 5.3-4

序号	选项	数值/选项	默认值	说明
1	设计墙肢？	Yes/No	Yes	选择是否要设计或校核墙肢
2	抗震设计等级	特一级、一级、二级、三级、四级、非抗震	首选项中指定的	抗震设计等级，详见 GB/T 50011—2010 第 6.1.2 条
3	框支剪力墙？	Yes/No	No	是否为框支剪力墙，与墙肢内力调整有关，详见第 4.2.2 节第 3 小节
4	底部加强区？	Yes/No	No	是否位于底部加强区，与墙肢内力调整有关，详见第 4.2.2 节第 3 小节
5	短肢墙？	Yes/No	No	是否为短肢墙，与墙肢内力调整有关，详见第 4.2.2 节第 3 小节（墙高与宽度之比小于 8 则程序判断为短肢墙）
6	双重抗侧力体系 SMF	—	0	双重抗侧力体系中墙剪力放大系数，详见 JGJ 3—2010 第 9.1.11 条第 2 款。0 表示由程序根据第 4.2.1 节第 3 小节自动计算
7	MMF	—	1	弯矩放大系数 MMF，详见第 4.2.2 节第 3 小节

续表

序号	选项	数值/选项	默认值	说明
8	SMF	—	1	剪力放大系数 SMF，详见第 4.2.2 节第 3 小节
9	活荷载折减系数	—	1	详见 GB 50009—2012 第 5.1.2 条
10	墙肢截面类型	Simplified T and C；Uniform Reinforcing	Simplified T and C	选择墙肢设计方法，默认为简化法，也可以选择为均匀配筋法。选择不同方法展开的墙肢设计参数不同，墙肢设计方法详见 5.3.2 节
墙肢截面类型为简化法时，可设置以下设计参数：				
11	端柱高度	—	0	端柱沿墙长方向的尺寸，0 表示由程序计算
12	端柱厚度	—	0	端柱沿墙厚度方向的尺寸，0 表示由程序计算
13	中部区竖向配筋率	—	0.0025	中部区竖向配筋，将影响端柱配筋结果
14	中部区竖向钢筋 F_y	—	335	中部分布区竖向钢筋强度标准值
墙肢截面类型为均匀配筋法时，可设置以下设计参数：				
11	端/角钢筋名称	—	28	四根角筋的直径
12	边钢筋名称	—	28	边筋直径
13	边钢筋间距	—	250	钢筋间距
14	钢筋净保护层	—	31.3	钢筋净保护层厚度
15	材料	—	截面定义中的材料	混凝土材料
16	检查/设计布筋	Design/Check（设计/校核）	Design	选择设计或校核截面

连梁设计覆盖项说明　　　　　　　　　　　表 5.3-5

序号	选项	数值/选项	默认值	说明
1	设计连梁？	Yes/No	Yes	选择是否要设计连梁
2	抗震设计等级	特一级、一级、二级、三级、四级、非抗震	首选项中指定的	抗震设计等级，详见 GB/T 50011—2010 第 6.1.2 条
3	双重抗侧力体系 SMF	—	0	0 表示由程序根据第 4.2.3 节自动计算
4	SMF	—	程序根据规范确定	剪力放大系数 SMF，详见第 4.2.2 节第 3 小节
5	活荷载折减系数	—	1	详见 GB 50009—2012 第 5.1.2 条
6	耗能构件？	是/否	否	抗震性能设计第二性能水准指定耗能构件，详见 JGJ 3—2010 第 3.11.3 条第 2 款
7	长度	—	程序根据模型判断	连梁长度，单位 mm

序号	选项	数值/选项	默认值	说明
8	厚度（左）	—	程序根据模型判断	连梁左端厚度，单位 mm
9	高度（左）	—	程序根据模型判断	连梁左端高度，单位 mm
10	保护层（底左）	—	连梁高度 1/10	连梁左端底部保护层厚度，单位 mm
11	保护层（顶左）	—	连梁高度 1/10	连梁左端顶部保护层厚度，单位 mm
12	左侧板宽	—	0	左端楼板宽度，单位 mm
13	左侧板厚	—	0	左端楼板厚度，单位 mm
14	厚度（右）	—	程序根据模型判断	连梁右端厚度，单位 mm
15	高度（右）	—	程序根据模型判断	连梁右端高度，单位 mm
16	保护层（底右）	—	连梁高度 1/10	连梁右端底部保护层厚度，单位 mm
17	保护层（顶右）	—	连梁高度 1/10	连梁右端顶部保护层厚度，单位 mm
18	右侧板宽	—	0	右端楼板宽度，单位 mm
19	右侧板厚	—	0	右端楼板厚度，单位 mm
20	材料	—	截面定义中的材料	混凝土材料

5.3.4　设计结果解读

为了直观和完整地介绍剪力墙设计结果的输出，本节以一个 6 层的框架-剪力墙结构为例进行说明，如图 5.3-23 所示。本例中考虑了相关的静力工况和反应谱工况，运行分析完毕并且完成了构件设计。

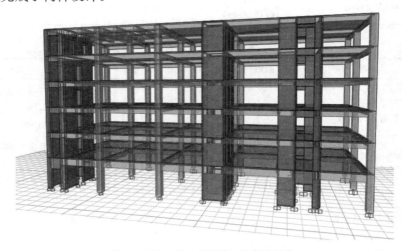

图 5.3-23　某 6 层框架-剪力墙结构

1. 图形输出

剪力墙设计完成后，视图窗口中将自动显示墙肢纵筋面积，如图 5.3-24 所示。

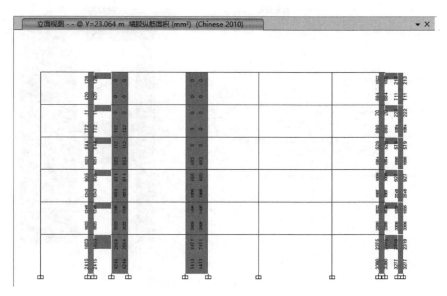

图 5.3-24　墙肢纵筋面积

1）显示设计信息

点击【设计→剪力墙设计→显示设计信息】将弹出图 5.3-25 所示的对话框，可以在模型上显示设计输入信息与输出信息，检查剪力墙设计结果。下文将分别介绍。

图 5.3-25　显示剪力墙设计信息

（1）Design Input-Materials、Pier Section Information（设计输入-材料、墙肢截面信息）

"设计输入"中可选择显示墙肢混凝土材料和墙肢设计类型。如图 5.3-26 所示，选择显示 "Pier Section Information" 后程序用中英文显示墙肢设计类型为简化法（图中"简单"及"（C/T）"字样）。

（2）Design Output-Pier Longitudinal Reinforcing（设计输出-墙肢纵向钢筋）

显示墙肢纵筋面积。采用简化法时，如图 5.3-27 所示，墙肢上显示上、下两组数值，分别对应墙肢截面顶部和截面底部纵筋面积。每组数值为两列，左列为左边缘构件内配筋总面积，右列为右边缘构件内配筋总面积；采用均匀配筋和通用配筋时，如图 5.3-28 所示，墙肢上显示上、下两个数值，分别对应顶部配筋和底部配筋面积。配筋面积的单位与 ETABS 窗口右下角的单位制一致。

（3）Design Output-Pier Reinforcing Ratios（设计输出-墙肢配筋率）

对于均匀配筋和通用配筋将显示墙肢顶部和底部的配筋率，如图 5.3-29 所示。简化设计时不输出（视图中将显示为 0）。

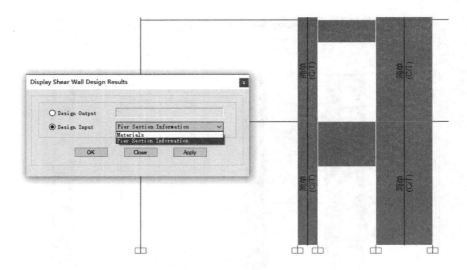

图 5.3-26　显示设计输入信息

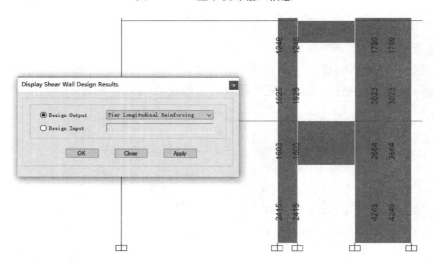

图 5.3-27　简化法的墙肢纵筋面积

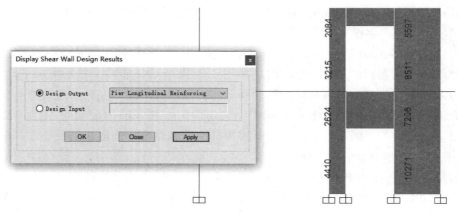

图 5.3-28　均匀配筋和通用配筋的墙肢纵筋面积

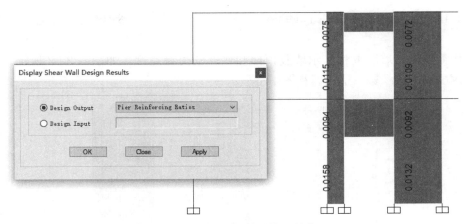

图 5.3-29　显示墙肢纵筋配筋率

（4）Design Output-Pier D/C Ratios（设计输出-墙肢 D/C 比）

对于均匀配筋将显示墙肢顶部和底部的 D/C 比，如图 5.3-30 所示。通用配筋和简化设计时不输出（视图中将显示为 0）。

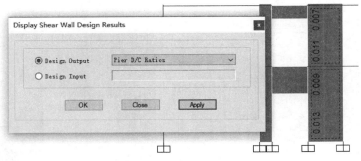

图 5.3-30　显示墙肢 D/C 比

（5）Design Output-Pier Shear Reinforcing（设计输出-墙肢抗剪箍筋）

墙肢上将显示墙肢顶部和底部的每单位长度抗剪箍筋面积，如图 5.3-31 所示。配筋面积的单位为 mm^2/mm 或 m^2/m。

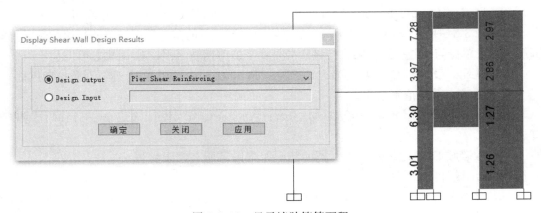

图 5.3-31　显示墙肢箍筋面积

（6）Design Output-Pier Edge/Boundary Zones Widths（设计输出-墙肢顶部/底部边缘宽度）

采用简化法时墙肢上将显示墙肢顶部和底部的边缘宽度，如图 5.3-32 所示。均匀配筋和通用配筋时该参数不适用，视图中将显示 N/R。

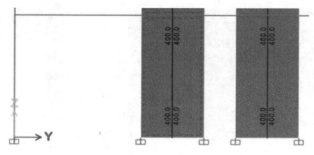

图 5.3-32　显示墙肢边缘构件宽度

（7）Design Output-Spandrel Longitudinal Reinforcing（设计输出-连梁纵向钢筋）

连梁上将显示左侧顶部、左侧底部、右侧顶部和右侧底部的纵筋面积，如图 5.3-33 所示。

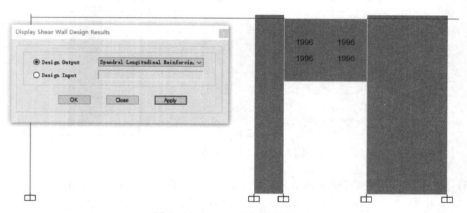

图 5.3-33　显示连梁纵筋面积

（8）Design Output-Spandrel Shear Reinforcing（设计输出-连梁抗剪箍筋）

如图 5.3-34 所示，连梁上显示两行数据，第一行显示的是左侧、右侧的每单位长度抗剪箍筋面积，单位与墙肢一致。第二行显示的是水平抗剪钢筋面积，对中国规范不适用。

（9）Design Output-Spandrel Diagonal Shear Reinforcing（设计输出-连梁对角抗剪钢筋）

该选项对中国规范不适用。

（10）Design Output-Identify P-M/Shear/All Failures（设计输出-识别 P-M/抗剪/所有超限）

将显示墙肢 D/C 比超限警告、抗剪超限警告以及所有超限警告。

2）显示设计细节

在图形显示剪力墙设计结果的窗口中，右键单击一片已设计的墙肢或连梁，将弹出墙肢或连梁设计细节对话框，如图 5.3-35 所示。对话框中可以修改/显示覆盖项和荷载组

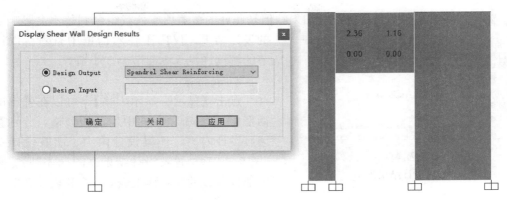

图 5.3-34 显示连梁抗剪箍筋面积

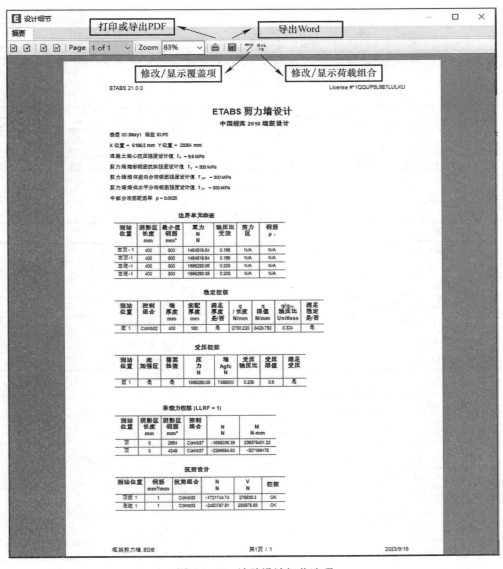

图 5.3-35 墙肢设计细节选项

合，窗口中实时显示更新后的设计结果，但是此处的覆盖项或荷载组合调整不会影响实际的设计结果，仅用于在对话框中查看。设计细节的解读详见 5.3.4 节第 3 小节。

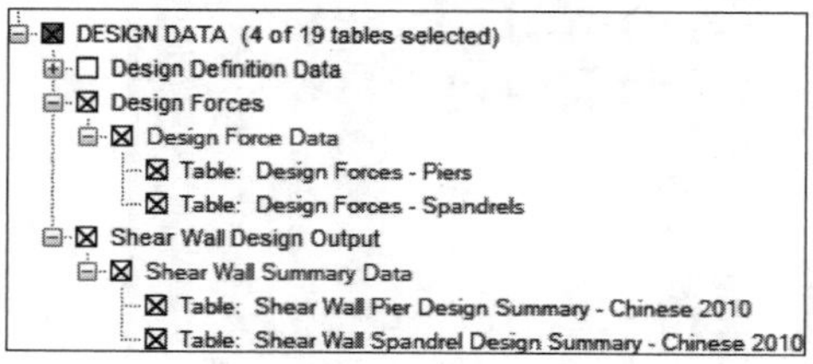

图 5.3-36　选择墙肢、连梁
设计结果表格

2. 表格输出

点击【显示→显示表格】，可以在弹出的对话框中选择图 5.3-36 中勾选的表格，分别查看墙肢设计内力、连梁设计内力、墙肢设计结果（图 5.3-37）、连梁设计结果（图 5.3-38）。表格中部分参数的说明详见表 5.3-6 和表 5.3-7。

Story	Pier Label	Station	Design Type	Edge Member Left mm	Edge Member Right mm	As Left mm²	As Right mm²	Shear Rebar mm²/m	Boundary Zone Left mm	Boundary Zone Right mm	Warnings
Story2	P8	Top	Simplified	400	400	1033	1033	500	400	400	No Message
Story2	P8	Bottom	Simplified	400	400	1166	1166	500	400	400	No Message
Story1	P8	Top	Simplified	400	400	1592	1592	500	400	400	No Message
Story1	P8	Bottom	Simplified	400	400	1452	1452	500	400	400	No Message

图 5.3-37　墙肢设计结果

Story	Spandrel	Station	Top Rebar mm²	Top Rebar Ratio	Top Rebar Combo	Top Design Moment N-mm	Bottom Rebar mm²	Bottom Rebar Ratio	Bottom Rebar Combo	Bottom Design Moment N-mm	Av Vert mm²/mm	Shear Combo	Design Shear N
Story1	S1	Left	2560	0.004	Comb1-TEST	-1301129544	2560	0.004	Comb1-TEST	434081566.43	2.19	Comb1-TEST	1489323.79
Story1	S1	Right	1996	0.003119	Comb1-TEST	-217501252	1996	0.003119	Comb1-TEST	497102343.1	1.18	Comb1-TEST	1027110.1

图 5.3-38　连梁设计结果

墙肢设计结果表格说明　　　　　　　　　　　　　表 5.3-6

参数	说明
Pier Label	墙肢标签
Station	结果输出位置
Design Type	墙肢设计方法
Edge Member Left/Right	左/右侧端柱范围
As Left/Right	左/右侧端柱范围内纵筋面积
Shear Rebar	抗剪箍筋面积
Boundary Zone Left/Right	左/右侧边缘构件范围

连梁设计结果表格说明　　　　　　　　　　　　　表 5.3-7

参数	说明
Spandrel	连梁标签
Station	结果输出位置
Top/Bottom Rebar	顶部/底部纵筋面积，取顶部和底部计算面积的较大值
Top/Bottom Rebar Ratio	顶部/底部纵筋配筋率
Top/Bottom Rebar Combo	顶部/底部抗弯控制组合
Top/Bottom Design Moment	顶部/底部抗弯控制组合下的弯矩设计值
Av Vert	抗剪箍筋面积
Shear Combo	抗剪控制组合
Design Shear	抗剪控制组合下的剪力设计值

3. 设计细节详解

本小节将解释"设计细节"窗口中显示的设计参数。

1）墙肢设计细节

墙肢设计细节中分别输出墙肢的边缘构件设计、抗弯设计、抗剪设计等信息，还输出剪力墙稳定性校核和抗压能力校核，如图 5.3-39 所示，分别解读如下。

ETABS 剪力墙设计
中国规范 2010 墙肢设计

楼层 ID:Story1　墙肢 ID:P2

X 位置 = 6166.3 mm　Y 位置 = 23064 mm

混凝土轴心抗压强度设计值 f_c = 9.6 MPa

剪力墙端部钢筋抗拉强度设计值　f_y = 300 MPa

剪力墙体竖向分布钢筋强度设计值 f_{yw} = 300 MPa

剪力墙体水平分布钢筋强度设计值 f_{yv} = 300 MPa

中部分布筋配筋率 ρ = 0.0025

边界单元检查

测站位置	阴影区长度 mm	最小值钢筋 mm²	重力 N N	轴压比 无效	剪力区	钢筋 ρ_v	
左顶 - 1	400	800	1454619.84	0.196	N/A	N/A	①
右顶 - 1	400	800	1454619.84	0.196	N/A	N/A	
左底 - 1	400	800	1556293.05	0.208	N/A	N/A	
右底 - 1	400	800	1556293.05	0.208	N/A	N/A	

稳定校核

测站位置	控制组合	墙厚度 mm	实配厚度 mm	满足厚度是/否	q / 长度 N/mm	q 限值 N/mm	q/q_{lim} 轴压比 Unitless	满足稳定是/否	
肢 1	Comb32	400	180	是	2730.228	8429.752	0.324	是	②

受压校核

测站位置	底加强区	需要检查	压力 N N	墙 Agfc N	受压轴压比	受压限值	满足受压	
肢 1	是	是	1556293.05	7488000	0.208	0.6	是	③

承载力校核 (LLRF = 1)

测站位置	阴影区长度 mm	阴影区钢筋 mm²	控制组合	N N	M N-mm	
顶	0	2664	Comb37	-1655036.39	236375401.23	④
顶	0	4249	Comb37	-2286684.63	-307199175	

抗剪设计

测站位置	钢筋 mm²/mm	抗剪组合	N N	V N	校核	
顶肢 1	1	Comb33	-1721744.74	276635.3	OK	⑤
底肢 1	1	Comb33	-2450787.51	283975.65	OK	

图 5.3-39　墙肢设计细节

① 边界单元检查

该部分将基于《高层建筑混凝土结构技术规程》JGJ 3—2010 第 7.2 节完成边缘构件

的校核，各项参数说明详见表 5.3-8。

边界单元检查   表 5.3-8

参数	说明
测站位置	内力输出位置
阴影区长度	程序根据默认值或覆盖项中指定的暗柱尺寸自动判别阴影区长度，详见第 5.3.2 节第 1 小节
最小值钢筋	边缘构件阴影区竖向钢筋最小值，详见 JGJ 3—2010 第 7.2.15 条和表 7.2.16
重力 N	重力荷载代表值下的轴压力设计值，由 $1.3 \times (DL+0.5LL)$ 计算得到
轴压比	墙肢轴压比 $N/(f_c A)$，详见 JGJ 3—2010 第 7.2.13 条
剪力区	抗剪配筋范围，即约束边缘构件沿墙肢的长度 l_c，详见 JGJ 3—2010 第 7.2.15 条。当判别为构造边缘构件时此处输出 "N/A"
钢筋 ρ_v	约束边缘构件体积配箍率，详见 JGJ 3—2010 第 7.2.15 条。当判别为构造边缘构件时此处输出 "N/A"

② 稳定校核

该部分将基于《高层建筑混凝土结构技术规程》JGJ 3—2010 附录 D 完成稳定校核，各项参数说明详见表 5.3-9。

稳 定 校 核   表 5.3-9

参数	说明
测站位置	稳定校核对象
控制组合	当前控制组合
墙厚度	墙肢厚度
实配厚度	根据 JGJ 3—2010 第 7.2.1 条确定的墙厚度构造要求
q/长度	等效竖向均布荷载设计值，由控制组合的轴力除以墙长计算得到
q 限值	竖向均布荷载承载力，由 $E_c t^3/(10 l_0^2)$ 计算得到
q/q_{lim} 限值	由（q/长度）/（q 限值）计算得到
是否满足稳定	判断（q/长度）/（q 限值）是否小于 1，小于 1 时输出 "是"，否则输出 "否"

③ 受压校核

该部分将基于《高层建筑混凝土结构技术规程》JGJ 3—2010 第 7.2.13 条校核，各项参数说明详见表 5.3-10。

受 压 校 核   表 5.3-10

参数	说明
测站位置	受压校核对象
底加强区	程序判断是否为底部加强区
需要检查	对于底部加强区输出 "是"，否则为 "否"
压力	控制组合下的轴力设计值

续表

参数	说明
墙 Agfc	墙截面承载力，为墙肢全截面面积（Ag）和混凝土轴心抗压强度设计值（fc）的乘积
受压轴压比	轴压比，由 N/（Agfc）计算得到（N、Ag、fc 的含义见表 5.3-8 和本表）
受压限值	轴压比限值，详见 JGJ 3—2010 表 7.2.13
满足受压	判断轴压比是否小于限值，小于输出"是"，否则输出"否"

④ 承载力校核

该部分将基于《高层建筑混凝土结构技术规程》JGJ 3—2010 第 7.2.8 条和第 7.2.9 条完成，各项参数说明详见表 5.3-11。

承载力校核　　　　　　　　　　　　　　　　　　　　　　表 5.3-11

参数	说明
测站位置	校核位置
阴影区长度	阴影区长度
阴影区钢筋	一端阴影区配筋面积，根据 JGJ 3—2010 的相关规定计算得到
控制组合	抗弯设计的控制组合
N	控制组合下的轴力设计值，对于地震组合为 $N \times \gamma_{RE}$
M	控制组合下的弯矩设计值，对于地震组合为 $M \times \gamma_{RE}$

⑤ 抗剪设计

该部分将基于《高层建筑混凝土结构技术规程》JGJ 3—2010 第 7.2.10 条和第 7.2.11 条完成，各项参数说明详见表 5.3-12。

抗 剪 设 计　　　　　　　　　　　　　　　　　　　　　　表 5.3-12

参数	说明
测站位置	校核位置
钢筋	抗剪钢筋面积，根据 JGJ 3—2010 第 7.2.10 条和第 7.2.11 条计算得到
抗剪组合	抗剪设计的控制组合
N	控制组合下的轴力设计值
V	控制组合下的剪力设计值
校核	剪压比校核结果。程序根据剪跨比判断用 JGJ 3—2010 第 7.2.7 条第 2 款或 7.2.7 条第 3 款校核截面，不满足要求时输出"Fail"

2）连梁设计细节

连梁设计细节中分别输出连梁的抗弯和抗剪设计细节，如图 5.3-40 所示，下文将对各个细节表格详细介绍。

① Spandrel Details（连梁参数）

该部分显示了连梁基本参数。

② Material Properties（材料属性）

该部分显示了材料相关属性。

③ Spandrel Flexural Design-Top/Bottom Reinforcement（连梁抗弯设计-顶部/底部配筋）

基于《混凝土结构设计标准》GB/T 50010—2010（2024 年版）第 11.7.7 条完成连梁

的正截面配筋计算。采用对称配筋，设计时顶部、底部分别计算，取配筋较大值作为最终结果，输出在细节表格中。各项参数说明详见表 5.3-13。

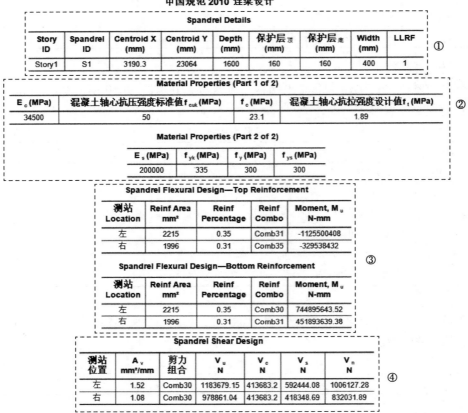

图 5.3-40　连梁设计细节

连梁抗弯设计　　　　　　　　　　　　　　　　　　　　表 5.3-13

参数	说明
测站	结果输出位置
Reinf Area	连梁单侧配筋面积，根据 GB/T 50010—2010 第 11.7.7 条计算，对角斜筋截面面积取 0。当单侧配筋面积超过规范要求时，程序给出"弯曲配筋率超出最大限值"的警告
Reinf Percentage	连梁单侧配筋率，由单侧配筋面积/截面面积计算得到
Reinf Combo	抗弯控制组合
Moment，M_u	控制组合下的弯矩设计值

④ Spandrel Shear Design（连梁抗剪设计）

基于《混凝土结构设计标准》GB/T 50010—2010（2024 年版）第 11.7.9 条完成连梁的斜截面配筋计算，各项参数说明详见表 5.3-14。

连梁抗剪设计　　　　　　　　　　　　　　　　　　　　　　表 5.3-14

参数	说明
测站位置	结果输出位置
A_v	配筋面积，根据 GB/T 50010—2010 第 11.7.9 条计算得到。剪压比超限时显示"OS"，并在表格下方给出"剪力超出最大允许值"的警告
剪力组合	抗剪控制组合
V_u	抗剪控制组合下的剪力设计值
V_c	混凝土部分提供的抗剪承载力，根据跨高比判别用 $0.42 f_t b h_0$ 或 $0.38 f_t b h_0$ 计算
V_s	钢筋提供的抗剪承载力，由 $V_n - V_c$ 计算得到
V_n	考虑承载力抗震调整系数后的总抗剪承载力，由 $\gamma_{RE} V_u$ 计算得到

5.4　组合柱设计

ETABS 可以对组合柱进行设计。对于中国规范，目前只实现了圆形钢管混凝土柱和矩形钢管混凝土柱的设计，设计依据分别是《高层建筑混凝土结构技术规程》JGJ 3—2010 和《矩形钢管混凝土结构技术规程》CECS 159：2004。

5.4.1　基本参数设置

模型分析完成后，点击【设计→组合柱设计→查看/修改首选项】，选择"Chinese2010"，进行设计和校核。需要注意的是，该设计功能只适用于组合柱截面构件，组合柱截面的定义详见本书第 2.2.1 节第 3 小节。设计首选项和覆盖项的设置与普通混凝土柱类似，详见第 5.1.2 节，此处不再赘述。

5.4.2　设计细节

构件设计完成后，可以右键单击构件，查看设计细节。

1. 圆形钢管混凝土柱

图 5.4-1 为某圆形钢管混凝土柱的设计细节。设计规范选择 Chinese2010 时，程序将基于《高层建筑混凝土结构技术规程》JGJ 3—2010 附录 F 对圆形钢管混凝土柱进行承载力校核，基于《高层建筑混凝土结构技术规程》JGJ 3—2010 第 11.4.9 条判断构件是否符合构造要求。当验算不满足规范要求时，将给出错误警告，如图 5.4-1 虚线区域处所示。本例中"Section is Slender"表示长细比超限。设计细节参数详见表 5.4-1。

2. 矩形钢管混凝土柱

图 5.4-2 为某矩形钢管混凝土柱的设计细节。设计规范选择 Chinese2010 时，程序将基于《高层建筑混凝土结构技术规程》JGJ 3—2010 和《矩形钢管混凝土结构技术规程》CECS 159：2004 对矩形钢管混凝土柱进行校核。基于《高层建筑混凝土结构技术规程》JGJ 3—2010 第 11.4.10 条判断构件是否符合构造要求，当验算不满足规范要求时，程序将给出警告。设计细节参数说明详见表 5.4-2。

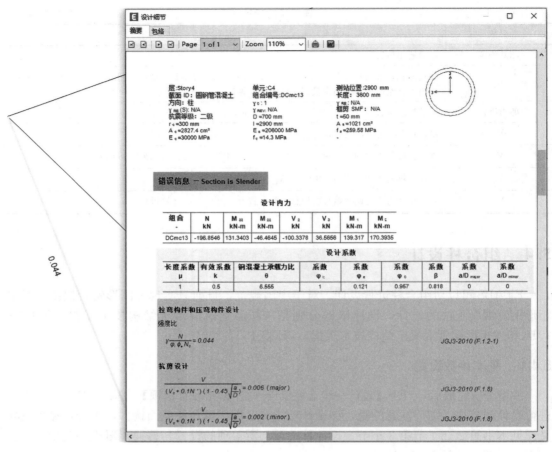

图 5.4-1　圆形钢管混凝土柱设计细节

圆形钢管混凝土柱设计细节说明　　　　　　　　　　　　　表 5.4-1

项目	参数	说明
设计内力	组合	当前设计组合名称
	N、M33、M22、V2、V3	当前设计组合下的设计内力
	M1、M2	构件两端弯矩设计值，较大端为 M1，较小端为 M2
设计系数	长度系数 μ	考虑柱端约束条件的计算长度系数，根据梁柱刚度的比值，按 GB 50017—2011 确定
	有效系数 k	考虑柱身弯矩分布梯度影响的等效长度系数，按 JGJ 3—2010 第 F.1.6 条确定
	钢混凝土承载力比 θ	钢管混凝土的套箍指标，按 JGJ 3—2010 第 F.1.2-4 条计算
	系数 φ_l	考虑长细比影响的承载力折减系数，按 JGJ 3—2010 第 F.1.4 条确定
	系数 φ_e	考虑偏心率影响的承载力折减系数，按 JGJ 3—2010 第 F.1.3 条确定
	系数 φ_0	按轴心受压柱考虑的 φ_l 值
	系数 β	柱两端弯矩设计值之绝对值较小者 M1 与绝对值较大者 M2 的比值，按 JGJ 3—2010 第 F.1.6 条确定
	系数 a/D_{major}	主轴方向剪跨 a 与柱径 D 的比值
	系数 a/D_{minor}	次轴方向剪跨 a 与柱径 D 的比值

续表

项目	参数	说明
轴压构件设计	—	按 JGJ 3—2010 第 F.1.2 条验算
拉弯和压弯构件设计	—	按 JGJ 3—2010 第 F.1.7 条验算
抗剪设计	—	按 JGJ 3—2010 第 F.1.8 条验算。根据 JGJ 3—2010 第 F.1.8 条、第 F.1.9 条条文说明，当 a>2D 时，钢管混凝土柱为弯曲型破坏，横向抗剪问题不突出。故，该项只在 a≤2D 时进行验算

层：Story1　　　　　　单元：C3　　　　　　　　测站位置：3000 mm
截面　　　　　　　　　组合编号：DCon1-1　　　　长度：3600 mm
ID：矩形钢管混凝土柱700x700设计类型：柱　　　γ₀ = 1
方向：柱　　　　　　　γ_RE (S) = N/A　　　　　　γ_RE (V) = N/A
γ_RE = N/A　　　　　　抗震等级 = 二级　　　　　l_e =3000 mm
框剪结构 SMF = N/A　　b =700 mm　　　　　　h =700 mm
l_y=3000 mm　　　　　 t_f =15 mm　　　　　　 l₃₃=3000 mm
t_w=15 mm　　　　　　 E_s =206000 MPa　　　　f_a =310 MPa
l₂₂=3000 mm　　　　　 f_c =14.3 MPa
E_c =30000 MPa

设计内力

组合	N kN	M₃₃ kN-m	M₂₂ kN-m	V₂ kN	V₃ kN
DCon1-1	-197.6271	22.7691	-11.8473	-11.1277	6.2764

设计系数 - 稳定系数，弯矩系数，塑性系数，截面影响系数，整体稳定系数

	α_c 系数	dn mm	长度 系数	有效长度 系数	λ 系数	λ 限值	β 系数
主弯曲	0.335	221.1	1.25	0.833	12.391	66.026	0.487
次弯曲	0.335	221.1	1.25	0.833	12.391	66.026	0.444

拉弯构件和压弯构件设计

强度比例

$$\gamma\left(\frac{N}{N_u}+(1-\alpha_c)\frac{M_x}{M_{ux}}+(1-\alpha_c)\frac{M_y}{M_{uy}}\right)=0.017$$

CECS159-2004
(6.2.5-1)

稳定比

$$\gamma\left[\frac{N}{\varphi_x N_u}+\frac{\beta_x M_x}{1.4\,M_{ux}}+(1-\alpha_c)\frac{\beta_y M_y}{(1-0.8N/N'_{Ey})M_{uy}}\right]=0.014$$

CECS159-2004
(6.2.6-3)

抗剪设计

主方向比　CECS159-2004 (6.3.4-1)

$$\frac{V_y}{2t(b-2t)f_v}=0.003$$

CECS159-2004
(6.3.4-1)

次方向比　CECS159-2004 (6.3.4-2)

$$\frac{V_x}{2t(h-2t)f_v}=0.002$$

CECS159-2004
(6.3.4-2)

图 5.4-2　矩形钢管混凝土柱设计细节

矩形钢管混凝土柱设计细节说明　　　　　　　　　　表 5.4-2

项目	参数	说明
设计内力	组合	当前设计组合名称
	N、M33、M22、V2、V3	当前设计组合下的设计内力
设计系数	α_c	受压构件中混凝土的工作承担系数，按 CECS 159：2004 第 4.4.2 条确定

续表

项目	参数	说明
设计系数	d_n	管内混凝土受压区高度，按 CECS 159：2004 第 6.2.1 条第 4 款计算
	长度系数	考虑柱端约束条件的计算长度系数，根据梁柱刚度的比值按 GB 50017—2011 确定
	有效长度系数	考虑柱身弯矩分布梯度影响的等效长度系数，按 JGJ 3—2010 第 F.1.6 条确定
	系数 λ	长细比，按 CECS 159：2004 第 6.1.3 条第 2 款计算
	限值 λ	长细比限值，按 GB 50017—2011 和 GB/T 50011—2010 第 8.3.1 条确定
	系数 β	弯矩等效系数，柱两端弯矩设计值之绝对值较小者 M1 与绝对值较大者 M2 的比值，按 JGJ 3—2010 第 F.1.6 条确定
轴压构件设计	强度比例	强度验算。按 CECS 159：2004 第 6.1.1 条验算
	稳定比	稳定验算。按 CECS 159：2004 第 6.1.2 条验算
轴拉构件设计	—	强度验算。按 CECS 159：2004 第 6.1.4 条验算
拉弯和压弯构件设计	强度比例	强度验算。对于压弯构件，按 CECS 159：2004 第 6.2.5 条验算；对于拉弯构件，按 CECS 159：2004 第 6.2.7 条验算
	稳定比	稳定验算。对于受压构件，按 CECS 159：2004 第 6.2.6 条验算柱分别绕主轴 x、y 的稳定性
抗剪设计	—	按 CECS 159：2004 第 6.3.4 条验算柱的抗剪承载力
强柱弱梁	—	对于地震组合，按 CECS 159：2004 第 6.3.3 条验算柱节点

参考文献

［1］ 北京筑信达工程咨询有限公司. 中国 2010 规范混凝土框架设计技术报告［R］. 2022.

［2］ Concrete Frame Design Manual ACI 318-19 for ETABS［Z］. 2023.

［3］ 李楚舒. 钢筋混凝土构件正截面极限承载力计算的快速方法：CN 104699988 A［P］. 2017-07-21.

［4］ 周立浪，陈梦龙，扶长生. 双向板裂缝及长期开裂挠度的有限元非线性分析［J］. 建筑结构，2021，51（2）：15-22，63.

［5］ 住房和城乡建设部. 高层建筑混凝土结构技术规程：JGJ 3—2010［S］. 北京：中国建筑工业出版社，2010.

［6］ 住房和城乡建设部. 建筑结构荷载规范：GB 50009—2012［S］. 北京：中国建筑工业出版社，2012.

［7］ 住房和城乡建设部. 建筑抗震设计标准：GB/T 50011—2010［S］. 2024 年版. 北京：中国建筑工业出版社，2024.

［8］ 住房和城乡建设部. 混凝土结构设计标准：GB/T 50010—2010［S］. 2024 年版. 北京：中国建筑工业出版社，2024.

［9］ Computers & Structures Inc. SAFE V20 Manuals-Analysis Verification Example［Z］.

［10］ Computers & Structures Inc. SAFE Key Features and Terminology［Z］.

［11］ 中国建设工程标准化协会. 矩形钢管混凝土结构技术规程：CECS 159：2004［S］. 北京：中国计划出版社，2004.

第6章

钢框架设计

钢框架设计主要有强度、稳定两大部分。《钢结构设计标准》GB 50017—2017 增加了直接分析法，与稳定设计发展的趋势相符，也与国际上主流的钢结构稳定设计方法相符。本章结合我国规范的要求介绍 ETABS 的钢框架设计，先从设计方法入手，介绍相关的知识点以及 ETABS 的实现方法；然后，按照在 ETABS 中进行钢框架设计的流程，依次介绍重要的参数设置、操作方法、结果表达；最后，介绍在 ETABS 中进行钢框架自动优化设计和组合梁设计的相关知识。

6.1　分析方法

本节重点介绍《钢结构设计标准》GB 50017—2017 直接分析法的实现。为了便于读者理解，首先介绍"屈曲分析""二阶效应"相关的基础知识。然后，依次介绍一阶分析法、二阶分析法与直接分析法的操作要点，帮助读者掌握这几个设计方法的联系与区别，以及在 ETABS 中的实现方法。

6.1.1　屈曲分析

基于结构失稳的性质，稳定性分析可分为 3 种类型：分支点失稳、极值点失稳、跳跃失稳。本章介绍的（特征值）屈曲分析适用于求解分支点失稳问题，而极值点失稳和跳跃失稳问题属于非线性静力分析的范畴，本章不涉及。分支点失稳指当无任何缺陷的结构或构件承受的荷载达到某个临界值时，结构或构件将出现初始平衡状态外的新平衡状态，又称为平衡分岔失稳。结构失稳时的临界荷载称为屈曲荷载，即屈曲因子与实际荷载的乘积。由于此类失稳问题的求解属于数学上的特征值问题（类似于特征向量法的模态分析），故也称为特征值屈曲分析。理想的中心受压直杆或中面受压平板的失稳均属于分支点失稳。

1. 理论基础

特征值屈曲分析用于计算结构在特定荷载作用下的屈曲模态和屈曲因子。在数学上即求解以下广义特征方程：

$$[K - \lambda G(r)]\phi = 0 \tag{6.1-1}$$

式中：K——结构的弹性刚度矩阵；

$\quad G(r)$——结构的几何刚度矩阵；

$\quad\quad \lambda$——第 i 阶屈曲因子（特征值）；

$\quad\quad \phi$——第 i 阶屈曲模态（特征向量）。

几何刚度即荷载产生的应力刚化效应对结构弹性刚度的修正，具体数值与荷载的大小、方向以及分布形式密切相关。如图 6.1-1 所示，一根简支梁除承受跨中竖向力 F 以外，还承担了轴向压力 P。由于轴向压力的作用，该梁的跨中弯矩和跨中挠度相比纯受弯状态简支梁进一步增大。结构的 P-Δ 效应就是由杆件的轴力导致结构刚度发生变化引起的；杆件的轴力对刚度的影响可用几何刚度来表征。特征值屈曲分析是结构 P-Δ 效应达到的临界状态，即初始刚度与几何刚度相等时结构发生特征值屈曲，此时结构的平衡状态即屈曲模态。

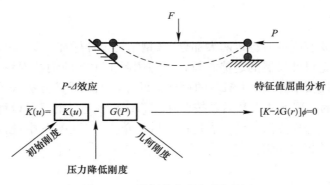

图 6.1-1　特征值方程和几何刚度

特征值即屈曲因子，也就是实际荷载的缩放系数，故屈曲荷载等于屈曲因子与实际荷载的乘积。屈曲因子大于 1.0 代表增大荷载可使结构失稳；屈曲因子小于 1.0 代表实际荷载大于屈曲荷载；屈曲因子为负值代表实际荷载反向可使结构失稳。特征向量即屈曲模态，也就是结构发生分支点失稳时的变形形状。

特征值模态分析在数学上也是求解类似的广义特征方程：

$$(K - \lambda M)\phi = 0 \qquad\qquad (6.1\text{-}2)$$

该表达式与特征值屈曲分析的表达式很类似，数学上都是计算特征值、特征向量，但是实际的物理意义不同：特征值屈曲模态与荷载的空间分布形式密切相关，用户应根据不同的荷载分布形式定义相应的屈曲工况；而特征向量法的模态分析用于计算结构无阻尼自由振动的振型和周期，分析结果只与结构的质量和刚度有关，与荷载的分布形式完全无关。计算特征值模态分析如果出现负特征值，说明模型定义有错误。可能原因：支座约束不足；构件间连接无效；负质量或结构刚度有问题等。此时需排查相应问题，规避负特征值。若计算特征值屈曲分析出现负特征值，说明结构反向加载会导致屈曲失稳，并不一定是模型出错。

以图 6.1-2 所示的壳单元模拟的开洞钢梁模型为例，说明负特征值问题。图 6.1-2 所示的钢框架结构，壳单元模拟腹板开洞钢梁，钢梁上翼缘铺设混凝土楼板。由于混凝土楼板与上翼缘连接，能有效避免上翼缘的受压失稳，自重下不存在失稳问题。但是程序仍然能计算出负的特征值。负特征值指：施加反向荷载后，下翼缘受压，进而引发下翼缘屈曲失稳（图 6.1-3）。

因此，用户进行屈曲分析时，需判断程序计算结果的有效性和合理性。

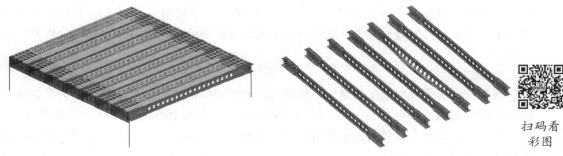

图 6.1-2　壳单元模拟的开洞钢梁模型　　　图 6.1-3　钢梁下翼缘失稳的屈曲模态

扫码看
彩图

2. 屈曲工况

ETABS 中进行屈曲分析的基本步骤是：定义用于屈曲分析的荷载模式；在荷载工况中添加屈曲工况；运行分析；查看结果，得到各阶屈曲因子及屈曲模态。

点击【定义→荷载工况→添加荷载工况→屈曲工况】命令，弹出如图 6.1-4 所示对话框。其中，屈曲工况的定义包括非线性刚度、施加荷载以及模态数量和收敛容差等选项和参数。屈曲分析采用的质量源与结构刚度保持一致，即：零初始条件采用默认的质量源，非线性工况的终止刚度采用与非线性工况相同的质量源。除施加加速度荷载（荷载类型 Acceleration）以外，多数情况下，质量源的定义对于屈曲分析并无影响。屈曲工况各参数设置如下：

图 6.1-4　定义屈曲工况

1）P-Δ（P-Delta）/非线性刚度

用于定义屈曲分析开始时的刚度。默认情况下程序会采用整个结构考虑预设 P-Δ 选项下的刚度。当预设 $P\text{-}\Delta$ 选项为"无"时，程序采用零初始条件（无应力状态）下的弹性刚度。用户也可以选择某个非线性分析工况结束时的终止刚度，作为屈曲分析开始时的刚度。

2）施加荷载

通过荷载模式或加速度指定用于生成几何刚度矩阵的空间分布荷载，比例系数可用于调整不同荷载间的相对大小，如：1.0×DEAD（恒荷载）和 0.5×LIVE（活荷载）。

注意，如果各个荷载的比例系数等比例缩放（如 1.0/0.5→10/5），屈曲因子将反向等比例缩放（即 $\lambda \to 0.1\lambda$）。

一般屈曲分析施加的荷载为满跨均布恒载＋活载。根据《空间网格结构技术规程》JGJ 7—2010，对于圆柱面网壳和椭圆形网壳，除应考虑满跨均布荷载外，尚应考虑半跨活荷载分布的情况。

3）其他参数

用户可根据需要指定屈曲模态的数量和收敛容差。常规结构的前若干阶屈曲因子在数值上比较接近，故建议指定大于 1 的模态数量（默认值为 6）。对于收敛容差，建议保留默认值（1.0×10^{-9}）。

完成上述参数的设定后，点击确定，完成屈曲分析工况的设置。重复以上操作，即可生成任意数量的屈曲分析工况，从而可对多种荷载作用形式下的结构屈曲模态分别进行分析。

◎相关操作请扫码观看视频：

视频 6.1-1 屈曲分析操作流程

6.1.2　结构 $P\text{-}\Delta$ 效应

二阶效应可分成结构重力二阶效应（$P\text{-}\Delta$ 效应）和构件挠曲二阶效应（$P\text{-}\delta$ 效应）（图 6.1-5）。

ETABS 中既可以通过【定义→预设 P-Delta 选项】命令近似考虑结构 $P\text{-}\Delta$ 效应，也可以通过直接定义非线性工况更加精确考虑结构 $P\text{-}\Delta$ 效应。程序操作流程及两种方法的优劣见本书第 2.3.7 节。

◎相关操作请扫码观看视频：

视频 6.1-2 结构 $P\text{-}\Delta$ 效应

6.1.3　结构 $P\text{-}\delta$ 效应

$P\text{-}\delta$ 效应是指柱子本身的挠曲产生的二阶效应，又称挠曲二阶效应。柱子受压会产生如图 6.1-5 所示的挠曲，其中柱子跨中的挠曲最大，为 δ；结构竖向力 P 会在杆件跨中产生一个附加弯矩 $M = P \times \delta$，由于这个附加弯矩的存在，更进一步增大了柱子的挠曲 δ；这种效应就称为 $P\text{-}\delta$ 效应。

结构的 P-δ 效应也是几何非线性问题，需要通过非线性分析来求解。

根据《钢结构设计标准》GB 50017—2017 第 5.1.2 条条文说明，二阶弹性 P-Δ 分析法在结构分析中仅考虑了 P-Δ 效应，而在设计阶段附加考虑 P-δ 效应；直接分析则将这些效应直接在结构分析中进行考虑，故设计阶段不再考虑二阶效应。

在 ETABS 中，结构的 P-δ 效应可通过命令：【指定→框架→自动剖分选项】来实现的（图 6.1-6）。《钢结构设计标准》GB 50017—2017 第 5.5.3 条条文说明：一般构件划分单元数不宜小于 4。

图 6.1-5　结构 P-Δ 效应和 P-δ 效应

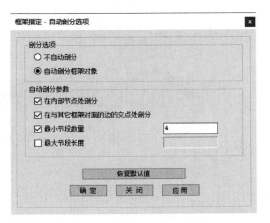

图 6.1-6　框架自动剖分选项

◎ 相关操作请扫码观看视频：

视频 6.1-3 结构 P-δ 效应

6.1.4　一阶分析法

根据《钢结构设计标准》GB 50017—2017 第 5.3.2 条规定，对于形式和受力复杂的结构，当采用一阶弹性分析方法进行结构分析与设计时，应按结构弹性稳定理论确定构件的计算长度系数，并应按《钢结构设计标准》第 6 章～第 8 章的有关规定进行构件设计。

当采用一阶分析法时，无需考虑结构的初始几何缺陷、P-Δ 效应、构件缺陷、P-δ 效应；只需要在构件设计阶段考虑构件的计算长度系数及稳定系数即可。

设计首选项设置

在 ETABS 中进行一阶分析法设计时，需注意在钢框架设计首选项的第 3 项【框架体系】选择合适的侧移框架体系，该选项会影响程序对计算长度系数的取值；第 7 项【分析方法】需选择一阶分析法，程序将自动根据规范计算有效长度系数、稳定系数等（图 6.1-7）。

设置完成后，可查看柱设计细节，查询柱的计算长度系数及稳定系数等相关信息。由图 6.1-8 可知，由于是有侧移框架体系，计算出的有效长度系数分别为 1.899（主方向）、1.383（次方向）；对应的稳定系数 φ 为 0.928（主方向）、0.837（次方向）。

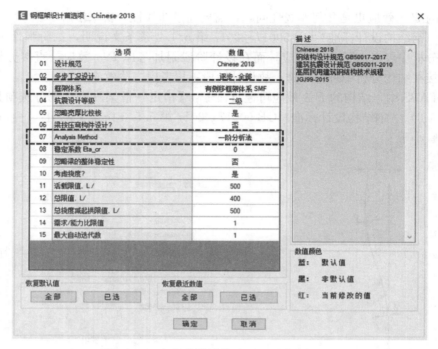

图 6.1-7　钢框架设计首选项（一阶分析法）

稳定系数 (GB50017-5.2.5)

	无支撑长度系数	等效长度 Factor, μ	λ 比例	λ 限值	Euler N'ε(kN)	弯矩系数 1 / (1-0.8 N/N'ε)
主抗弯	0.8	1.899	26.118	150	59255.282	1.003
次抗弯	0.8	1.383	32.797	150	37579.1354	1.004

稳定系数 (GB50017-附录 C)

	截面等级	λn 比例	α1 系数	α2 系数	α3 系数	φ 系数
主轴	B	0.345	0.65	0.965	0.3	0.928
次轴	C	0.433	0.73	0.906	0.595	0.837

图 6.1-8　一阶分析法的计算长度系数和稳定系数

◎相关操作请扫码观看视频：

视频 6.1-4 钢框架一阶分析法

6.1.5　二阶分析法

根据《钢结构设计标准》GB 50017—2017 第 5.4.1 条，采用仅考虑 $P\text{-}\Delta$ 效应的二阶弹性分析时，应按《钢结构设计标准》第 5.2.1 条考虑结构的整体初始缺陷，计算结构在各种荷载或作用设计值下的内力和标准值下的位移，并应按《钢结构设计标准》第 6 章～第 8 章的有关规定进行各结构构件的设计，同时应按《钢结构设计标准》的有关规定计算连接和节点设计。计算构件轴心受压稳定承载力时，构件计算长度系数 μ 可取 1.0 或其他认可的值。

1. 结构整体初始几何缺陷

《钢结构设计标准》GB 50017—2017 允许通过在每层柱顶施加假想水平力等效考虑结构整体初始几何缺陷。在 ETABS 中，用户需要设置假想水平力来考虑结构整体初始几何缺陷。按《钢结构设计标准》GB 50017—2017 式（5.2.1-2）的要求，用户需要在荷载比率中输入 $(1/250)\sqrt{0.2+1/n_s}$ 的计算值，见图 6.1-9 与图 6.1-10。

$$H_{ni}=\frac{G_i}{250}\sqrt{0.2+\frac{1}{n_s}} \tag{6.1-3}$$

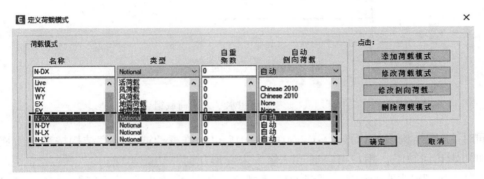

图 6.1-9　假想水平力

需要注意的是，用户应考虑所有重力荷载的在 X 和 Y 方向的假想水平力，假想水平力在荷载组合中的荷载分项系数与对应的荷载工况是相同的。并且 X 和 Y 方向的初始缺陷每次只考虑一个方向，但需考虑正负方向可能引起的最不利效应，程序中的默认荷载组合已考虑以上情况。

现举一例简单介绍假想水平力的定义与荷载组合。假定某工程需要考虑恒荷载、活荷载以及风荷载三种荷载的组合，其荷载模式定义应如

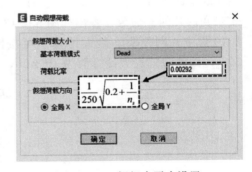

图 6.1-10　假想水平力设置

图 6.1-9、图 6.1-10 所示，其中 N-DX 和 N-DY 分别表示 X 和 Y 方向对应恒荷载的假想水平力，N-LX 和 N-LY 分别表示 X 和 Y 方向对应活荷载的假想水平力。基于前面介绍的组合原则，程序生成荷载组合的形式如表 6.1-1、图 6.1-11 所示。

荷载组合示例	表 6.1-1
不考虑假想水平力时	1.3Dead＋1.5Live＋0.9Wx
考虑假想水平力时	1.3Dead＋1.5Live＋0.84Wx＋1.3N-DX＋1.5N-LX
	1.3Dead＋1.5Live＋0.84Wx－1.3N-DX－1.5N-LX
	1.3Dead＋1.5Live＋0.84Wx＋1.3N-DY＋1.5N-LY
	1.3Dead＋1.5Live＋0.84Wx－1.3N-DY－1.5N-LY

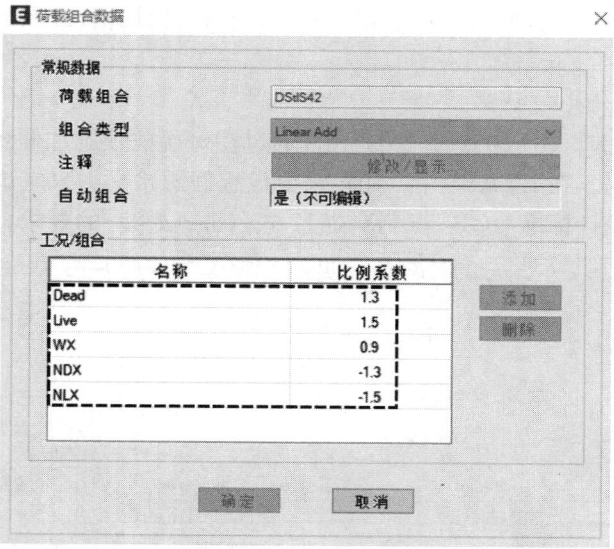

图 6.1-11　考虑假想水平力的荷载组合

同时，《钢结构设计标准》GB 50017—2017 也允许框架或大跨度结构按最低阶屈曲模态施加初始几何缺陷。用户可以通过"修改未变形几何"功能实现。

以某 30m 跨度网壳为例，说明如何通过【分析→修改未变形几何】命令，完成结构整体缺陷的添加。图 6.1-12 为该网壳完成屈曲分析后的一阶屈曲模态，点击【分析→修改未变形几何】命令，弹出如图 6.1-13 所示的对话框。《空间网格结构技术规程》JGJ 7—2010 规定，网壳缺陷最大计算值可按网壳跨度的 1/300 取值。由于本案例网壳跨度为30m，因此缺陷最大计算值为 100mm，该数值对应图 6.1-13 中的最大位移。

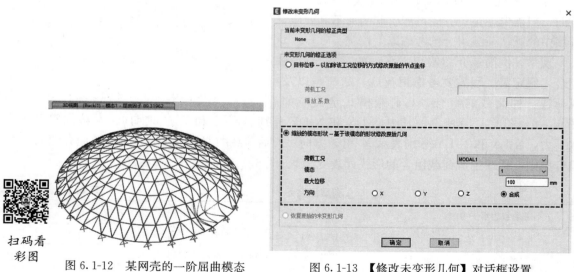

扫码看
彩图

图 6.1-12　某网壳的一阶屈曲模态　　图 6.1-13　【修改未变形几何】对话框设置

ETABS 程序是通过调整计算模型各节点坐标的方式，施加结构整体缺陷。图 6.1-14 为修改未变形几何前的 195 号节点坐标，图 6.1-15 为修改未变形几何后的 195 号节点坐标。从图 6.1-14 和图 6.1-15 可知，程序执行"修改未变形几何"命令后，各节点坐标根据一阶屈曲模态，结合网壳缺陷最大计算值进行了相应调整，从而考虑结构整体缺陷。

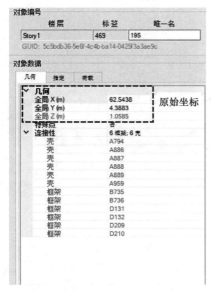 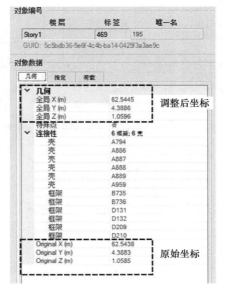

图 6.1-14　修改未变形几何前的某节点坐标　　　图 6.1-15　修改未变形几何后的某节点坐标

若用户想恢复施加结构整体缺陷前的模型，可通过【分析→修改未变形几何→恢复原始的未变形几何】命令实现（图 6.1-16）。

图 6.1-16　"恢复原始的未变形几何"设置

2. $P\text{-}\Delta$ 效应

ETABS 中既可以通过【定义→预设 P-Delta 选项】命令近似考虑结构 $P\text{-}\Delta$ 效应（图 6.1-17），也可以通过将所有荷载组合转化为非线性工况的方式更加精确考虑结构 $P\text{-}\Delta$ 效应（图 6.1-18）。两种方法的详细介绍见本书第 2.3.7 节。

3. 设计首选项设置

在 ETABS 中进行二阶分析法设计时，需注意在钢框架设计首选项的第 3 项"框架体系"选择合适的侧移框架体系；第 7 项"Analysis Method"（分析方法）需选择二阶分析法（图 6.1-19）。

设计完成后，可查看柱设计细节，查询柱的计算长度系数及稳定系数等相关信息。由图 6.1-20 可知，虽然框架体系是有侧移框架体系，但由于选择的是二阶分析法，程序计算出的有效长度系数为 1.0（主方向）、1.0（次方向）；对应的稳定系数 φ 为 0.979（主方向）、0.908（次方向）。

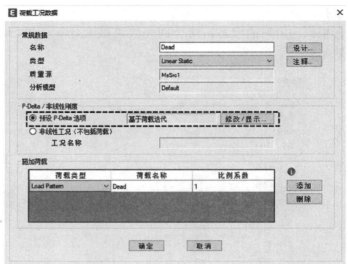

图 6.1-17 【预设 P-Delta 选项】考虑结构 P-Δ 效应

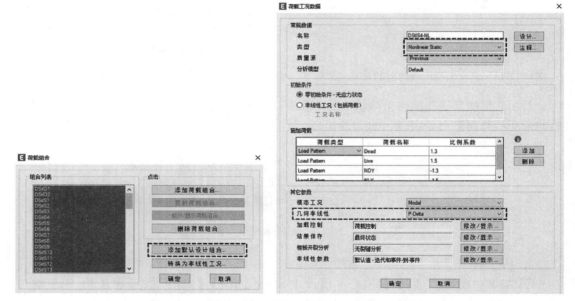

图 6.1-18 转换组合到非线性工况考虑结构 P-Δ 效应

◎ 相关操作请扫码观看视频：

视频 6.1-5 钢框架二阶分析法

6.1.6 直接分析法

1. 结构整体初始几何缺陷

相关操作及说明与第 6.1.5 节第 1 小节一致。

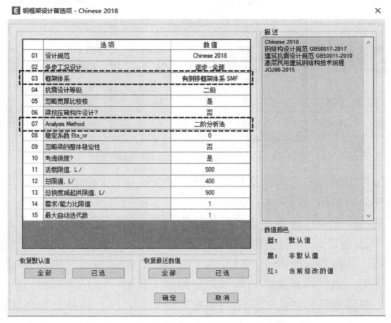

图 6.1-19　钢框架设计首选项（二阶分析法）

稳定系数 (GB50017-5.2.5)

	无支撑长度系数	有效长度 Factor, μ	λ 比例	λ 限值	Euler N' E (kN)	弯矩系数 1 / (1-0.8 N/N' E)
主抗弯	0.8	1	13.753	150	213710.4892	1.001
次抗弯	0.8	1	23.714	150	71878.6826	1.002

稳定系数 (GB50017-附录 C)

	截面等级	λn 比例	α1 系数	α2 系数	α3 系数	φ 系数
主轴	B	0.182	0.65	0.965	0.3	0.979
次轴	C	0.313	0.73	0.906	0.595	0.908

图 6.1-20　二阶分析法的计算长度系数和稳定系数

2. P-Δ 效应

相关操作及说明与第 6.1.5 节第 2 小节一致。

3. 构件初始缺陷

为考虑构件的初始弯曲以及残余应力等的影响，《钢结构设计标准》GB 50017—2017 要求对构件施加构件的初始缺陷。在程序中，构件的初始缺陷并未直接在分析中进行考虑，而是在设计中以附加弯矩的形式进行考虑。如图 6.1-21 所示，附加弯矩按 $M_a = N_k \cdot \delta_0 = N_k \cdot e_0 \sin(\pi x/l)$ 计算，其中 x 为测站位置。如图 6.1-22 所示，程序在构件设计阶段将附加弯矩和计算弯矩进行叠加，得到最终设计弯矩。

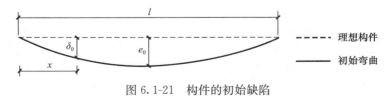

图 6.1-21　构件的初始缺陷

弯矩修正

	系数 M_f kN-m	放大后的 放大后的弯矩 kN-m	缺陷 构件初始弯曲缺陷值e_0 / l Unitless	Additional $M_a = e_0 * N_k$ kN-m	调整后的 $M_{ampl} + M_a$ kN-m	Design 设计弯矩值M_{design} kN-m
主轴	-4.1476	-4.1476	1/350	5.5047	-4.1476	-4.1476
次轴	-34.5854	-34.5854	1/300	6.4221	-41.0075	-41.0075

图 6.1-22 考虑构件初始缺陷的附加弯矩

注意：附加弯矩的大小是与测站相关，同一个工况下，端部的附加弯矩小，中间的附加弯矩大，并且主轴的附加弯矩和次轴的附加弯矩不同时考虑。

以某钢框架结构框架柱为例，说明初始缺陷的施加与测站的关系。

图 6.1-23 和图 6.1-24 分别是同一框架柱在端部和中部测站的应力比及相应构件初始缺陷的附加弯矩。从两图对比可知：（1）对于框架柱，端部测站弯矩往往远大于中部测站弯矩；（2）本例中，构件初始缺陷的附加弯矩施加于次轴；（3）端部测站构件初始缺陷的附加弯矩为零，中部测站构件初始缺陷的附加弯矩最大；（4）即使叠加考虑构件缺陷的附加弯矩，端部最终的设计弯矩值依然大于中部；（5）因此，框架柱的最终控制测站往往在构件端部，而端部处的构件初始缺陷的附加弯矩为零。

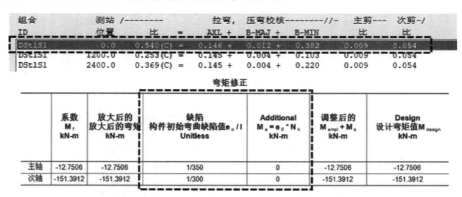

组合 ID	测站 位置	比	=	AXL +	B-MAJ +	B-MIN	比	比
DSt1S1	0.0	0.540(C)	=	0.146 +	0.012 +	0.382	0.009	0.054
DSt1S1	1200.0	0.253(C)	=	0.145 +	0.004 +	0.103	0.009	0.054
DSt1S1	2400.0	0.369(C)	=	0.145 +	0.004 +	0.220	0.009	0.054

弯矩修正

	系数 M_f kN-m	放大后的 放大后的弯矩 kN-m	缺陷 构件初始弯曲缺陷值e_0 / l Unitless	Additional $M_a = e_0 * N_k$ kN-m	调整后的 $M_{ampl} + M_a$ kN-m	Design 设计弯矩值M_{design} kN-m
主轴	-12.7506	-12.7506	1/350	0	-12.7506	-12.7506
次轴	-151.3912	-151.3912	1/300	0	-151.3912	-151.3912

图 6.1-23 框架柱端部测站，应力比及构件初始缺陷的附加弯矩

组合 ID	测站 位置	比	=	AXL +	B-MAJ +	B-MIN	比	比
DSt1S1	0.0	0.540(C)	=	0.146 +	0.012 +	0.382	0.009	0.054
DSt1S1	1200.0	0.253(C)	=	0.145 +	0.004 +	0.103	0.009	0.054
DSt1S1	2400.0	0.369(C)	=	0.145 +	0.004 +	0.220	0.009	0.054

弯矩修正

	系数 M_f kN-m	放大后的 放大后的弯矩 kN-m	缺陷 构件初始弯曲缺陷值e_0 / l Unitless	Additional $M_a = e_0 * N_k$ kN-m	调整后的 $M_{ampl} + M_a$ kN-m	Design 设计弯矩值M_{design} kN-m
主轴	-4.1476	-4.1476	1/350	5.5047	-4.1476	-4.1476
次轴	-34.5854	-34.5854	1/300	6.4221	-41.0075	-41.0075

图 6.1-24 框架柱中部测站，应力比及构件初始缺陷的附加弯矩

4. P-δ 效应

P-δ 效应通常指在构件轴力在构件挠度下产生的附加效应。对于承受轴力的柱或梁，当柱或梁的挠度较大时，构件的 P-δ 效应将不可忽略。用户需要在已考虑 P-Δ 效应的前提下，通过【指定→框架→自动剖分选项】命令，对构件进行细分，来考虑 P-δ 效应。一般情况下，将构件剖分为 3~5 段即可。

在 ETABS 中，结构的 P-δ 效应可通过命令：【指定→框架→自动剖分选项】来实现（图 6.1-25）。依据《钢结构设计标准》GB 50017—2017 第 5.5.3 条条文说明，一般构件划分单元数不宜小于 4。

图 6.1-25　杆件细分

5. 设计首选项设置

在 ETABS 中进行直接分析法设计时，需注意在钢框架设计首选项的第 3 项"框架体系"选择合适的侧移框架体系；第 7 项"分析方法"需选择直接分析法（图 6.1-26）。

钢框架设计首选项 - Chinese 2018

	选项	数值
01	设计规范	Chinese 2018
02	多步工况设计	逐步·全部
03	框架体系	有侧移框架体系 SMF
04	抗震设计等级	二级
05	忽略宽厚比校核	是
06	梁按压弯构件设计?	否
07	Analysis Method	直接分析法
08	稳定系数 Ba_cr	0
09	忽略梁的整体稳定性	否
10	考虑挠度?	是
11	活载限值. L/	500
12	总限值. L/	400
13	总挠度减起拱限值. L/	500
14	需求/能力比限值	1
15	最大自动迭代数	1

描述

Chinese 2018
钢结构设计规范 GB50017-2017
建筑抗震设计规范 GB50011-2010
高层民用建筑钢结构技术规程 JGJ99-2015

数值颜色

蓝：　默认值

黑：　非默认值

红：　当前修改的值

恢复默认值　全部　已选　恢复最近数值　全部　已选

确定　取消

图 6.1-26　钢框架设计首选项（直接分析法）

设计完成后，可查看柱设计细节，查询柱的计算长度系数及稳定系数等相关信息。由图 6.1-27 可知，虽然框架体系是有侧移框架体系，但由于选择的是直接分析法，程序计算出的有效长度系数为 1.0（主方向）、1.0（次方向）；对应的稳定系数 φ 为 1.0（主方向）、1.0（次方向）。

稳定系数 (GB50017-5.2.5)

	无支撑长度系数	等效长度 Factor, μ	λ 比例	λ 限值	Euler N'_E (kN)	弯矩系数 $1/(1-0.8 N/N'_E)$
主抗弯	0.8	1	13.753	150	213710.4892	1.001
次抗弯	0.8	1	23.714	150	71878.6826	1.002

稳定系数 (GB50017-附录 C)

	截面等级	λ_n 比例	α_1 系数	α_2 系数	α_3 系数	φ 系数
主轴	B	0.182	0.65	0.965	0.3	1
次轴	C	0.313	0.73	0.906	0.595	1

图 6.1-27　直接分析法的计算长度系数和稳定系数

查看该构件的初始缺陷计算细节，可知程序将初始缺陷导致的附加弯矩与有限元分析得到的弯矩相叠加，得到最终的设计弯矩。构件初始缺陷只需要施加在构件一侧。从计算书（图 6.1-28）可知，构件初始缺陷最终施加于次轴方向，即将次轴方向的弯矩放大了，说明沿次轴方向施加初始缺陷后，设计更不利。

弯矩修正

	系数 M_f kN-m	放大后的放大后的弯矩 kN-m	缺陷 构件初始弯曲缺陷值e_0/l Unitless	Additional $M_a = e_0 * N_k$ kN-m	调整后的 $M_{ampl} + M_a$ kN-m	Design 设计弯矩值M_{design} kN-m
主轴	-4.1476	-4.1476	1/350	5.5047	-4.1476	-4.1476
次轴	-34.5854	-34.5854	1/300	6.4221	-41.0075	-41.0075

图 6.1-28　直接分析法的构件初始缺陷

◎相关操作请扫码观看视频：

视频 6.1-6 钢框架直接分析法

6.1.7　小结

以上介绍了《钢结构设计标准》GB 50017—2017 要求的三种设计方法及在 ETABS 中的实现：通过设置"假想水平力"考虑初始几何缺陷；通过预设 P-Δ 选项或使用非线性工况考虑结构 P-Δ 效应；通过构件设计阶段附加"假想等效弯矩"考虑构件缺陷；通过杆件细分考虑构件 P-δ 效应。程序依据不同设计方法的要求，自动计算计算长度系数、稳定系数和设计弯矩。用户可以从设计结果细节中查看相应的数值。综上，三种设计方法的要点见表 6.1-2。

钢结构设计方法汇总　　　　　　　　　　表 6.1-2

设计方法	初始几何缺陷	P-Δ	构件缺陷	P-δ	计算长度系数	稳定系数 φ	设计弯矩
一阶分析法	无	无	无	无	GB 50017—2017 附录 E	GB 50017—2017 附录 D	分析弯矩

续表

设计方法	初始几何缺陷	P-Δ	构件缺陷	P-δ	计算长度系数	稳定系数 φ	设计弯矩
二阶分析法	假想水平力法	预设 P-Δ 选项或使用非线性工况	无	无	1.0	GB 50017—2017 附录 D	分析弯矩
直接分析法	假想水平力法	预设 P-Δ 选项或使用非线性工况	假想等效弯矩	杆件细分	无	1.0	分析弯矩＋假想等效弯矩

6.2　钢框架设计基本流程

用户可通过点击【设计→钢框架设计】命令，开始钢框架设计。

在运行分析以前，设计菜单中的命令为非激活状态。完成一次分析后，才可对模型进行设计。钢框架结构设计的一般步骤如下：

1）设置钢框架设计首选项

使用【设计→钢框架设计→查看/修改首选项】命令选择钢框架设计规范，并查看其设计首选项，程序已为所有钢框架设计首选项提供了默认值，如果有必要可进行修改。

2）查看修改覆盖项

使用【设计→钢框架设计→查看/修改覆盖项】命令，可以对选定构件的覆盖项进行修改。使用该命令前，需先选择框架单元，然后再点击此命令查看。这里可以选择单个构件，也可以选择多个构件，查看、修改其覆盖项。程序已经为全部钢框架设计覆盖项提供了默认值，如果有必要可进行修改。

3）选择设计组合

程序会自动生成规范规定的设计荷载组合，若仅按规范规定的组合形式进行设计，可不操作这一步。但如果需要使用与默认生成项不同的荷载组合，可点击【设计→钢框架设计→选择设计组合】，通过添加或移除按钮对组合列表中的组合形式进行增减。设计过程中将考虑设计组合列表中的所有组合形式。

4）运行设计

点击【设计→钢框架设计→开始设计/校核】命令，运行钢框架设计。

5）显示设计信息

运行设计完成以后，程序会自动显示杆件的截面信息及应力比。也可点击【设计→钢框架设计→显示设计信息】，在弹出对话框中的下拉菜单中选择需要显示的设计结果，其中包括压弯应力比、剪切应力比、超限构件等结果。

若查看设计结果后，希望更改部分构件截面，可使用【设计→钢框架设计→改变设计截面】命令，对选中的钢构件修改设计截面。再次点击【设计→钢框架设计→开始设计/校核】命令，运行设计，此次设计将使用新的构件设计截面。注意，这样的操作会使得同一构件的分析截面和设计截面不一致，此时，有必要使用命令【设计→钢框架设计→分析截面 vs 设计截面】，程序将自动对所有截面进行检查并给出提示。当存在构件的分析截面和设计截面不一致时，需要执行【分析→运行分析】命令重新进行结构分析，再执行设计，直至所有构件的分析截面和设计截面完全一致。

6.2.1 钢结构设计首选项

为满足钢结构设计的不同需求，ETABS 提供了钢结构设计首选项设置功能。在钢结构设计首选项中，程序对各参数设置了默认值。在钢结构设计之前，用户需要对首选项中的参数设置进行查看，并根据自己的需要对其进行修改。

点击【设计→钢框架设计→查看/修改首选项】命令，弹出【钢框架设计首选项】对话框，如图 6.2-1 所示。

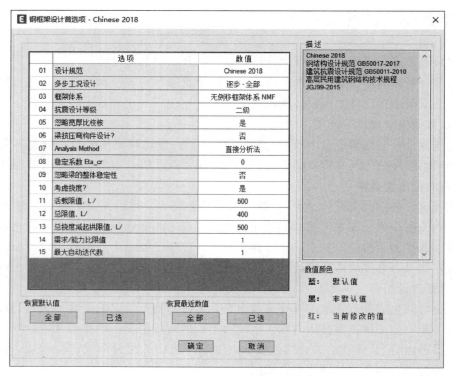

图 6.2-1　【钢框架设计首选项】对话框

各参数的具体含义见表 6.2-1。

钢框架设计首选项参数释义　　　　　　　　　　　　表 6.2-1

项目	可选值	默认值	含义
设计规范	Chinese2018 等各国规范名称	Chines2018	选择设计规范
多步工况设计	包络/逐步/最后步/包络-全部/逐步-全部，等	逐步-全部	定义设计组合中包含多值工况时如何使用多值工况的结果
框架体系	有侧移框架体系 SMF，中心支撑框架体系 CBF，偏心支撑框架体系 EBF，无侧移框架体系 NMF	无侧移框架体系 NMF	根据模型是否存在支撑构件以及支撑类型选择。影响柱计算长度、中心支撑构件抗震设计计算的公式和内力调整（JGJ 99—2015 第 7.5.5 条），以及偏心支撑抗震计算公式
抗震设计等级	一级/二级/三级/四级/非抗震	二级	设置钢结构抗震等级，参见 GB/T 50011—2010 第 8.1.3 条

续表

项目	可选值	默认值	含义
忽略宽厚比校核	是/否	是	对应 GB 50017—2017 中所有对钢构件宽厚比或高厚比限制的验算
梁按压弯构件设计?	是/否	否	梁是否按照压弯构件设计
Analysis Method（分析方法）	直接分析法/二阶分析法/一阶放大法/一阶分析法	直接分析法	不同的分析方法将影响是否考虑初始缺陷、二阶效应，以及计算长度系数、稳定系数 φ、设计弯矩的取值
稳定系数 Eta_cr		0	该系数指整体结构最低阶弹性临界荷载与荷载设计值的比值，将影响结构的二阶效应系数、杆件的弯矩增大系数的取值。参见 GB 50017—2017 第 5.1.6 条、第 5.4.2 条。该值一般大于 1，若取 0 代表稳定系数无穷大
忽略梁的整体稳定性	是/否	否	选择是否忽略梁的整体稳定性验算，若选是，则程序不验算梁整体稳定
考虑挠度?	是/否	否	设计过程是否考虑挠度限值
活载限值，L/	>0	500	附加活荷载下的挠度限值，输入 240 表示限值为 L/240，输入 0 表示不校核此项
总限值，L/	>0	400	总荷载挠度限值，输入 240 表示限值为 L/240，输入 0 表示不校核此项
总挠度减起拱限值，L/	>0	500	净挠度限值。总荷载挠度减去起拱值，即得到净挠度。输入 240 表示限值为 L/240，输入 0 表示不校核此项
需求/能力比限值	>0	1	设定最大应力比。在自动优化设计中作为应力比控制限值，超出此值将更换截面或给出警告信息
最大自动迭代数		1	采用自动选择列表进行框架设计时，程序最大的自动迭代次数

注意：即使设计首选项考虑挠度验算为"是"，程序也仅对水平构件（两端点 z 坐标相同，x、y 坐标不同的构件）进行挠度验算；即使将非水平构件指定为"梁"设计类型，依然无法完成挠度验算。

6.2.2　钢结构设计覆盖项

在进行钢结构设计前，ETABS 会对钢结构构件的设计参数指定默认值，如果要对某些构件的细部参数进行查看修改，可以通过查看修改钢结构的覆盖项来实现这部分功能。首先选中要查看修改的构件（可以为多个构件），点击【设计→钢框架设计→查看/修改覆盖项】命令弹出钢框架设计覆盖项对话框，如图 6.2-2 所示。覆盖项中各项的含义见表 6.2-2。

图 6.2-2 【钢框架设计覆盖项】对话框

钢框架设计覆盖项参数释义 表 6.2-2

项目	可选值	默认值	含义
当前设计截面	所有钢截面	当前截面	可直接修改截面，并按照修改后的截面，基于先前设计内力校核计算
框架体系	有侧移框架体系 SMF，中心支撑框架体系 CBF，偏心支撑框架体系 EBF，无侧移框架体系 NMF	首选项值	指定框架体系类型
设计类型	柱、梁、支撑、桁架	程序确定	指定构件的设计类型
抗震设计等级	特一级、一级、二级、三级、四级	首选项值	指定抗震设计等级
耗能构件?	是/否	否	
Is Transfer Member（转换柱）?	Yes/No	No	指定是否为转换柱
地震放大系数	≥1.0	程序计算	必要时可对特殊构件地震作用产生的内力进行调整
框剪结构剪力调整系数（SMF）	≥1.0	程序计算	框架承担最小地震剪力调整系数对应 JGJ 3—2010 第 8.1.4 条

续表

项目	可选值	默认值	含义
忽略宽厚比校核	Yes/No	首选项值	是否忽略宽厚比的验算
梁按压弯构件设计?	Yes/No	首选项值	梁是否按照压弯构件设计
轧制截面?	Yes/No	Yes	截面是否为轧制截面,用于判断截面类型,参见 GB 50017—2017 表 7.2.1-1
翼缘为焰切边?	Yes/No	No	截面翼缘是否为焰切边,用于判断截面类型,参见 GB 50017—2017 表 7.2.1-1
两端铰接?	Yes/No	No	指定钢梁是否仅与腹板与柱或主梁连接,参见 JGJ 99—2015 第 7.1.2 条
忽略梁的整体稳定性	Yes/No	首选项值	选择是否忽略梁的整体稳定性验算,若选是,则程序不验算梁整体稳定
梁上翼缘加载?	Yes/No	Yes	梁上荷载是作用于梁上翼缘或下翼缘,用于梁的整体稳定系数计算,参见 GB 50017—2017 附录 C
考虑挠度?	Yes/No	首选项值	选择 Yes,以下各项挠度限值的输入框将变亮,输入挠度限值;选择 No,限值输入框将不可操作
活载挠度限值,L/	>0	首选项值	活荷载下的挠度限值,输入 240 表示限值为 L/240,输入 0 表示不校核此项
总荷载挠度限值,L/	>0	首选项值	总荷载挠度限值,输入 240 表示限值为 L/240,输入 0 表示不校核此项
净挠度限值,L/	>0	首选项值	净挠度限值。总荷载挠度减去起拱值,即得到净挠度。输入 240 表示限值为 L/240,输入 0 表示不校核此项
指定起拱值	≥0	程序确定	自定义的起拱具体数值,而不是比例系数
净截面与毛截面面积比	0~1	0.9	控制净截面与毛截面的面积比,默认 0.9;由于该选项只折减面积,因此只会折减构件的轴力项强度,而无法折减弯矩项强度
活荷载折减系数	≥0	程序计算	折减活荷载与该系数的乘积为框架对象的折减活荷载,与中国规范无关,可取 0
无支撑长度系数(主)	≥0	程序计算	构件主轴方向上,相邻两个有约束节点间的净长度(去掉叠合部分,如节点区)与几何长度的比值
无支撑长度系数(次)	≥0	程序计算	构件次轴方向上,相邻两个有约束节点间的净长度(去掉叠合部分,如节点区)与几何长度的比值

续表

项目	可选值	默认值	含义
有效长度系数 μ（主）	$\geqslant 0$	程序计算	根据 JGJ 99—2015 式（7.3.2-4）或式（7.3.2-11）计算的长度系数
有效长度系数 μ（次）	$\geqslant 0$	程序计算	根据 JGJ 99—2015 式（7.3.2-4）或式（7.3.2-11）计算的长度系数
弯矩增大系数（AlphaII 主）	$\geqslant 0$	首选项值	杆件主轴弯矩的增大系数，参见 GB 50017—2017 第 5.4.2 条。该系数只对"一阶放大法"有效
弯矩增大系数（AlphaII 次）	$\geqslant 0$	首选项值	杆件次轴弯矩的增大系数，参见 GB 50017—2017 第 5.4.2 条。该系数只对"一阶放大法"有效
轴向稳定系数（Phi 主）	$\geqslant 0$	程序计算	轴心受压构件的稳定系数（主轴）
轴向稳定系数（Phi 次）	$\geqslant 0$	程序计算	轴心受压构件的稳定系数（次轴）
弯曲稳定系数（Phi_b 主）	$\geqslant 0$	程序计算	受弯构件整体稳定系数 φ（主轴），参见 GB 50017—2017 第 8.2.5 条
弯曲稳定系数（Phi_b 次）	$\geqslant 0$	程序计算	受弯构件整体稳定系数 φ（次轴），参见 GB 50017—2017 第 8.2.5 条
弯矩系数（Beta_m 主）	$\geqslant 0$	程序计算	等效弯矩系数 β_m（主轴），参见 GB 50017—2017 第 8.2.5 条
弯矩系数（Beta_m 次）	$\geqslant 0$	程序计算	等效弯矩系数 β_m（次轴），参见 GB 50017—2017 第 8.2.5 条
弯矩系数（Beta_t 主）	$\geqslant 0$	程序计算	等效弯矩系数 β_t（主轴），参见 GB 50017—2017 第 8.2.5 条
弯矩系数（Beta_t 次）	$\geqslant 0$	程序计算	等效弯矩系数 β_t（次轴），参见 GB 50017—2017 第 8.2.5 条
塑性发展系数（主）	$\geqslant 0$	程序计算	截面塑性发展系数（主轴方向），参见 GB 50017—2017 第 6.1.2 条
塑性发展系数（次）	$\geqslant 0$	程序计算	截面塑性发展系数（次轴方向），参见 GB 50017—2017 第 6.1.2 条
截面影响系数 η	1/0.7	1/0.7	考虑开口截面的影响系数 η，参照 GB 50017—2017 式（8.2.1-3）
梁/柱承载力系数 η	$\geqslant 0$	程序确定	GB/T 50011—2010 第 8.2.5 条第 1 款的强柱系数 η。如果要忽略强柱弱梁的校核，可将此数值设为 0
受压长细比限值 l_0/r	根据规范取值	程序确定	程序默认按 GB 50017—2017 第 7.4.6 条和 GB 50011—2010 第 8.3.1 条计算

续表

项目	可选值	默认值	含义
受拉长细比限值 l/r	根据规范取值	程序确定	程序默认按 GB 50017—2017 第 7.4.7 条计算
屈服强度标准值 f_y	≥0	程序确定	钢材屈服强度，默认为材料定义处的强度
抗弯强度设计值 f	≥0	程序确定	钢材抗拉、抗压、抗弯强度设计值，默认根据材料定义处的强度和板件最大厚度确定
抗剪强度设计值 f_v	≥0	程序确定	钢材的抗剪设计值，默认根据材料定义处的强度和板件最大厚度确定
考虑假想剪力？	Yes/No	No	如果为 Yes，则按照轴心受压构件计算剪力（GB 50017—2017 第 5.1.6 条）和实际设计剪力的较大值，作为设计剪力。如果为 No，则不考虑

在此对覆盖项中的"设计类型"做一些说明：

杆件的设计类型可分为：柱、梁、支撑和桁架四种，目前适用于中国规范的只有前三种。不同的设计类型，其计算与构造的要求是不同的。

（1）程序默认识别：两端点 x、y 坐标相同，z 坐标不同的构件为柱；两端点 z 坐标相同，x、y 坐标不同的构件为梁；两端点 x、y、z 坐标均不同的构件为支撑。

（2）柱。设计时同时考虑轴力与两个方向的弯矩作用来进行强度和稳定性验算，其有效长度系数默认按照钢框架柱的计算长度公式计算，按柱构件验算长细比要求，其余构造措施按相关规范中柱的规定考虑。

（3）梁。分为两种情况，一为梁按纯弯构件设计（默认情况），一为梁按压弯构件设计（通过设计首选项或覆盖项进行设置）。梁按纯弯构件考虑：设计时按纯弯构件进行强度和稳定性验算，其余构造措施按相关规范中对梁的要求考虑。梁按压弯构件考虑：设计时按压弯构件进行强度和稳定性验算，其余构造措施按相关规范中对梁的要求考虑。

（4）支撑。设计时仅考虑轴力来进行强度和稳定性验算，其有效长度系数默认为 1，其余构造措施按相关规范中对支撑的要求考虑（注：此支撑为中心支撑框架或偏心支撑框架中的支撑，应区别于空间结构的上、下弦支撑）。

以上各种杆件，均可以通过设计覆盖项来修改其默认的有效长度系数和无支撑长度系数。

6.2.3　选择设计组合

使用 ETABS 进行设计时，程序会根据所使用的规范自动生成荷载组合。而工程师可以选择采用部分或全部荷载组合进行钢框架设计。在默认情况下，程序会对所有钢构件按照其对应的所有默认组合进行设计校核。如果要选择部分组合进行设计，具体步骤为：点击【设计→钢框架设计→选择设计组合】命令弹出【选择设计组合】对话框，如图 6.2-3 所示。

对话框中荷载组合类型显示有强度和挠度两个选项，分别显示在承载力设计验算和挠度设计验算中运用的组合。该对话框可以编辑用于设计的荷载组合。

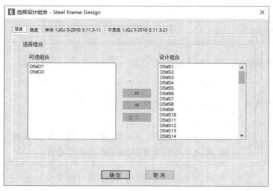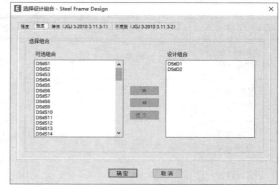

（a）强度验算组合 　　　　　　　　　（b）挠度验算组合

图 6.2-3　【选择设计组合】对话框

6.2.4　开始设计校核

在 ETABS 中，点击【设计→钢框架设计→开始设计/校核】命令，运行钢框架设计。设计完成后，如图 6.2-4 所示，程序显示各构件的截面信息和应力比云图。

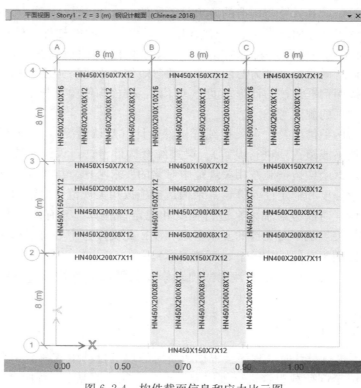

图 6.2-4　构件截面信息和应力比云图

扫码看
彩图

右键点击某根构件，将弹出设计细节显示对话框（图 6.2-5），可以查看各个组合工况下各个测站的详细计算数据。也可以通过修改覆盖项，对钢框架进行交互式的设计。修改覆盖项后，此构件将立即按照新的指令重新设计验算。

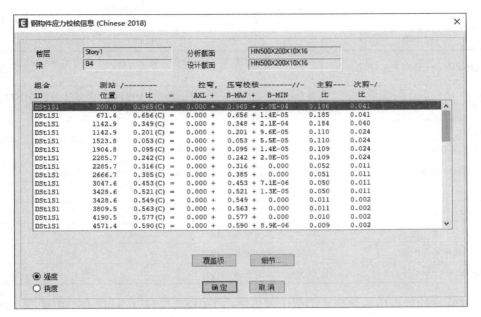

图 6.2-5　设计细节显示对话框

6.2.5　设计结果显示与解读

ETABS 对钢结构的设计结果提供了多种显示输出方式，包括：屏幕图形、屏幕表格、Word 文本文件、电子表格、数据库文件等。在工程设计中，常用的查看方式是在视图中直接查看构件的应力比或通过导出表格文件查看。在显示设计结果的图形中右键点击构件，可以查看覆盖项以及设计中各参数的计算结果细节。下面详细介绍各种查看方式。

1. 设计结果图形显示输出

钢结构设计结束后，ETABS 在视图中默认显示各构件的设计截面。构件的最大应力比可以在图形中通过构件的颜色加以区分。默认情况下，应力比大于 1.0 的构件显示为红色。可以通过点击【设计→钢框架设计→显示设计信息】命令选择显示不同的设计信息。点击该命令，即弹出【显示钢结构设计信息】（Display Steel Frame Design Result）对话框（图 6.2-6）。此对话框分为设计输出和设计输入两个下拉列表，通过点击前边的选择框，可以切换激活设计输出（图 6.2-7）或设计输入下拉列表。下拉菜单内容介绍见表 6.2-3。

图 6.2-6　【显示钢结构设计信息】对话框

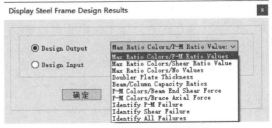

图 6.2-7　设计输出下拉菜单

设计输出菜单内容 表6.2-3

输出项	说明
Max Ratio Colors/P-M Ratio Values	颜色按最大比值显示（PM 比值、剪应力比值、挠度比等）/数值显示 PM 比值
Max Ratio Colors /Shear Ratio Values	颜色按最大比值显示，并显示剪切应力比数值，给出主、次两个方向的剪切应力比数值
Max Ratio Colors/No Values	颜色按最大比值显示，不显示数值
Double Plate Thickness	显示加劲板厚度（中国规范暂不适用）
Beam/Column Capacity Ratios	显示各节点处的双方向梁柱承载力比（中国规范暂不适用）
P-M Colors /Beam End Shear Force	显示压弯应力比对应的构件颜色和梁剪力
P-M Colors /Brace Axial Force	显示压弯应力比对应的构件颜色和支撑轴力
Identify P-M Failure	区分显示压弯破坏的构件
Identify Shear Failure	区分显示剪切破坏的构件
Identify All Failures	区分显示所有失效的构件

设计输入的列表中的内容，类似于覆盖项中的内容，包括设计截面、覆盖项中使用的各种参数的显示，其显示的内容及含义均可在覆盖项中对应查找到，这里不再赘述。这些设计输入或输出信息的查看可以在 ETABS 的二维、三维视图中进行，并可灵活选取不同的内容进行显示。例如，在平面视图中显示构件的应力比和颜色，选择设计输出 Max Ratio Colors/P-M Ratio Values 项，如图 6.2-8 所示。

扫码看
彩图

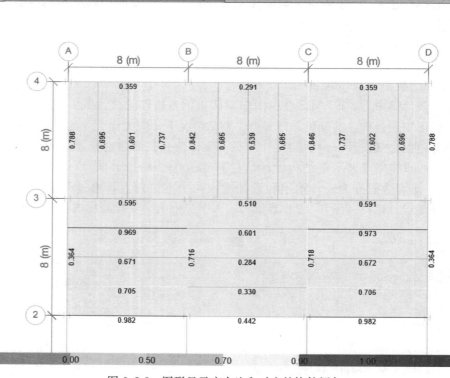

图 6.2-8　图形显示应力比和对应的构件颜色

图中显示的数值即为对应构件的压弯应力比计算结果，视图下方的不同颜色条对应于不同应力比范围。

2. 设计结果细节信息显示输出

在显示设计结果的图形上，右键单击某个构件，弹出【钢构件应力校核信息】对话框，如图 6.2-9（a）所示。如果在覆盖项中选择了考虑校核构件的挠度，并添加了验算挠度的荷载组合，则在对话框的左下角会提示选择显示校核的项目，包括强度和挠度。选择挠度项，会显示挠度检查信息，如图 6.2-9（b）所示。

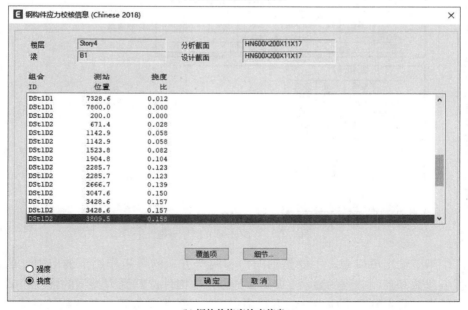

(a) 钢构件强度检查信息

(b) 钢构件挠度检查信息

图 6.2-9　【钢构件应力校核信息】对话框

点击【细节】按钮，将对应弹出设计摘要（显示当前荷载组合及测站下的设计参数和结果摘要）或设计包络（显示最大应力比对应的组合和测站下的设计计算信息），如图 6.2-10 所示。

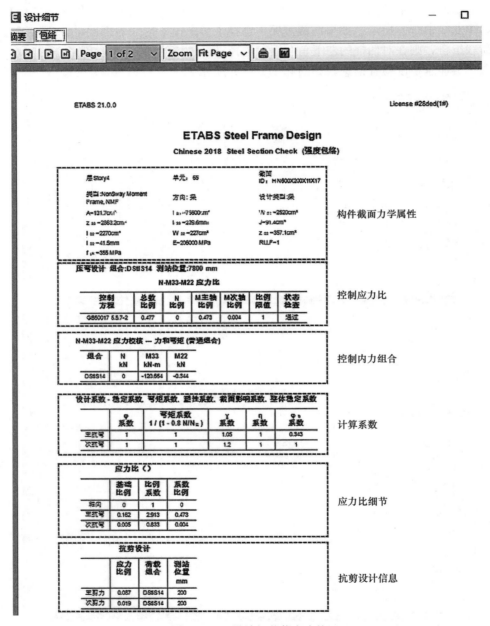

图 6.2-10　设计细节信息表格

这三个细节输出窗口中，主要是轴向力和两个方向的弯矩作用下的应力比的计算过程，包括各参数和控制方程的显示。ETABS 对各种构件按其受力类型的强度公式和稳定公式进行验算，将得到最大应力比的方程确定为构件的控制方程。各参数的具体含义与覆盖项中的含义基本对应，其解释可以参照第 6.2.2 节对覆盖项的介绍。从图 6.2-10 可知，设计细节包含以下内容：构件截面力学属性，控制应力比，控制内力组合，稳定系数、弯矩系数等计算系数，应力比细节，抗剪设计信息等。

3. 设计结果的其他输出方式

设计结果除了以图形的方式显示外，还有多种其他输出方式。

1) ETABS 中的设计数据表格

点击【显示→表格】命令，通过树状菜单选择拟输出的表格后点击【确定】按钮，打开设计结果数据表格，如图 6.2-11 所示。

（1）钢结构设计概要

钢框架结构设计概要（Steel Frame Design Summary），如图 6.2-12 所示。设计概要信息包括构件所处楼层、构件编号、构件设计类型、设计截面、PMM 控制组合、PMM 应力比、剪力控制组合、剪力应力比等。

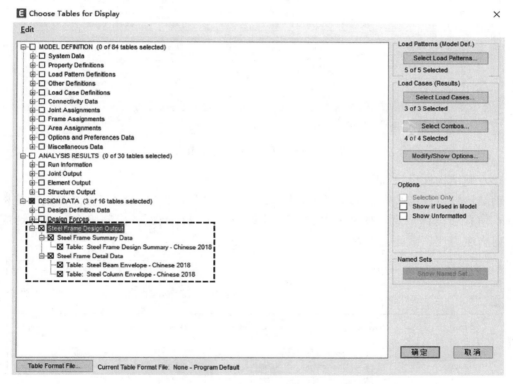

图 6.2-11　选择 ETABS 设计结果数据表格

	Story	Label	UniqueName	Design Type	Design Section	Status	PMM Combo	PMM Ratio	P Ratio	M Major Ratio
▶	Story4	C1	1	Column	HW400X400X...	No Message	DStlS14(C)	0.319	0.029	0.093
	Story4	C2	5	Column	HW400X400X...	No Message	DStlS14(C)	0.317	0.068	0.219
	Story4	C3	9	Column	HW400X400X...	No Message	DStlS14(C)	0.317	0.068	0.219
	Story4	C4	13	Column	HW400X400X...	No Message	DStlS14(C)	0.319	0.029	0.093

图 6.2-12　钢结构设计概要表

（2）钢结构梁设计细节

钢结构梁设计细节（Steel Beam Envelope），如图 6.2-13 所示。表格中包括梁构件的基本信息和设计信息，如梁所处楼层、梁编号、梁设计截面、控制组合、梁设计应力比、剪力应力比、截面分类等。

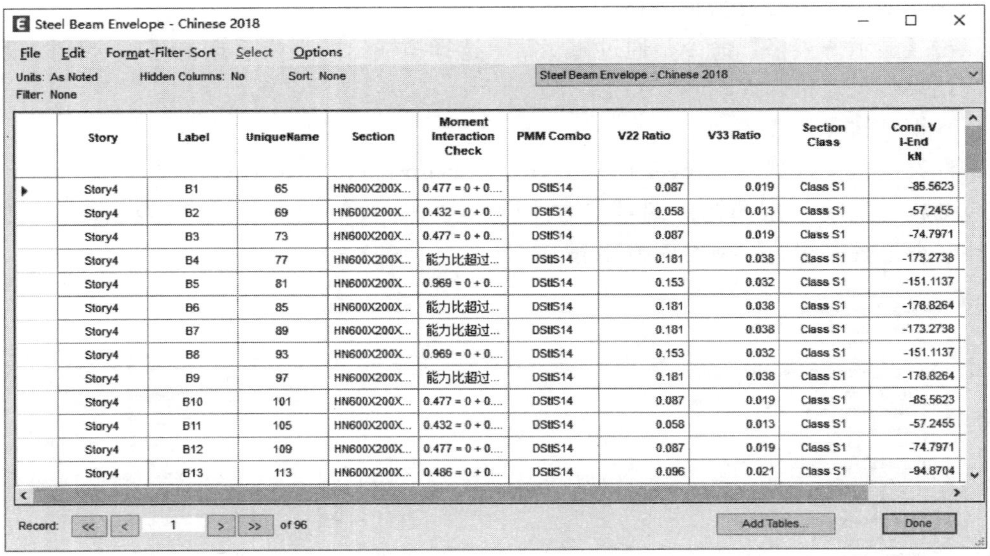

Story	Label	UniqueName	Section	Moment Interaction Check	PMM Combo	V22 Ratio	V33 Ratio	Section Class	Conn. V I-End kN
Story4	B1	65	HN600X200X...	0.477 = 0 + 0....	DStlS14	0.087	0.019	Class S1	-85.5623
Story4	B2	69	HN600X200X...	0.432 = 0 + 0....	DStlS14	0.058	0.013	Class S1	-57.2455
Story4	B3	73	HN600X200X...	0.477 = 0 + 0....	DStlS14	0.087	0.019	Class S1	-74.7971
Story4	B4	77	HN600X200X...	能力比超过...	DStlS14	0.181	0.038	Class S1	-173.2738
Story4	B5	81	HN600X200X...	0.969 = 0 + 0....	DStlS14	0.153	0.032	Class S1	-151.1137
Story4	B6	85	HN600X200X...	能力比超过...	DStlS14	0.181	0.038	Class S1	-178.8264
Story4	B7	89	HN600X200X...	能力比超过...	DStlS14	0.181	0.038	Class S1	-173.2738
Story4	B8	93	HN600X200X...	0.969 = 0 + 0....	DStlS14	0.153	0.032	Class S1	-151.1137
Story4	B9	97	HN600X200X...	能力比超过...	DStlS14	0.181	0.038	Class S1	-178.8264
Story4	B10	101	HN600X200X...	0.477 = 0 + 0....	DStlS14	0.087	0.019	Class S1	-85.5623
Story4	B11	105	HN600X200X...	0.432 = 0 + 0....	DStlS14	0.058	0.013	Class S1	-57.2455
Story4	B12	109	HN600X200X...	0.477 = 0 + 0....	DStlS14	0.087	0.019	Class S1	-74.7971
Story4	B13	113	HN600X200X...	0.486 = 0 + 0....	DStlS14	0.096	0.021	Class S1	-94.8704

图 6.2-13　钢结构梁设计细节表

（3）钢结构柱设计细节

钢结构柱设计细节（Steel Column Envelope），如图 6.2-14 所示。表格中包括柱构件的基本信息和设计信息，如柱所处楼层、柱编号、柱设计截面、控制组合、柱设计应力比、剪力应力比、截面分类等。

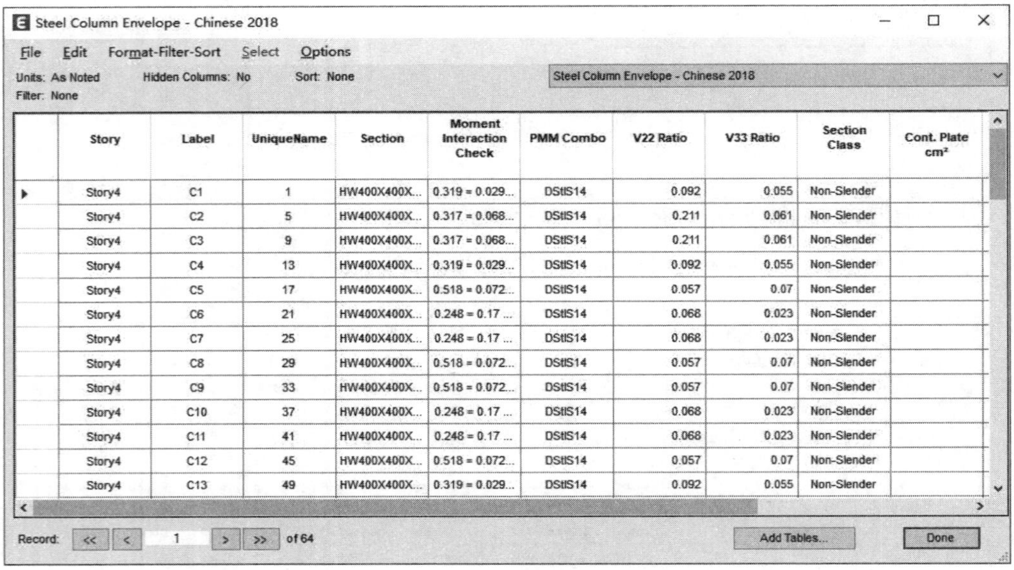

Story	Label	UniqueName	Section	Moment Interaction Check	PMM Combo	V22 Ratio	V33 Ratio	Section Class	Cont. Plate cm²
Story4	C1	1	HW400X400X...	0.319 = 0.029...	DStlS14	0.092	0.055	Non-Slender	
Story4	C2	5	HW400X400X...	0.317 = 0.068...	DStlS14	0.211	0.061	Non-Slender	
Story4	C3	9	HW400X400X...	0.317 = 0.068...	DStlS14	0.211	0.061	Non-Slender	
Story4	C4	13	HW400X400X...	0.319 = 0.029...	DStlS14	0.092	0.055	Non-Slender	
Story4	C5	17	HW400X400X...	0.518 = 0.072...	DStlS14	0.057	0.07	Non-Slender	
Story4	C6	21	HW400X400X...	0.248 = 0.17 ...	DStlS14	0.068	0.023	Non-Slender	
Story4	C7	25	HW400X400X...	0.248 = 0.17 ...	DStlS14	0.068	0.023	Non-Slender	
Story4	C8	29	HW400X400X...	0.518 = 0.072...	DStlS14	0.057	0.07	Non-Slender	
Story4	C9	33	HW400X400X...	0.518 = 0.072...	DStlS14	0.057	0.07	Non-Slender	
Story4	C10	37	HW400X400X...	0.248 = 0.17 ...	DStlS14	0.068	0.023	Non-Slender	
Story4	C11	41	HW400X400X...	0.248 = 0.17 ...	DStlS14	0.068	0.023	Non-Slender	
Story4	C12	45	HW400X400X...	0.518 = 0.072...	DStlS14	0.057	0.07	Non-Slender	
Story4	C13	49	HW400X400X...	0.319 = 0.029...	DStlS14	0.092	0.055	Non-Slender	

图 6.2-14　钢结构柱设计细节表

2) 电子表格或数据库文件

点击【文件→导出→ETABS Excel 电子表格文件（＊.xls）】或【文件→导出→ETABS Access 数据库文件（＊.mdb）】命令打开选择数据库表格对话框，如图 6.2-15 所示。选中要输出的设计数据、荷载工况、分析工况，以及在对话框中对其他选项进行编辑后，点击【确定】按钮，程序即把设计的数据文件导出到电子表格（.xls）和数据库（.mdb）文件中。对应文件可以通过 Excel 电子表格和 Access 数据库等软件打开。

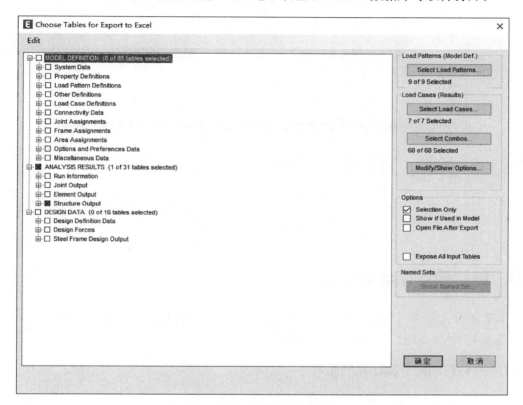

图 6.2-15　选择数据库表格

注意：以上的几种输出方式都需要通过树状表格来选取，如果没有进行过设计，则不会显示设计内容。

6.2.6　交互式钢结构设计

ETABS 的钢结构设计也可以是一个交互式的过程，工程师可以随时参与到设计过程中来，也可以对钢结构设计过程中涉及的很多参数进行查看或修改。

在 ETABS 中，进行交互式设计之前，先要完成一次构件设计。之后，清除设计信息显示，点击【设计→钢框架设计→交互式设计】命令，当前激活的视图窗口将切换到显示当前设计截面视图状态。（注意：在显示模型的设计输入、输出数据的视图中，点击此命令，视图不发生变化。）

在设计输入、输出结果显示的视图中，右键点击某根构件，将弹出【钢构件应力校核信息】对话框（图 6.2-16），可以查看设计计算的应力比等数据。可以通过修改覆盖项，对钢框架进行交互式的设计。修改覆盖项后，此构件将立即按照新的指令重新设计验算。

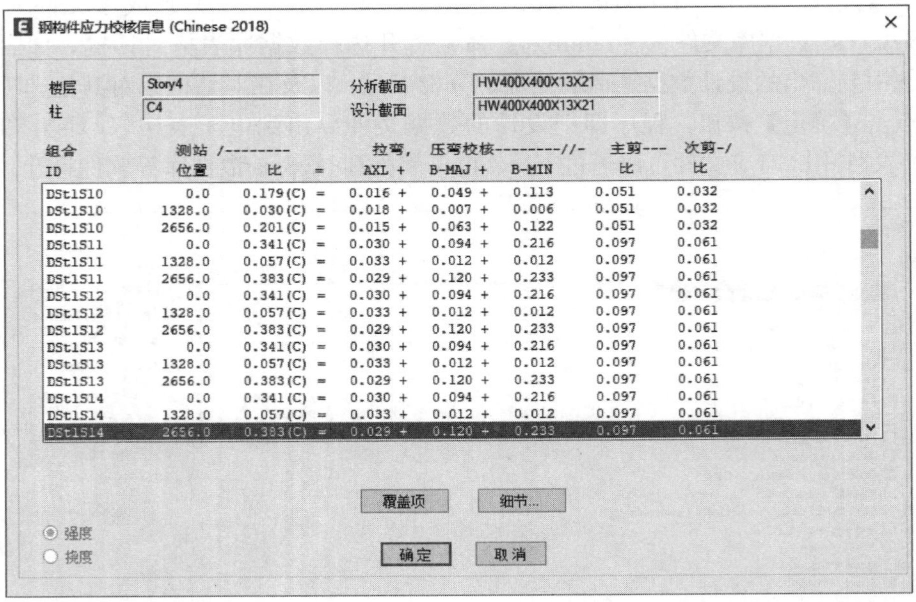

图 6.2-16 【钢构件应力校核信息】对话框

6.3 钢结构设计常见问题

本节将讨论使用 ETABS 进行钢结构设计时，时常遇到的问题。我们将结合一些案例来说明问题发生的现象、原因和解决方法。

6.3.1 杆件打断对计算结果的影响

1）对柱有效长度的影响

如果将梁、柱随意打断，由于无支撑长度系数的保障，对于常规的结构一般不会对柱有效长度系数产生影响。如图 6.3-1 所示，左侧柱子打断为两段、右侧柱子未打断，但是两者的柱有效长度系数均为 1.530/1.383，说明常规的结构不会因为构件随意打断而影响有效长度系数。

但是，对一些特殊情况，打断构件可能会导致程序在识别梁柱线刚度时出现错误，进而导致程序自动计算的有效长度系数出错。

此外，如果将梁、柱跨层合并，程序将会针对合并后的一个对象进行设计，可能导致计算结果出现不可控的错误。

2）对等效弯矩系数的影响

等效弯矩系数的计算与柱的杆端弯矩有关。

柱打断，程序取打断后的杆端弯矩计算等效弯矩系数，通常会导致等效弯矩系数的计算偏于保守；如图 6.3-2 所示，左侧柱子打断为两段、右侧柱子未打断，左侧柱子的等效弯矩系数 β_t 均大于右侧柱子。这说明：柱打断后，会影响等效弯矩系数的计算。

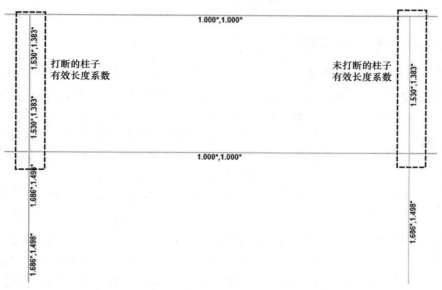

图 6.3-1 某框架结构立面图中各柱的有效长度系数

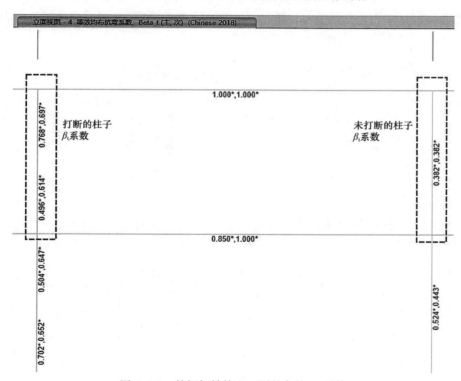

图 6.3-2 某框架结构立面图的各柱 β_t 系数

柱跨层合并时，程序会取合并后的杆端弯矩计算等效弯矩系数，这时无法判断计算结果是趋于保守还是不利。

3）建议

建模时尽量保证梁柱几何长度与设计对象的范围一致，必要时通过指定框架自动剖分、而不是用直接打断构件的方式考虑构件有限单元细分。

6.3.2 应力比计算的常见问题

1. 最不利应力点与应力比

在计算应力比时，要提醒用户注意，不同的截面形式的最大应力比计算可能会有所不同。

图 6.3-3 双轴对称
截面最大应力点

对于双轴对称截面（图 6.3-3），由于最大应力点（最不利点）一定会发生在翼缘端部的四个角点处，所以总应力比 $= N + M_主 + M_次$，其中，N、$M_主$、$M_次$ 分别为控制方程中轴力项、主弯矩项和次弯矩项所对应的应力比。

对于圆形截面（图 6.3-4），由于最大应力点一般发生在主弯矩与次弯矩的合力方向，所以总应力比 $= N + \sqrt{M_主^2 + M_次^2}$。

对于 T 形截面（图 6.3-5），由于最大应力点可能发生在肢尖或翼缘的角点处，所以总应力比 $= \max(N + M_{主1} + M_次, N + M_{主2})$，其中 $M_{主1}$ 为翼缘处最大应力比，$M_{主2}$ 为肢尖处最大应力比。因此，当最大应力比在肢尖时，即使存在绕 2 轴的弯矩，由于肢尖与中和轴重合，由 2 轴弯矩计算得到的绕 2 轴弯矩设计应力比依然为 0。即可能出现设计弯矩不为 0，但对应的设计应力比为 0 的情况（此时，最大应力比出现在肢尖）。

图 6.3-4 圆形截面最大应力点

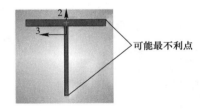

图 6.3-5 T 形截面最大应力点

2. 角钢局部轴、形心主轴与应力比

某空间桁架，其斜腹杆采用等边角钢，设计内力表格中只有 M22 一个方向的弯矩（图 6.3-6），最终应力比却累加了两个弯矩方向的值（图 6.3-7），这是什么原因？

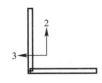

应力校核 — 设计内力（普通组合）

	组合	N kN	M33 kN-m	M22 kN-m	V2 kN	V3 kN
Factored	DStlS88	-39.274	0	-6.6143	0	-0.1147
Design	DStlS88	-39.274	0	-6.6143	0	-0.1147

图 6.3-6 角钢设计内力表

N-M33-M22 应力比

限值状态	控制方程	N 比例	M主轴比例	M次轴比例	总数比例	比例限值	状态检查
Strength	GB50017 8.1.1-1	0.052	0.178	0.398	0.628	1	通过
Stability	GB50017 8.2.5-2	0.051	0.178	0.398	0.627	1	通过

图 6.3-7 角钢应力比

这是由于 ETABS 的设计内力是按照等边角钢的局部 2 轴/3 轴输出（图 6.3-8）；《钢结构设计标准》GB 50017—2017 表 7.2.1-1 规定的角钢轴压验算的截面主轴如图 6.3-8 所示的主轴、次轴方向。因此，ETABS 的设计内力 M22 应该分解到主轴和次轴；其中 M22＝6.6143，分解到角钢 X 和 Y 轴方向的内力为 $\sqrt{0.5} \times$ M22＝4.677，正好对应图 6.3-9 的设计弯矩值；之后程序根据主轴和次轴的设计弯矩值叠加轴力设计值，按压弯构件进行验算。

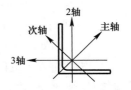

图 6.3-8　主/次轴示意

弯矩修正

	系数 M_f kN-m	放大后的弯矩 kN-m	缺陷 构件初始弯曲缺陷值e_0/l Unitless	Additional $M_a = e_0 \char94 N_k$ kN-m	调整后的 $M_{ampl} + M_a$ kN-m	Design 设计弯矩值M_{design} kN-m
主轴	-4.677	-4.677	0	0	-4.677	-4.677
次轴	-4.677	-4.677	0	0	-4.677	-4.677

图 6.3-9　主/次轴设计弯矩

6.3.3　设计警告及处理

1. 钢结构稳定验算不通过

某桁架结构如图 6.3-10 所示，采用《钢结构设计标准》GB 50017—2017 进行钢结构设计；设计完成后发现斜腹杆应力比超限，设计信息中却提示长细比超限。

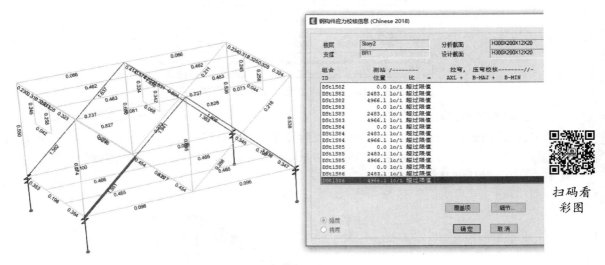

扫码看彩图

图 6.3-10　某桁架结构斜腹杆校核信息

该问题可分为两个部分，以下分别说明。

1）容许长细比

对于非抗震构件的容许长细比，程序按《钢结构设计标准》GB 50017—2017 第 7.4.6 条和第 7.4.7 条执行。

对于抗震柱构件的容许长细比，程序按《建筑抗震设计标准》GB/T 50011—2010（2024 年版）第 8.3.1 条和《高层民用建筑钢结构技术规程》JGJ 99—2015 第 7.3.9 条执行，支撑构件按《建筑抗震设计标准》GB/T 50011—2010（2024 年版）执行。

点击细节，可以在"长细比校核"项中看到长细比校核相关信息，如图 6.3-11 所示，弱轴长细比为 202.669，超过长细比限值 200，所以状态为"不通过"，提示"长细比 lo/i 超过限值"。

长细比校核 (GB50017 7.4.6, 7.4.7, GB50011 8.3.1, JGJ99 7.3.9, 7.5.4)

	μL/i 比例	λ 限值	抗震的长细比限值	Status 检查
主抗弯	39.627	200	—	通过
次抗弯	202.669	200	—	不通过

图 6.3-11　构件长细比校核细节

2）应力比超限

如图 6.3-12 所示，表"稳定系数"给出了根据《钢结构设计标准》GB 50017—2017 第 D.0.5 条计算稳定系数的过程。由表可知：长细比计算得到的正则化长细比为 2.678，算得稳定系数 φ 为 0.12；依据《钢结构设计标准》GB 50017—2017 第 8.2.6 条第 2 款，稳定验算中轴力项应力比为 1.129，总应力比超过 1，故构件变红，提示"应力比超限"。

应力比（）

	力/弯矩	Actual 应力	Allowable 应力	应力 比例	比例 系数	调整后的 比例
轴向	-444.3752	39.96	295	0.135	8.337	1.129
主抗弯	3.9317	3.38	295	0.011	1.395	0.016
次抗弯	2.6824	10.04	295	0.034	2.879	0.098

稳定系数 (GB50017-附录)

	截面 等级	λ_n 比例	α_1 系数	α_2 系数	α_3 系数	φ 系数
主轴	B	0.524	0.65	0.965	0.3	0.862
次轴	C	2.678	0.73	1.216	0.302	0.12

图 6.3-12　构件应力比、稳定系数校核细节

2. 钢构件宽厚比验算不通过

某钢结构栈桥如图 6.3-13，设计完成后发现有的杆件提示"Section is slender"（截面薄柔）（图 6.3-14），有的杆件提示"Section is seismically slender"（截面抗震薄柔）（图 6.3-15），分别是什么含义？

图 6.3-13　某钢结构栈桥模型

ID	LOC	RATIO	=	AXL +	B-MAJ +	B-MIN	RATIO	RATIO
DSt1S28	447.2	0.029(C) =		0.001 +	0.023 +	0.005	0.040	0.012
DSt1S28	755.2	0.013(C) =		0.001 +	0.011 +	0.001	0.039	0.012
DSt1S28	755.2	0.013(C) =		0.001 +	0.011 +	0.001	0.027	0.007
DSt1S28	1227.7	0.005(C) =		0.001 +	0.002 +	0.002	0.025	0.006
DSt1S28	1700.2	0.016(C) =		0.001 +	0.013 +	0.003	0.022	0.005
DSt1S28	2172.7	0.025(C) =		0.001 +	0.022 +	0.001	0.018	0.005
DSt1S28	2645.2	0.033(C) =		0.001 +	0.030 +	0.002	0.016	0.005
DSt1S28	2645.2	0.034(C) =		0.001 +	0.030 +	0.002	0.003	0.001
DSt1S28	3081.8	0.033(C) =		0.001 +	0.031 +	0.001	0.001	4.5E-04
DSt1S28	3518.5	0.033(C) =		0.001 +	0.031 +	0.001	0.002	0.001
DSt1S28	3955.2	0.033(C) =		0.001 +	0.030 +	0.003	0.004	0.001
DSt1S28	3955.2	0.032(C) =		0.001 +	0.030 +	0.002	0.017	0.005
DSt1S28	4427.7	0.023(C) =		0.001 +	0.021 +	0.001	0.019	0.005
DSt1S28	4900.2	0.015(C) =		0.001 +	0.011 +	0.003	0.023	0.005
DSt1S28	5372.7 Section is slender							

图 6.3-14　Section is slender（截面薄柔）提示框

ID	LOC	RATIO	=	AXL +	B-MAJ +	B-MIN	RATIO	RATIO
DSt1S37	3066.0 Section is seismically slender							
DSt1S37	3066.0 Section is seismically slender							
DSt1S37	4637.8 Section is seismically slender							
DSt1S37	6168.0 Section is seismically slender							
DSt1S37	6168.0 Section is seismically slender							
DSt1S37	9275.5 Section is seismically slender							
DSt1S38	0.0 Section is seismically slender							
DSt1S38	1146.0 Section is seismically slender							
DSt1S38	1146.0 Section is seismically slender							
DSt1S38	3066.0 Section is seismically slender							
DSt1S38	3066.0 Section is seismically slender							
DSt1S38	4637.8 Section is seismically slender							
DSt1S38	6168.0 Section is seismically slender							
DSt1S38	6168.0 Section is seismically slender							
DSt1S38	9275.5 Section is seismically slender							

图 6.3-15　Section is seismically slender（截面抗震薄柔）提示框

该问题分为两个部分，以下分别说明。

1）Section is slender（截面薄柔）

根据《钢结构设计标准》GB 50017—2017 第 3.5 节，截面的板件宽厚比等级分为 S1、S2、S3、S4 和 S5 五个等级。程序验算时先判别构件的受力状态；构件受拉（T）时按受弯构件进行验算；构件受压（C）时按压弯构件进行验算；当宽厚比超过 S4 截面限值，程序判别截面等级为 S5，并给出"截面薄柔（Slender）"的警告。

以图 6.3-16 为例，截面腹板高厚比为 45.667，超过 S4 截面限值 45.213，程序判定为 S5 截面，因此提示"Slender"。

截面板件宽厚比等级 (GB50017 3.5.1)

	b/t 比例	λ_{s1} 限值	λ_{s2} 限值	λ_{s3} 限值	λ_{s4} 限值	λ_{s5} 限值	Section 等级
Flange	7.2	7.428	9.079	10.729	12.38	20	Class S1
Web	45.667	32.381	36.253	39.376	45.213	250	Slender

图 6.3-16　截面板件宽厚比等级表

2）Section is seismically slender（截面抗震薄柔）

该信息是指截面宽厚比超过抗震限值。

对于抗震组合，程序会验算截面的宽厚比是否超过抗震限值，超限时给出该警告，并在"特殊宽/厚比参数校核"表中给出"不通过"的提示。

以图 6.3-17 为例，截面腹板高厚比为 30.556，抗震限值 27.236，因此提示"不通过"。

特殊宽/厚比参数校核 (GB50017 7.3.1, GB50011 8.3.2, 8.4.1)

	b/t 比例	b/t 限值	b/t(抗震) 限值	Ignore b/t?	Status 检查
Flange	5.64	63.401	10.729	否	通过
Web	30.556	223.174	27.236	否	不通过

图 6.3-17　截面板件宽厚比等级表

若某些构件不需要验算抗震宽厚比，可将覆盖项中的"忽略宽厚比校核"勾选为"是"，此时程序将不进行宽厚比限值的判定（图 6.3-18）。

钢框架设计覆盖项 - Chinese 2018

	选项	数值
04	抗震设计等级	四级
05	耗能构件?	Program Determined
06	Is Transfer Member?	No
07	地震放大系数	1
08	框型结构弯力调整系数(SMF)	1
09	忽略宽厚比校核	是
10	梁按压弯构件设计?	Yes

图 6.3-18　"忽略宽厚比校核"选项

6.4　钢结构自动优化设计

自动优化设计是将多个截面指定给一个杆件，设定优化目标后，在满足规范要求的条件下，由程序从这一系列的截面中选出最优截面。同时，利用"设计组"功能可以确保某类杆件的截面相同。

◎ 相关操作请扫码观看视频：

视频 6.4-1 自动优化设计

6.4.1　自动选择截面列表的设置

要在 ETABS 中进行钢结构的优化设计，需要在建模时定义一个或多个自动选择类型的钢框架截面。有关定义自动选择截面的操作在第 2 章中有讲解，这里只从设计过程的角度进行介绍。

添加自动选择列表截面。点击框架截面对话框中的右上方第二按钮【添加截面】，在随后弹出的对话框中点击特殊截面中的【自动选择列表】按钮（图 6.4-1）。弹出自动选择截面对话框（图 6.4-2）。

在左侧备选截面列表中选择欲指定给自动选择截面的若干型钢截面，点击【添加】按钮，选中的截面则显示在右侧自动选择列表内。点击初始截面的【修改】按钮弹出显示选择截面对话框，在其中选择一个分析设计初始试算截面（程序默认取自动选择列表中间位置的截面），点击【确定】回到自动选择截面对话框。在此对话框中点击【确定】按钮，关闭对话框，即完成了一个自动选择截面的定义。

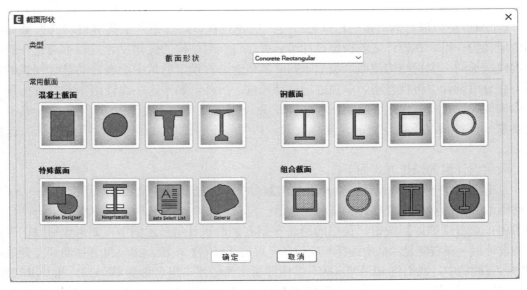

图 6.4-1 添加框架截面

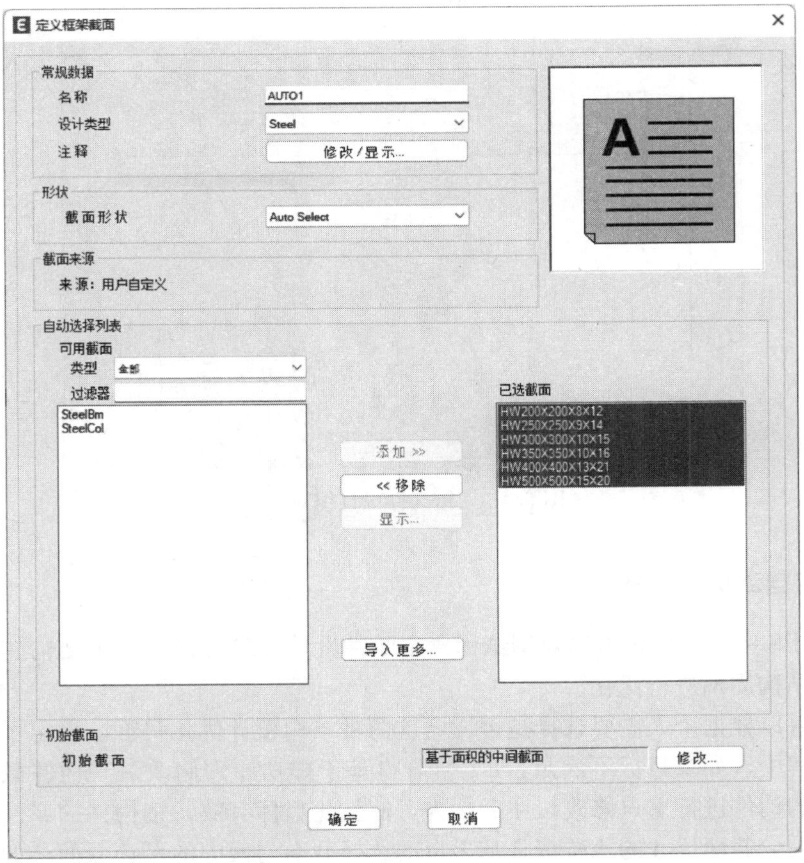

图 6.4-2 自动选择截面

6.4.2 设定设计组

ETABS 中可以对钢结构的构件进行分组优化设计，通过把若干具有自动选择截面的构件定义为一组，在设计之前指定设计组，程序将在对结构的优化设计过程中对这一组中的构件赋予同一个钢结构截面，类似于归并的概念。在设定的组中没有自动选择列表的截面，在分组设计中将被忽略，单独进行设计校核。另外，如果这一设计组中有部分构件或全部构件在设计荷载作用下超限，程序即认为设定的自动选择列表中的所有截面都不满足要求，这种情况下设计组的设定将失效，构件将不再按照设计组的设定进行统一选择截面。

设定设计组的操作方式如下：

点击【设计→钢框架设计→选择设计组】命令，弹出钢构件设计组对话框（图 6.4-3）。对话框的左边的对象组可选列表显示框显示已定义的各个组的名称，选中要设定为设计组的组名，点击【添加】按钮，选中的组将移到右侧的设计组显示框中；如果要移除已经选中的设计组，在右侧显示框中选择相应组名，点击【移除】按钮，相应组名移动到左侧显示框中。在此例中，我们将 BEAM（所有梁构件指定为一组，组名称为 BEAM）和 COLUMN（所有柱构件指定为一组，组名称为 COLUMN）两个组合指定为设计组。ALL 组合包括模型中所有的构件，一般不可把这个组指定为设计组。

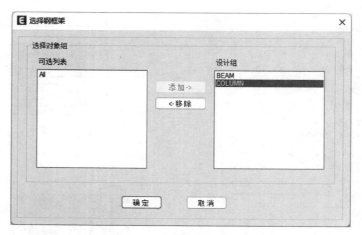

图 6.4-3　钢构件设计组对话框

6.4.3 设定自动优化目标

在 ETABS 中，工程师可以对钢结构指定两种设计优化目标：基于结构侧向位移进行优化和基于结构周期进行优化。

工程师可以根据个人需要选择是否设定这两种结构设计优化目标。设定了目标后，在结构设计过程中，如果目标不满足，ETABS 将基于虚功原理修改一些构件截面，原理上对于虚功大的构件进行重点修改。注意，为了使优化目标有效，钢构件的属性必须是自动选择截面列表，截面尺寸的增减都是基于自动选择截面列表中的可选截面。如果在自动选择截面列表中没有合适的截面，则不论重复运行分析和设计多少次，都难以达到指定的优化目标。

1）设置侧向位移目标

点击【设计→侧向位移目标值】命令，打开【侧向位移目标值】对话框，如图 6.4-4 所示。用户可以通过对话框的左侧指定各点的最大位移值，也可以在模型中选择若干节点（至少选择一个点对象，自动计算区域才会被激活），在对话框右侧输入相应的侧移比和基准楼层，程序将自动生成对应的节点的最大位移值。比如图 6.4-4 所示，选中节点为 12 号节点，其位于 Story2，基准楼层为 Story1，层高为 3000mm，侧移比为 0.0025，则程序自动计算出最大位移为 $3000 \times 0.0025 = 7.5$mm，该数值即为左侧表格中的最大位移值。

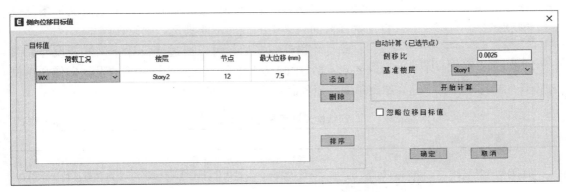

图 6.4-4　【侧向位移目标值】对话框

在优化过程中，如果这些点在指定工况下任意方向的位移大于目标位移控制值，ETABS 将根据构件虚功的大小，有选择地改变构件截面，重新对结构进行分析设计。

2）设置周期目标

点击【设计→结构周期目标值】命令，打开【结构周期目标值】对话框，如图 6.4-5 所示。在此对话框中可以对各振型下周期进行目标指定，ETABS 在优化过程中将以指定的周期值为优化目标，对结构整体刚度进行控制。

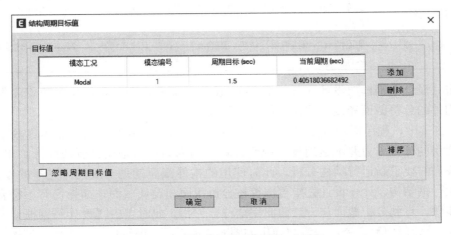

图 6.4-5　【结构周期目标值】对话框

图 6.4-6 钢框架设计菜单

6.4.4 自动优化设计

对于设定了自动选择截面的钢结构，可以根据构件应力比或设定的优化目标（位移或周期）进行优化设计。点击【设计→钢框架设计→开始设计/校核】命令，钢框架设计开始。在优化设计的过程中，ETABS 会自动判断构件截面是否满足，如果不满足，将自动更换截面，程序根据更换的截面再次进行分析计算。

ETABS 中的自动优化设计的过程全部是自动的，程序会自动迭代选择满足的截面进行设计校核，如果截面满足条件或自动选择截面列表中的截面不能满足，则设计停止。

自动优化设计完毕后，可以通过【设计→钢框架设计】菜单（图 6.4-6）中的其他几个命令来进行手工的设计操作和钢框架设计的后续工作。下面介绍菜单中其他各命令的具体含义（表 6.4-1）。

钢结构设计菜单选项释义　　　　　　　　　　　　　　　　　　表 6.4-1

选项	说明
清空自动选择列表	通过自动优化设计，确定所有的截面都满足要求后，可以使用此命令把指定给构件的自动选择截面取消，此时构件的截面为经过优化设计的现有截面，不再具有自动选择列表截面的性质和功能
改变设计截面	用于修改一个或多个选择构件的设计截面，其分析截面不改变，作用与覆盖项中第一项相同。更改过后可以不重新分析，仅用上一次的内力计算，查看近似的设计结果。再次进行分析时，程序将使用修改后的截面进行分析
重置设计截面为上一次分析	如果使用"改变设计截面"命令改变了构件的截面，使用此命令可以把构件的截面重新恢复为修改以前的截面
校核分析与设计截面	分析设计后，工程师对某些构件进行了设计截面的修改，使用此命令可以检查确定哪些截面的设计截面和分析截面是不同的
校核所有通过的构件	用于检查哪些截面通过了设计校核，哪些没有通过
恢复全部覆盖项	该命令使所有的钢框架构件的覆盖项内容恢复为默认值，可减小 ETABS 设计生成的文件的大小
删除设计结果	删除所有的钢结构设计结果，删除所有设计产生的文件内容，减小 ETABS 设计生成的文件的大小

点击【设计→钢框架设计→分析截面 vs 设计截面】命令，程序将弹出提示框，提示有部分构件的分析截面和设计截面不符合（图 6.4-7）。

图 6.4-7 中，程序提示有 18 根构件的分析截面和设计截面不同，表示这些构件设计校核时使用的分析内力并不是用设计截面计算出的内力，而是用分析截面计算出的内力。这样，我们需要重新运行结构分析，此时使用的构件截面就是上次设计完毕的设计截面。然后再运行钢结构设计，设计完毕再次校核分析截面和设计截面；如果仍有不符合，则重复以上步骤，直到分析截面与设计截面完全符合为止。此时点击【设计→钢框架设计→分析截面 vs 设计截面】命令，程序会弹出如图 6.4-8 所示的提示框。提示所有钢构件的分析截面和设计截面全部符合。

图 6.4-7　校核分析与设计截面
提示框（不符合）

图 6.4-8　校核分析与设计截面
提示框（符合）

注意：钢结构设计完成后，只有先存盘再退出 ETABS，设计结果才能被保存，下次打开程序才能继续查看和编辑上一次设计结果，否则设计结果会自动删除。

6.5　组合梁设计

ETABS 中的组合梁设计也是一个交互式的自动优化过程。设计过程中可以修改中间设计参数并查看相应的设计结果。另外，可以为组合梁指定一个自动选择截面列表，ETABS 会自动选出满足要求的最优截面，并列出所有截面的设计结果。当钢构件满足下列条件时，ETABS 才会对其按组合梁设计。

1）该构件的构件类型必须是"梁"。也就是说，它必须是位于水平平面中的线对象。

2）该构件截面必须为工字钢或槽钢截面。注意，在截面设计器中定义的梁截面是一般截面，不能按组合梁设计。

3）该构件必须在至少一侧布置有属性为 DECK 的楼板。

4）梁两端绕主轴的弯矩必须释放，即 ETABS 中的组合梁设计一般是针对简支梁。

对于不满足这些条件的钢构件，将按照钢框架梁进行设计。

6.5.1　设计过程

ETABS 中，组合梁设计过程从总体上可分为三部分：第一部分是设计条件的设定，包括设定首选项中的组合梁设计信息、设定设计组、设定设计组合、查看/修改部分构件的覆盖项；第二部分为交互式组合梁设计；第三部分为查看和输出设计结果。为使工程师对组合梁设计的整体过程有一个初步认识，下面列出了组合梁设计的大致流程。

1）建立结构模型。

2）使用【设计→组合梁设计→查看/修改首选项】命令，设置组合梁基本信息。

3）使用【分析→运行分析】命令，运行结构分析。

4）如有必要，使用【设计→组合梁设计→查看/修改覆盖项】命令，指定组合梁覆盖项。

5）如有必要，使用【设计→组合梁设计→选择设计组】命令，指定设计组。进行该操作的前提条件是已定义了相应组。

6）如果需要用到 ETABS 所提供的设计荷载组合默认值以外的设计荷载组合，需要点击【设计→组合梁设计→选择设计组合】命令。

7）点击【设计→组合梁设计→开始设计/校核】命令，运行组合梁设计。

8）查看组合梁设计结果。

9）调整模型。

10）使用【分析→运行分析】命令重新运行结构分析。

11）点击【设计→组合梁设计→选择设计组合】命令，可使用新分析结果和新截面属性重新运行组合梁设计。

12）如有必要，可以多次重复步骤 9）～11）。

13）点击【设计→组合梁设计→分析截面 vs 设计截面】命令，校核所有最终设计截面是否与最近一次使用的分析截面相符合。

本节以一个例题为线索分节叙述组合梁设计过程。如图 6.5-1 所示，该模型为一个 2 层钢框架结构，楼板为组合楼板，布置有组合梁。准备将所有的组合梁设计为同一种截面，全部采用中国型钢库中的 H 型钢。在该模型中为组合梁指定一个自动选择截面列表。

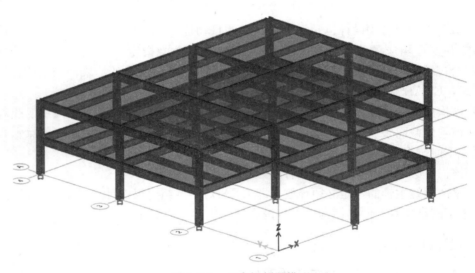

图 6.5-1　组合梁例题模型

6.5.2　首选项和覆盖项

组合梁首选项中定义关于组合梁设计的总体信息，覆盖项中定义部分或全部构件相关的设计信息。下面按照设计的一般步骤进行介绍。

点击【设计→组合梁设计→查看/修改首选项】命令，弹出组合梁设计首选项对话框，如图 6.5-2 所示。在选择中国规范 2010（Chinese 2010）的基础上，可以查看并修改组合梁设计首选项的各个参数，如表 6.5-1 所示。

本例中使用中国规范进行组合梁设计，其他参数使用 ETABS 提供的默认值。其中关于组合梁频率计算的部分，是基于美国规范 AISC 规定进行计算的。下面按设计时的步骤介绍组合梁设计条件的设定。

图 6.5-2 【组合梁设计首选项】对话框（梁页面）

组合梁设计首选项　　　　　　　　　　　　　　表 6.5-1

选项卡	项目	可选值	默认值	含义
梁	施工中加设支撑?	Yes/No	NO	选择是否在施工过程中加设支撑
	中间范围	≥0	70	默认值为70%。此时 ETABS 取梁中间70%范围内的楼板的属性进行组合梁计算
	样式活荷载系数	≥0	0	考虑连续梁活荷载不利布置的参数，一般使用默认值
	应力比限制	≥0	1	设计中所允许的最大应力比
抗剪栓钉	最小 PCC	Yes/No	25	进行强度和挠度验算时，部分抗剪连接时的最小连接百分比
	最大 PCC	≥0	100	进行强度和挠度验算时，部分抗剪连接时的最大连接百分比
	单段?	≥0	No	如果选择"Yes"，则在每段使用均匀间距布置栓钉
	最小纵向间距	≥0	114	沿梁的长度方向上抗剪栓钉的最小纵向间距
	最大纵向间距	≥0	1000	沿梁的长度方向上抗剪栓钉的最大纵向间距
	最小横向间距	≥0	76	抗剪栓钉在穿过梁翼缘时的最小横向间距
	单排最大栓钉数量		3	在穿过梁翼缘时单排抗剪栓钉的最大数量
起拱	计算起拱?	Yes/No	Yes	是否考虑梁的起拱
	恒载起拱	≥0	80	用于计算起拱的荷载百分比（不包含叠加的恒载）
	考虑起拱的最小梁高	≥0	340	实际（非名义）梁高，低于该值不再起拱
	考虑起拱的最小腹板厚度	≥0	6	腹板厚度，低于该值梁将永不起拱
	考虑起拱的最小梁跨	≥0	7	梁不起拱的最小梁跨
	最小起拱 abs	≥0	15	当前单位下的限值，如果计算的起拱小于该值，程序将输入0

选项卡	项目	可选值	默认值	含义
起拱	最小起拱，L/		900	最小曲面极限分母。输入 360 则最小曲面极限为 L/360。如果计算的弯度低于这个极限，所需的弯度将为 0
	最大起拱限值		150	当前单位制下起拱的最大绝对值，如果计算的起拱值大于该值，起拱值将输出为该值
	最大起拱限值，L/		180	起拱限值的最大值，输入 360 代表 L/360，如果计算的起拱值大于该值，程序将输出该值
	起拱增量		5	当前单位制下起拱的间隔，起拱值为该值的整数倍，该值仅用于舍入目的
	起拱值舍入	Yes/No	Yes	
挠度	组合前恒载限值，L/		0	预加恒载的变形限值，输入 120
	（附加恒载＋活载）限值，L/		240	后组合叠加荷载＋活载挠度限值，输入 120 代表 L/120，输入 0 代表不校核
	活载限值，L/		360	活荷载挠度限值，输入 360 代表 L/360，输入 0 代表不校核
	（总挠度－起拱）限值，L/		240	净荷载挠度（总挠度－起拱值）的限值，输入 240 代表 L/240，输入 0 代表不校核。起拱值在校核前从总挠度中扣除
	用于组合挠度计算的 leff 折减系数		0.75	此系数由于改变组合截面的 I33 从而影响到组合梁的变形，它只和变形计算相关
振动	百分比活荷载		25	计算梁自振频率时的可变荷载组合值系数。例如，该值为 50 时，则有 50% 的 Live 和 Reduced Live 工况的荷载被转化为质量参与梁自振计算
	考虑频率?		No	是否把频率要求作为梁设计的一个标准。如果选择"No"，则下一栏"最小频率"将不起作用
	最小频率		8	组合梁第一自振频率的最小值
	考虑 Murray 阻尼?		No	是否把 Murray 阻尼要求作为梁设计的一个标准。如果选择"No"，则下一栏"固有阻尼"将不起作用。Murray 阻尼的相关信息请参见程序自带的组合梁技术说明 AISC 部分
	固有阻尼		4	楼板系统的固有阻尼比，该值用于计算 Murray 阻尼
价格	价格优化?		Yes	选择"Yes"时，将以钢构件自重进行优化；选择"No"时，将基于钢构件价格、栓钉按钮价格、起拱工费之和进行优化
	钢材价格		1	单位钢梁重量的价格（包括盖板）
	栓钉价格		2	单个栓钉的安装价格
	起拱价格		0.1	每单位钢梁自重（含盖板自重）的起拱价格

1. 指定设计组

在 ETABS 中可以对组合梁进行分组设计。当把一组构件指定为同一组，然后按组进行设计时，该组内所有构件经过优化设计后将得到相同的截面。本例中将所有的组合梁指定到了一个组（COMPOSITE）中。点击【设计→组合梁设计→选择设计组】命令，弹出组合梁设计组选择对话框（图 6.5-3）。

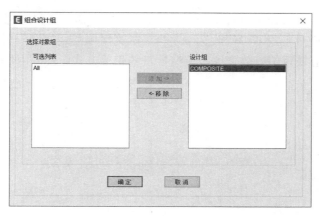

图 6.5-3　组合梁设计组

点击选择该对话框中组列表区域中的组名 COMPOSITE，点击【添加】按钮，将该组移至设计组区域中。注意只有指定了自动选择截面，才能按组进行设计。同组的构件并排一定指定为同一种自动选择截面，但一般来说，建议对同组中的构件使用相同的自动选择截面。

2. 设定设计组合

采用中国规范设计时，ETABS 会自动生成规范规定的设计荷载组合。对于组合梁设计，有三种不同的荷载组合类型。它们是施工阶段强度设计荷载组合、使用阶段强度设计荷载组合和使用阶段挠度设计荷载组合。

点击【设计→组合梁设计→选择设计组合】命令，弹出【选择设计组合】对话框（图 6.5-4）。

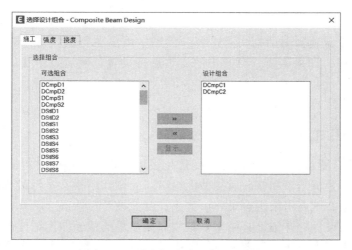

图 6.5-4　【选择设计组合】对话框

在该对话框中可以查看由 ETABS 定义的默认组合梁设计荷载组合，也可以自行指定设计荷载组合。可选组合列表栏中列出未被选择的设计组合，设计组合列表框列出设计中实际采用的设计荷载组合。本例中使用默认的荷载组合。

3. 查看/修改部分构件的覆盖项

组合梁设计覆盖项只对被选择的组合梁有效。要指定覆盖项，可以选择一个或多个构件，然后点击【设计→组合梁设计→查看/修改覆盖项】命令，打开【组合梁覆盖项】对话框（图 6.5-5）。通过覆盖项可修改选中组合梁的高度限值、宽度限值、是否在施工中加设支撑、组合梁对应楼板的有效宽度、抗剪栓钉的布置方式、挠度限值要求等信息。

图 6.5-5 【组合梁设计覆盖项】对话框（梁页面）

在【组合梁覆盖项】对话框中点击各项参数，可以在右侧的【描述】对话框中显示与该项相关的解释。如果需要，对其中的参数进行设置，然后点击【确定】按钮退出该对话框。

本例中使用默认的组合梁覆盖项参数。

6.5.3　组合梁交互式设计

ETABS 中组合梁设计是一个交互式的优化设计过程。对截面进行修改之后，ETABS 会基于先前的内力分析结果和修改后的截面给出新的设计结果。设计过程中，在显示设计结果的屏幕图形上右键点击某组合梁，可弹出交互式设计对话框（图 6.5-6）。该对话框显示的就是该组合梁设计的详细计算结果，其中高亮显示的截面即为最优截面。

该对话框分为四大板块（见图 6.5-6 图中的标注）：区域①【可接受的设计】显示自动选择截面中所有截面设计结果。与钢框架设计不同的是，在自动选择列表处指定一个自动选择截面时，ETABS 会自动给出该自动选择截面中所有截面的设计结果，并标出最优截面。图 6.5-6 中高亮显示的截面即为最优截面。

区域②中，组件百分比表示混凝土板承受压力的比值，比值越大，组合作用越明显，所需的抗剪栓钉数量也越多，修改该数值会直接影响抗剪栓钉计算结果。起拱值是该组合梁的预设起拱数值，修改该数值，会直接影响挠度校核结果。

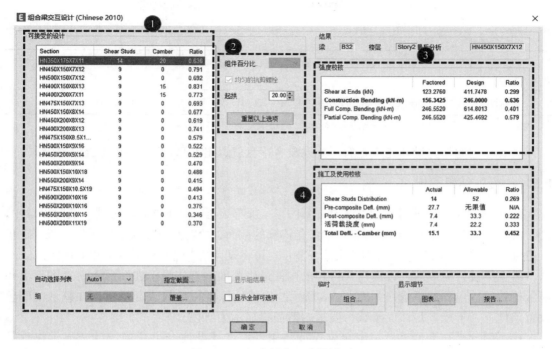

图 6.5-6　组合梁交互式设计页面

区域③【强度校核】显示选中截面对应的强度校核，包括梁端抗剪承载力校核、施工阶段抗弯承载力校核、完全受压抗弯承载力校核、部分受压抗弯承载力校核。

区域④【施工及使用校核】显示选中截面所需抗剪栓钉数量、施工阶段挠度验算、使用阶段挠度验算、考虑起拱的总挠度验算。

组合梁设计完成后，还可以进行重置覆盖项、删除当前设计结果等后续相关操作。例如，可以把最优截面指定给组合梁，并清空自动选择截面列表。点击【设计→组合梁设计】命令，可使用如图 6.5-7 所示的下一级菜单命令。部分操作的含义见表 6.5-2。

设计完成后的操作如表 6.5-2 所示。

图 6.5-7　组合梁设计菜单

组合梁设计操作　　　　　　　　　　　　　　　　表 6.5-2

操作名称	说明
清空自动选择列表	可以将所有自动选择截面设置为当前所使用的优化得到的截面。一般来说，在迭代设计过程结束时，应将所有组合梁的自动选择列表设置为当前优化得到的截面
改变设计截面	用于修改所选的一个或多个构件的截面。此时，ETABS 可以具有修改前的结构内力和修改后的截面得到设计结果。在覆盖项第一栏可以进行这种修改
设计截面更新为分析截面	如果使用"改变设计截面"命令或使用覆盖项修改了设计截面，可以使用该命令将修改后的截面恢复为修改前的截面，即上一次分析使用的截面
分析截面 vs 设计截面	该命令用于检查在设计完成之后，有多少个构件截面被修改了
校核全部构件	用于检查哪些构件通过了设计，哪些构件没有通过设计

续表

操作名称	说明
恢复全部覆盖项	该命令可将所有组合梁的覆盖项恢复为默认值，可减小 ETABS 数据库（＊.edb）文件的大小
删除设计结果	删除组合梁设计结果，可以减少 ETABS 数据库（＊.edb）文件的大小

注：此处的"＊"代指用户自行命名的文件名称，以下正文中的"＊"含义相同。

需要注意的是，设计完成之后，如果没有存盘就退出 ETABS，将不保存设计结果。

6.5.4　设计结果输出

ETABS 的组合梁设计输出方式有屏幕图形、屏幕表格、文本文件等方式。实际设计中，最为常用的是在屏幕图形中查看组合梁优化得到的截面、栓钉数量以及起拱量等结果。还可以通过构件的交互式设计查看构件设计细节，也可将设计结果输出到文本文件中查看。

组合梁设计完成后，设计迭代得到的构件最优截面将直接显示在图形上。在图形上还显示栓钉的数量和起拱量，如图 6.5-8 所示。构件处标注的 C 代表起拱量。在默认的颜色设置条件下，不能满足截面承载力要求的截面将显示为红色。

还可以分类在屏幕上显示组合梁设计结果，点击【设计→组合梁设计→显示设计信息】命令，弹出【显示组合梁设计信息】对话框（图 6.5-9），勾选该对话框中需要显示的项目，点击【确定】按钮，将在屏幕上显示相应的结果。

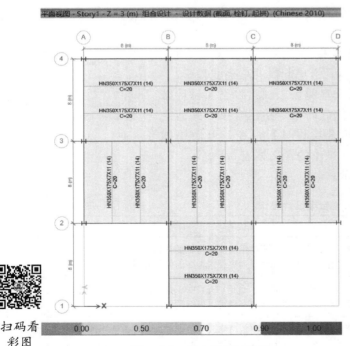

扫码看彩图

图 6.5-8　组合梁设计结果

图 6.5-9　【显示组合梁设计信息】
对话框

在构件上点击鼠标右键，弹出交互式组合梁设计及结果查看对话框，如图 6.5-10 所示。

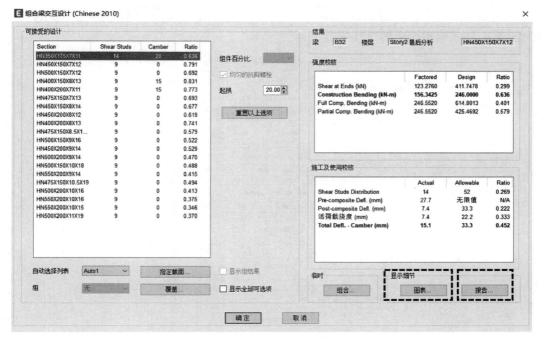

图 6.5-10　显示组合梁交互式设计

该对话框显示该组合梁的设计结果。点击该对话框右下角的【图表】按钮，将打开如图 6.5-11 所示的组合梁设计内力图。在该图中，可查看不同荷载组合下的梁不同位置的梁剪力、弯矩和挠度。

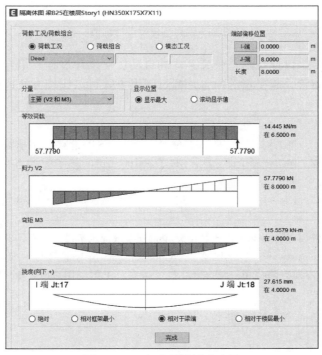

图 6.5-11　组合梁设计内力图

点击组合梁交互设计对话框（图 6.5-10）的【报告】按钮，可打开如图 6.5-12 所示的对话框，显示该组合梁的设计细节。

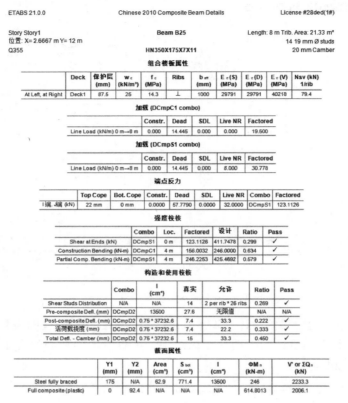

图 6.5-12　组合梁设计细节

总体而言，组合梁设计也是一个交互式的自动优化设计过程。组合梁设计结果主要包括优化截面、栓钉布置、起拱量等内容，通过图形方式可以比较方便地查看设计结果。

参考文献

［1］ 住房和城乡建设部. 钢结构设计标准：GB 50017—2017［S］. 北京：中国建筑工业出版社，2017.

［2］ 住房和城乡建设部. 建筑抗震设计标准：GB/T 50011—2010［S］. 2024 年版. 北京：中国建筑工业出版社，2016.

［3］ 住房和城乡建设部. JGJ 99—2015 高层民用建筑钢结构技术规程［S］. 北京：中国建筑工业出版社，2015.

［4］ 北京筑信达工程咨询有限公司. 中国 2018 规范钢框架设计技术报告［R］. 2022.

［5］ Computers & Structures Inc. ETABS V21 Manuals—CSI Analysis Reference Manual［Z］.

［6］ 北京筑信达工程咨询有限公司. SAP2000 技术指南及工程应用［M］. 北京：人民交通出版社，2018.

第7章

CiSDC 使用方法

筑信达开发的结构辅助设计软件 CiSDC，其目的是让 ETABS 更好地适应国内工程应用的需求，比如更广泛、深入地支持国内的设计规范、标准，更符合国内工程师的建模习惯，更匹配国内的计算报告书与施工图样式等，从而完善并扩展 ETABS 前处理和后处理的功能。

本书第 1 章中介绍了 CiSDC 的主要功能，本章限于篇幅，只介绍模型转换、模型对比、构件设计与出图的操作方式与常见问题。其他内容，请参考 CiSDC 软件自带的使用手册。

7.1　模型转换

随着超高、超限等复杂项目的广泛开展，大量的项目需要进行分析结果的二套软件校核。ETABS/SAP2000 由于其强大和稳定的分析能力，常被选择为校核软件；而对于首套软件，国内工程师更习惯选择 YJK/PKPM 等软件。为避免重复建模，提升效率，模型转换成为此类用户的一个普遍需求。CiSDC 软件提供了快速转换模型的功能，目前已支持 YJK/PKPM/midas 模型导入到 ETABS 或 SAP2000 内。相比于 YJK/PKPM 等软件的模型转换功能，CiSDC 软件依托筑信达公司在 ETABS 软件上的丰富经验和技术实力，使模型转换更加适合 ETABS 的基本假定和参数设置，具有更好的转换效果。

本节主要介绍模型转换的基本操作、基本参数设置以及模型转换的注意事项。

7.1.1　操作流程介绍

运行 CiSDC 软件，点击图 7.1-1 菜单栏上的【文件】按钮，将弹出图 7.1-2 所示的 ETABS/SAP2000 路径设置及功能选项窗口。用户需填写或选择 ETABS. exe/SAP2000. exe 的启动路径，CiSDC 软件通过该启动路径调用 ETABS/SAP2000 软件。功能选项可供选择的模块有："国家标准规范""执行广东省标准《高层建筑混凝土结构技术规程》""隔震设计"。用户应依据需要选择不同的模块，如需进行模型转换，应选择"国家标准规范"。设置完成后，点击【返回】按钮返回【工程】选项卡。

图 7.1-1　菜单栏

图 7.1-2　路径设置与功能选项

在【工程】选项卡中，点击图 7.1-3 中的【导入模型】按钮，弹出图 7.1-4 所示导入模型文件窗口，CiSDC 支持读入的模型类型及文件格式有：ETABS 模型（＊.e2k）、SAP2000 模型（＊.s2k）、PKPM 模型（SATWE_＊_MODELO_HOLO.PDB）、YJK 模型（dtlModel.ydb）、midas 模型（＊.mgt）。其中 YJK 模型较为特殊，其模型信息大部分存储于 dtlModel.ydb 文件中，但是多塔信息和构件内力等计算结果存储于 dtlCacl.ydb 文件中，大指标等计算结果存储于 mainjss.out 文件中，楼板设计结果则存储于 dtlSlab-Pub.ydb 文件中。

图 7.1-3　导入模型

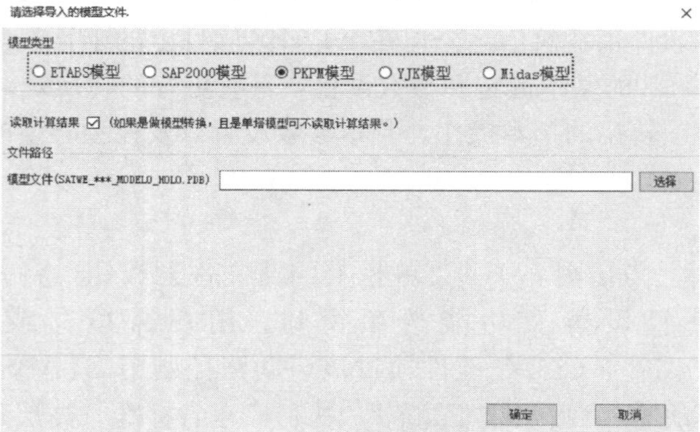

图 7.1-4　导入模型文件窗口

以导入 YJK 模型文件为例，选择模型文件（dtlModel.ydb）所在的路径，CiSDC 会自动识别其他三个文件（如果这些文件存在）的路径并填入，如图 7.1-5 所示，点击【确定】，CiSDC 读入模型数据。

读入模型后，【导出模型】选项卡将被激活，如图 7.1-6 所示，支持将模型导出为 .e2k、.s2k 以及 .mgt 文件。

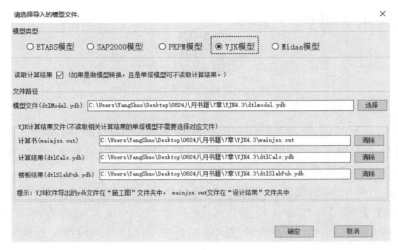

图 7.1-5　导入 YJK 模型

图 7.1-6　导出模型

以导出 .e2k（ETABS 的文本文件）文件为例，如图 7.1-7 所示，根据模型用途可选"弹性模型"或"弹塑性预处理模型"。"弹性模型"用于生成弹性分析及构件设计的校核模型；"弹塑性预处理模型"则用于生成弹塑性分析的预处理模型，这个模型仍为弹性模型，但会有一些针对于弹塑性分析的特殊设置。以下将针对弹性模型的设置参数做详细介绍。

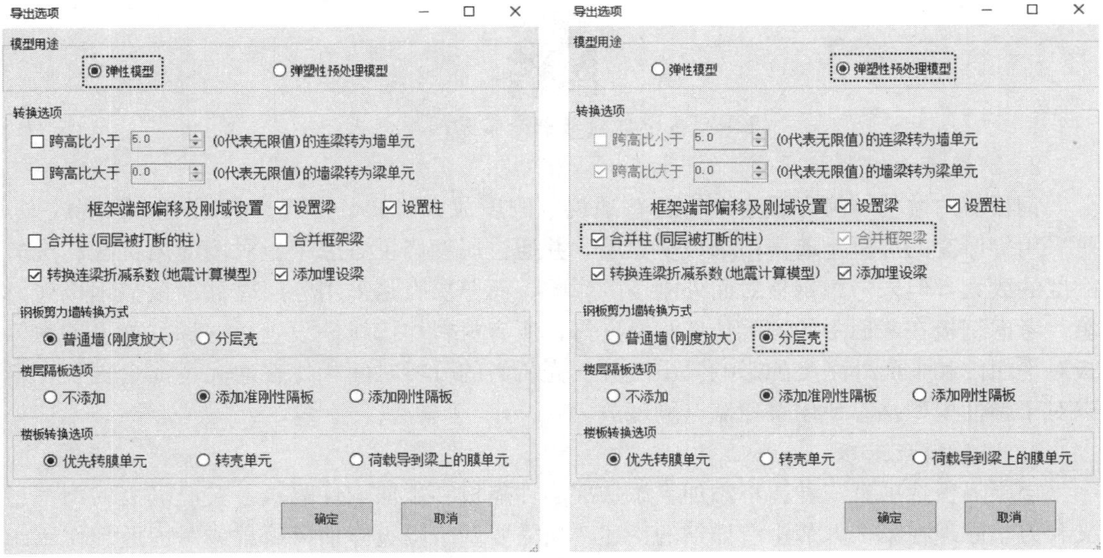

图 7.1-7　导出选项设置

◎ **相关操作请扫码观看视频：**

视频 7.1-1 模型转换操作流程

1. **转换选项**

1）"跨高比小于？（0 代表无限值）的连梁转为墙单元"或"跨高比大于？（0 代表无限值）的墙梁转为梁单元"。这两个选项用于控制连梁所采用的单元类型，跨高比限值的设置应与 PKPM/YJK 的参数保持一致。

2）梁、柱的框架端部偏移及刚域。勾选后将在 ETABS 中对相应构件设置端部偏移和刚域，其中端部偏移按默认设置，刚域系数 0.5，相关的内容可参考第 2.3 节。PKPM/YJK 中刚域范围（如果设置考虑刚域）是按《高层建筑混凝土结构技术规程》JGJ 3—2010 第 5.3.4 条计算的，与 CiSDC 的默认设置不完全相同，一般情况下两者差异在可接受的范围内。

3）合并柱与合并梁。勾选后，被次梁等搭接构件打断的框架梁和框架柱将被自动合并。这两个选项对分析结果通常不会造成影响，但是可能对设计结果产生影响，特别是对于钢构件，具体可参考第 6.3 节的相关内容。

4）转换连梁折减系数。在计算地震作用时，可考虑连梁刚度折减，但是在风荷载计算时，则不宜考虑连梁刚度折减。由于模型转换仅生成一个分析模型，因此用户应按照分析目的确定是否考虑连梁刚度折减，或参考第 7.2 节内容，创建多模型进行分析。

5）添加埋设梁。埋设梁用于处理使用框架单元模拟的连梁与墙的连接问题，一般情况下，由于墙是需要进行网格剖分的，所以推荐勾选此选项，具体的原因可参考筑信达官网的《技术通讯》（第八期）文章《ETABS 中建模与剖分常见问题剖析》。

◎ **相关文档请扫码查看：**

《ETABS 中建模与剖分常见问题剖析》

2. **钢板剪力墙转换方式**

钢板剪力墙的转换方式有两种：普通墙（刚度放大）和分层壳。普通墙（刚度放大）是采用等厚度的混凝土墙模拟钢板剪力墙，并通过属性修正考虑钢板对墙面内抗弯和抗剪刚度的放大，但未考虑钢板对面外刚度的影响。而分层壳是采用分层壳截面模拟钢板剪力墙，考虑钢板在截面中的实际位置与厚度等，所有材料均按线性设置，这种方式可考虑钢板对平面内和平面外刚度的影响。由于分层壳所需的分析时间相比普通壳可能会更长，所以对于弹性模型推荐使用普通墙（刚度放大）。

3. **楼层隔板选项**

楼层隔板选项有三种：不添加、添加准刚性隔板和添加刚性隔板。关于隔板的物理意义和力学原理在第 2.3 节中有详细的论述，当需要基于隔板施加风荷载或考虑地震作用的偶然偏心时，必须设置隔板，因此隔板在绝大多数模型中均需设置。而隔板的类型应依据需求选择，当进行大指标分析时，推荐采用刚性隔板，与 YJK/PKPM 中的"全楼采用强制刚性楼板假定"一致；而对于承载力计算而言，则推荐采用准刚性隔板，与 YJK/PKPM 中"不强制采用刚性楼板假定"一致。若需要同时考虑以上两种情况时，需要参考第 7.2 节的内容，使用多模型管理。

　　4. 楼板转换选项

　　楼板转换选项有三种：优先转膜单元、转壳单元和荷载传导到梁上的膜单元。"优先转膜单元"选项是将三角形或四边形楼板转换为膜单元，而多边形（边数大于 4）楼板则将其分割为若干个三角形或四边形楼板，并采用壳单元进行模拟。这是一种较为推荐的方法，可以最大程度地避免楼板出现不合理的剖分或无法剖分等情况，而且还可以确保楼板传力的准确性。"转壳单元"选项是将所有的楼板均转为壳单元，如果需要在 ETABS 中考虑楼板配筋设计，这个选项是非常必要的，但大量使用壳单元模拟楼板，会因剖分造成结构单元数量大增，进而造成计算速度缓慢，若仅进行大指标的分析，并不推荐此选项。"荷载传导到梁上的膜单元"选项是将楼板转换为膜单元，但是荷载并不施加于楼板对象上，而是直接施加于框架对象上。这种方法不会因楼板的异常剖分造成荷载丢失，即便是对多边形（边数大于 4）的膜单元进行剖分，也会因膜上没有面荷载，而不会造成分析异常。但是这种做法存在多边形（边数大于 4）膜单元的导荷，没有普适的导荷做法，易出现导荷不准确的情况，而且如果需要修改板上荷载，操作会非常麻烦。

　　设置好上述选项后，点击"确定"按钮，即可导出 .e2k 文件，用户可在 ETABS 中通过【文件→导入→ETABS 文本文件（e2k）】命令，导入文本文件并生成 ETABS 模型。

7.1.2　模型转换的注意事项

　　经上述设置后，CiSDC 软件可完成绝大多数结构信息的转换，但是部分结构信息会因 YJK/PKPM 软件未输出相关信息，造成无法进行转换，需要进行手动的干涉。

　　◎相关操作请扫码观看视频：

视频 7.1-2 模型转换补充定义

　　1. 墙肢与连梁的剖分

　　对于壳单元，有限元网格的剖分尺寸、剖分形状以及剖分疏密都会对计算结果产生影响。默认情况下，CiSDC 会对墙体和连梁（模型转换选项中转换为墙单元的连梁）设置矩形网格剖分，剖分尺寸与 YJK/PKPM 模型相同。对于墙肢，采用 1m 的剖分尺寸一般是可以满足分析精度的要求，但是对于连梁，其截面尺寸相对墙肢较小，1m 的剖分尺寸常常是不足，可能会造成结构偏刚。在 YJK/PKPM 中，可以设置连梁细分选项，但是其输出文件中并未输出连梁的具体剖分情况，因此推荐用户对连梁做更加精细的剖分。

　　由于 ETABS 中对于采用矩形网格的壳单元强制采用了相同的剖分尺寸，所以无法让连梁单独使用更小的剖分尺寸，因此推荐对连梁采用 $N \times M$ 的剖分形式（N 和 M 为用户定义的剖分个数）。具体的操作方法如下：通过【选择→标签→连梁标签】命令，选择全部的连梁，再通过【指定→壳→墙自动剖分选项】命令进行剖分指定，如图 7.1-8 所示。用户也可以通过修改剖分进行试算，以便得到更加精确的计算结果。

图 7.1-8　推荐的连梁剖分方式

2.【预设 P-Delta 选项】

当结构的刚重比不满足《高层建筑混凝土结构技术规程》JGJ 3—2010 第 5.4.2 条要求时，需要考虑重力二阶效应的不利影响，在 YJK/PKPM 中有相关的二阶效应设置选项，如图 7.1-9 所示。目前 YJK/PKPM 的输出文件不包含此部分内容，CiSDC 软件无法进行转换，需要用户进行手动设置。设置命令如下：【定义→P-Delta 选项】，如图 7.1-10 所示。

图 7.1-9　YJK 的 P-Δ 效应　　　　图 7.1-10　ETABS【预设 P-Delta 选项】

3. 未转换结构信息

截至 CiSDC V2.1.5 版本，仍存在部分结构信息未能进行转换，包含但不限于以下情况：

1) 阻尼器、隔震支座等连接单元转换到 ETABS 中均为框架单元，需根据实际情况在 ETABS 中定义连接单元并手动布置。

2) 如果 YJK/PKPM 模型中有地下室，CiSDC 软件转换的 ETABS 模型未自动考虑土体对地下室的约束，若需考虑，应根据实际情况设置点弹簧或面弹簧来模拟土体对地下室的约束。

3) 当模型中存在空间层时，例如高层结构中存在的塔冠，CiSDC 软件可以将构件进行转换，但空间层信息无法进行转换。这可能造成相应的楼层质量、层间位移角等指标后处理结果无法输出，但是不会对分析结果产生影响。如果需要，可以在 ETABS 中补充楼层信息。

4）当 YJK/PKPM 模型中存在坡屋面，且设置有刚性隔板时，CiSDC 软件虽然可以将隔板进行转换，但是 ETABS 目前不支持竖向标高不同的节点设置刚性隔板，会将其删除。

5）所有的设计相关信息均未转换，包括保护层、钢筋等级、设计首选项和设计覆盖项等，如果用户需要使用 ETABS 进行设计，需自行设置相关选项，也可以参考第 7.3 节的内容，在 CiSDC 软件中进行构件设计。

7.2 多模型管理

为满足结构全过程设计的需要，可能需要建立多个分析模型。例如前文介绍到的，计算大指标结果时通常考虑刚性隔板，而承载力验算时又需要使用准刚性隔板；计算地震作用时需考虑连梁刚度折减，而风荷载计算时则不考虑，等类似情况。CiSDC 软件中的多模型管理模块可以快速创建多个 ETABS 分析模型，并能按规范要求提取相应模型的计算结果，再进行大指标的输出以及构件设计。此功能不仅可以更好地对 YJK/PKPM 结果进行对比校核，而且为后续设计提供了准确的内力结果。

7.2.1 创建中国标准多模型

◎相关操作请扫码观看视频：

视频 7.2-1 创建国标多模型

1. 准备工作

1）创建多模型前，先需要准备一个 ETABS 基本模型，基本模型可以参考第 7.1 节，由 CiSDC 软件转换得到，模型中应存在恒、活、风等所需荷载的荷载工况，并应确保这些工况可以正常运行；地震工况由于其多模型的需要，由 CiSDC 软件自动创建，可不在基本模型中创建。

2）在【工程】选项卡下点击【启动 ETABS】按钮，如图 7.2-1 中①所示，CiSDC 软件会自动启动 ETABS 程序并完成关联，如果用户已经运行了一个 ETABS 程序，CiSDC 软件将会与已运行的 ETABS 程序进行关联。需要注意的是，当用户同时打开多个 ETABS 模型时，受限于 API 技术，CiSDC 软件可能会关联到错误的 ETABS 模型。因此建议用户在使用 CiSDC 软件时，最好只打开一个 ETABS 模型。完成 CiSDC 软件与 ETABS 模型的关联后，点击【读取 ETABS 模型】读取 ETABS 基本模型，如图 7.2-1 中②所示。

图 7.2-1 工程选项卡下相关命令

3）点击【楼层设置】按钮，如图 7.2-1 中③所示，在弹出的【楼层编辑】对话框设置底部加强区、嵌固层、分段数，如图 7.2-2 所示。这些设置将被用于构件内力调整、构件构造要求判定，以及施工图绘制等功能中。

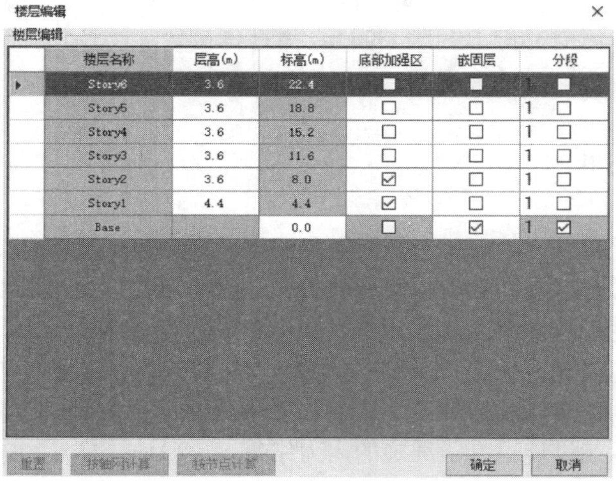

楼层名称	层高(m)	标高(m)	底部加强区	嵌固层	分段
Story6	3.6	22.4	■	■	1	■
Story5	3.6	18.8	□	□	1	□
Story4	3.6	15.2	□	□	1	□
Story3	3.6	11.6	□	□	1	□
Story2	3.6	8.0	☑	□	1	□
Story1	4.4	4.4	☑	□	1	□
Base		0.0	□	☑	1	☑

图 7.2-2　楼层设置的相关参数

2. 创建多个分析模型

如图 7.2-3 所示，点击【分析设计→参数设置】，弹出如图 7.2-4 所示对话框。设置结构体系、设计使用年限、楼层总数、模型尺寸、材料重度等基本信息由 CiSDC 软件自动从 ETABS 读取，如有错误，用户手动可进行调整。反应谱与地震作用的相关信息应由用户进行设定，CiSDC 软件会自动生成相应工况并返回 ETABS 中。需要注意的是，当用户勾选"考虑双向地震作用"选项时，CiSDC 软件并不会直接在 ETABS 中生成双向地震工况，而是采用单向地震作用下的效应，按公式：$S_{xy}=\sqrt{S_x^2+(0.85S_y)^2}$、$S_{yx}=\sqrt{S_y^2+(0.85S_x)^2}$ 进行计算双向地震作用效应。这种做法的好处是，可以在单向地震作用效应进行调整（如剪重比调整、$0.2V_0$ 调整、薄弱层调整等）后，再进行双向地震作用组合。

图 7.2-3　点击【参数设置】按钮

勾选"采用多模型"选项，如图 7.2-4 中①所示，菜单栏增加"多模型调整参数"选项卡，如图 7.2-4 中②所示，点击【多模型调整参数】选项卡，可以进行多模型参数设置，如图 7.2-5 所示。用户可进行混凝土梁或钢梁的刚度放大系数调整和不同模型的连梁刚度折减。刚度系数可以根据实际需要修改，如果用户不想通过 CiSDC 进行调整，可勾选"不调整"，这样将会继承初始 ETABS 模型中的设置。用户还可以对楼层隔板进行设置，除指标模型强制为刚性隔板，其余模型的隔板类型均可调整。设置完成后，点击【确定】按钮，退出此对话框。

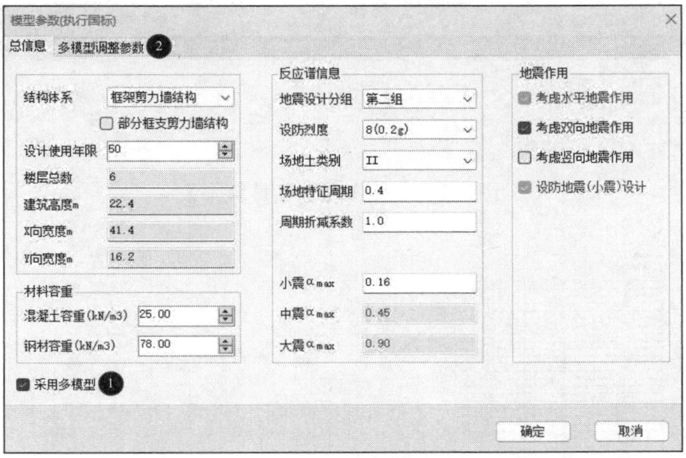

图 7.2-4　参数设置

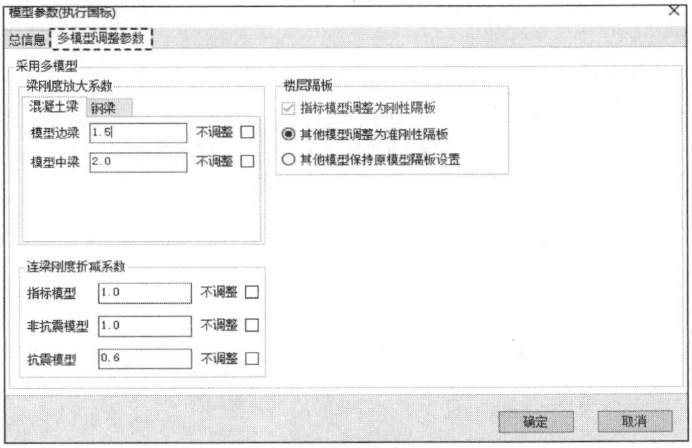

图 7.2-5　【多模型调整参数】选项卡

点击图 7.2-6 中【计算＋读取结果】按钮，CiSDC 软件将依据【多模型调整参数】中的设置生成"国标计算模型"的文件夹，其中包含三个 ETABS 模型，分别为：地震模型（＊-EQ. edb）、风模型（＊-W. edb）、指标模型（＊-ZB. edb），并自动完成上述模型的分析与计算结果提取。

图 7.2-6　点击【计算＋读取结果】

7.2.2　指标输出与荷载组合

1. 指标输出

如图 7.2-7 所示，点击【计算书→更新计算书】，CiSDC 生成的计算书如图 7.2-8 所示。

图 7.2-7　点击【更新计算书】

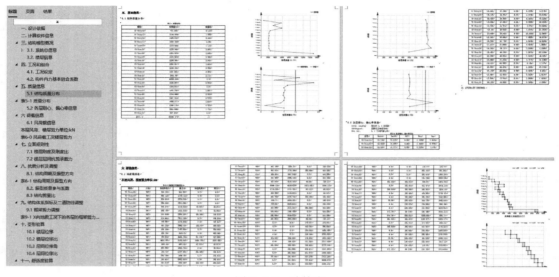

图 7.2-8　计算书

　　CiSDC 按照国标规范处理多模型的结果，并输出整体指标计算书。各指标对应的模型及规范条款如表 7.2-1 所示。

大指标汇总

表 7.2-1

指标	基本内容	来源模型	数据来源工况	规范条款
质量与刚心	输出各层层质量及质量比，质量比限值为 1.5；刚心计算需用户在 ETABS 中进行【分析→设置运行工况→计算刚心】设置	指标模型	—	JGJ 3—2010 第 3.5.6 条
周期	输出周期和振型方向、振型质量参与系数，判断是否满足规范要求	抗震模型	Modal	JGJ 3—2010 第 3.4.5 条、第 5.1.13 条
楼层剪力	输出风荷载作用下的楼层剪力	风模型	WXP、WXN、WYP、WYN	—
剪重比	输出地震作用下的楼层剪力、剪重比及限值（此处不考虑剪重比调整）	抗震模型	CiSSFEX、CiSSFEY	JGJ 3—2010 第 4.3.12 条
楼层位移、层间位移角	输出风荷载和地震作用下的最大、平均楼层位移/层间位移角	指标模型	WXP、WXN、WYP、WYN、CiSSFEX、CiSSFEY、CiSSFEX0、CiSSFEY0	JGJ 3—2010 第 3.7.3 条

续表

指标	基本内容	来源模型	数据来源工况	规范条款
楼层位移比、层间位移比	输出规定水平力作用下楼层位移最大值、平均值、位移比及限值	指标模型	～StaticCiSSFEX、～Static+EccCiSSFEX、～Static-EccCiSSFEX、～StaticCiSSFEY、～Static+EccCiSSFEY、～Static-EccCiSSFEY	JGJ 3—2010 第 3.4.5 条
风振舒适度验算	对于高度≥150m 的结构，进行舒适度验算	风模型	WXP、WXN、WYP、WYN、CiSSFEX0、CiSSFEY0	JGJ 3—2010 第 3.7.6 条
$0.2V_0$ 调整	输出调整后的框架承担剪力，并给出调整系数	抗震模型	CiSSFEX、CiSSFEY	JGJ 3—2010 第 8.1.4 条
层刚度比	输出层刚度与刚度比，并与规范限值进行比较	指标模型	CiSSFEX0、CiSSFEY0、CiSSFEX、CiSSFEY	JGJ 3—2010 第 3.5.2 条
楼层抗剪承载力	在 CiSDC 中绘制施工图后，根据实际配筋结果统计输出各层抗剪承载力	指标模型	—	JGJ 3—2010 第 3.5.3 条
刚重比	根据不同的结构体系计算并输出刚重比	指标模型	—	JGJ 3—2010 第 5.4.1 条、第 5.4.4 条
倾覆力矩	输出规范法、基地重心、几何中心三种方法的倾覆力矩	指标模型	～StaticCiSSFEX、～Static+EccCiSSFEX、～Static-EccCiSSFEX、～StaticCiSSFEY、～Static+EccCiSSFEY、～Static-EccCiSSFEY	GB/T 50011—2010 第 6.1.3 条

表中工况的名称用户不可修改，否则会导致 CiSDC 软件无法读取到具体工况数据，表中各工况的具体含义见表 7.2-2。

荷载名称释义　　　　　　　　　　　　　表 7.2-2

工况名称	具体含义
WXP、WXN、WYP、WYN	字母 W 表示风荷载，X/Y 表示方向，P/N 表示正/负方向
CiSSFEX、CiSSFEY、CiSSFEX0、CiSSFEY0	CiS 表示 CiSDC 软件定义的地震工况，SF 表示设防地震，EX/EX 表示 X/Y 方向地震作用，0 表示无偏心
～StaticCiSSFEX ～Static+EccCiSSFEX ～Static-EccCiSSFEX	～Static 表示规定水平力，+Ecc/-Ecc 表示正/负偏心

2. 荷载组合

多模型的荷载组合遵循一个基本原则，即：荷载组合中的所有工况均来自于同一个模型，其含义在于不同刚度下得到的效应不能组合。因此风模型提供所有重力相关组合以及风荷载相关组合；地震模型提供所有地震作用相关组合，当地震作用与风荷载同时组合时，仍为地震组合，由地震模型提供。CiSDC 将根据风模型和地震模型的构件内力，基于规范相关要求完成荷载组合，进行构件设计，详见第 7.4.1 节第 2 小节。

7.3 模型对比

通过 CiSDC 软件转换生成的 ETABS 模型分析设计后，可直接将分析设计结果导入 CiSDC 内，与原始模型进行对比分析。可对比的信息包括配筋信息、内力信息、结构整体指标。

7.3.1 模型对比

模型对比主要在图 7.3-1 所示的【模型对比】菜单下完成。在【工程】菜单下读取模型 A，【模型对比】菜单下读取对比模型 B，那么配筋/内力对比时模型 A 将显示在左窗口中，模型 B 显示在右窗口中，两个窗口可同步显示。如图 7.3-2 所示，本例中【工程】菜单下读取的 YJK 模型显示在左侧，【模型对比】菜单下读取的 ETABS 模型显示在右侧。

图 7.3-1 【模型对比】菜单

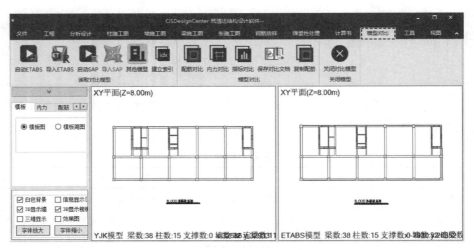

图 7.3-2 模型双窗口对比

点击【配筋对比】按钮，如图 7.3-3 所示，窗口左下方可勾选梁配筋、柱配筋、剪力墙配筋、板配筋、边缘构件、构件配筋的对比查看。配筋来源有"计算配筋""读入配筋"和"包络配筋"三种，此处勾选"读入配筋"，窗口中将显示读取的模型 A 和模型 B 的配筋结果，另外两种配筋在绘制施工图时使用，用于决定施工图配筋来源，模型对比时无需勾选。

点击【内力对比】按钮，如图 7.3-4 所示，窗口左下方可勾选梁静力弯矩（即恒荷载作用下梁弯矩）、梁活载弯矩、轴压比、板弯矩（读取），进行查看。"板弯矩（计算）"

选项在 CiSDC 设计楼板时使用，用于决定设计楼板的内力来源，模型对比时不勾选。

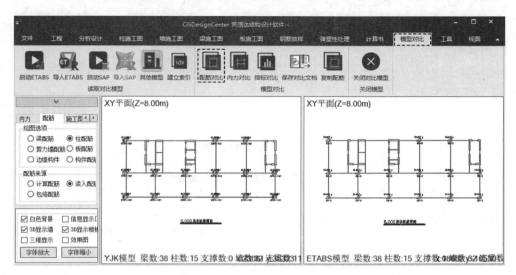

图 7.3-3　配筋对比

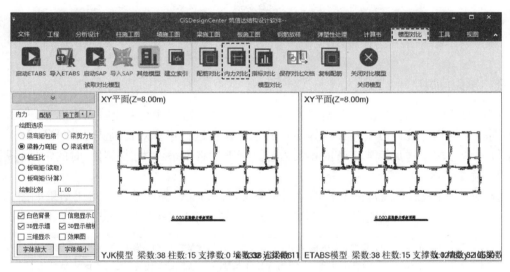

图 7.3-4　内力对比

点击【指标对比】按钮，如图 7.3-5 所示，生成模型对比报告。对比内容包括结构信息、周期振型、楼层质量、位移指标对比、刚度比、刚重比、剪重比、楼层力、倾覆力矩/框架承担倾覆力矩、$0.2V_0$ 剪力调整（仅双重抗侧力体系输出）。点击【保存对比文档】按钮，导出 Word 形式的指标对比报告书。

需要注意的是，ETABS 中只存在一个模型，YJK/PKPM 中则会内置多个模型，如风模型、地震模型，结果输出时会提供非强刚/强刚、连梁刚度折减/不折减多种情况下的指标，对比时需注意结构指标的计算假定是否一致。CiSDC 默认按照 YJK/PKPM 中的地震模型参数进行模型转换，当 YJK/PKPM 模型中风、地震作用下连梁刚度折减系数不一致时，需要借助多模型进行指标对比。有关多模型的信息，请查看第 7.2.2 节的内容。

365

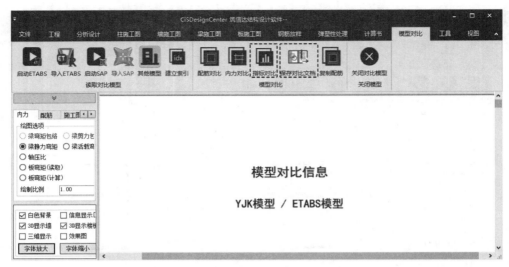

图 7.3-5　指标对比

◎ **相关操作请扫码观看视频：**

视频 7.3-1 模型对比操作流程

7.3.2　常见问题

模型对比时可能会遇到部分指标差异较大的问题，这往往是两个模型参数的不同，以及不同软件的指标统计方式存在差异导致的。建议在进行指标对比前先了解 ETABS 的结构指标统计方法，详见第 4.1 节的相关内容。接下来将列举一些指标对比时的常见问题。

1. 质量差异

模型转换完成后，通常首先需要对比模型质量。CiSDC 提供的质量对比结果如图 7.3-6 所示。由于 ETABS 无法输出恒/活荷载下的层质量，报告中用"/"表示该项不输出。

| 楼层 | 模型一 YJK模型 | | | | 模型二 ETABS模型 | | | | 误差(%) |
	恒载(t)	活载(t)	楼层(t)	质量比	恒载(t)	活载(t)	楼层(t)	质量比	楼层(t)
Story6	1154.7	274.5	1429.2	1.439	/	/	1341.24	1.341	6.15%
Story5	911.1	82.0	993.1	1.0	/	/	1000.04	0.999	0.7%
Story4	911.1	82.0	993.1	1.0	/	/	1001.38	1.0	0.83%
Story3	911.1	82.0	993.1	1.0	/	/	1001.38	1.0	0.83%
Story2	911.1	82.0	993.1	0.705	/	/	1001.38	0.716	0.83%
Story1	1015.9	393.7	1409.6	1.0	/	/	1398.73	1.0	0.77%
总计	5815.0	996.2	6811.2		/	/	6744.16	/	0.98%

图 7.3-6　CiSDC 输出的质量对比结果

先对比恒荷载、活荷载下的基底反力，查看基底反力是否吻合，判断是否存在恒载或活载丢失的情况。一般情况下，基底反力吻合时，结构的总体质量也会吻合得较好，但查

看各层质量时可能遇到"顶层质量差异较大"的
情况。这是因为默认情况下 ETABS 是将上下各
半层的结构质量凝聚到层标高处，而 PKPM/
YJK 软件是将本层质量凝聚到层标高处，如图
7.3-7 所示。所以对于顶层，ETABS 的顶层质
量通常较 PKPM/YJK 的顶层质量小一些。

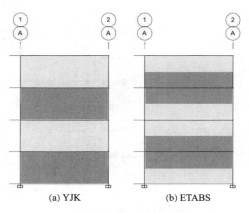

此外，YJK/PKPM 可以扣除梁与柱以及墙
与柱重叠区域的自重，而 ETABS 中只能扣除梁
柱节点区（即端部偏移范围内）的重叠自重，如
图 7.3-8 所示。因此对于带剪力墙的结构，
ETABS 计算的结构质量会偏大一些，对比时应
尽量使两款软件的设置一致。

图 7.3-7　各层质量统计范围

图 7.3-8　重叠区域计算

2. 风荷载结果差异

YJK/PKPM 计算每层风荷载时，其风压高度变化系数按楼层层顶标高的高度进行计
算，且基本风压在楼层高度范围内保持不变，并将楼层高度范围内的风荷载施加于楼层顶
标高的隔板处；ETABS 计算每层风荷载时，先将迎风面沿楼层高度划分为十等份，每一
份的风压高度系数按十等分处的标高进行计算，计算完成后将上下各半层高度范围内的风
荷载求和，并施加于隔板处。如图 7.3-9 所示，可见 ETABS 顶层的风荷载较 PKPM/YJK
要偏小较多，风荷载的基底剪力也会偏小一些。

3. 地震作用结果差异

一般情况下，进行地震作用对比时可以先对比基底反力，再对比其他楼层指标。基底
反力如果吻合良好，通常反映分析模型匹配较好；否则必须仔细检查分析模型，查看第
7.1 节所述的隔板、梁柱刚域、剪力墙剖分等建模参数是否一致，结构周期、质量是否吻
合，然后再对比基底反力。若基底反力吻合，而其他楼层指标存在差异，可能是统计方式
不同造成的，这可以通过手动调整解决。

1）基底剪力存在差异

基底剪力差异较大时，可检查以下内容：

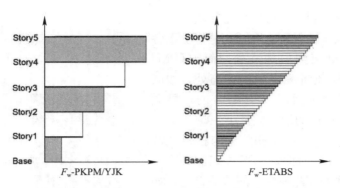

图 7.3-9　风荷载作用范围及分布示意图

（1）模态累计质量参与系数

检查 ETABS 中模态累计质量参与系数是否达到规范要求的 90%，若未达到，会使 ETABS 的地震作用偏小，需增加模态数量或采用 Ritz 向量法，具体可参考第 3.3 节的内容。

（2）地下室质量

当 ETABS 模型中建立了地下室部分时，程序计算会考虑整体模型的质量；YJK 中若勾选地震计算时不考虑地下室的结构质量，如图 7.3-10 所示，会导致两者的计算结果存在差异，建议 YJK 中取消勾选后再进行对比。

（3）地震作用调整系数

检查 YJK/PKPM 中是否设置了地震作用放大系数（图 7.3-11），模型是否需要考虑剪重比调整系数（图 7.3-12）。ETABS 计算得到的均为分析内力，并不会自动调整地震作用，若需考虑，应在反应谱工况中手动调整比例系数（图 7.3-13）。

图 7.3-10　YJK 中关于地下室质量的选项　　图 7.3-11　YJK 中的地震作用放大系数

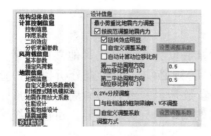

图 7.3-12　YJK 中的剪重比调整　　图 7.3-13　ETABS 反应谱工况中的比例系数

2）层剪力存在差异

若基底剪力吻合，但部分层剪力不吻合，一般是不同软件的层剪力统计方式存在差异导致的。对于有跃层构件、带有地下室或基础错层的结构，由于 ETABS 的层剪力仅统计属于本层、且节点落在楼面标高处的构件内力，统计结果可能与其他软件存在差异。

如图 7.3-14 所示的框架结构 A，首层部分构件未落在 BASE 层处，ETABS 在统计 BASE 层剪力时无法考虑此类构件的内力，导致 BASE 层剪力异常。通过截面切割可以得到合理的结果，截面切割的具体操作可参考第 4.1.2 节第 4 小节的相关内容。

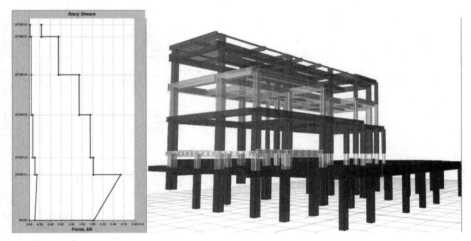

扫码看
彩图

图 7.3-14　基础错层的结构 A

◎ 相关操作请扫码观看视频：

视频 7.3-2 手动统计层剪力：示例模型 A

对于如图 7.3-15 所示的带有一层地下室、存在跃层构件的框架结构 B，模型中采用施加在地下室顶板周边的点弹簧模拟土体约束。由于 ETABS 统计层剪力时不考虑弹簧反力，统计基底反力时考虑所有支座（包括弹簧）反力，可以从图 7.3-16 中看到首层剪力和基底反力不一致。此外，由于构件只能属于一个楼层，图示模型中跃层构件属于 Story3，但跃层构件的底部节点属于 Story2，导致统计 Story2 和 Story3 的楼层力时都无法考虑该跃层构件的内力，进而导致水平地震作用下统计的 Story2 和 Story3 轴力不为零（丢

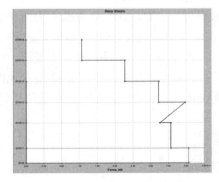

扫码看
彩图

图 7.3-15　带有地下室的框架结构 B

失了跃层构件的轴力 50.713kN），层倾覆力矩的统计也会受到轴力影响。因此，建议将跃层构件在楼面处打断，如图 7.3-17 所示，打断后 Story2 和 Story3 的层剪力增大，轴力减小为零。

	Output Case	Case Type	Step Type	FX kN	FY kN	FZ kN
▶	EX	LinRespSpec	Max	3967.8824	37.0856	4.082E-06

Units: As Noted　Hidden Columns: No　Sort: None　Base Reactions
Filter: None

Units: As Noted　Hidden Columns: No　Sort: None　Story Forces
Filter: None

	Story	Output Case	Case Type	Step Type	Location	P kN	VX kN	VY kN	T kN-m	MX kN-m	MY kN-m
▶	STORY6	EX	LinRespSpec	Max	Bottom	0	1257.2505	21.9875	48101.6416	92.3474	5280.4523
	STORY5	EX	LinRespSpec	Max	Bottom	1.035E-05	2224.616	13.2343	85092.3869	83.4457	14515.9739
	STORY4	EX	LinRespSpec	Max	Bottom	2.661E-06	2986.7651	21.0806	114346.4866	64.809	26753.4412
	STORY3	EX	LinRespSpec	Max	Bottom	50.713	3016.9487	28.5682	115598.3743	1880.5976	38565.1897
	STORY2	EX	LinRespSpec	Max	Bottom	50.713	3263.5245	17.8561	124999.4739	1862.9365	54565.5839
	STORY1	EX	LinRespSpec	Max	Bottom	4.082E-06	3718.0141	33.7311	142354.1957	152.0232	71081.8236

图 7.3-16　框架结构 B 的剪力结果

Units: As Noted　Hidden Columns: No　Sort: None　Story Forces
Filter: None

	Story	Output Case	Case Type	Step Type	Location	P kN	VX kN	VY kN	T kN-m	MX kN-m	MY kN-m
▶	STORY6	EX	LinRespSpec	Max	Bottom	0	1262.8382	27.0025	48594.7565	113.4104	5303.9204
	STORY5	EX	LinRespSpec	Max	Bottom	1.702E-05	2231.9012	19.57	85457.6183	81.8011	14568.8285
	STORY4	EX	LinRespSpec	Max	Bottom	3.25E-05	2993.3411	24.5961	114682.1031	79.8007	26827.6922
	STORY3	EX	LinRespSpec	Max	Bottom	3.278E-05	3567.5287	49.7779	136614.5669	163.6363	41324.5698
	STORY2	EX	LinRespSpec	Max	Bottom	3.297E-05	3843.1416	25.3434	146837.3967	131.8045	60365.2428
	STORY1	EX	LinRespSpec	Max	Bottom	3.363E-05	3724.1134	55.6601	143382.768	168.9978	71143.3

图 7.3-17　框架结构 B 中跃层构件打断后的楼层内力结果

◎相关操作请扫码观看视频：

视频 7.3-3 手动统计层剪力：示例模型 B

3）层倾覆力矩存在差异

与框架承担的倾覆力矩不同，楼层倾覆力矩由单振型求解，再通过 CQC 组合得到。YJK、PKPM 和 ETABS 中，各层的倾覆力矩均按照此算法完成，但是在求解单振型下的层倾覆力矩时，YJK 和 PKPM 通常只考虑水平效应，ETABS 会考虑轴力对坐标原点取矩产生的倾覆力矩。因此，当 ETABS 模型的质量源中勾选了竖向质量时，水平地震作用下很有可能存在竖向力（尤其是大悬挑结构，会产生比较大的轴力），从而产生倾覆力矩；当坐标轴原点不位于结构质心时，还会导致附加的倾覆力矩。为了使模型对比时指标吻合得更好，可以在 ETABS 质量源中取消勾选竖向质量，或尽量使坐标原点位于结构质心。

◎相关操作请扫码观看视频：

视频 7.3-4 层倾覆力矩异常时的处理方法

4）层位移结果差异

对于地震作用下的位移结果，ETABS 中反应谱工况若设置了偶然偏心，便会输出正/负/无偶然偏心下层间位移角的包络结果，对于扭转位移比，程序会分别给出正偶然偏心、负偶然偏心和无偶然偏心的规定水平力作用下的结果。根据《高层建筑混凝土结构技术规程》JGJ 3—2010 第 3.7.3 条，层间位移角可不考虑偶然偏心的影响，因此，需在 ETABS 中额外定义一个不考虑偶然偏心的反应谱工况，用于统计位移角，如图 7.3-18 所示。用户也可以借助 CiSDC 的多模型管理统计位移指标。

Story	Output Case	Case Type	Step Type	Step Number	Direction	Drift	Drift/	Label
Story6	EX	LinRespSpec	Max		X	0.000659	1/1518	7
Story5	EX	LinRespSpec	Max		X	0.000734	1/1362	8
Story4	EX	LinRespSpec	Max		X	0.000728	1/1373	3
Story3	EX	LinRespSpec	Max（考虑偶然偏心的工况）		X	0.000679	1/1472	8
Story2	EX	LinRespSpec	Max		X	0.000536	1/1866	4
Story1	EX	LinRespSpec	Max		X	0.000286	1/3496	4
Story6	EX-0	LinRespSpec	Max		X	0.000648	1/1543	7
Story5	EX-0	LinRespSpec	Max		X	0.000724	1/1382	8
Story4	EX-0	LinRespSpec	Max（未考虑偶然偏心的工况）		X	0.000717	1/1394	3
Story3	EX-0	LinRespSpec	Max		X	0.000669	1/1494	8
Story2	EX-0	LinRespSpec	Max		X	0.000527	1/1896	4
Story1	EX-0	LinRespSpec	Max		X	0.000261	1/3560	4

Units: As Noted　Hidden Columns: No　Sort: Output Case ASC　　Story Drifts
Filter: ([Direction] = 'X')

图 7.3-18　ETABS 输出的层间位移角

5）框架承担剪力比差异

统计框架承担剪力比时，ETABS 默认根据单元类型统计内力，不考虑斜柱，导致输出的框架承担剪力比可能与 YJK/PKPM 的输出结果存在差异。建议自行通过截面切割提取框架承担剪力结果。相关操作可参考本书第 4.1.2-10 节相关内容。

◎ 相关操作请扫码观看视频：

视频 7.3-5 手动统计框架承担剪力比

4. 其他指标结果差异

除了风、地震作用结果的对比之外，用户可能会遇到一些结果输出异常的情况。

1）刚重比差异较大

ETABS 中根据规范基于均匀倒三角形荷载计算侧向刚度，从而计算刚重比，具体可参考本书第 4.1.2-8 节相关内容。而 YJK 等软件可能是基于风荷载和地震作用分布分别计算侧向刚度，并没有采用均匀倒三角荷载，所以计算结果不一致。当两款软件判别的稳定性验算结论不一致时，推荐使用屈曲分析作进一步判断。

2）指标输出不完整

对于指定了多塔的复杂结构，由于多塔结构形态各异，如大底盘和连体结构的倾覆力矩等指标统计方式就不相同，因此 ETABS 不直接输出多塔结构的倾覆力矩、剪重比等指标。此时可根据具体情况基于截面切割手动统计。

3）部分层指标不输出

ETABS 将根据属于楼层范围内的构件，以及构件端落在层标高处的节点统计层指标。

当楼层定义有误或多塔定义有误时，相关层的指标输出会受到影响。此时应仔细检查相关楼层的定义，调整参数。具体可参考本书第 4.1.2 节第 4 小节和筑信达官网知识库《多塔的调整》。

◎ 相关文档请扫码查看：

多塔的调整

7.4 构件设计

CiSDC 还提供了混凝土构件设计功能。在【分析设计】菜单下设置构件设计选项后，CiSDC 将基于所读取模型的构件内力进行荷载组合，并根据规范设计构件。本节将介绍构件设计的基本流程和设计方法。

7.4.1 设计参数设置与解读

与 ETABS 的设计思路类似，首先需要设置"设计首选项"，该参数适用于整个结构，对于局部需要调整的构件可通过"设计覆盖项"调整。

◎ 相关操作请扫码观看视频：

视频 7.4-1 设置设计参数

1. 设计首选项

点击图 7.4-1 中①处的【设计首选项】按钮，弹出图 7.4-2 所示对话框。该对话框中包括设计信息、荷载组合、调整信息、地震作用调整、配筋信息等部分。

图 7.4-1 点击设计首选项按钮

1）设计信息

对话框中默认显示的是【设计信息】选项卡，如图 7.4-2 所示。在此处设置构件设计的基本信息，相关参数说明详见表 7.4-1。

2）荷载组合

【荷载组合】选项卡中可以设置组合系数及组合来源，如图 7.4-3 所示。

CiSDC 依据《建筑结构荷载规范》GB 50009—2012 第 3 章，《建筑抗震设计标准》GB/T 50011—2010（2024 年版）第 5.4 节，《高层建筑混凝土结构技术规程》JGJ 3—2010 第 5.6 节，以及《建筑结构可靠性设计统一标准》GB 50068—2018 和《建筑与市政工程抗震通用规范》GB 55002—2021 自动生成荷载组合，可参考 ETABS 自带的帮助文档

"中国设计规范技术报告"。用户也可以自定义荷载组合。在窗口右侧的【荷载组合】选项卡中，勾选"规范组合"表示采用 CiSDC 生成的荷载组合进行构件设计（只考虑恒荷载、活荷载、风荷载、地震作用），勾选"自定义组合"表示采用 ETABS 中自定义的荷载组合，一般用来补充考虑其他荷载的荷载组合，如温度作用、雪荷载等。"规范组合"和"自定义组合"同时勾选时表示同时考虑。

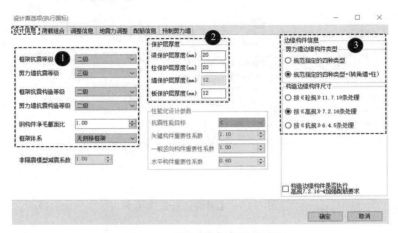

图 7.4-2　【设计首选项】对话框

【设计信息】参数说明　　　　　　　　　　　　　　　　　　　　　表 7.4-1

编号	选项	数值	说明
①	框架、剪力墙抗震（构造）等级	特一/一/二/三/四级、非抗震	选择抗震（构造）等级
	钢构件净毛截面比	1.00	表示净/毛截面面积的比值，用于层间抗剪承载力验算
	框架体系	有/无侧移框架	用于确定柱的计算长度系数 μ
②	梁/柱/墙/板保护层厚度	20（可输入任意数值）	构件设计时默认以 ETABS 模型中的截面参数为准，该窗口中的参数仅用于生成报告书
③	边缘构件信息	勾选剪力墙边缘构件类型 勾选构造边缘构件尺寸	手动指定剪力墙约束边缘构件的类型和构造边缘构件的范围

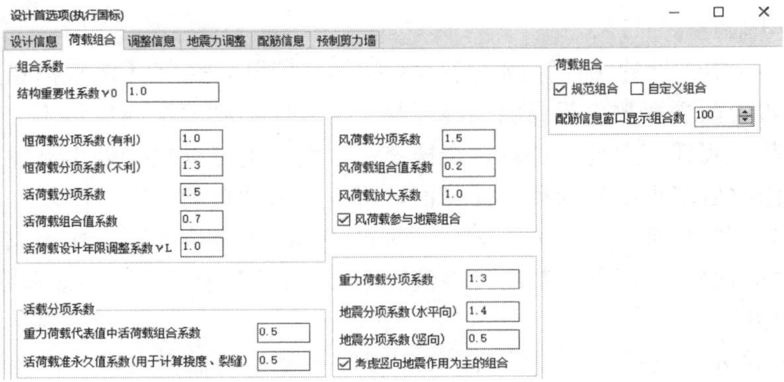

图 7.4-3　【荷载组合】选项卡

3）调整信息

如图 7.4-4 所示，【调整信息】选项卡包括剪重比调整、二道防线调整、地震作用调整、框支柱调整、超配系数、非抗震组合内力调整。相关参数的说明见表 7.4-2。

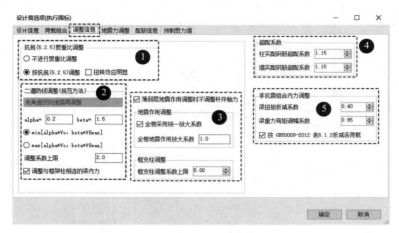

图 7.4-4 【调整信息】选项卡

【调整信息】参数说明   表 7.4-2

编号	选项	说明
①	抗规剪重比调整	分别计算两个方向的剪重比调整系数，全楼统一调整。程序自动根据剪重比调整系数调整相应的层剪力、倾覆力矩、位移结果以及构件设计内力等
②	二道防线调整	单向地震作用时，基于单工况的地震作用效应，计算 X、Y 方向二道防线（$0.2V_0$）调整系数，构件设计时将考虑该系数； 双向地震作用时，CiSDC 对单向地震作用下的结构内力进行方向组合得到双向地震作用效应，并基于此计算二道防线（$0.2V_0$）调整系数，构件设计时将考虑该系数
③	地震作用调整	可用于考虑近场效应放大系数
	框支柱调整	在设计覆盖项中指定框支柱后，程序自动考虑框支柱的内力调整，此处可设置调整系数上限值
⑤	非抗震组合内力调整	可设置梁扭矩折减、梁端负弯矩调幅、楼面活荷载折减

4）地震作用调整

点击图 7.4-5 中①处的【计算调整系数】按钮，CiSDC 会将【调整信息】选项卡中计算得到的二道防线调整系数、薄弱层调整系数、地震作用放大系数显示于②处。剪重比调整系数由程序基于底部剪力自动计算，全楼统一放大，也可以在③处手动输入需要的剪重比调整系数，修改后若想恢复为程序计算值，可以点击"自动计算"恢复。

CiSDC 将先调整局部构件，如 $0.2V_0$、框支柱，以及全楼的地震作用调整系数（由地震作用放大系数与剪重比调整系数的包络值决定），最后考虑薄弱层调整系数。

5）配筋信息

如图 7.4-6 所示，构件设计时默认以 ETABS 模型中的截面参数为准，目前该窗口中的参数仅用于生成报告书。

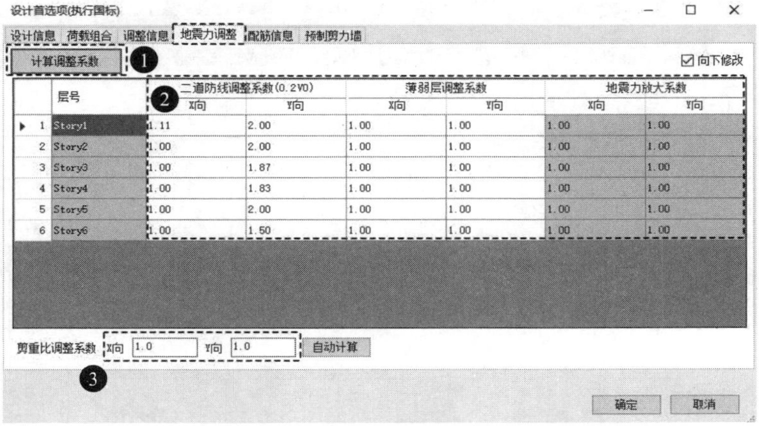

图 7.4-5　【地震力调整】选项卡

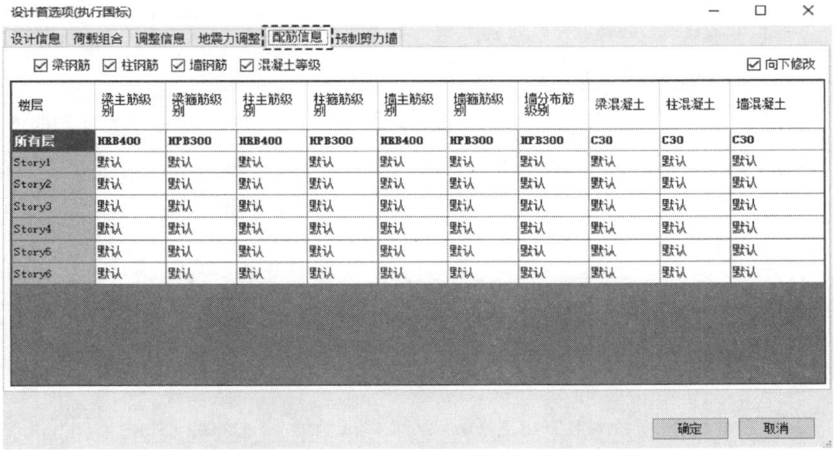

图 7.4-6　【配筋信息】选项卡

2. 设计覆盖项

点击图 7.4-7 中的【设计覆盖项】按钮，将在窗口右方弹出设计覆盖项相关参数调整框，包括构件的抗震（构造）等级、柱位置、转换构件类型、梁内力及负弯矩折减系数以及构件地震内力调整系数。

CiSDC 将自动判别各构件的设计参数。框架梁、柱和剪力墙的抗震（构造）等级默认根据设计首选项确定，次梁默认为非抗震构件。柱位置由程序自动判断。所有构件默认为普通构件，转换构件需手动指定。梁内力及负弯矩折减系数默认根据设计首选项确定。构件地震内力调整系数根据结构体系、抗震等级和构件类型自动判断，其中 MMF 为弯矩调整系数，SMF 为剪力调整系数，AMF 为轴力调整系数，可参考本书第 4 章相关内容。

若想查看程序判别的构件设计参数，可直接点击任一设计参数（除内力调整系数）下方的【应用到选择构件】按钮，视图中将显示当前各构件的设计参数，如图 7.4-8 所示；点击【柱位置】下方的【应用到选择柱】，视图中将显示 CiSDC 判别的柱位置。

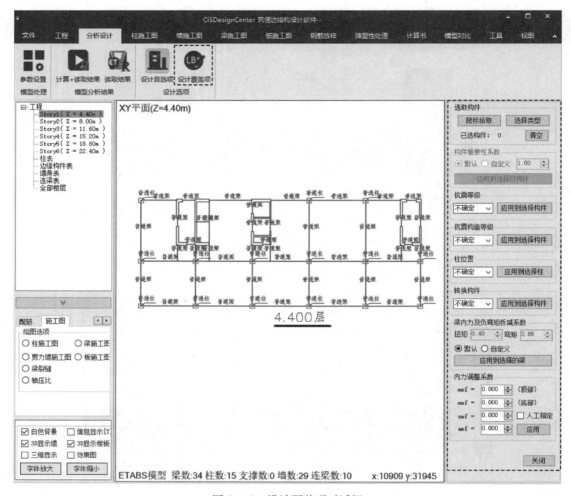

图 7.4-7　设计覆盖项对话框

　　若想调整某根构件的设计参数，如图 7.4-9 所示，首先点击①处的【鼠标拾取】，点击鼠标左键框选需要调整的构件，选中后①处将显示已选构件数量，且该构件将标黄高亮显示；然后设置需要调整的设计参数，本例中调整构件类型，点击②处的转换构件类型为"框支构件"，接着点击【应用到选择构件】；此时，该构件类型显示为"转换柱"。当选择一个构件时，右侧窗口中将显示该构件的设计参数，包括该构件的内力调整系数，如图 7.4-9 所示。当选择多个构件且构件的设计参数不同时，相应的设计参数值将显示为"不确定"，内力调整系数将显示为"0"，表示为程序默认值。

7.4.2　设计流程

　　构件设计参数设置完毕后，CiSDC 将基于从 ETABS 中读取的构件分析内力、设置的设计参数，进行荷载组合，得到构件设计内力，完成构件设计。

　　如图 7.4-10 所示，依次在"柱施工图""墙施工图""梁施工图"和"板施工图"中完成各类构件的设计。各构件设计流程大同小异，在程序中从左往右依次点选即可，首先通过【设置选项】设置构件基本信息（详见第 7.4.2 节第 1 小节），然后点击【计算（配筋）】完成构件的配筋计算，计算完成后窗口中将显示构件配筋结果及构件设计细节（详见第 7.4.2 节第 4 小节），配筋计算完成后即可绘制施工图。

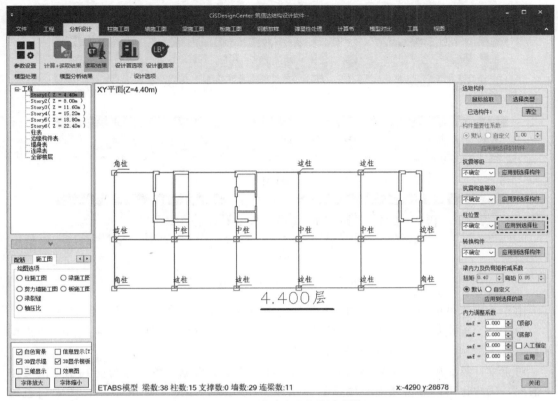

图 7.4-8　显示默认的设计参数

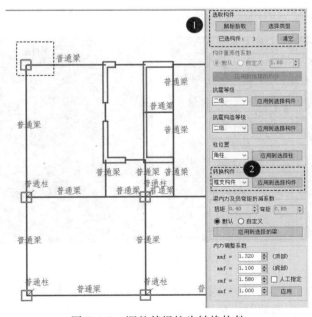

图 7.4-9　调整某根柱为转换构件

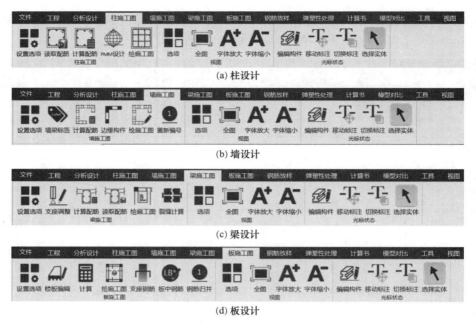

(a) 柱设计

(b) 墙设计

(c) 梁设计

(d) 板设计

图 7.4-10　构件设计菜单

由于不同构件的设计方法不同，各类构件在设计操作上存在一些微小差异。

对于墙，根据规范，需要考虑边缘构件的划分，因此【计算配筋】后应点击【边缘构件】完成边缘构件划分，再点击【绘施工图】。

对于梁，绘制施工图时需要判别主次梁支座，程序会根据设置参数智能判别主次梁搭接情况，用户也可以点击【支座调整】显示或调整支座，如图 7.4-11 所示；图中白色短线的方向为主梁的方向，左图支座判别有误，可点击白色短线将其调整为水平方向，如右图所示；对于井字梁可点击白色短线调整为"○"，表示两根梁无主次关系。

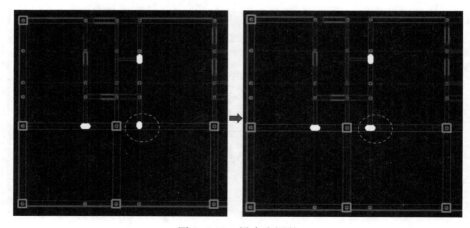

图 7.4-11　梁支座调整

对于板，程序基于楼面荷载完成配筋设计，因此提供了【楼板编辑】功能，用户可以通过该按钮查看/编辑楼面荷载、板厚、标高等信息，如图 7.4-12 所示。

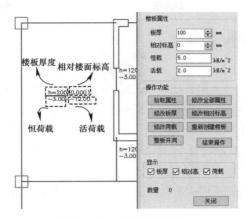

图 7.4-12　编辑楼板属性

接下来详细介绍 CiSDC 中的构件设计方法、设计选项设置，以及设计结果的查看。

◎ **相关操作请扫码观看视频：**

视频 7.4-2 构件设计及出施工图

1. 设计方法

CiSDC 中各类构件的设计方法如表 7.4-3 所示。

CiSDC 构件设计方法　　　　　　　　　　　　　　　　表 7.4-3

构件类型	设计内容	设计方法
柱	正截面承载力验算	基于 PMM 法的双偏压设计，详见本书第 7.4.2 节第 2 小节
	斜截面承载力验算	依据 GB/T 50010—2010 和 GB/T 50011—2010 的相关规定完成
剪力墙	正截面承载力验算	按一字墙设计，依据 JGJ 3—2010 的相关规定，先完成墙垛的配筋计算，然后划分边缘构件，确定边缘构件区和中间分布区的配筋结果
	斜截面承载力验算	依据 JGJ 3—2010 的相关规定完成
	墙垛稳定验算	依据 JGJ 3—2010 附录 D 完成
连梁	正截面承载力验算	对称配筋，依据 GB/T 50010—2010 的相关规定完成
	斜截面承载力验算	依据 GB/T 50010—2010 的相关规定完成；不考虑对角斜筋
梁	正截面承载力验算	考虑受压钢筋的有利作用，依据 GB/T 50010—2010 和 GB/T 50011—2010 的相关规定完成；对于型钢混凝土梁，采用 PMM 法完成配筋验算
	斜截面承载力验算	依据 GB/T 50010—2010 和 GB/T 50011—2010 的相关规定完成
	裂缝验算	基于施工图，依据 GB/T 50010—2010 第 7.1 节相关规定完成裂缝验算
板	受弯承载力验算	手册算法［依据《建筑结构静力计算手册（第 2 版）》，中国建筑工业出版社，1998 年］，可在"设置选项"中选择采用"弹性算法"或"塑性算法"。基于板上的均布面荷载计算设计内力，继而完成配筋

2. PMM 设计工具

CiSDC 中内置了 PMM 设计工具，用于设计/校核任意构件。柱的正截面承载力计算默认采用 PMM 法完成，用户也可以自行定义任意截面和任意设计内力，对自定义截面进行 PMM 设计或校核。需要注意的是，PMM 设计工具中的所有结果仅用于查看，不会影响结构实际配筋结果。

◎相关操作请扫码观看视频：

视频 7.4-3 PMM 设计工具

1）设计当前构件

柱设计完成后，有两种方式查看 PMM 设计细节。如图 7.4-13 所示，一是右键单击柱，在弹出的菜单中选择"PMM 设计"，将弹出图 7.4-14 所示的对话框；二是点击图 7.4-13 中②处菜单栏中的【PMM 设计】按钮，然后左键单击选择需要查看的构件，将弹出图 7.4-14 所示的对话框。

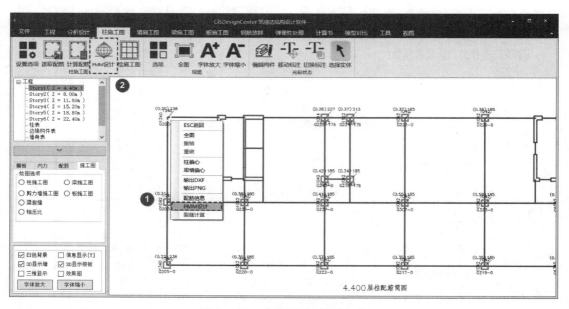

图 7.4-13 查看 PMM 设计细节

【PMM 曲面】对话框中包括 8 个部分，分别为①基本信息、②截面信息、③材料信息、④配筋信息、⑤控制内力、⑥承载力（D/C）比、⑦PMM 选项、⑧显示控制区，部分参数的解释详见表 7.4-4。

窗口中的参数均可手动调整，进行构件设计或校核。"校核"表示基于窗口中的截面参数、控制内力和实配钢筋计算当前构件承载力，点击"校核"后会更新承载比；"设计"表示基于窗口中的截面参数和控制内力计算配筋，点击后可以看到配筋结果和承载比的更新。软件输出的"PMM"曲线数据文件截图见图 7.4-15。

2）设计任意截面

除了设计或校核当前构件使用的截面，还可以设计其他截面。在"截面名称"的下拉列表中选择其他截面，或者点击"设置"，在弹出的【FSectionEdit】（截面编辑器）对话框中可以绘制任意截面并指定钢筋排布，与 ETABS 中的 SD 截面类似，如图 7.4-16 所示。

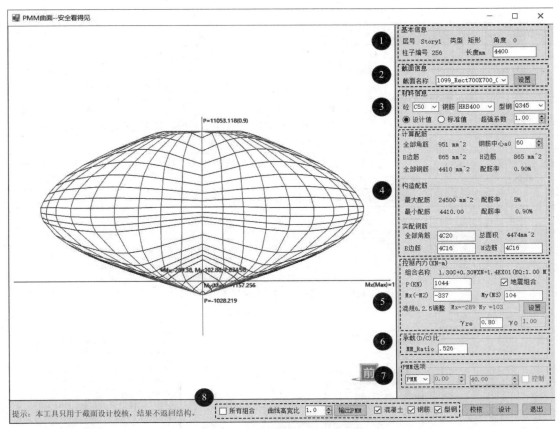

图 7.4-14　【PMM 曲面】对话框

【PMM 曲面】对话框部分参数说明　　　表 7.4-4

内容	参数	说明
基本信息	柱子编号	即 ETABS 模型中的构件唯一名
	长度	构件计算长度，单位为 mm
截面信息	截面名称	当前构件使用的截面属性，可以调整为其他截面，再次设计或校核，截面备选列表为 ETABS 模型中定义的所有框架截面
	设置	点击可绘制任意截面
配筋信息	计算配筋	根据控制内力等比例调整 PMM 曲面球得到的计算配筋面积。此处的钢筋中心 a0 指的是配筋计算时纵筋中心到构件表面的厚度
	构造配筋	满足构造要求的配筋面积。最大配筋率按 5% 取值，最小配筋率按规范相关条文执行
	实配钢筋	取计算配筋和构造配筋面积的包络值，并考虑超配系数，得到实配钢筋。即平面配筋简图中的配筋结果
控制内力	P、Mx、My	考虑 GB/T 50010—2010 第 6.2.4 条二阶效应调整后的控制内力。点击下方的"设置"按钮可在弹窗中查看二阶效应调整过程。Mx、My 的定义与 GB/T 50010—2010 附录 E 一致：轴向压力作用在 x 轴上侧时为 +My，对应 ETABS 中的 M3，轴向压力作用在 y 轴右侧时为 +Mx，对应 ETABS 中的 -M2
	地震组合	程序自动判别当前组合是否为地震组合。勾选为地震组合时激活 γ_{RE}，不勾选时激活构件重要性系数 γ_0

续表

内容	参数	说明
控制内力	γ_{RE}	抗震调整系数，程序自动判断，在控制内力中考虑
	混规 6.2.5 调整	程序基于 P、Mx、My 值考虑附加偏心距 e_a（GB/T 50010—2010 第 6.2.5 条），并考虑 γ_{RE}，得到最终的设计弯矩，窗口中显示的是绝对值
PMM 选项	—	从左往右依次为选择 PMM 曲线的输出、设置当前显示 PM 曲线对应的角度、设置当前显示 MM 曲线对应的轴力，当勾选"控制"复选框时将显示控制曲线
（显示控制区）⑧区	所有组合	勾选后将在视图中显示所有荷载组合
	输出 PMM	点击后可以将 PMM 曲线所有数据输出 .csv 文件，如图 7.4-15 所示，可用 Excel 打开
	混凝土/钢筋/型钢	勾选 PMM 曲面中需考虑的材料作用

图 7.4-15　输出的"PMM 曲线"数据文件

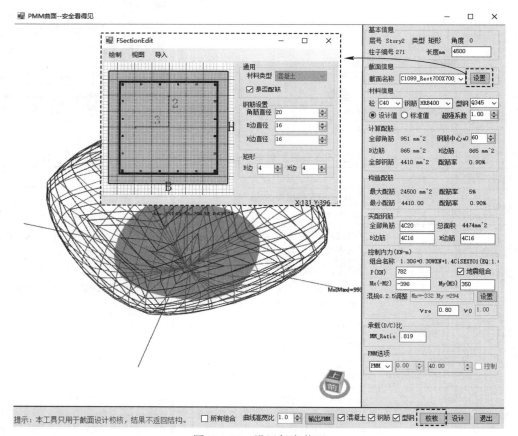

图 7.4-16　设置任意截面

【截面编辑器】界面如图 7.4-17 所示，在编辑器中可以绘制混凝土和型钢组合截面，也可以绘制开洞，复杂截面还可以通过"导入"菜单导入 .dxf 文件。窗口右侧可设置配筋信息，包括角筋，B 边、H 边钢筋直径，以及边筋根数。

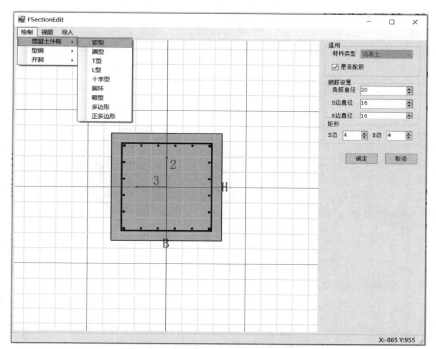

图 7.4-17　【截面编辑器】界面

　　选中截面时将高亮显示，此时可在右侧调整截面几何参数，如图 7.4-18 所示，型钢混凝土柱截面中的型钢被选中时将标黄显示，右侧截面参数中可输入型钢截面的高、宽、腹板厚和翼缘厚。

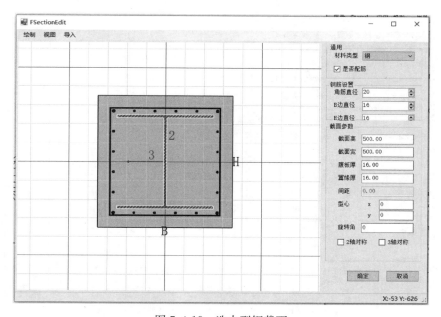

图 7.4-18　选中型钢截面

扫码看
彩图

截面绘制完毕后，点击窗口右下方的【确定】退出截面编辑器，此时【PMM 曲面】窗口中的设计和校核将基于绘制的截面完成。以图 7.4-18 中的型钢混凝土柱为例，截面校核结果如图 7.4-19 所示，有、无型钢的截面校核承载比分别为 0.19 和 0.526，可以看出型钢对截面承载能力的大幅提高。

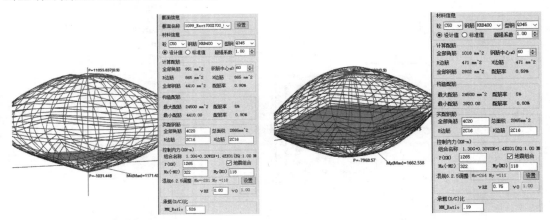

(a) 普通钢筋混凝土截面   (b) 型钢混凝土截面

图 7.4-19　示例截面校核结果

3. 设置选项

各构件的设计设置选项略有差异，接下来分别说明。

1）柱

【柱设计选项】对话框如图 7.4-20（a）所示，包括设计信息、选筋参数、绘图参数三大部分，部分参数说明详见表 7.4-5。

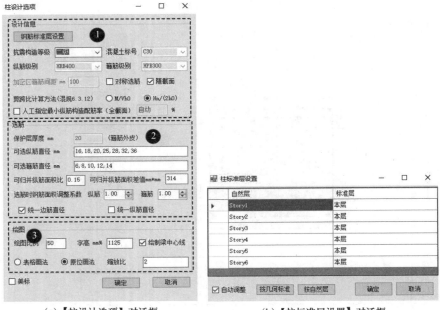

(a)【柱设计选项】对话框   (b)【柱标准层设置】对话框

图 7.4-20　柱设计选项

柱设计选项参数说明

表 7. 4-5

区域	参数	说明
设计信息	钢筋标准层设置	点击后可以查看程序判别的标准层，如图 7.4-20（b）所示
	抗震构造等级	基于"设计首选项"显示当前层的柱抗震构造等级。当本层存在局部构件的抗震构造等级不同时，计算时以"设计覆盖项"中指定的为准
	随截面	勾选"随截面"后，混凝土强度等级、纵筋级别、箍筋级别和保护层厚度将灰显，表示使用 ETABS 模型中的截面属性，CiSDC 中无法更改。取消勾选后上述参数可手动调整
	剪跨比计算方法	根据 GB/T 50010—2010 第 6.3.12 条，程序提供了两种算法，用户可自行选择
选筋	可选纵筋/箍筋直径	选筋时的钢筋直径，单位为 mm。当施工图中显示无法完成配筋时，可在此处加大钢筋直径
	统一边筋直径	勾选后沿着截面局部 2 轴和 3 轴的钢筋（除角筋外）直径一致。若后续需生成 ETABS 弹塑性模型，由于 ETABS 的框架截面中只能输入一种边筋直径，故此处应勾选
	统一纵筋直径	勾选后所有纵筋直径一致
绘图	表格/原位画法	提供了两种平法施工图画法，用户可自行选择，详见本书第 7.5 节

2）墙

【剪力墙设计选项】对话框如图 7.4-21 所示，与柱类似，包括设计信息、选筋参数、绘图参数三大部分，部分参数说明详见表 7.4-6。

图 7.4-21　【剪力墙设计选项】对话框

墙设计选项参数说明　　　　　　　　　　　　　　表 7.4-6

区域	参数	说明
设计信息	抗震构造等级	同柱设计选项中参数含义
	混凝土强度等级、主筋/箍筋级别、分布筋级别	这些参数在"设计首选项"中设置，此处无法更改，仅用于查看
	底部加强区全部设为约束边缘构件	勾选后底部加强区范围内均强制设为约束边缘构件，执行相关构造要求。不勾选时，在加强区范围内根据轴压比判断是否为约束边缘构件。此处调整后需重新绘制施工图
	与梁相交处设置暗柱	勾选后梁与墙面外搭接的位置均会设置暗柱。此处调整后需重新绘制施工图
绘图	表格/原位画法	同柱设计选项中参数含义

3）梁

【梁设计选项】对话框如图 7.4-22 所示，与柱类似，包括设计信息、选筋参数、绘图参数三大部分，部分参数说明详见表 7.4-7。

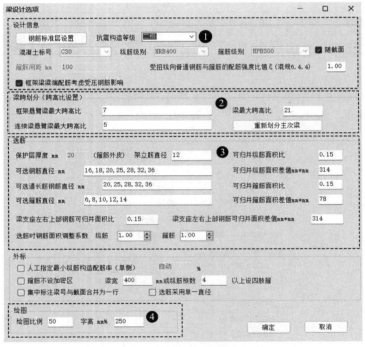

图 7.4-22　【梁设计选项】对话框

梁设计选项参数说明　　　　　　　　　　　　　　表 7.4-7

区域	参数	说明
设计信息	钢筋标准层设置	同柱设置选项中参数含义
	抗震构造等级	同柱设置选项中参数含义
	随截面	同柱设置选项中参数含义
	框架梁梁端配筋考虑受压钢筋影响	梁端正截面计算时默认考虑受压钢筋的作用，可减少计算配筋面积
梁跨划分	—	用于梁支座的判断。跨高比限值调整后，需点击"重新划分主次梁"更新主次梁的判断

4）板

【板设计选项】对话框如图 7.4-23 所示。与其他构件不同，板设计时并不会读取 ETABS 中的分析内力，而是基于面上荷载自动计算设计内力，因此除了基本的设计参数和施工图参数外，还需在【板设计选项】中设置楼板计算参数，该部分参数说明详见表 7.4-8。

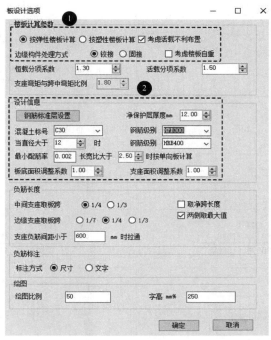

图 7.4-23　【板设计选项】对话框

板设置选项参数说明　　　　　　　　　　　　　　表 7.4-8

区域	参数	说明
楼板计算参数	按弹/塑性楼板计算	板设计采用手册算法，此处勾选按弹性楼板还是塑性楼板计算
	考虑活载不利布置	当采用弹性算法时，可以勾选是否考虑活载不利布置
	边缘构件处理方式	楼板边缘处理方式，可选铰接或固接
	考虑楼板自重	勾选后按楼板厚度自动计算楼板自重。当楼面荷载未考虑板重时，建议勾选
	支座弯矩与跨中弯矩比例	当采用塑性算法时，可以设置支座与跨中弯矩比例

4. 设计结果

点击【计算配筋】后，窗口中将显示配筋简图，配筋简图说明详见表 7.4-9。

鼠标右键单击任意构件，可以点击"配筋信息"查看任意荷载组合、测站处的设计细节，包括截面基本信息、轴压比验算、正截面配筋计算、斜截面配筋计算、截面校核等。

以柱构件为例，配筋计算书如图 7.4-24 所示。窗口中默认显示的是包络结果，用户可在窗口下方点选任意荷载组合、任意测站，然后点击"计算"，查看当前荷载组合下当前测站位置的配筋结果。抗震组合名称中标明了该组合的地震剪力调整系数（EQ）、弯矩调整系数（MMF）和剪力调整系数（SMF）。

配筋简图说明

表 7.4-9

构件类型	配筋简图	说明
柱	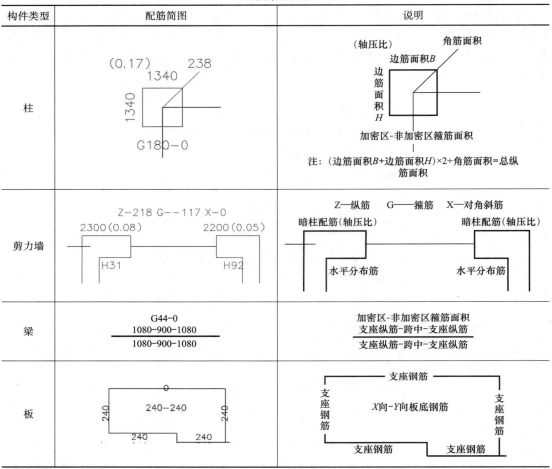	
剪力墙		
梁		
板		

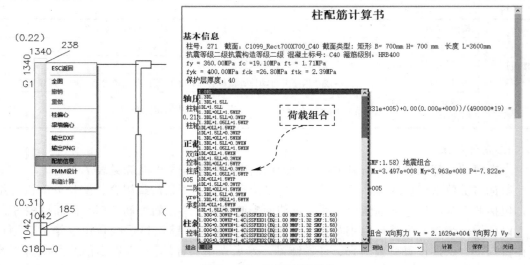

图 7.4-24　柱配筋计算书

7.5　施工图及工程量统计

构件设计完成后，可以绘制平法施工图，也可以基于施工图进行钢筋放样，完成工程量统计。施工图绘制完成后，可以点击【弹塑性处理→转换弹塑性模型】生成弹塑性模型。

7.5.1　绘制施工图

生成施工图时，CiSDC 软件采用整体经济性能评估方法进行构件归并。例如软件判断几何条件相同的梁能否进行归并时，不是根据各个梁在支座或跨中位置的配筋面积差判断是否符合归并条件，而是先独立计算每根梁的实配用钢量，再与梁归并后的实配用钢量进行对比。如果归并前后的实配用钢量差值在用户设定的范围内，那么两根梁将归并为一根梁，否则不进行归并。

构件的施工图表达方式可以在【设置选项】中设置。柱、墙施工图可以选择原位画法和表格画法；梁施工图中程序进行支座自动判断与调整，绘制平法施工图；此外，CiSDC可以根据本层梁施工图验算裂缝宽度，超限将标红显示；板施工图则采用平法与传统绘图方法相结合的方式绘制。

绘制施工图时，程序提供了多种配筋来源，如图 7.5-1 左下方所示，可以勾选"计算配筋""读入配筋"和"包络配筋"。"计算配筋"表示基于 CiSDC 配筋结果绘制施工图；"读入配筋"表示基于 ETABS 配筋结果绘制施工图；"包络配筋"表示基于计算和读入的包络结果绘制施工图。

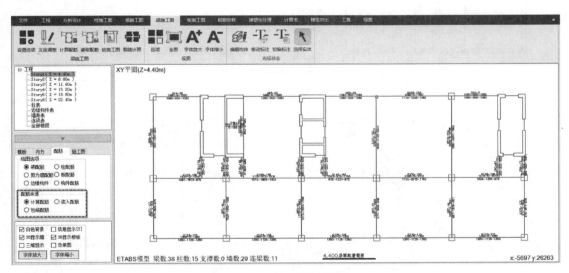

图 7.5-1　施工图配筋来源

各类构件施工图效果如图 7.5-2 至图 7.5-5 所示，在窗口空白处右键单击可以选择导出为 .dxf 或 .png 格式。

施工图阶段，CiSDC 提供丰富的人工干预功能，用户可以通过"设置选项""视图选项""编辑构件""移动标注""切换标注"等功能调整施工图，部分效果如表 7.5-1 所示。

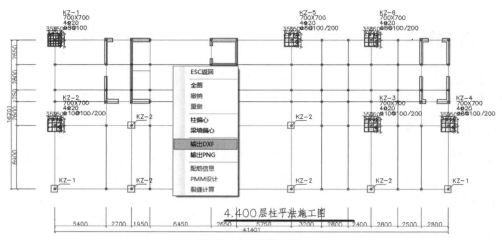

图 7.5-2　柱施工图

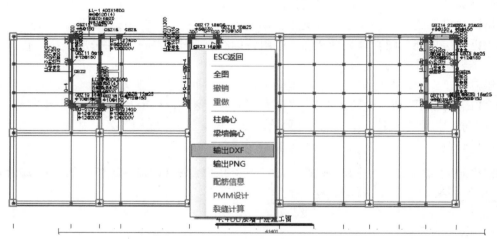

图 7.5-3　墙施工图

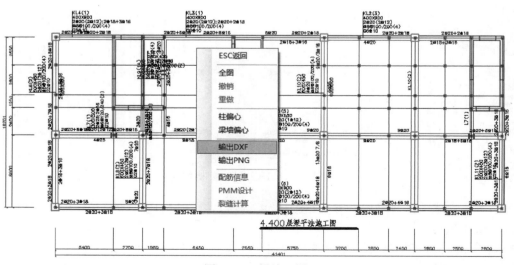

图 7.5-4　梁施工图

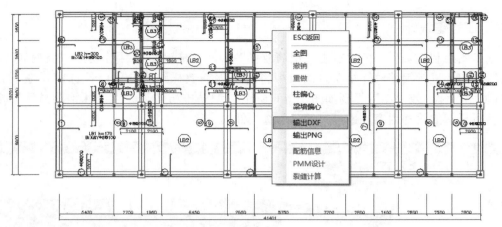

图 7.5-5　板施工图

施工图编辑功能示例 表 7.5-1

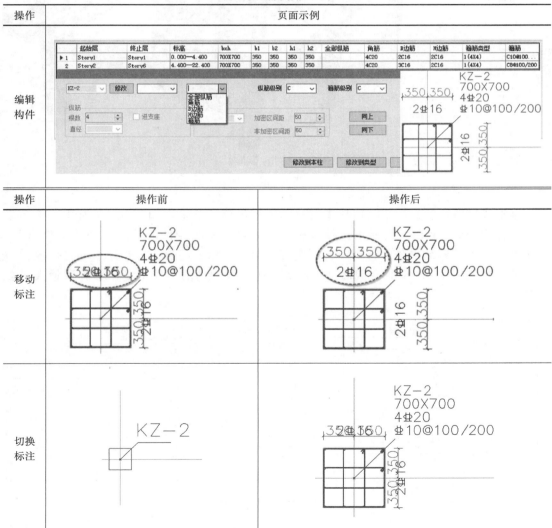

操作	页面示例	

操作	操作前	操作后
移动标注		
切换标注		

7.5.2 工程量统计

施工图绘制完毕后，依次点击"钢筋放样"中的"柱钢筋""梁钢筋""墙钢筋""板钢筋"按钮，进行钢筋放样排布，窗口中将显示钢筋放样结果。可以勾选窗口左下方的"三维显示"和"效果图"得到如图 7.5-6 所示的钢筋排布效果。点击【钢筋显示】按钮可调整所显示的放样内容，也可只显示所选构件的布筋。

扫码看彩图

图 7.5-6 钢筋排布

点击【材料统计】按钮，窗口中将显示工程量统计结果，如图 7.5-7 所示，该结果可以保存为 Word 文档。钢筋用量统计中，估算重量基于构件的计算配筋率统计得到，实配重量基于放样结果统计得到，包括搭接、锚固等构造钢筋。需要注意的是，放样时拉筋等级默认采用 HPB300，因此会出现 HPB300 级钢筋的实配重量比估算重量大得多的情况。

1. 混凝土用量统计

表1 混凝土用量统计

塔号	楼层	构件	标号	体积(m3)
	Story1	柱	C50	32.34
		梁	C30	67.35
		墙	C50	64.89
		板	C30	123.21
		小计	C50	97.23
			C30	190.56
	Story2	柱	C40	26.46
		梁	C30	57.06
		墙	C40	53.09
		板	C30	113.35
		小计	C40	79.55
			C30	170.42

2. 钢筋用量统计

表2 钢筋用量统计

塔号	楼层	构件	钢筋类型	估算重量(kg)	实配重量(kg)
	Story1	柱	HRB400	3160.78	4198.57
		墙	HPB300	4755.64	5027.81
			HRB400	5513.82	8679.11
		梁	HRB400	5130.89	6680.35
			HPB300	0.00	2132.58
		板	HPB300	0.00	7102.91
		小计	HRB400	13805.49	19558.03
			HPB300	4755.64	14263.29
	Story2	柱	HRB400	2554.51	2846.47
		墙	HPB300	3575.74	3553.25
			HRB400	3378.04	4104.91

图 7.5-7 材料统计表

参考文献

[1]　住房和城乡建设部. 混凝土结构设计标准：GB/T 50010—2010 ［S］. 2024 年版. 北京：中国建筑工业出版社，2024.

[2]　住房和城乡建设部. 高层建筑混凝土结构技术规程：JGJ 3—2010 ［S］. 北京：中国建筑工业出版社，2010.

[3]　住房和城乡建设部. 建筑结构荷载规范：GB 50009—2012 ［S］. 北京：中国建筑工业出版社，2012.

[4]　住房和城乡建设部. 建筑结构可靠度设计统一标准：GB 50068—2018 ［S］. 北京：中国建筑工业出版社，2019.

[5]　住房和城乡建设部. 建筑抗震设计标准：GB/T 50011—2010 ［S］. 2024 年版. 北京：中国建筑工业出版社，2024.

[6]　北京筑信达工程咨询有限公司. 中国设计规范技术报告 ［R］. 2022.

ETABS 数据交互

A.1 交互式数据库编辑

CSI 系列软件将模型的所有数据均存储在数据库表格中，用户可以通过交互式数据库编辑功能直接对其进行修改。通过该功能，用户可以快速、批量化地创建或修改模型。交互式数据库编辑功能支持对模型的定义信息及设计信息进行修改。

通过命令：【编辑→交互式数据库编辑】，可打开【Choose Tables for Interactive Editing】（选择数据库表格）对话框，如图 A.1-1 所示。通过窗口右侧选项，用户可以选择需要查看的表格进行筛选。窗口左侧显示了当前模型中全部的数据表格，其中图示①部分列出与模型定义相关的所有表格，包括节点数据、框架单元数据、壳单元数据、连接单元数据、荷载及荷载组合数据等。图示②部分列出模型中所有的与设计信息相关的表格，包括：设计首选项、设计覆盖项、设计组合等信息。用户可以点击竖向列表前的"＋"按钮，展开下级菜单，选择相应的表格编辑。

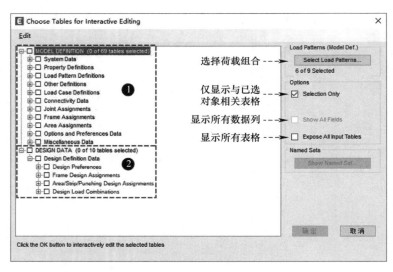

图 A.1-1 交互式数据库表格

如果在执行交互式数据库编辑命令之前用户已选中了模型中的部分对象，那么【仅显示已选对象】选项被激活后，表格列表中将仅显示与已选择对象相关的数据表格。勾选

【显示全部表格】选项，程序将会列出所有的数据表格。这些表格不仅包含了当前模型中所用到的数据表格，还会列出当前模型中没有用到的数据表格。模型中未用到的数据表格内容为空，用户可以直接修改或编辑。

这里以查看模型中指定的节点集中荷载为例，查看表格的路径为：【Model Definition→Joint Assignments→Joint Load Assignments→Table：Joint Loads Assignments-Force】（模型定义→节点指定→节点荷载指定→指定节点荷载表格），选中该表格后点击确定，打开指定节点荷载表格如图 A.1-2 所示。

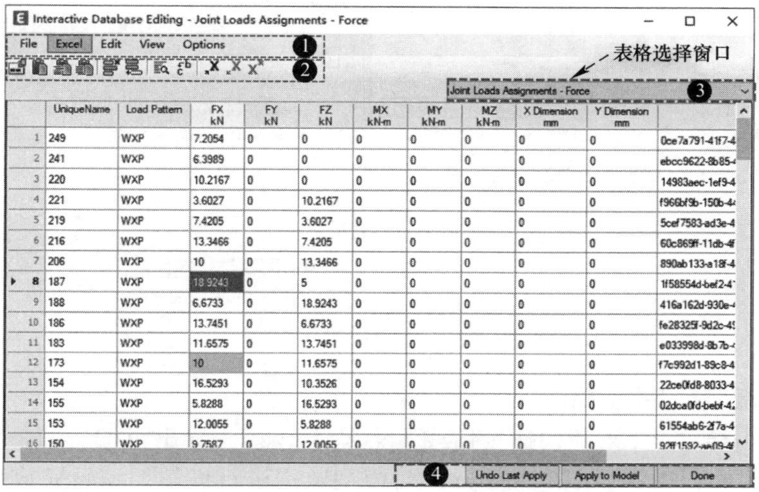

图 A.1-2   指定节点荷载数据表格

在交互式数据库编辑窗口标题栏中，程序会显示当前表格名称，如图 A.1-2 中显示的表格名称为 "Joint Loads Assignments-Force"（节点荷载指定-力）。在标题栏下方，图示①为主菜单，包括：文件（file）、Excel、编辑（Edit）、视图（View）、选项（Options），用户可以通过这些命令来编辑该数据表格。在主菜单下方，图示②为常用命令的快捷按钮，将鼠标放置于对应的图标上，程序会提示该快捷命令的功能。在窗口右上角，图示③为下拉列表，该列表中将列出所有已选的表格。如果同时勾选了多个需要编辑的表格，用户可以通过该选项切换显示不同的表格。

窗口表格区域数据即为指定的节点荷载的所有信息，包括了荷载模式、荷载大小、荷载方向等信息。不用的数据表格包含的数据内容不同，如果用户不清楚表格中某一列的数据的含义，可以将鼠标放置于该列的任意位置，点击鼠标右键，在菜单中点击 "Column Description"（列描述）选项。选择该选项会弹出【数据列描述】窗口，如图 A.1-3 所示，该窗口会详细介绍该列数据的含义。

用户可以通过两种方式对表格中的数据进行交互式编辑。

（1）直接在程序中编辑

用户可以直接对单元格中数据进行更改，包括使用数学公式输入（例如，2＋3/4）。另外，该表格也支持批量的复制与粘贴，用户可以直接从 Excel 中复制数据然后粘贴到该表格中。

完成编辑后，窗口右下方【应用】按钮（图 A.1-2 中的图示④）处于激活状态，点击该按钮即可将修改的模型数据应用到 ETABS 模型中，模型将随数据的变化实时地产生改变。如果想撤销当前对模型的修改，点击【撤销】即可。

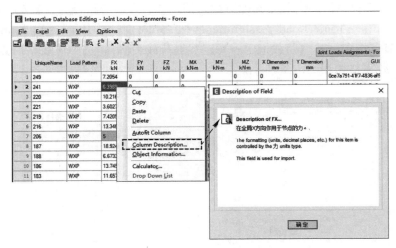

图 A.1-3　节点荷载表格

（2）导出至 Excel 中编辑

首先，点击导出至 Excel 快捷按钮或主菜单【Excel→导出至 Excel】，将当前表格数据导出至 Excel 中，用户可以利用 Excel 对模型数据进行编辑。编辑完成后不需要关闭 Excel，返回 ETBAS 中点击恢复 Excel 数据快捷按钮或者主菜单【Excel→恢复 Excel 数据】，程序将自动读取编辑后的数据，同时关闭 Excel 文件。如果想撤销对表格的编辑，点击取消 Excel 编辑快捷按钮或者主菜单【Excel→取消 Excel 数据】即可。最后，点击窗口右下方【完成】按钮，完成交互式数据库的编辑，退出此窗口，返回到 ETBAS 模型。

注意事项：

① 通过交互式数据库功能修改模型时，如果模型完成分析没有解锁，那么仅能编辑模型的设计信息，不能修改模型定义信息。仅在模型解锁的状态下才能同时修改模型的定义信息和设计信息。

② 有时候先完成相关定义和（或）相关属性指定后，才更方便对数据进行交互式编辑。比如导入用户自定义荷载组合时，可以首先定义一组荷载组合，这样更方便用户根据程序生成的数据格式添加新的荷载组合。再比如定义复杂节点样式时，可以首先定义节点样式并对节点指定任意的节点样式值，这样可以直接在节点样式指定表格中对各个节点的样式值进行修改，而无需一一输入节点标签。

③ 对于相互关联的表格，需要联动修改。例如截面属性的表格中包含材料属性，如果用户需要添加自定义材料属性并修改截面的材料属性，通过交互式数据库编辑增加新的材料属性后，还需要继续修改截面属性表格中的材料数据。

④ 对象名称（截面名称、材料名称等）和对象标签（节点标签、框架标签等）无法通过交互式数据库编辑功能修改。在交互式数据库表格中更改标签或名称时，更改项将被程序视为新的对象或对象属性，这会导致模型部分或全部失效。如需修改请使用【编辑→

修改标签】命令。

A. 2　模型数据导入与导出

ETABS 软件具有强大的建模功能，对于一些典型的结构，程序提供了简便快捷的建模手段。例如通过已有模板建立模型、从既有的模型文件读取参数等。另外，程序也支持从其他软件导入与导出的功能。

ETABS 原生支持的数据格式较为丰富，包括：. e2k、Excel、Access、文本文件、. xml 文件，方便用户将模型数据导出到其他软件进行查看及编辑，然后再次导入到程序当中。另外，ETABS 也支持与其他常用 CAE 和 CAD 软件之间的交互，如 Autodesk、Revit、SAFE、STAAD/STRUDL 等软件。ETABS 支持数据交互的软件及相应的格式类型如表 A. 2-1 所示。

<table>
<tr><td colspan="4" align="center">ETABS 支持数据格式统计表格</td><td>表 A. 2-1</td></tr>
<tr><td align="center">软件分类</td><td align="center">格式类型</td><td align="center">导入</td><td align="center">导出</td></tr>
<tr><td rowspan="5" align="center">ETABS</td><td>. e2k</td><td align="center">√</td><td align="center">√</td></tr>
<tr><td>Excel</td><td align="center">√</td><td align="center">√</td></tr>
<tr><td>Access</td><td align="center">√</td><td align="center">√</td></tr>
<tr><td>文本文件</td><td align="center">√</td><td align="center">√</td></tr>
<tr><td>. xml 文件</td><td align="center">√</td><td align="center">√</td></tr>
<tr><td rowspan="2" align="center">CAD</td><td>. dwg</td><td align="center">√</td><td align="center">√</td></tr>
<tr><td>. dxf</td><td align="center">√</td><td align="center">√</td></tr>
<tr><td align="center">Revit structure</td><td>. exr</td><td align="center">√</td><td align="center">√</td></tr>
<tr><td align="center">SAFE</td><td>. f2k</td><td align="center">×</td><td align="center">√</td></tr>
<tr><td rowspan="2" align="center">Perform 3D</td><td>文本文件</td><td align="center">×</td><td align="center">√</td></tr>
<tr><td>结构文件</td><td align="center">√</td><td align="center">√</td></tr>
<tr><td rowspan="2" align="center">STAAD/STRUDL</td><td>. std</td><td align="center">√</td><td align="center">×</td></tr>
<tr><td>. gti</td><td align="center">√</td><td align="center">×</td></tr>
<tr><td rowspan="4" align="center">其他数据格式</td><td>CIS/2 STEP 文件</td><td align="center">√</td><td align="center">√</td></tr>
<tr><td>Steel Detailing Neutral 文件</td><td align="center">√</td><td align="center">√</td></tr>
<tr><td>IFC</td><td align="center">√</td><td align="center">√</td></tr>
<tr><td>IGES</td><td align="center">√</td><td align="center">√</td></tr>
</table>

另外，ETABS 虽然无法直接与部分结构设计软件（如 PKPM、YJK、midas 等）之间实现模型的转换，但是可以通过筑信达开发的结构辅助设计软件 CiSDC 实现不同软件之间模型数据交互。

CiSDC 实现模型数据的交互流程如图 A. 2-1 所示，CiSDC 可以直接读取 ETABS、SAP2000、PKPM、YJK、midas 等软件中模型的数据信息，并将其导出为 ETABS、SAP2000 模型。除转换几何模型外，CiSDC 还可同步导入、导出模型的荷载模式、荷载工况、荷载组合、风荷载定义、地震作用定义等信息。另外，CiSDC 可以完成包括结构设计、模型转换与对比、弹塑性模型转换以及隔震后处理等工作，更多有关 CiSDC 的介绍请查看本书第 7 章。

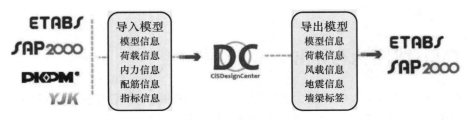

图 A.2-1　CiSDC 模型转换

A.2.1　模型合并

ETABS 中提供了建模组装功能，对于一些非常复杂的工程，可以由多位工程师同时建立模型的各个部分，然后再组装到一起，从而大大缩短设计周期。程序中支持两种组装方式，一种是直接进行复制，适用于模型体量较小的情况；另一种是通过数据文件组装，适用于比较复杂、数据量较大的模型合并。无论采用哪种方式组装建模，都建议被组装的模型采用相同的楼层设置，从而避免组装后调整楼层的操作，也有利于结果统计和指标输出。

◎ 相关操作请扫码观看视频：

视频 A.2-1 模型合并

1. 直接复制

在 ETABS 中，当模型采用分块独立建立时，可以直接将其中的一部分复制到另一部分当中。以如图 A.2-2 所示的模型为例，该模型分 Model-A 和 Model-B 两部分进行建模。现在将 Model-A 直接复制到 Model-B 当中合并。

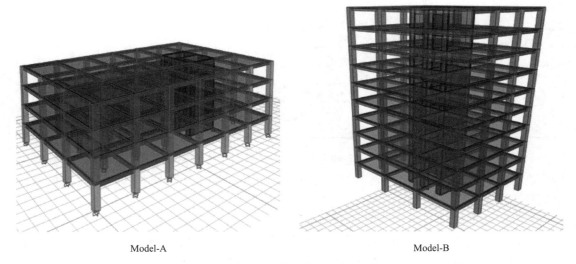

Model-A　　　　　　　　　　　　　　　　Model-B

图 A.2-2　分部模型示意图

首先用 ETABS 同时打开 Model-A 和 Model-B 两个模型，选中 Model-A 模型中所有的构件，点击【编辑→复制】命令，然后打开 B 模型，点击【编辑→粘贴】命令，程序界面将弹出【粘贴坐标】对话框（图 A. 2-3）。在此对话框中输入 Model-A 粘贴至 Model-B 中的粘贴基准点的 X、Y、Z 坐标值。坐标输入完毕后，点击【确定】按钮，Model-A 即被组装到 Model-B 中去，组装完成后的模型如图 A. 2-4 所示。

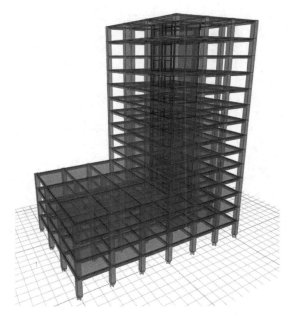

图 A. 2-3　指定粘贴坐标　　　　　　　图 A. 2-4　组装完成模型

上面介绍了两个部分的模型组装，如果模型分多个部分分别建模，其组装的过程与上文类似，只要重复复制、粘贴的即可。

需要注意的是：

1）通过复制合并模型时，需要保证 Model-B 中已包含了 Model-A 中使用的框架截面、楼板、墙，这样才能保证 Model-A 中的所有构件都能正确粘贴。

2）通过复制合并模型时，仅能复制结构的几何信息，构件的荷载、属性修正、端部释放、刚度偏移等信息均不能复制，用户需要重新指定。

3）复制粘贴时，程序取 Model-A 标高 $Z=0$ 位置处与 Model-B 中的最底层（或基础层）位置处对齐。可通过图 A. 2-3 中"增量 Z"调整插入模型的标高。

4）合并模型必须采用相同的单位，否则可能出现比例一致性问题。

2. 通过数据文件组装

当模型的形状非常复杂，构件数量非常多时，利用 ETABS 中直接复制的功能组装模型将会变得较为烦琐，此时推荐用户通过数据文件的方式进行组装。用户可以将部分模型数据导出为数据库文件-文本文件、数据库文件-Access 文件和数据库文件-Excel 表格等多种形式，然后再导入至需要组装的模型当中。这几种通过数据库文件组装模型的操作基本相同，这里以通过数据库文件-文本文件为例简要介绍模型合并的方法。

以图 A. 2-2 中的 Model-A 为例，将其导出数据库文件-文本文件，然后导入 Model-B 进行模型合并。首先，打开 Model-A，点击【文件→导出→数据库文件-文本文件】命令，打开导出的数据表格列表，如图 A. 2-5 所示。在该列表中勾选需要导出的模型定义和设计信息，这里勾选了所有的模型定义信息（Model Definition）和设计信息（Design Data），点击确定。然后指定导出的单位制，选择完成后，程序会将这些信息导出为文本文件（.e2k 文件）。

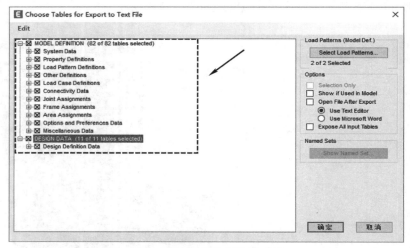

图 A.2-5　导出数据表格选择

图 A.2-6　导入数据
表格选择

然后将数据文件导入到 Model-B 中。打开 Model-B，点击【文件→导入→数据库文件-文本文件】命令，弹出导入表数据库对话框（图 A.2-6）。在导入类型中选择将数据文件"Add to Ex-csting Model"（添加到已有模型），点击确定，然后程序会将该数据写入 Model-B 当中。

导入完成后，程序会弹出数据导入记录文件，如图 A.2-7 所示。该窗口中会显示导入数据时遇到的错误、警告及其他信息。在右侧可以看到导入信息的汇总，点击"Find Next"（寻找下一处）下的对应的选项，例如点击"Warning"（警告），该窗口会直接跳转到具体的警告信息，用户可以查看该警告是否可以忽略或是否需要检查模型。再次点击"Warning"，该窗口会跳转到下一条警告信息。用户需要依次检查这些错误和警告的详细内容，以确保导入模型的正确。检查信息完成后，点击确定，程序将写入数据文件，刷新模型即可看到合并后的模型。

通过数据库文件合并模型时，用户还需要注意以下问题：

1）需要将程序切换成英文界面，模型命名必须仅包含英文字母和数字，不能带有中文字符，避免导入时因中文字符导致的识别错误。

2）合并的模型必须采用相同的单位，避免单位不一致导致比例错误。

3）需再次检查荷载、属性修正等设置，并根据需要重新定义隔板、质量源等。

A.2.2　AutoCAD 中模型的导入与导出

对于一些复杂模型，直接在 ETABS 中建立模型非常费时费力。但是如果将已有的 AutoCAD 模型信息导入到 ETABS 中，并在其基础上建模，将极大地提高工程师在 ETABS 中的建模效率。ETABS 中支持导入的 CAD 模型信息包括：建筑平面文件、建筑轴网文件、楼板平面文件、3D 模型文件。这几种 CAD 模型信息的导入方式有所差异，具体操作请查看相应介绍内容。

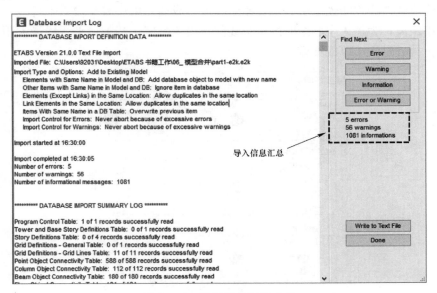

图 A.2-7 数据导入记录文件

1. 导入建筑平面文件

ETABS 支持以 AutoCAD 或其他 CAD 软件中导入的建筑平面图为基础快速建模。导入 .dxf/.dwg 文件后，程序会识别各个图层，生成建筑层，作为建模的底图。通过该底图即可临摹生成对应的构件。

◎相关操作请扫码观看视频：

视频 A.2-2 导入建筑平面文件

1) 导入建筑平面图的原则

（1）程序仅支持临摹圆弧线、直线和闭合多段线生成构件，并且不同的构件类型需要绘制在不同的图层中。其中：①柱子和楼板仅能临摹闭合多段线生成；对于柱子，仅能临摹矩形和圆形的闭合多段线。②梁和墙可以临摹直线、圆弧线和闭合多段线生成。

（2）程序无法识别块，需要在导入前对块进行分解（Explode），否则程序会报错。

（3）零图层和 Defpoints 图层中的任何几何元素均不能导入。

（4）导入建筑平面图时必须在 CAD 软件中关闭需要导入的 .dxf/.dwg 文件。

（5）仅支持导入在完整版 AutoCAD 中绘制的建筑平面图，不支持导入在轻量版 AutoCAD（AutoCAD LT，即简化版本）中绘制的建筑平面图。

2) 导入建筑平面图

导入建筑平面图的命令为：【文件→导入→DXF/DWG 建筑平面文件】，打开选择文件对话框，在对话框中选择所要导入的 .dxf 文件，双击或点击打开按钮进入【建筑平面导入】对话框，如图 A.2-8 所示。其中图示①选择导入的建筑平面图是覆盖现有 CAD 建筑平面图还是添加到现有 CAD 建筑平面图。图示②下拉列表中选择导入文件的单位及位于的楼层平面；图示③选择绘图原点和比例。图示④默认勾选"添加中心线"，即在导入的两条平行线或圆弧线之间创建中心线，用于生成梁或墙；用户需要输入平行线最大距离和平行线最小距离，为插入中心线时的平行线间距设置限值；其中，平行线最大距离的数值可以设置为接近最大墙厚或梁宽。

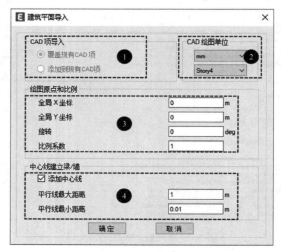

图 A.2-8　导入建筑平面图

注意：导入建筑平面图后，在模型浏览器窗口【显示】一栏中，找到已导入建筑平面对应的平面视图，左侧窗口的"建筑层"即为导入的建筑平面图，类似图 A.2-9。在建筑层中，程序会列出 CAD 图纸中包含的各个图层，用户可以直接选择对应图层点击鼠标左键，以隐藏或显示各个图层。另外，用户可以通过命令【选项→建筑平面选项】来调节各

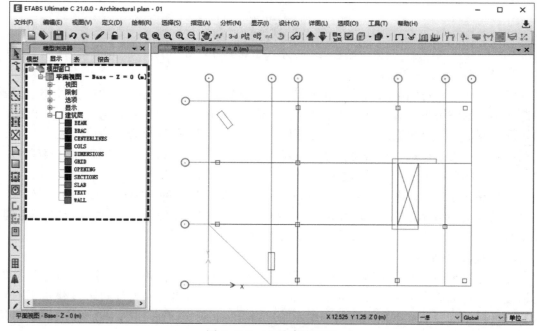

图 A.2-9　查看建筑平面

个图层的颜色和可见性，如图 A.2-10 所示。但是如果模型运行分析后没有解锁，该选项将变为不可用（灰色）状态。

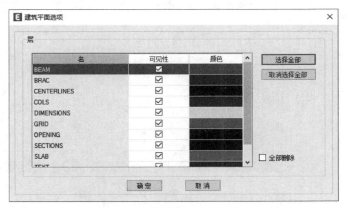

图 A.2-10　【建筑平面选项】对话框

3）临摹建筑层生成构件

临摹建筑层生成构件的方法有两种：一种是基于建筑层绘制构件，另一种是在模型浏览器中直接选择建筑层添加构件。接下来分别介绍两种方法的操作步骤。

（1）方法一：基于建筑层绘制构件

绘制包含快速绘制和普通绘制两种方式，除柱子仅能通过快速绘制命令生成以外，其余构件均可以通过两种绘制方式生成。由于操作步骤大体一致，仅以快速绘制柱子和绘制楼板为例进行说明。

基于建筑层快速绘制柱子的操作步骤如下：

① 首先，设置视图中仅显示柱子的建筑层，否则框选柱子的建筑层时，也会选中其他的闭合多段线。

② 然后，点击"快速绘制柱"命令，"属性"选择任意混凝土矩形截面，"绘图基准"选择"建筑层"。

③ 最后，在平面或 3D 视图中框选所有柱子的建筑层，程序识别闭合多段线的尺寸为柱子的截面尺寸，柱子即创建成功，如图 A.2-11 所示。

基于建筑层绘制楼板的操作步骤如下：

① 首先，点击"绘制楼板"命令并选择相应的楼板属性。

② 然后，右键单击楼板的建筑层。

③ 最后，选择"添加 ETABS 面"命令，楼板即创建成功，如图 A.2-12 所示。

注意此处绘制楼板的方式指普通绘制方式，如果选择"快速绘制楼板"命令，操作步骤同上面的快速绘制柱子。

绘制梁和墙的操作步骤与上文类似，只是需要注意绘制梁时是依次左键单击梁的建筑层（直线）；绘制墙时是依次左键单击墙的建筑层中心线（直线），程序基于墙中心线创建墙对象。

（2）方法二：模型浏览器中添加构件

此方法在操作前需要首先通过快速绘制或绘制命令修改对象属性为构件对应的属性，这样在下一步通过模型浏览器快速添加对象时，构件的属性即为该步选择的对象属性。

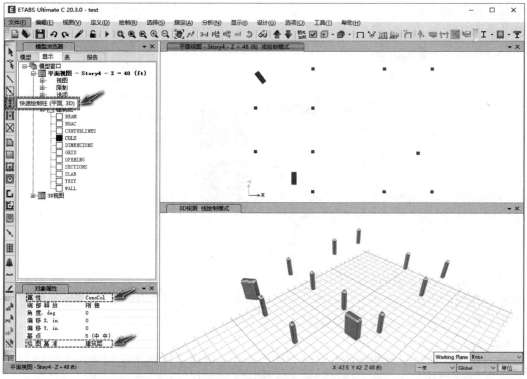

图 A. 2-11　基于建筑层快速绘制柱子

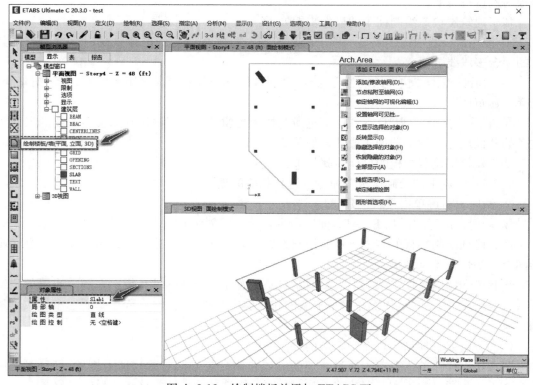

图 A. 2-12　绘制楼板并添加 ETABS 面

　　然后，在模型浏览器中依次选择柱子、楼板、梁和墙的建筑层，右键单击，分别选择
"添加柱对象""添加面对象""添加梁对象"和"添加墙对象"，程序即临摹选中的建筑
层，生成相应的构件。注意生成洞口的操作同楼板，也是"添加面对象"，只是需要把对
象属性修改为 Opening（开洞）。图 A.2-13 为添加墙对象的操作。

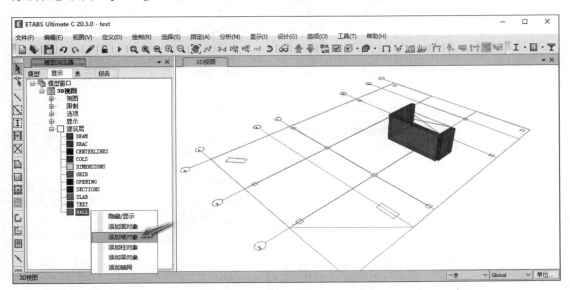

图 A.2-13　模型浏览器快速添加柱对象

　　最终，基于建筑平面图快速生成所有构件的效果如图 A.2-14 所示。

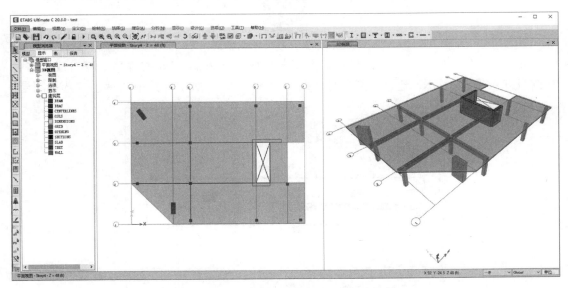

图 A.2-14　基于建筑平面图生成所有构件

2. 导入建筑轴网

　　ETABS 中有两种方式导入建筑轴网，一种是通过命令：【文件→导入→.dxf 建筑轴
网】导入。另外也可以在定义轴网时导入，通过命令：【编辑→编辑楼层和轴网】打开轴

网定义窗口，如图 A.2-15 所示，点击【基于 dxf 文件添加】或【基于 dxf 文件新建】导入。虽然两种导入方式路径不同，但是导入时的设置是一样的。

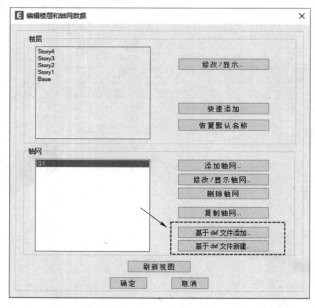

图 A.2-15　轴网定义窗口

◎ 相关操作请扫码观看视频：

视频 A.2-3 导入建筑轴网

导入建筑轴网时，在文件选择对话框中选择所要导入的 .dxf 文件后，双击或点击打开按钮进入【导入 DXF-建筑轴网】对话框，如图 A.2-16 所示。其中图示① "选择图层"

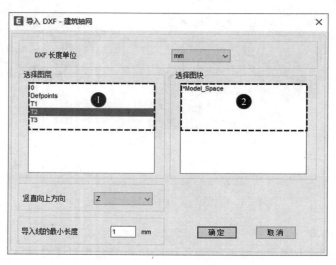

图 A.2-16　【导入 DXF-建筑轴网】对话框

中列出了 .dxf 文件中所有的图层，图示②"选择图块"中列出了该文件中所有的图块。用户通过点击选择需要导入的项，选中的项会高亮显示，点击【确定】即可导入。如果一次需要导入多个图层或是图块，则可以使用 Shift 或 Ctrl 键进行多选操作。另外，用户还需要指定导入的 .dxf 文件中的长度单位、竖直向上的方向，以及导入线的最小长度，程序将忽略 .dxf 文件中长度小于该值的线。

3. 导入楼层平面

导入楼层平面的命令为：【文件→导入→楼层平面文件】，打开文件选择对话框，在对话框中选择所要导入的 .dxf 文件，双击或点击【打开】按钮进入【DXF 导入-楼层平面】窗口，如图 A.2-17 所示。

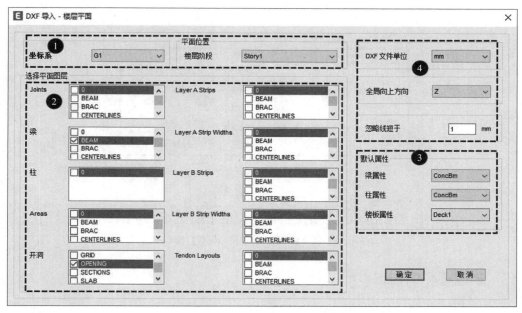

图 A.2-17　【DXF 导入-楼层平面】窗口

在【DXF 导入-楼层平面】窗口中，用户需要在图示①中指定楼层平面所在的坐标系和对应的楼层。依据图层与构件之间的对应关系，在图示②中选择需要导入的梁、柱、楼板、开洞、板带、钢束所在的对应图层。程序会把 .dxf 文件中的三维面对象和多段线对象导入为楼板或开洞，线对象导入为梁柱。这些导入的构件将被指定在图示③中设置的默认截面属性，用户可以通过下拉列表来切换默认截面属性。图示④用于指定导入的 .dxf 文件中的长度单位、竖直向上的方向，以及导入线的最小长度，程序将忽略 .dxf 文件中长度小于该值的线。

4. 导入 3D 模型

导入 3D 模型的命令为：【文件→导入→3D 模型文件】，打开文件选择对话框，在对话框中选择所要导入的 .dxf 文件，双击或点击打开按钮进入【DXF 导入-3D 模型】窗口，如图 A.2-18 所示。

在【DXF 导入-3D 模型】窗口中，用户需要在图示①中选择需要导入的图层，如果一次需要导入多个图层，则可以使用 Shift 或 Ctrl 键来进行多选操作。程序会依据已选图层中的不同元素类型和空间位置，将不同的元素导入为不同的构件。其中，对于线对象，当线对象两端节点的水平坐标相同，但竖向坐标不同时，程序将其判定为柱；当线对象两端节点的水平坐标不相同，但竖向坐标相同时，程序将其判定为梁；其余判定为支撑。对于面对象，如果面对象的四个竖向坐标相同，程序将其判定为楼板；如果面对向的法向量与 X、Y 轴平行，程序将其判定为墙。这些导入的构件将被指定图示②中设置的默认截面属性，用户可以通过下拉列表来切换默认截面属性。

另外，用户还需要指定导入的 .dxf 文件所属的坐标系、长度单位、竖直向上的方向，以及指定导入线的最小长度，程序将忽略 .dxf 文件中长度小于该值的线。

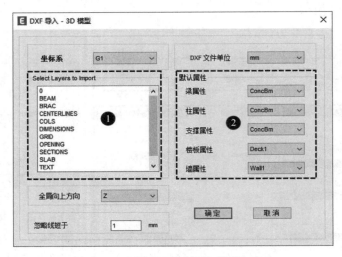

图 A.2-18 【DXF 导入-3D 模型】窗口

A.2.3 模型导入 ETABS

1. ETABS 的数据格式

ETABS 原生支持的数据格式包括 .e2k、Excel、Access、文本文件、.xml 文件，其中 e2k 为程序默认的数据格式，其他几种均为可采用其他程序修改、编辑的数据格式。这些数据格式必须符合一定的要求，ETABS 才能正确读入。如果用户不清楚这些数据的格式要求，可以先建立部分模型，然后将模型数据导出为相应数据文件，在已有数据的基础上对其进行修改编辑，然后再导入到 ETABS 当中，完成模型的修改。

点击保存时，ETABS 中保存模型文件时默认使用的数据格式为 .edb，同时会保存一个后缀为 .ebk 的二进制备份文件和一个后缀为 .$et 的文本备份文件。当后缀为 .edb 的模型文件损坏或者出现某些错误时，可以通过备份文件恢复已保存的模型。

ETABS 有两种方式恢复模型：一种是打开程序自动创建的 .ebk 备份文件；另一种是导入以 .$et 格式备份的数据文件。注意：在恢复模型时，每个备份文件都应与 .edb 文件放置于一个文件夹内，其中 .$et 文本文件记录了最近保存的模型，而 .ebk 文件则存储了 ETABS 最后一次成功打开模型时的信息。

另外，高版本的 ETABS 可以直接打开低版本 ETABS 的模型，但是低版本的软件无法直接打开高版本的 ETABS 的模型。当 ETABS 版本号较为接近时，可以将高版本的模

型导出为 . e2k 文本文件，然后用记事本打开 . e2k 文件，将该文件中软件的版本号改为低版本软件的版本号。保存后，将该 . e2k 文件导入低版本软件，即可打开模型。如图 A. 2-19 所示的 . e2k 文件，该文件为 ETABS 21. 0. 0 导出的模型文本文件，将该文件中的版本号由"VERSION '21. 0. 0'"修改为"VERSION '20. 0. 0'"后保存。即可在 ETABS 20. 0. 0 中导入修改后的文件，打开该模型。

图 A. 2-19　修改 . e2k 文件软件版本号

2. 由其他软件导入

ETABS 通过导入功能，除了可以导入 ETABS 的各版本文本文件外，还能够导入其他多种软件建立的模型，具体支持的文件形式如表 A. 2-2 所示。这些导入功能均是通过菜单【文件→导入】中的各命令实现。

由其他软件导入 ETABS 表 A. 2-2

编号	文件格式	说明
1	. exr 文件	导入 Revit 的中间文件，具体请查看附录 A 3. 1 节 CSiXRevit 中的介绍
2	. dxf 文件	CAD 文件，详细介绍请查看附录 A 2. 2 节 AutoCAD 中模型的导入与导出中的介绍
3	CIS/2STEP 文件	此功能用于导入一个采用 CIM 钢构件整合标准（CIS）的文件。CIS 是一套用于钢结构行业中的正式计算规范，它使软件应用能相互兼容
4	Steel Detail Neutral 文件	此功能用于导入钢结构详图文件
5	. ifc 文件	此功能用于导入采用一种建筑行业统一标准—IFC 标准的数据形式文件，后缀名为 . ifc
6	IGES（. igs）文件	此功能用于导入 IGES 模型文件，后缀名为 . igs
7	. std/. gti 文件	STAAD. Pro 数据文件
8	Perform 3D Structure 文件	Perform-3D 的模型文件

A.2.4　由 ETABS 导出到其他软件

ETABS 通过导出功能，能够导出多种其他软件可以读取的数据，供其他建筑结构软件使用。程序支持导出的格式及简要说明请查看表 A. 2-3。导出功能均是通过菜单【文件→导出】中的各命令实现。

ETABS 软件导入其他软件　　　　　　　　　　　　　　　　　　　　表 A. 2-3

编号	文件格式	说明
1	. f2k 文本文件	此功能用于生成 SAFE 的数据文件，后级名是 . f2k。SAFE 是一套专门针对混凝土楼板和基础底板的分析、设计和详图软件系统，是 CSI 结构系列的产品
2	CIS/2Step 文件	此功能用于使用 CIM 钢件整合标准（CIS）导出保存数据，生成 CIS/2 文件，文件后缀为 . stp
3	Steel Detailing Neutral 文件	此功能用于生成钢结构细节输出中间文件
4	. ifc 文件	按建筑行业统一标准 IFC 标准导出的数据形式文件，能和许多建筑及结构软件进行交互
5	IGES（. igs）文件	此功能用于生成 IGES 初始图形交换规定格式的文件，导出 2D 和 3D 模型、图形和图解自然转换格式
6	导出 Perform-3D 文本文件	此功能用于将 ETABS 的模型导出成为 Perform-3D 的文本文件，通过文本文件仅能导入模型的几何信息，其他信息无法导入
7	Perform-3D Structure 文件	此功能用于将 ETABS 的模型导出成为 Perform-3D 的模型文件。框架单元和壳单元的几何信息、材料、截面属性、约束、隔板束缚、组、荷载、荷载组合能够被导出

A. 3　BIM 与制图

　　CSI 软件可通过多种方式与其他 BIM 软件或 CAD 软件进行模型数据的交互。如图 A. 3-1 所示，借助 CSiXRevit 软件，CSI 软件可以直接和 Revit 数据进行双向的交互；通过 CSiXCAD 软件，可以将 CSI 软件的设计结果处理为施工图信息，并导出到 ZWCAD、BricsCAD、AutoCAD 等 CAD 软件当中；另外也可以将 CSI 软件的模型信息导出为 IFC 通用格式，用于其他类型的软件。

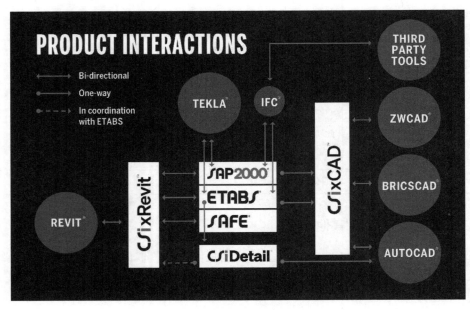

图 A. 3-1　CSI 数据交互关系图

A.3.1 CSiXRevit

CSiXRevit 是 CSI 基于 Revit 开发的一款插件,提供 SAP2000、ETABS、SAFE 与 Revit 之间的双向对接。用户可以在一个程序中完成建模,然后同步到另一个程序当中,用户可以自由控制 CSI 软件模型与 Revit 模型之间模型信息的传输。

安装 CSiXRevit 后,在 Revit 软件【附加模块】面板中的【外部工具】下能看到 CSiXRevit 软件提供的功能菜单,如图 A.3-2 所示。其主要功能包括有:Revit 模型转换为 CSI 模型,Revit 模型更新已有 CSI 模型、CSI 模型转换为 Revit 模型、CSI 模型更新已有的 Revit 模型。

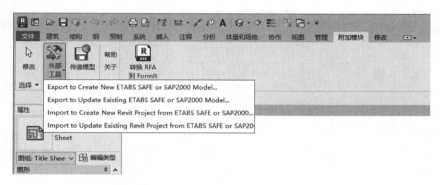

图 A.3-2　CSiXRevit 在 Revit 中的插件

通过 CSiXRevit 软件进行 ETABS 模型和 Revit 模型相互转换时,需要经过中间转换文件 .exr 文件,其转换过程如图 A.3-3 所示。ETABS 能直接导入或导出 .exr 文件,将模型转换为 .exr 文件后,通过 CSiXRevit 软件将其导入或导出到 Revit 当中。

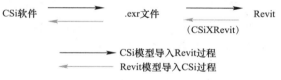

图 A.3-3　ETABS 与 Revit 模型互相转换过程

1. ETABS 模型转换为 Revit 模型

通过命令:【文件→导出→Revit Structure 文件(.EXR 文件)】,如图 A.3-4 所示,可以将模型数据从 ETABS 21.0.0 中导出为 .exr 文件。在导出时,如果用户选择了部分

图 A.3-4　ETABS 导出为 .exr 文件

模型，可以选择仅导入已选部分模型或是全部模型，否则将导出全部模型。如果使用的 Revit 版本较老，需要勾选"导出至 Revit 2019 或更早版本"。

在 Revit 软件附加模块中，使用【导入 EXR 文件生成新 Revit 模型】功能，进行模型导入。导入时，如图 A.3-5 所示，在导入设置窗口中会显示识别到的构件类型和数量（图示①），对应的截面转换关系（图示②）。当 .exr 文件中的截面与 Revit 中族类型的对应关系不正确时，程序会提示相应的警告信息（图示③），此时用户需要依据提示内容手动调整对应截面的转换关系。

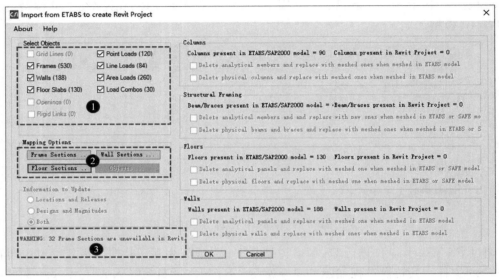

图 A.3-5　从 ETABS 导入生成新 Revit 模型

例如，图 A.3-5 中警告"Revit 中缺少 32 个对应的框架截面"，此时需点击图示②中的框架截面，如图 A.3-6 所示，手动设置 .exr 文件中的截面类型，使其与 Revit 中的族类型的对应关系正确。只有设置正确的截面族对应关系，才能保证导入生成的 Revit 模型与 ETABS 模型相同。

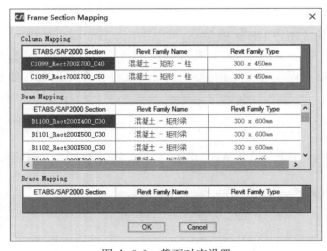

图 A.3-6　截面对应设置

完成截面对应关系的设置后，点击确定，模型将被写入 Revit 当中。用户可一次将 .exr 文件中的所有构件添加到当前的模型中，也可勾选部分内容添加到当前模型中。如在转换过程中出现问题，可在输出文件中检查具体的问题并解决。

对于同一模型，当在 ETABS 中的模型修改或调整后，可以直接将修改的信息更新到 Revit 当中。用户首先需要将修改后的 ETABS 模型导出为 .exr 文件，然后在 Revit 软件中使用附加模块中的"从 ETABS 模型更新当前模型"命令，将更新信息导入 Revit 当中。该命令的用方法与"导入 ETABS 模型"命令的使用方法相同，更新对话框如图 A.3-7 所示。不同之处是增加了更新选项的设置，更新选项有：位置和端部释放（Locations and Releases），设计与荷载大小（Designs and Magnitudes），两者都更新（Both）。如仅为部分构件的修改更新，使用模型更新功能，工作效率会更高。

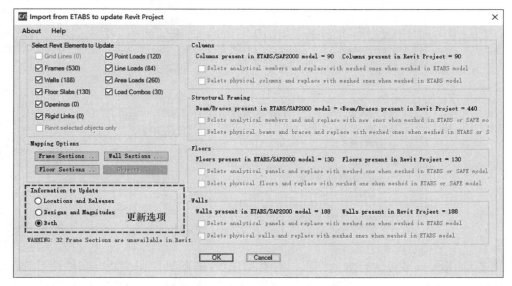

图 A.3-7　从 ETABS 模型更新当前模型

2. Revit 模型转换为 ETABS 模型

将 Revit 模型转换为 ETABS 模型时，首先需要将 Revit 模型导出为 .exr 文件。在 Revit 附加模块中使用"导出生成新的 ETABS 模型"选项导出模型信息。在导出对话框中将显示转换插件识别到的构件类型和数量，如图 A.3-8 所示。用户可以选择一次导出所有构件信息，也可选择仅需要导出的构件。当勾选了"Revit Selected Elements Only"（仅 Revit 中选中的单元）选项后，对话框中显示的数据仅为软件选中的单元类型和数量。点击确定后，程序会将相应的模型信息导出为 .exr 文件。

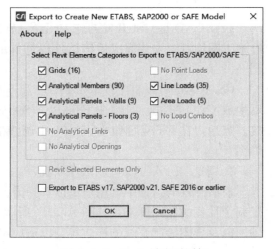

图 A.3-8　Revit 导出对话框

然后将 .exr 文件导入 ETABS 软件中。ETABS 中通过命令：【文件→导入→EXR 文件】打开文件选择窗口，选择 .exr 文件打开导入设置对话框。在对话框中将显示 .exr 文件中的构件类型和数量，如图 A.3-9 所示。在右侧"编辑"窗口中，可查看模型匹配的楼层信息、材料对应关系、截面对应关系等，用户可以手动修改其中信息。在控制选项中，需指定模型的单位，长度容差、最小曲线长度及最小曲线角度，控制曲线的导入。定义完成后，点击【确定】，程序即会将对应的信息导入 ETABS 中，用户需要检查相应的导入信息提示及模型，确保导入模型的正确。

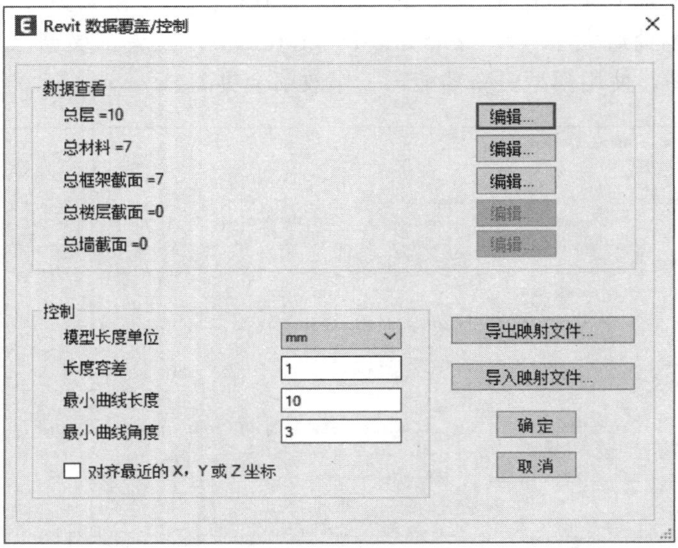

图 A.3-9　导入 .exr 文件对话框

更多 CSiXRevit 软件的详细介绍可以查看 ETABS 的随机说明文档（文件路径为：C:\Program Files\Computers and Structures\ETABS 21\Manuals\CSiXRevit Manual.pdf）。

A.3.2　CSiXCAD

CSiXCAD 是 CSI 开发的施工图绘制辅助工具，适用于混凝土结构和钢结构的美国标准施工图绘制。安装完成后该软件以插件的形式安装于 AutoCAD 和 BricsCAD 当中，如图 A.3-10 所示。

CSiXCAD 可以直接读取 ETABS 和 SAP2000 中的数据，生成完整的 3D 模型，并自动生成 CAD 图纸，同时在 ETABS、SAP2000 的结构模型与 CAD 的图纸间建立实时链接。当用户在 ETABS 和 SAP2000 中调整结构模型后，在 CAD 软件中可以实时更新结构详图。

1. 导入 ETABS 和 SAP2000 数据

模型导入的过程中，用户可以选择需要导入的对象以及需要生成的施工图，同时可以定制个性化的制图标准，如图 A.3-11 所示，具体包含了全面的图纸设置选项，包括图层、轴网以及详图绘制直线的样式等，以适应不同项目的要求。

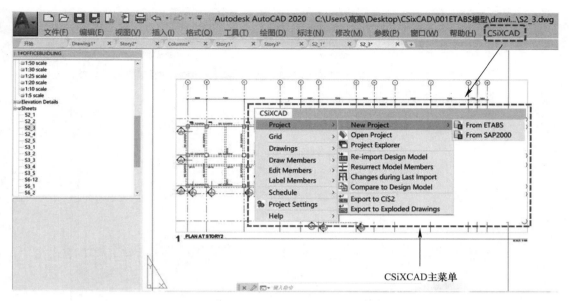

图 A.3-10 CSiXCAD 在 CAD 中的插件

图 A.3-11 CSiXCAD 导入设置

2. 更新 ETABS 或 SAP2000 数据

当 ETABS/SAP2000 中对模型进行更改或调整后，CSiXCAD 可以将现有的模型与调整后的设计模型进行对比；然后用户可以根据对比结果选择是否导入更改后的全部或部分数据；如果选择导入，则模型数据将被实时更新。另外，程序会将之前在 CSiXCAD 中对图纸所做的编辑保留下来，并生成一份详细列出修改的报告，如图 A. 3-12 所示。

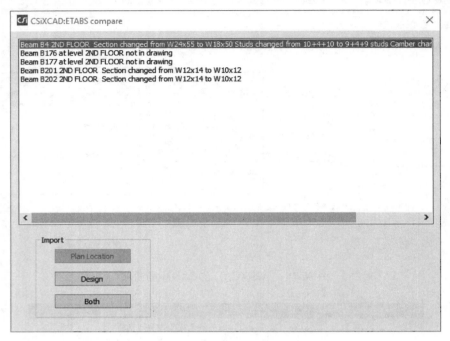

图 A. 3-12　数据更新列表

3. BIM 对象

CSiXCAD 创建的施工图中的构件称为"BIM 对象"。不同于原生 CAD 对象，BIM 对象携带"非图形"的结构和项目信息。如图 A. 3-13 所示工字形梁，可从材料库中直接选

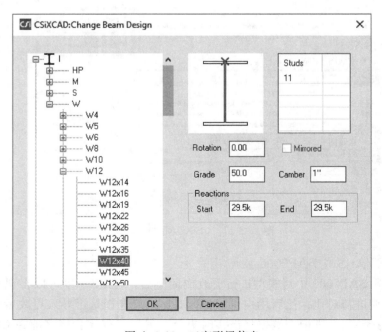

图 A. 3-13　工字形梁信息

择构件，材料信息包括转角、抗剪栓钉数量、起拱量、反力等"非图形"信息。用户可以灵活修改构件标注，如标注位置、是否显示标注等，从而达到快速更新图纸细节的目的。当构件属性发生改变时，所有包含该构件的图纸均会被自动更新。

4. 制图功能

基于不同的结构类型和设计要求，CSiXCAD 可以输出不同类别的图纸，表 A.3-1 列出了 CSiXCAD 所能绘制的图纸的类别。

CSiXCAD 绘制图纸类别　　　　　　　　　　　　　　表 A.3-1

编号	图纸类别	说明
1	组合楼板平面	钢结构组合楼板平面图包含了组合梁的构件尺寸、抗剪栓钉数量、起拱量和支座反力
2	剪力墙平面图	混凝土剪力墙的平面图包含了墙体的布置图，以及水平和垂直钢筋的配筋信息
3	钢结构立面图	钢结构立面图包含了构件尺寸、立面标高和柱接头，并且可以绘制为单线或多线
4	混凝土立面图	混凝土立面图显示框架构件和墙，包括水平和垂直墙钢筋信息
5	钢结构节点图	钢结构节点图可以单独绘制生成图纸，或者在平面图中以引线的形式标注
6	钢结构柱明细表	钢结构柱的明细表包含了构件尺寸、拼接位置和立面标高。柱的位置可以通过参考轴网或引线标注，配合相关的平面图来指定
7	混凝土梁/柱明细表	混凝土梁和柱的明细表包含了纵向和横向钢筋的配筋信息
8	钢筋笼	梁、柱和墙的 3D 钢筋笼，程序提供了一种可视化钢筋布局的方法

A.3.3　IFC

IFC 是工业基类标准 Industry Foundation Classes 的缩写，是国际协同工作联盟 IAI 于 1997 年制定的一项国际建筑业的工程数据交换标准，目前已经被认可为 ISO 国际标准。因其良好的公开性、数据描述的全面性，IFC 标准已迅速成为各大 BIM 软件厂商之间实现数据交换的应用标准。

对 IFC 数据模型的支持使 CSI 产品具有与其他 BIM 软件的兼容性。ETABS、SAP2000 和 CSiBridge 都支持 IFC 2x3 和 IFC 4 格式文件的导入和导出。

在 ETABS 中通过命令：【文件→导出→IFC 文件】打开导出 IFC 数据定义窗口，如图 A.3-14 所示。用户可以选择导出的数据格式、数据单位、包含的构件类型等。用户可将所有模型信息导出，或仅导出已选部分模型的信息。

图 A.3-14　IFC 导出数据设置

反应谱分析的基本原理

反应谱方法计算地震作用大致可分为：确定反应谱函数、计算各阶模态峰值响应、模态响应组合和地震作用方向组合这样的四个基本步骤。本节对此做详细介绍。

B.1 反应谱的确定

B.1.1 反应谱的定义

对于三维地震运动，典型的模态方程可写为：

$$\ddot{y}(t) + 2\xi_n\omega_n\dot{y}(t) + \omega_n^2 y(t) = p_{nx}\ddot{u}(t)_{gx} + p_{ny}\ddot{u}(t)_{gy} + p_{nz}\ddot{u}(t)_{gz} \tag{B.1-1}$$

要获得此方程的近似反应谱解，必须解决两个主要问题。首先，对于地面的每个方向上的运动，必须估算力和位移的最大值。其次，在得到三个正交方向上的响应后，必须以同时发生的地震运动的三个分量来估算最大响应。前者是模态组合问题，而后者是模态的方向组合问题。

只考虑一个方向的地面运动，模态方程可写为：

$$\ddot{y}(t) + 2\xi_n\omega_n\dot{y}(t) + \omega_n^2 y(t) = p_n\ddot{u}_g(t) \tag{B.1-2}$$

对于上述模态方程，可将其视为单自由度体系，研究其响应是很有价值的。这个结构对指定单分量地面加速度 $\ddot{u}_g(t)$ 的相对位移响应是结构工程师所关心的问题。利用 Duhamel 积分，可以得到：

$$u(t) = \frac{1}{m\omega_D}\int_0^t -m\ddot{u}_g(\tau)\sin[\omega_D(t-\tau)]\exp[-\xi\omega(t-\tau)]d\tau \tag{B.1-3}$$

实际结构阻尼比较小（如 $\xi < 0.20$）时，可以忽略 ω_D 与 ω 的差别。这样可以得到相对位移 $u(t)$、相对速度 $\dot{u}(t)$ 和绝对加速度 $\ddot{u}_a(t)$ 关于 ω 的表达式（从略），将三者的绝对最大值分别称为谱相对位移 $S_d(\xi,\omega)$、谱相对速度 $S_v(\xi,\omega)$ 和谱绝对加速度 $S_a(\xi,\omega)$。

定义伪速度谱为：

$$S_{pv}(\xi,\omega) \equiv \omega S_d(\xi,\omega) \tag{B.1-4}$$

定义伪加速度谱为：

$$S_{pa}(\xi,\omega) \equiv \omega S_{pv}(\xi,\omega) \tag{B.1-5}$$

这样就存在关系：

$$S_{pa}(\xi,\omega) = \omega^2 S_d(\xi,\omega) \tag{B.1-6}$$

之所以要定义伪加速度谱 $S_{pa}(\xi,\omega)$，是因为这个量是用来度量系统的最大弹性恢复力

的，因此特别重要，即

$$f_{s,\max} = kS_d(\xi,\omega) = \omega^2 m S_d(\xi,\omega) = m S_{pa}(\xi,\omega) \tag{B.1-7}$$

从上式可以看出，最大弹性恢复力是质量与伪加速度谱值的乘积，而非质量与绝对加速度谱值的乘积。前缀"伪"（pseudo-）是用来避免与真实峰值加速度 $\ddot{u}_a(t)_{\max}$ 混淆。

B.1.2 设计反应谱

各国都采用平滑的设计反应谱进行设计，但反应谱的形状和关键参数其至反应谱类型均不完全一致。图 B.1-1～图 B.1-4 分别给出了美国（ASCE7）、欧洲（EC8）、《建筑抗震设计标准》GB/T 50011—2010（2024 年版）及广东省标准《高层建筑混凝土结构技术规程》DBJ/T 15—92—2021 的设计反应谱典型形状。

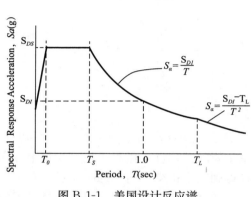

图 B.1-1 美国设计反应谱

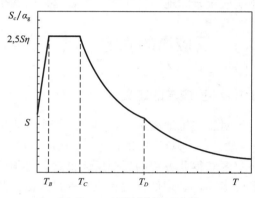

图 B.1-2 欧洲设计反应谱

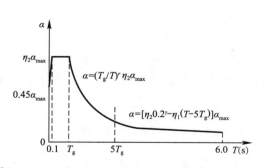

图 B.1-3 GB/T 50011—2010（2024 年版）设计反应谱

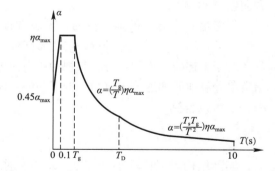

图 B.1-4 DBJ/T 15—92—2021 设计反应谱

B.2 模态峰值响应的计算

伪加速度谱 S_{pa} 和相对位移谱存在 S_d 存在式（B.1-6）的关系，故根据设计反应谱 $S_{pa}(\omega_n)$ 可以得到每个模态的反应谱值：

$$y_{\max(\omega_n)} = \frac{S_{pa}(\omega_n)}{\omega_n^2} \tag{B.2-1}$$

模态的最大位移响应为：

$$u_{\mathrm{n}} = \frac{S_{\mathrm{pa}(\omega_{\mathrm{n}})}}{\omega_{\mathrm{n}}^2} p_{\mathrm{n}} \boldsymbol{\phi}_{\mathrm{n}} \tag{B.2-2}$$

在 ETABS 中，程序会计算出质量归一化后的模态变形和模态变形对应的结构内力，如图 B.2-1 所示。从图中可以看出，单个模态下，各构件内力大小的相对关系、方向等信息保持不变，数值的绝对大小为归一化后的大小。此时只需要确定模态下的最大变形量，即可得到单个模态下的所有结果，因此需要对模态结果乘以 $S_{\mathrm{d}}(\omega_{\mathrm{n}}) p_{\mathrm{n}}$。因为伪加速度谱 S_{pa} 和相对位移谱 S_{d} 存在式（B.1-6）的关系，因此乘以模态幅值 $\frac{S_{\mathrm{pa}(\omega_{\mathrm{n}})}}{\omega_{\mathrm{n}}^2} p_{\mathrm{n}}$ 即可得到所有的结构响应。

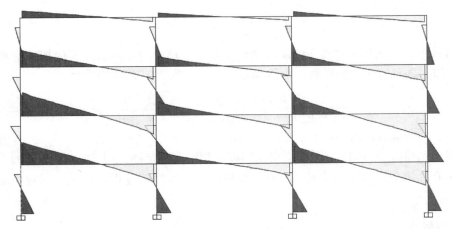

图 B.2-1　第一阶模态的结构弯矩图

从上述过程可以清晰地看到，反应谱法中采用的"谱"是伪加速度谱 $S_{\mathrm{pa}}(\xi,\omega)$，需要建立起与相对位移谱之间的数学关系［式（B.1-6）］，来进行模态响应的计算。

只有在无阻尼的情况下，绝对加速度谱 S_{a} 与伪加速度谱 S_{pa} 相等；在小阻尼的情况下，如 2%<ξ<7%时，S_{a} 与 S_{pa} 基本相等；但是当 ξ>10%时，两者的差异就开始显著。

通常情况下，会略去"伪"的前缀，直接称之为"反应谱值" $S_{\mathrm{a}}(\omega)$，是因为"伪"在字面上具有非真实的或虚假的含义，容易引起歧义或误解。但正如前文所述，"伪加速度谱 $S_{\mathrm{pa}}(\omega)$"才能提供计算变形和内力的准确值。

抗震分析的基本荷载（作用）是基础位移，在结构节点处并不存在外荷载。我国相关规范往往都会给出结构 i 节点 j 模态的"地震作用标准值" F_{ji}［如《建筑抗震设计标准》GB/T 50011—2010（2024 年版）第 5.2.2 条和第 5.2.3 条］。工程师需要理解的是，这里的 F_{ji} 并不是真正作用在节点的外荷载，这里的节点力与其他物理量（比如节点位移、内力、应变等）都是结构的动力响应，是效应，而且都是在模态层次上的；要想得到结构的响应，需要用到下面讲述的模态组合和方向组合，而不能采用矢量合成。

B.3　模态组合方法

通过上节内容可以得到各个模态的最大位移响应，如式（B.2-2）。通过各模态最大响应得到结构的最大响应，就是模态组合方法。

最保守的方法就是采用各模态响应数值的绝对值之和，其假定所有模态最大响应都是在同一时刻发生的。显然，各模态的最大值不会同时出现，其出现的时间应是随机的。因此，模态组合的问题其实就是随机过程的确定性分析方法。

对于房屋建筑，最常用的模态组合方法是 SRSS 法和 CQC 法。对于这两种方法的历史发展进程，本节从略，有兴趣的读者可以参考经典的结构动力学教材及相关著作。

SRSS 组合的公式为：

$$R = \left(\sum_i r_i^2 \right)^{\frac{1}{2}} \tag{B.3-1}$$

CQC 组合的公式为：

$$R = \left(\sum_j \sum_i r_j \rho_{ij} r_i \right)^{\frac{1}{2}} \tag{B.3-2}$$

上两式中，r_i 为第 i 阶模态的响应量，可以是位移或内力，以及其他相关物理量；ρ_{ij} 为模态 i 和 j 之间的互相关系数，也称为模态交叉系数，定义为：

$$\rho_{ij} = \frac{8\sqrt{(\xi_i \xi_j)}(\beta_{ij}\xi_i + \xi_j)\beta_{ij}^{1.5}}{(1-\beta_{ij}^2)^2 + 4\xi_i\xi_j\beta_{ij}(1+\beta_{ij}^2) + 4(\xi_i^2 + \xi_j^2)\beta_{ij}^2} \tag{B.3-3}$$

其中，$\beta_{ij} = \omega_i/\omega_j$ 为频率比，必须小于或等于 1.0。当 $\xi_i = \xi_j$ 时，ρ_{ij} 的取值范围为 0～1；当 $i=j$ 时，$\beta_{ij}=1$，$\rho_{ij}=1$；当相邻模态频率间隔足够大时，ρ_{ij} 趋近于 0。

下面通过几个算例来阐述模态分析和反应谱分析的计算过程，并说明两种模态组合方法的特点。

B.3.1 算例 1

图 B.3-1（a）为一个简化的二层结构示意图，其中标示了动力自由度为楼层侧向位移 u_1 和 u_2，以及楼层质量和侧向刚度的数值。根据图 B.3-1（b）所示的刚度影响参数分析，可以得到此结构的质量与刚度矩阵分别是：

$$\boldsymbol{m} = \begin{bmatrix} 4 & 0 \\ 0 & 3 \end{bmatrix} \times 10^4 \, \mathrm{kg}$$

$$\boldsymbol{k} = \begin{bmatrix} 5 & -2 \\ -2 & 2 \end{bmatrix} \times 10^7 \, \frac{\mathrm{N}}{\mathrm{m}}$$

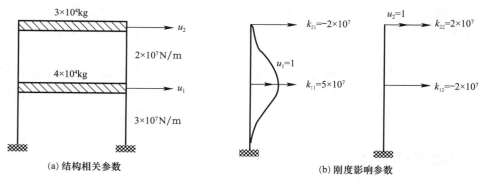

图 B.3-1　二层框架结构

从而

$$\boldsymbol{k} - \omega^2 \boldsymbol{m} = \begin{bmatrix} 5-4B & -2 \\ -2 & 2-3B \end{bmatrix} \times 10^7 \; \frac{\mathrm{N}}{\mathrm{m}}$$

其中，$B = \dfrac{\omega^2}{1000}$。

令行列式 $\Delta = 0$，得到关于 B 的二次方程，其两个根为 $B_1 = 0.3115$，$B_2 = 1.6052$。因此结构的频率和周期分别为：

$$\begin{bmatrix} \omega_1 \\ \omega_2 \end{bmatrix} = \begin{bmatrix} 17.65 \\ 40.06 \end{bmatrix} \frac{\mathrm{rad}}{\mathrm{s}}; \qquad \begin{bmatrix} T_1 \\ T_2 \end{bmatrix} = \begin{bmatrix} 0.356 \\ 0.157 \end{bmatrix} \mathrm{s}$$

这样可以得到各阶模态形状为：

$$\begin{bmatrix} \phi_{11} \\ \phi_{21} \end{bmatrix} = \begin{bmatrix} 1.000 \\ 1.877 \end{bmatrix}; \qquad \begin{bmatrix} \phi_{12} \\ \phi_{22} \end{bmatrix} = \begin{bmatrix} 1.000 \\ -0.710 \end{bmatrix}$$

模态形状的相对数值有意义，可以采用各种归一化处理，比如模态中固定某个自由度为 1.0，或者最大值为 1.0，计算机程序通常采用 $\boldsymbol{\phi}_n^\mathrm{T} \boldsymbol{M} \boldsymbol{\phi}_n = 1$。与质量归一化的模态矩阵为：

$$\boldsymbol{\Phi} = \begin{bmatrix} 0.002620 & 0.004259 \\ 0.004917 & -0.003024 \end{bmatrix}$$

而模态参与系数为：

$$p_n = \boldsymbol{\phi}_n^\mathrm{T} \boldsymbol{m} 1 = \begin{bmatrix} 252.31 \\ 79.64 \end{bmatrix}$$

结构的阻尼比 $\xi = 0.05$。根据上述周期值查得的设计反应谱值分别为：

$$S_{pa} = \begin{bmatrix} 0.137 \\ 0.16 \end{bmatrix} g = \begin{bmatrix} 1.343 \\ 1.568 \end{bmatrix} \frac{\mathrm{m}}{\mathrm{s}^2}$$

根据式 (B.2-2)，可知各模态的最大位移为：

$$\boldsymbol{u}_{1,\max} = \begin{bmatrix} 2.85 \\ 5.35 \end{bmatrix} \times 10^{-3} \mathrm{m}; \qquad \boldsymbol{u}_{2,\max} = \begin{bmatrix} 0.33 \\ -0.24 \end{bmatrix} \times 10^{-3} \mathrm{m}$$

依据式 (B.3-1) 的 SRSS 模态组合法，得到的结构最大位移为：

$$\boldsymbol{u}_{\max} = \begin{bmatrix} 2.87 \\ 5.36 \end{bmatrix} \times 10^{-3} \mathrm{m} = \boldsymbol{k} \boldsymbol{u}$$

可以得到最大模态力为：

$$\boldsymbol{f}_{S1,\max} = \begin{bmatrix} 3.55 \\ 5.00 \end{bmatrix} \times 10^4 \mathrm{N}; \qquad \boldsymbol{f}_{S2,\max} = \begin{bmatrix} 2.13 \\ -1.14 \end{bmatrix} \times 10^4 \mathrm{N}$$

当然，也可以由 $\boldsymbol{f}_n = S_{pa,n} p_n \boldsymbol{m} \boldsymbol{\phi}_n$ 求得同样的结果。

这样，模态层间剪力为：

$$\boldsymbol{V}_{1,\max} = \begin{bmatrix} 8.55 \\ 5.00 \end{bmatrix} \times 10^4 \mathrm{N}; \qquad \boldsymbol{V}_{2,\max} = \begin{bmatrix} 0.99 \\ -1.14 \end{bmatrix} \times 10^4 \mathrm{N}$$

由 SRSS 法得到结构弹性力和层间剪力为：

$$\boldsymbol{f}_{S,\max} = \begin{bmatrix} 4.14 \\ 5.13 \end{bmatrix} \times 10^4 \mathrm{N}; \qquad \boldsymbol{V}_{\max} = \begin{bmatrix} 8.61 \\ 5.13 \end{bmatrix} \times 10^4 \mathrm{N}$$

这个例子清楚地表明，结构的最大层间剪力不能用结构的最大弹性力来得到，必须在模态层次得到各个响应量的最大值后，使用模态组合方法来得到结构最终的响应（最大期望值）。

也可以看出，无论是模态参与系数（$p_n = [252.31 \quad 79.64]^T$）还是模态质量参数系数（$r_n = [0.91 \quad 0.09]^T$），第一模态的贡献占了绝大成分。

由于模态相关系数 $\rho_{12} = 0.013$，可见两个模态的相关性非常小，因此上述例子用 CQC 进行模态组合的结果与 SRSS 的结果会非常接近。

值得注意的是，上述过程并非如我国抗震规范首先要得出模态的各质点的"作用力 F_{ji}（即本例中的弹性力 f_S）"，然后才能进行后续的整个反应谱计算；反应谱法的本质就是通过伪加速度谱来得到模态最大的位移响应后，用模态的静力平衡方程来求得模态所有的响应值，再采用模态组合来得到反应谱的响应。工程师需要理解的是，地震作用并非是作用在结构质量上的力，而是位移，此弹性力其实也是结构的一种响应（或者称为效应），而非"地震作用"。

B.3.2　算例 2

图 B.3-2 是一个层高 3m 的四层框架结构，结构是对称的，但所有楼层质心都相对于几何中心偏置了 5%（0.8m），以反映真实结构存在的质量偏心。

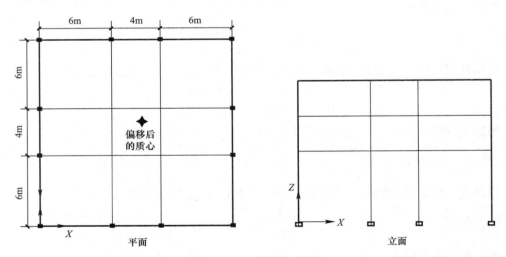

图 B.3-2　四层框架结构

表 B.3-1 给出了此结构的模态信息。可以看出，对于这种常见的在两个方向抗震能力相当的三维结构来说，两个方向的频率很接近，这就会导致模态相关系数较大（表 B.3-3）。根据表 B.3-1 的方向因子可以判别出模态是否是以扭转为主，根据两个平动的参与系数可以给出平动主方向的大致角度。当然，这些平动模态还是具有一定的扭转成分（一般工程上认为，前三阶平动模态如果扭转方向因子超过 25% 就属于动力严重不规则）。对于此结构，采用 12 个模态，已经在两个平动和一个扭转自由度上都达到了累计质量参与系数为 1，因此不管是做线性模态叠加时程分析，还是反应谱分析，分析都是精确的。

结构前 12 阶模态信息　　　　　　　　　　　　　　　　　　　表 B. 3-1

模态	圆频率(rad/s)	周期(s)	扭转模态/平动主方向	参与系数 UX	参与系数 UY	方向因子 UX	方向因子 UY	方向因子 RZ	累计质量参与系数SumUX	累计质量参与系数SumUX	累计质量参与系数SumRZ
1	7.471	0.841	135°	21	−21	0.492	0.492	0.017	0.4189	0.4189	0.0146
2	7.550	0.832	45°	−21	21	0.5	0.5	0	0.8448	0.8448	0.0146
3	11.274	0.557	扭转	3	−3	0.008	0.008	0.983	0.8518	0.8518	0.8632
4	23.131	0.272	135°	7	−7	0.49	0.49	0.019	0.9021	0.9021	0.8649
5	23.393	0.269	45°	7	7	0.5	0.5	0	0.9533	0.9533	0.8649
6	34.253	0.183	扭转	1	−1	0.01	0.01	0.98	0.9541	0.9541	0.961
7	39.942	0.157	135°	4	−4	0.487	0.487	0.025	0.9716	0.9716	0.9614
8	40.457	0.155	45°	−4	−4	0.5	0.5	0	0.9893	0.9893	0.9614
9	54.758	0.115	135°	−2	2	0.481	0.481	0.038	0.994	0.994	0.9622
10	55.593	0.113	45°	2	2	0.5	0.5	0	0.9992	0.9992	0.9622
11	57.197	0.110	扭转	1	−1	0.015	0.015	0.97	0.9998	0.9998	0.9622
12	75.899	0.083	扭转	0.4	−0.4	0.016	0.016	0.967	1	1	1

注：以上计算结果来自 ETABS 输出的计算表格，为方便对比查看，各参数直接使用了计算表格中的名称（如 UX、UY 等），后文的类似表格不再作此说明。表中参与系数只给出相对值。

　　假定地震作用为 Y 向。对此结构进行线性模态叠加时程分析，采用 El Centro 波。对 El Centro 波生成其反应谱 S_{pa}，对此谱进行反应谱分析（注意：不是设计反应谱），参见图 B. 3-3。基底剪力分别采用 SRSS 和 CQC 模态组合，与时程的精确分析结果进行对比，结果见表 B. 3-2。

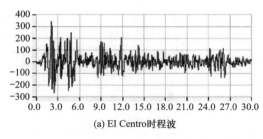

(a) EI Centro时程波

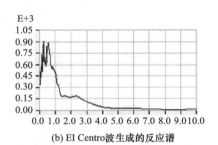

(b) EI Centro波生成的反应谱

图 B. 3-3　时程波及其反应谱

基底剪力（kN）：SRSS、CQC 组合与时程结果的对比　　　　　　　表 B. 3-2

		线性模态叠加时程分析	反应谱分析	
			SRSS 组合	CQC 组合
最大基底剪力	FX	74.4	746.4	80.0
	FY	1050.5	746.4	1054.7

　　可以看出，CQC 与时程结果非常吻合，而 SRSS 在地震作用方向低估了响应，在地震作用的垂直方向又严重高估了响应。CQC 法能正确识别模态响应相关信号，是消除 SRSS 法误差的关键所在。表 B. 3-3 给出了前 5 阶模态的交叉相关系数表，从中也可以看出，模态密集的相关系数接近 1。

模态交叉相关系数（ξ＝0.05）　　　　　表 B.3-3

模态	1	2	3	4	5	ω_n（rad/s）
1	1.000	0.989	0.054	0.006	0.006	7.47
2	0.989	1.000	0.057	0.006	0.006	7.55
3	0.054	0.006	1.000	0.017	0.017	11.27
4	0.006	0.006	0.006	1.000	0.987	23.13
5	0.006	0.006	0.017	0.987	1.000	23.39

B.3.3　算例 3

图 B.3-4 为一对称、规则的多高层框架结构，其中（a）中模型［本节简称（a）]为常规坐标系的选择方法，即 X、Y 分别为结构的主轴方向；（b）中模型［本节简称（b）]是将结构在平面内旋转了 45°。分别施加各自坐标系的 X 向地震作用，表 B.3-4 给出了相关计算结果的对比。通过前三阶模态的方向因子可以看出，前两阶为纯平动模态，第三阶为纯扭转模态，方向因子是模态质量参与系数的另一种表达，而它们是与坐标系相关的，因此不能以前三阶模态的平动质量参与系数是否为同一数量级来判断结构是否扭转明显［《建筑抗震设计标准》GB/T 50011—2010（2024 年版）第 5.2.5 条条文说明的相关解释与此矛盾］，否则，根据对（b）的计算结果，就判定结构为"扭转明显"，显然是不对的。同样，SRSS 对（a）和（b）的计算结果相差较大，依然不能正确给出模态组合后的结果，原因也同样与"扭转耦联"无关，而是两个方向的模态密集导致的。

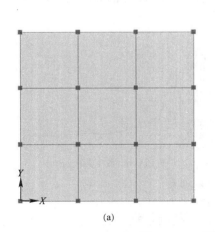

(a)

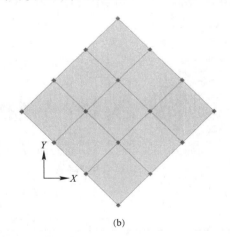

(b)

图 B.3-4　对称规则结构采用不同坐标系

两种不同坐标系的结果对比　　　　　表 B.3-4

	前三阶模态方向因子 UX、UY、RZ			基底剪力（kN）			
	T1=2.676s	T2=2.676s	T3=2.163s	SRSS		CQC	
				FX	FY	FX	FY
(a)	0.999; 0.001; 0	0.001; 0.999; 0	0; 0; 1	1673	195	1692	0
(b)	0.631; 0.369; 0	0.369; 0.631; 0	0; 0; 1	1228	1154	1693	0

算例 3 还表明了一个有趣的现象，即结构两个主轴方向的刚度和质量分布完全一样的

话，那么结构两个方向的模态会成对出现，比如（a）中 X 和 Y 向的模态完全一致，这说明结构的动力主轴不仅是 X 和 Y 向，任意方向都是结构的动力主轴——这与截面的形心主轴概念是类似的（比如圆形或方形截面）。因此，这种特殊结构的模态方向因子或模态质量参与系数的平动分量 UX 和 UY 是任意的数值：可以是表 B.3-4 中的数值，也可以是其他任意数值，比如分别是 0.5 和 0.5，或者是 1.0 和 0，这取决于软件中模态迭代计算算法。对（a）中的结构施加任意方向的地震作用，其响应与 X/Y 向施加地震作用是完全一样的。如果要对（a）施加某个角度（比如 45°方向）的反应谱，建议不要直接对模型（a）输入带角度的反应谱，而是采用旋转模型为（b），然后施加整体坐标系 X 向反应谱，相当于对（a）施加了 45°的地震作用。这是因为程序一般会按整体坐标系报告和输出位移指标，而只有与反应谱方向一致的位移指标有意义。因此，如果想对（a）考察 45°方向的地震作用，等效的处理就是对（b）输入 X 向地震作用。对（a）的 45°地震作用与对（b）的 X 向是基本一致的，因为模型的各个方向都是结构动力主轴，表 B.3-4 中（b）的 CQC 结果与模型（a）基本一致，也证实了这一点。但如果直接对（a）输入 45°的反应谱，会得到 X 方向的位移仅为 X 向反应谱的 $1/\sqrt{2}$ 左右，这是因为即使对（a）输入 45°的反应谱，程序依旧是报告整体坐标系 X、Y 的反应谱结果。

B.3.4　小结

有关反应谱法模态组合作如下说明：

（1）反应谱法得到的结构的所有响应量，包括内力、位移等，都是绝对值，没有正负号、方向及相关性，这个值只是说明结构在地震过程中可能出现的最大响应。

（2）利用反应谱法对结构响应的任意量进行计算，必须先在模态层次进行计算，然后进行模态组合。不能先得到结构响应的反应谱结果，再进行计算（比如力或位移的分解与合成），哪怕是线性叠加。算例 1 展示了这一点。

（3）建议用户统一采用 CQC 方法。原因是：①三维建筑结构在平面两方向的模态频率会很接近，模态间的相关系数较大（接近 1.0），CQC 法能正确给出结构的地震响应（见算例 2）；②当模态频率相距较远，模态间相关系数很小时，CQC 可以退化为 SRSS；③两种方法的计算时长都非常短，其计算时长的差别完全可以忽略。

（4）CQC 就是线性系统输入白噪声谱密度的平稳 Guass 过程后，系统输出的数学表达。

（5）CQC 与结构扭转耦联无关。规则结构、模态密集时，就必须采用 CQC 进行模态组合（也就是模态的相关系数大，而非"扭转耦联"）。见算例 2 和算例 3。

（6）由于反应谱法得到的位移都是正值，因此反应谱工况的位移图（变形图）是没有任何意义的。要正确体现结构的扭转位移比，不能用反应谱法的结果，所以现行规范改为了采用"规定水平力"来得到位移比。

（7）谨慎使用在程序中输入带角度的反应谱（即，非整体坐标系 X 和 Y 向）来进行计算。要搞清楚程序的坐标系，程序通常都有整体坐标和局部坐标，而反应谱的位移结果应当只考察沿地震作用输入方向的分量，与之垂直的另一个分量大小一般是没有工程意义的，如果用户输入了带角度的反应谱，程序依旧会在原有的 X 和 Y 向报告位移；比如在 X 向地震作用下，只考察 X 向的位移/位移比，而 Y 向的位移比是没有意义的，因为 Y 向的位移很小；程序输出的位移比可能非常大，但并不说明结构的扭转效应明显。

（8）对于规则结构，反应谱法可以与线性模态叠加时程法进行相互印证，这是因为如果模态达到足够的数量，比如累计质量参与系数达 90％以上，或考虑了全部的模态，那么这两种方法的结果是一致的，因为它们基于同样的计算原理，只是需要注意的是：①此时的反应谱不是设计谱，而是从加速度时程得到的 S_{pa} 反应谱；②反应谱的模态组合是具有统计意义的最大可能值，而时程结果是精确的结构动力响应，是时间的函数，见算例 2。

B.4　地震作用的方向组合

一个设计合理的结构应该能抵抗来自所有可能方向的地震作用。

现在的地震观测，都会进行两个水平向和一个竖向的时程记录。这种地面运动的三维属性是地震的天然属性。一般假定在地震期间所发生的运动都有一个主方向。因此，合理的抗震设计准则是，结构必须能抵抗从任何可能方向传播的一定量级的地震；除了主方向之外，也可能存在垂直于该方向的同时发生的运动。由于三维波传播的复杂性，可以假设这些相互垂直的运动在统计学上是相互独立的。

根据这些假设，抗震设计的准则就是"结构必须能抵抗从所有的可能角度 θ 传播、强度为 S_1 的主要地震运动，并且在同一时刻，能抵抗在与角度 θ 相垂直方向上、强度为 S_2 的地震运动。"这就是反应谱的方向组合问题，见图 B.4-1。

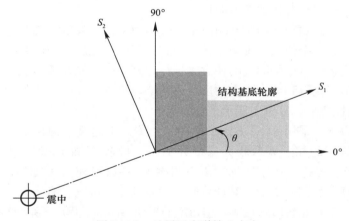

图 B.4-1　地震反应谱输入方向

在早期的建筑结构或桥梁规范里，反应谱的方向组合常常采用 30％或 40％法则，即：结构在一个方向上承担所规定 100％的地震作用及在其垂直方向上承担所规定 30％或 40％的地震作用。

目前常用的反应谱方向组合方法有两种：SRSS 和 CQC3。

如图 B.4-1 所示，基本输入反应谱 S_1 和 S_2 以一个任意角度 θ 施加。假定次输入谱是主输入谱的某一分数，即：

$$S_2 = \alpha S_1 \tag{B.4-1}$$

其中，$0 < \alpha \leqslant 1$。计算峰值的基本 CQC3 方程为：

$$R = \sqrt{R_0^2 + \alpha^2 R_{90}^2 - (1-\alpha^2)(R_0^2 - R_{90}^2)\sin^2\theta + 2(1-\alpha^2)R_{0-90}\sin\theta\cos\theta + R_z^2}$$

$$\tag{B.4-2}$$

式中,

$$
\begin{cases}
R_0^2 = \sum_n \sum_m r_{0n} \rho_{nm} r_{0m} \\[2mm]
R_{90}^2 = \sum_n \sum_m r_{90n} \rho_{nm} r_{90m} \\[2mm]
R_{0-90} = \sum_n \sum_m r_{0n} \rho_{nm} r_{90m} \\[2mm]
R_z^2 = \sum_n \sum_m r_{zn} \rho_{nm} r_{zm}
\end{cases}
\qquad (\text{B. 4-3})
$$

其中,r_{0n} 和 r_{90n} 是分别应用在 $0°$ 与 $90°$ 的 100% 水平向反应谱产生的模态响应,而 r_{zn} 是竖直向反应谱产生的模态响应。

为了计算产生最大响应的临界角,对式(B. 4-2)求导并令其为零,得到:

$$
\theta_{cr} = \frac{1}{2} \tan^{-1} \left(\frac{2R_{0-90}}{R_0^2 - R_{90}^2} \right) \qquad (\text{B. 4-4})
$$

显然,对于结构不同的响应量,其临界角度是不相同的,也就是说,不存在一个唯一的结构地震作用最大的方向角度。

将式(B. 4-4)带入式(B. 4-2),可以得到最大响应为:

$$
R_{cr} = \sqrt{(1+\alpha^2)\left(\frac{R_0^2 + R_{90}^2}{2}\right) + (1-\alpha^2)\sqrt{\left(\frac{R_0^2 - R_{90}^2}{2}\right)^2 + R_{0-90}} + R_z^2} \qquad (\text{B. 4-5})
$$

当 $\alpha=1$ 时,式(B. 4-2)中的 R 不是关于 θ 的函数,参考系的选择是任意的,CQC3 方向组合就退化为 SRSS 方向组合,即:

$$
R = \sqrt{R_0^2 + R_{90}^2 + R_z^2} \qquad (\text{B. 4-6})
$$

这意味着,对于任意的坐标系,只需一次计算就可得到结构响应的最大值。当然,这个假定在实际地震记录中没有得到验证,因此各国规范都按 $\alpha<1$ 来处理。

当 $\alpha<1$ 时,尽管也能用上式来进行 SRSS 方向组合,但从前面 CQC3 的推导过程可以看出,对于不同的响应量存在不同的临界角 θ_{cr},因此应该采用 CQC3 来进行方向组合,否则会导致对响应的低估。

参考文献

[1] ANIL K,CHOPRA. 结构动力学理论及其在地震工程中的应用 [M]. 4 版. 谢礼立,吕大刚,等 译. 北京:高等教育出版社,2016.

[2] WILSON E L. Static and Dynamic Analysis of Structures [M]. 4th Edition (Revised June 2010). Berkeley:Computers and Structures Inc,2010.

附录C

常见警告及对策

为得到准确的计算结果，首先需要一个准确模型。ETABS 的模型检查功能可以帮助用户进行一些建模检查，并给出警告；在分析过程中，程序也会弹出警告，提示有限元模型可能存在的一些问题。用户应重视这些警告，并进行针对性的修改。本节将分析 ETABS 模型检查、分析过程中出现的常见警告，并介绍应对方法。

C.1 模型检查

用户可在分析之前，通过【分析→检查模型】命令进行模型检查，具体设置见图 C.1-1。其中，建议"用于检查的长度容差"不小于"长度容差"，否则可能造成本该合并的节点提示距离太近。其他选项可依据实际情况酌情勾选。检查完成后，程序将会显示一个信息框，说明没有检查到错误，或者给出相关的警告信息，如图 C.1-2 所示。

图 C.1-1　检查模型设置

图 C.1-2　检查模型的警告信息

模型检查会给出两大类警告：第一类是针对对象连接信息的警告，这类警告一般会写成："某楼层的 3641&P593 太近"（如图 C.1-2 中区域①）或 "B1&B5902 重叠"（如图 C.1-2

430

中区域②）的形式，其中字母代表构件类型，数字代表标签号，不同字母的含义分别是：B 代表梁；C 代表柱；F 代表楼板；W 代表墙；P 代表墙肢；如果不包含字母则代表节点。同时警告还会给出相关的坐标，以供检查使用。第二类是针对楼板剖分的警告，这类警告一般会写成："检查剖分，在 Story Ⅱ楼层的面 F2324（62％减少）"（如图 C.1-2 中区域③）的形式。

现通过一些典型的案例剖析上述警告。

案例一：某模型检查后，出现图 C.1-3 中所示警告，即板（F2486）与梁（B5857）太近。

图 C.1-3　警告信息板与梁太近

依据警告提供的坐标，可定位到相关的楼板与梁。如图 C.1-4 所示，可以看出，板 F2486 为四节点面单元，但是左侧的边与三个梁 B5877、B5857 和 B5854 相连，其中梁 B5877 和 B5854 与面的一个节点相连，程序未给出警告；但 B5857 与面的左侧边重合，且不共节点，程序给出了警告信息。处理类似的警告可通过合并框架 B5857 和 B5854 解决。

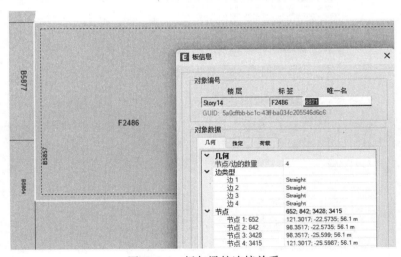

图 C.1-4　板与梁的连接关系

案例二：某模型检查后，出现图 C.1-5 中所示警告，梁 B3547 与梁 B4174 重叠。依据警告提供的坐标，可定位到相关的梁（图 C.1-6）。如图 C.1-5 所示，可以看出 B3547（通长的梁）与 B4174（内部的梁）重叠，将 B4174 删除即可解决。

图 C.1-5　警告信息框架重叠

选择列表
类型 编号 楼层 塔
Beam B3547 Story8 T1
Beam B4174 Story8 T1
Floor F2686 Story8 T1
确定
取消

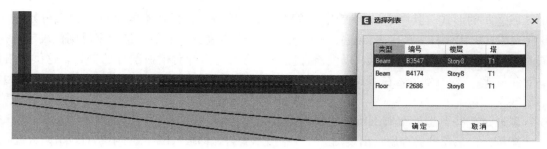

图 C. 1-6　梁与梁的重叠

案例三：某模型检查后，出现图 C. 1-7 中所示警告，楼板 F1335 丢失（100% Reduction）。这是由于面剖分不合理，造成分析模型中单元全部丢失或部分丢失。如图 C. 1-8 所示，在右侧的分析模型中有大量楼板丢失，主要由于楼板形状畸异导致。建议用户在绘制面对象时，优先采用三角形或四边形，并且尽量避免出现面对象长宽比大于 10，角度接近 0°，或内角大于 180°等易造成形状畸异的情况；在剖分时，选择与单元类型和对象节点数相匹配的剖分选项。

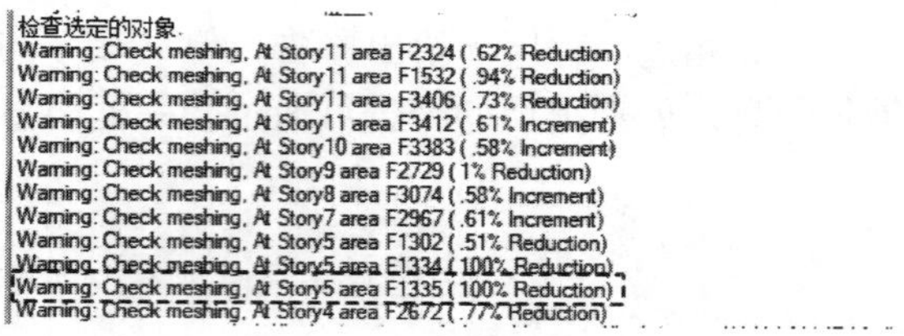

检查选定的对象.
Warning: Check meshing, At Story11 area F2324 (.62% Reduction)
Warning: Check meshing, At Story11 area F1532 (.94% Reduction)
Warning: Check meshing, At Story11 area F3406 (.73% Reduction)
Warning: Check meshing, At Story11 area F3412 (.61% Increment)
Warning: Check meshing, At Story10 area F3383 (.58% Increment)
Warning: Check meshing, At Story9 area F2729 (1% Reduction)
Warning: Check meshing, At Story8 area F3074 (.58% Increment)
Warning: Check meshing, At Story7 area F2967 (.61% Increment)
Warning: Check meshing, At Story5 area F1302 (.51% Reduction)
Warning: Check meshing, At Story5 area F1334 (100% Reduction)
Warning: Check meshing, At Story5 area F1335 (100% Reduction)
Warning: Check meshing, At Story4 area F2672 (.77% Reduction)

图 C. 1-7　警告信息面丢失

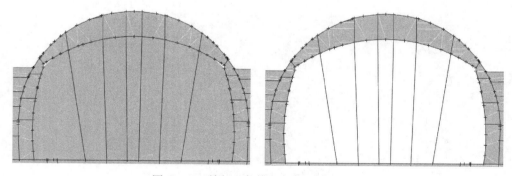

图 C. 1-8　楼板几何模型与分析模型对比

如果警告中出现楼板增加（即 Increment），则表示楼板之间有重叠的现象，这需要用户重新绘制。

C. 2　分析警告

用户在运行分析模型时，程序会给出一些与数值求解相关的警告，较为常见的警告可分为两大类：一种是结构稳定性警告，另一种是工况运行警告。

C.2.1　结构稳定性警告

用户可通过【分析→显示运行日志】或【分析→显示分析信息】命令查看结构稳定性警告，如图 C.2-1 所示。

```
* * * W A R N I N G * * *
THE STRUCTURE IS UNSTABLE OR ILL-CONDITIONED !!
CHECK THE STRUCTURE CAREFULLY FOR:
- INADEQUATE SUPPORT CONDITIONS, OR
- ONE OR MORE INTERNAL MECHANISMS, OR
- ZERO OR NEGATIVE STIFFNESS PROPERTIES, OR
- EXTREMELY LARGE STIFFNESS PROPERTIES, OR
- BUCKLING DUE TO P-DELTA OR GEOMETRIC NONLINEARITY, OR
- A FREQUENCY SHIFT (IF ANY) ONTO A NATURAL FREQUENCY

TO OBTAIN FURTHER INFORMATION:
- USE THE STANDARD SOLVER, OR
- RUN AN EIGEN ANALYSIS USING AUTO FREQUENCY SHIFTING (WITH
  ADDITIONAL MASS IF NEEDED) AND INVESTIGATE THE MODE SHAPES

------------------------------------
BASIC STABILITY CHECK FOR LINEAR LOAD CASES:
   NUMBER OF NEGATIVE STIFFNESS EIGENVALUES SHOULD BE ZERO FOR STABILITY.
   (NOTE: FURTHER CHECKS SHOULD BE CONSIDERED AS DEEMED NECESSARY,
    SUCH AS REVIEWING EIGEN MODES FOR MECHANISMS AND RIGID-BODY MOTION)

   NUMBER OF NEGATIVE EIGENVALUES      =      1
```

结构是不稳定的或者是病态的！！
请仔细检查结构是否存在以下问题：
1）不充分的支座条件；
2）一个或多个内部机构；
3）零刚度或负刚度的结构属性；
4）过大的刚度属性；
5）P-Δ或几何非线性造成的屈曲；
6）频率偏移接近一个固有频率。
通过以下方式可获取进一步的信息：
1）使用标准求解器；
2）运行一个自动频率偏移的特征值向量模态分析，并研究模态形状。

对于线性工况的基本稳定性校核：
对于稳定的结构，负刚度特征值数量必须为0。
（注：进一步的检查是非常必要的，例如通过检查特征值模态，判断是否存在机构和刚体运动。）
负特征值的数量=1。

图 C.2-1　结构稳定性警告信息截图及译文

结构稳定性警告主要是建模不当导致的，例如：使用刚度很大的刚性杆，过度释放造成的机构、构架之间未能有效连接，使用错误的单元和错误的剖分等。一旦出现类似的警告，用户可通过【分析→SAPFire 高级选项】设置采用标准求解器进行特征值向量法的模态分析。此时程序会给出详细的警告信息，这些警告大致有两大类："精度丢失"和"对角线小于 0"，分别如图 C.2-2 和图 C.2-3 所示。

```
* * * W A R N I N G * * *
NUMERICAL PROBLEMS ENCOUNTERED DURING EQUATION SOLUTION:

TYPE  LABEL DOF   X-COORD    Y-COORD    Z-COORD    PROBLEM        VALUE
----- ----- ---   --------   --------   --------   ------------   --------
Joint     2 RZ    8300.000   16000.000  12000.000  Lost accuracy  15.4 digits
```

图 C.2-2　节点精度丢失

```
* * * W A R N I N G * * *
NUMERICAL PROBLEMS ENCOUNTERED DURING EQUATION SOLUTION:

TYPE  LABEL DOF   X-COORD    Y-COORD     Z-COORD    PROBLEM        VALUE
----- ----- ---   --------   ---------   --------   ------------   ---------
Joint    ~8 RY    4000.000   24000.000   12000.000  Lost accuracy  13.8 digits
Joint    ~8 RZ    4000.000   24000.000   12000.000  Lost accuracy  13.8 digits
Joint    ~8 RZ    4000.000   24000.000   12000.000  Diagonal < 0   -0.077637
```

图 C.2-3　对角线小于 0

1. 精度丢失

ETABS 在方程求解过程采用双精度算法，提供 15（有时为 16）位有效数字。当模型中存在刚度截然不同构件时，为与高阶数值（对应较刚构件）进行运算，程序可能忽略某些低阶数值（对应较柔构件），这样就会造成数值精度丢失，也可参考文献［1］中第 7.3 节的内容。

以下情况可能导致数值精度丢失：

（1）刚度相差很大的框架构件通过公共节点相连，特别是一些人为的"刚性杆"的使

433

用容易造成此类问题。例如网架的支座，常常会被模拟成"刚性杆"，这类刚性杆并不是真实存在的，而是人为的假定。建议使用截面尺寸为 1m×1m 的混凝土截面来模拟刚性杆，这时杆件已有足够大的刚度，而不至于造成显著的精度丢失。

（2）出现零刚度。当检测到零刚度时，为使数值计算正常进行，程序将对该刚度赋一个小值，并给出相关警告。这常见于杆件被过度释放或膜单元被剖分的情况。出现这种情况时，应对模型进行修改，移除产生零刚度的根源。

（3）指定有刚性隔板的楼板与柔性构件相连接。

（4）对节点指定了多个释放，导致节点自由度孤立（没有刚度），应该予以修正。

根据精度丢失的数量大小，可以采取不同的措施：

（1）少于 6 个数值精度——对结果没有大的影响，求解足够精确，无需调整。

（2）在 6 到 11 个数值精度之间——当预估的数值精度丢失大于 6 时，程序将给出警告信息。分析结果可能是可接受的，也可能是不可接受的。用户应当仔细检查结果，特别是荷载总和。

（3）大于 11 个数值精度——当预估的数值精度丢失大于 11 时，程序将给出结构病态的警告。分析结果可能不够准确（ETABS 会报告发生数值问题的位置坐标）。在这种情况下，用户需要检查并修改模型。

除节点精度丢失，程序还会给出约束精度丢失和边约束精度丢失等情况，约束精度丢失的警告类型（TYPE）为"Constr"，边约束精度丢失为"ConstrLine"。当出现类似警告时，需检查刚性隔板的指定，或尝试移除面对象的自动边约束。

2. 对角线小于 0

当警告中出现对角线小于 0 时，应引起用户重视，这表示结构出现负刚度，会造成某些计算结果异常。这类警告产生的原因也较多，程序也给出了检查提示，前文已有解释。用户可采用以下方法进行模型检查。

（1）根据警告信息中的节点标签（其中带有"～"的节点标签为剖分节点，无法直接进行选择）以及位置信息，确定出现问题的节点或构件，检查构件之间是否出现连接问题或者剖分问题。需要注意的是，警告通常给出的是刚度矩阵出现异常的节点信息，但有可能并不是真正出现问题的所在，还需进行后续的检查。

（2）运行特征值模态工况，并观察结构模态形状。当结构中存在内部机构、不合适的支座、零刚度或负刚度结构属性时，结构刚度通常较小，往往会出现周期较大的局部振型。可通过这些局部振型定位异常构件，并进行检查。这种方法也可能因为出现异常的构件没有质量（或无竖向质量、转动惯量），无法检测出异常构件。

（3）运行包含自重的恒载工况，并观察结构的变形，通过位移云图或位移数据表格定位较大的异常变形，这可检测结构出现的一些异常剖分或内部的机构等。

（4）当可能存在 P-Δ 或几何非线性造成的屈曲（例如运行预设 P-Δ 工况不收敛而出现警告）时，可运行一个 buckling 工况，该工况中的荷载与预设 P-Δ 工况相同，并观察屈曲因子和屈曲模态。观察最小的正值屈曲因子对应的屈曲模态，可帮助定位异常构件。

（5）检查模型中是否出现"刚性杆"，检查构件的端部释放是否合理。

以上方法可帮助用户排除大部分警告信息，但由于结构的复杂性，和用户建模的随机性，仍需要用户对警告信息进行甄别，尝试各种方法，逐步积累使用经验。

C.2.2　工况运行警告

程序在运行各个工况时，可能会给出各类针对当前工况的警告。本小节整理说明了部分警告信息，详见表 C.2-1。

常见工况运行警告　　　　　　　　　　　　　　　　　表 C.2-1

工况类型	警告信息或现象	说明
特征值模态	Eigenvalue ** was found out of sequence	这只是警告而不是错误，通常出现于较敏感的结构，并且该周期与邻近模态周期非常接近。可不做处理
Ritz 向量法模态	NORITZ MODES WERE FOUND	Ritz（里兹）向量法要求结构刚度矩阵正定，因此不允许出现对角线小于 0 的警告。应检查模型，排除此类警告
Ritz 向量法模态	** LOAD IS APPLIED TO ONE OR MORE MASSLESS DEGREES OF FREEDOM	** 荷载作用于无质量自由度处，可能导致程序生成错误的 Ritz 向量。有多种原因可能导致此警告出现，具体可扫描表格下方二维码，查看详细说明
屈曲工况	NO BUCKLING MODES WERE FOUND	屈曲工况仅进行 40 次迭代，如果迭代无法收敛，将给出以上警告。通常出现于较敏感的结构，如果分析日志中没有警告信息，可适当放大收敛容差
时程工况	NON-ZERO TIME-HISTORY FUNCTION VALUE	线性时程工况开始于零初始条件，因此相应的时程函数值必须从零值开始。将时程函数的初始值改为（0，0）即可消除该警告
所有工况	程序一次只运行部分工况，无法运行全部工况	这通常是由于工况命名时，工况名过长或存在非法字符。推荐使用英文字符，且不超过 25 个字符
所有工况	COULD NOT SOLVE **，THE PREREQUISITE CASE DID NOT COMPLETE SUCCESSFULLY	前置工况未完成，导致后续工况无法运行。例如模态工况未完成，导致反应谱工况无法运行；预设 P-Δ 工况未完成，导致所有线性工况无法完成
自动风荷载工况	COULD NOT SOLVE **	请检查隔板设置是否合理，隔板宽度不可为 0（例如隔板中的所有点共线）

除以上警告信息，用户可能还会在软件安装、建模、结果显示、报告输出等步骤中遇到各类警告。各种警告的详细信息可以访问 CSI 官网的 Technical Knowledge Base 做进一步的查询。

◎ 相关文档请扫码查看：

质量源定义与阻尼器布置　　里兹向量法与非节点荷载　　节点质量与无质量自由度

参考文献

［1］　WILSON E L. Static and Dynamic Analysis of Structures ［M］. 4th Edition（Revised June 2010）. Berkeley：Computers and Structures Inc，2010.

ETABS API 入门

D.1 概述

ETABS 是一款强大、开放的结构分析软件，ETABS API（应用程序编程接口）为工程师和开发人员提供了二次开发的平台。工程师只需要掌握一些基础的编程知识，借助 API，就可以使用编程的方式利用 ETABS 软件的强大功能。ETABS API 的语法简单直观，该 API 与大多数主要的编程语言兼容，包括 Visual Basic for Applications（VBA）、VB、C♯、C++、Matlab、Python（COM）、Python（NET）、IronPython。

API 支持通过插件、Excel 表格或第三方应用程序来调用 ETABS，通过 API 函数创建、修改、运行模型，或者自定义函数与 ETABS 软件功能相结合。工程师可以使用 API 拓展 ETABS 应用，或创建自己的专属程序，使自己的应用程序具有 ETABS 软件的所有复杂分析功能和设计技术，通过 API 在 ETABS 与第三方软件之间创建丰富而紧密的双向连接，实现模型双向准确传输（无需中间文件，为大型模型提供快速的数据交互）、完全控制 ETABS 的命令功能、提取 ETABS 的分析和设计信息。所有这些都可以离开 ETABS 的交互界面，在用户自己的应用程序中完成。

SAP2000 自 v11.0 版本以后，引入了 API 功能，随后，ETABS 在 2013 版本开始引入 API 功能，从 ETABS v18 版本开始，API 库名称中不再包含程序版本。例如，以前的 API 库名称为 ETABSv17.dll 等，ETABS v18 及以上版本的 API 库名称为 ETABSv1.dll。如果用户在客户端程序引用了新的 ETABSv1.dll，就不需要在每次重大版本发布时进行更新，客户端应用程序中的 ETABSv1.dll 引用将自动使用每次安装产品时注册的最新版 ETABSv1.dll。

同时，从 ETABS v18 版本开始，程序引入了新的 API 库 CSiAPIv1.dll。该库与 SAP2000、CSiBridge 和 ETABS 兼容。每个产品的所有新版本都将提供该库。开发人员现在可以创建引用 CSiAPIv1.dll 的 API 客户应用程序，并连接到 SAP2000、CSiBridge 或 ETABS，而无需更改任何代码。与新的 ETABSv1.dll 类似，即使 SAP2000、CSiBridge 和 ETABS 发布了新的主要版本，程序集名称 CSiAPIv1.dll 也不会改变。

D.2 开发环境配置与调用方式

ETABS API 开发支持多种开发环境，可以使用 Visual Basic for Applications（VBA）、VB、C♯、C++、Matlab、Python（COM）、Python（NET）、IronPython 等语言进行开发。VBA 集成于 Office 的各应用程序中，如 Word、Excel 等，应用方便，不

需要单独安装编译环境；其他几种开发环境均需要安装单独的开发环境，并需要对其应用具有一定了解。用户可以根据情况选择适合的开发环境。

以 Python（COM）语言为例，介绍开发环境的搭建。编写 Python 代码的编译环境有多种，在安装 Python 后，自带有 IDLE（Python's Integrated Development and Learning Environment）编译器，该编辑器使用简单、通用，且支持不同设备。用户也可以安装其他类型的 IDE（Integrated Development Environment）进行代码编写与调试，以 PyCharm 为例，PyCharm 是一种 Python 的集成开发环境，带有一整套帮助用户在使用 Python 语言开发时提高效率的工具，如调试、语法高亮、项目管理、代码跳转、智能提示等功能。

在 Python 中，可以通过 COM 组件调用 ETABS 的接口进行软件控制。在 Python 中不能直接调用 COM 组件，需要借助可以访问 COM 组件的库 comtypes。comtypes 是一个轻量级的 Python 库，通过这个库文件，直接对 COM 组件进行对象创建，实现对 ETABS 的调用。

安装该库的方法有多种，一种是在 PyCharm 中安装，一种是通过 pip 命令安装，另一种是安装 Anaconda，三种安装方式在 PyCharm 中均可使用。

1. PyCharm 中安装

在 PyCharm 设置窗口中点击 "+" 按钮，在弹出的可用库文件窗口中，输入库名称查找库文件并安装；安装完成后，设置对话框，可以看到已经添加的 comtypes 库（图 D. 2-1）。

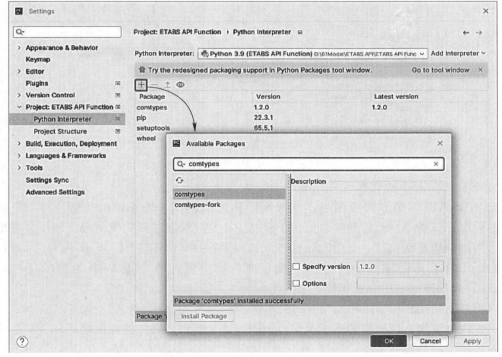

图 D. 2-1　安装 comtypes 库

2. pip 命令安装

在开始菜单中调出 cmd 命令窗口，输入 "python-m pip install comtypes" 命令，自动联网进行安装；显示 "Successfully installed comtypes-1. 2. 0"，表示安装成功；如果已经安装，会提示已经安装的路径和版本（图 D. 2-2）。

图 D. 2-2　安装 comtypes 库

打开 PyCharm 的设置窗口，可以看到已经增加 comtypes 库文件。

3. 安装 Anaconda

安装程序 PyCharm 与 Anaconda，Anaconda 是一个开源的 Python 发行版本，其中包含 conda、Python、comtypes 和很多常见的工具包，所以安装 Anaconda 后，就不需要再安装 Python 了。在 PyCharm 中创建工程，在设置选项下关联 Anaconda 路径下的 Python 解释器，Anaconda 当中的模块就会自动全部导入 PyCharm 当中，如图 D. 2-3 所示。

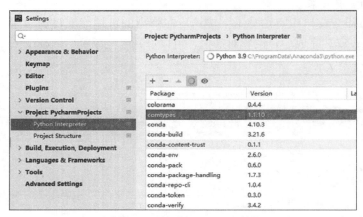

图 D. 2-3　关联 Anaconda 的库

4. ETABS API 的调用方式

ETABS API 调用方式有两种，外部调用和内部调用。外部调用是指：写一个调用 API 的程序，该程序自动启动关联 ETABS 程序，控制软件进行建模、分析、结果提取等操作。内部调用是指：写一个功能插件，此插件是一个动态链接库（.dll 文件），将插件在 ETABS 的工具栏加载，进行模型操作时，直接使用在工具栏中加载的插件，和 ETABS 自有功能的使用方式相同。

以下是 ETABS API 两种调用方式的示例。

（1）内部调用，以插件的形式调用，如图 D. 2-4 所示，添加插件成功后，工具栏中自动显示已添加的插件。

以筑信达工具箱（CiSApps）为例，筑信达工具箱是基于 SAP2000 开发的工具集，安装完成后，在 SAP2000【工具】菜单下点击【筑信达工具箱】命令，打开筑信达工具箱，即可对当前模型使用筑信达工具箱中提供的各项功能，如图 D. 2-5 所示。筑信达工具箱根据使用性质分为五种主要类型：建模工具、荷载布置、设计校核、模型转换和结果后处理。该工具箱采用内部调用的方式，集成在 SAP2000 中，工程师可随时调用。

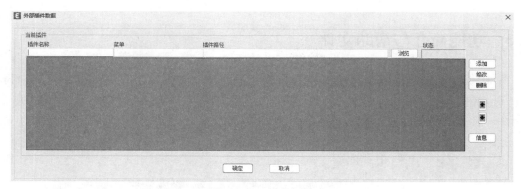

图 D. 2-4   外部插件

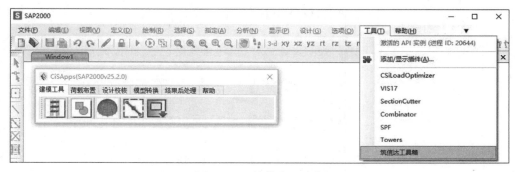

图 D. 2-5   筑信达工具箱

（2）外部调用，以 CiSDC 为例，CiSDC 利用 API 接口关联 ETABS，ETABS 作为分析内核，模型信息、分析和设计参数等数据通过 API 接口在 CiSDC 与 ETABS 之间交互。基于这一点，CiSDC 开发出了国标多模型设计模块和减隔震设计模块，工程师只需在 CiS-DC 中进行简单的参数设置，CiSDC 便可以完成 ETABS 模型的创建、分析和结果整理，并补充完成基于中国规范的构件设计和施工图绘制。CiSDC 的界面如图 D. 2-6 所示。

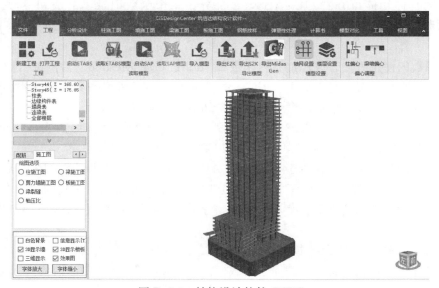

图 D. 2-6   结构设计软件 CiSDC

D.3　功能简介与帮助文件

所有 API 函数的详细信息都可在安装路径下的帮助文件（CSI API ETABS v1.chm）中查到，包含入门指南、样例代码、函数参考手册、版本间改变等内容，如图 D.3-1 所示。

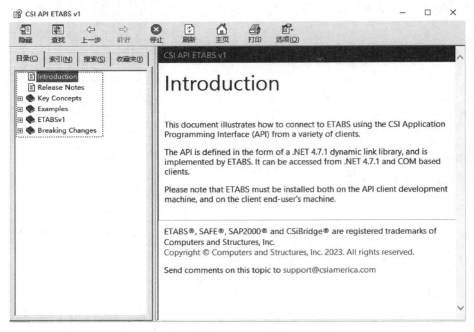

图 D.3-1　API 帮助文档

函数的具体功能可查看"ETABSv1"部分，每个函数记录了语法和参数、函数首次可用的版本、对函数的任何更改以及显示函数用法的示例，如图 D.3-2、图 D.3-3 所示。

这些函数的使用方法，以添加材料函数"AddMaterial Method"为例进行说明：函数的参数值不能随意设置，可以参考"Examples"的脚本和软件操作界面中【添加材料】对话框，参数与操作界面对话框的命令对应关系如图 D.3-4 所示。

查看 ETABSv1 部分，可以发现 ETABS API 接口函数默认按照英文首字母来排序，与 SAP2000 API 按照菜单栏归类不同，如图 D.3-5 所示。

从使用功能角度来看，相对于 SAP2000 API 的函数分类，ETABS API 的函数分类逻辑性不强，但是 ETABS 软件界面上的大部分功能按钮都可以找到对应的 API 接口函数，并可以使用帮助文件的【索引】菜单输入关键字查找需要的函数，ETABS API 接口函数按照功能分类如下：

（1）启动、关闭 ETABS，模型文件的打开、保存等。

（2）属性定义，包括材料、截面、荷载模式、荷载组合、反应谱函数定义等。

（3）建模，包括建立点、线、面单元，连接单元等。

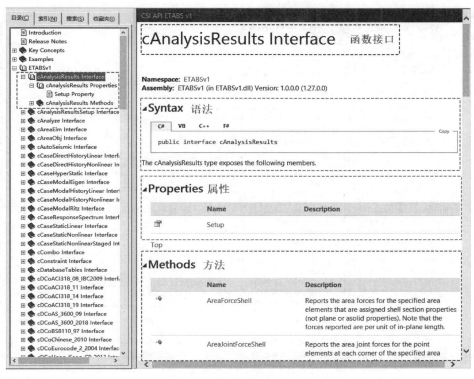

图 D. 3-2   函数相关信息

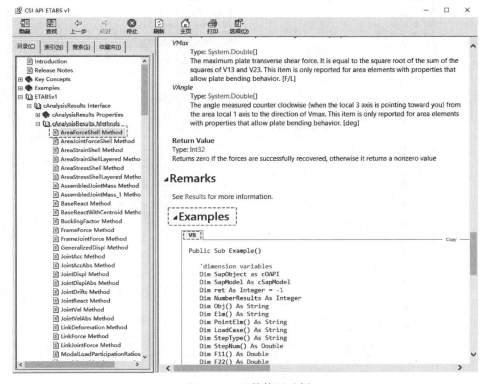

图 D. 3-3   函数使用示例

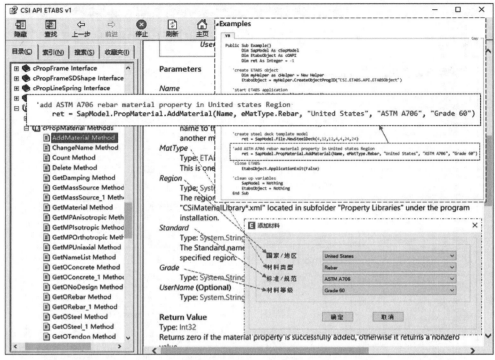

图 D.3-4　参数对应

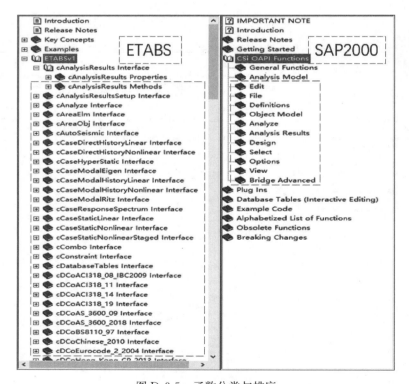

图 D.3-5　函数分类与排序

（4）编辑，包括带属性复制、拉伸、移动、单元的分割合并等。

（5）指定，包括荷载、组、构件参数的指定等。

（6）分析，包括指定分析选项、运行分析，获取应力、内力、位移等。

（7）设计，包括设置首选项、覆盖项，提取设计结果等。

（8）单元选择，包括按组选择、按属性选择、按区域选择等。

（9）视图刷新，可刷新视图显示。

有些功能找不到对应的 API 函数，这时可以通过交互式数据编辑来实现相关功能的二次开发。从 ETABS v18 开始，ETABS API 增加了交互式数据库表格功能，显著提升数据交互式编辑能力。该功能允许检索程序中所有的可用数据，包括分析和设计结果，还能以编程方式设置模型的几乎所有参数。对于希望使用这些交互式表格的 API 用户，程序添加了名为 cDatabaseTables 的新类。建议使用该 API 函数的用户先通过 ETABS 软件交互界面熟悉新的数据库表格，帮助自己理解如何请求、查看、修改和应用模型的数据。

通过 API 访问数据库表。通常先从调用 GetAvailableTables（获取可用表格）开始，决定从哪些表中检索数据，或者编辑并应用于模型。调用 GetAllFieldsInTable（获取表格中的列）将向用户显示表具有哪些列，以及哪些列可编辑和导入。若只想检索数据，可以使用 GetTableForDisplay...（表格展示）函数之一，此函数可以通过 SetLoadCasesSelectedForDisplay（选取展示荷载工况）、SetLoadCombinationsSelectedForDisplay（选取展示荷载组合）和 SetLoadPatternsSelectedForDisplay（选取展示荷载模式）来指定荷载工况、荷载组合和荷载模式，用于获取所需的数据。SetOutputOptionsForDisplay（输出设置）函数可以用来设置其他显示选项。如果用户想要编辑一个表并将其导入到模型中，可以从调用 GetTableForEditing...（创建编辑表格）函数之一开始。用户可以选择需要的格式，检索表格数据，并编辑数据，但必须确保数据的格式不被改变。然后使用相应的 SetTableForEditing...（设置编辑表格）函数导入编辑过的表数据。这些函数一次只能操作一个表格，但是可以连续调用，导入任意数量的编辑过的表格。最后调用 ApplyEditedTables（应用编辑后的表格），将编辑过的表应用到模型中。如果出于某些原因，想要清除之前使用 SetTableForEditing... 函数设置的内容，可以使用 CancelTableEditing（取消表格编辑）函数实现。关于数据库表具体操作的方法，请参考 cDatabaseTables 中的函数文档。

前文中 GetTableForDisplay 对应【显示→表格】中的内容，SetTableForEditing 对应【编辑→交互式数据库】中的内容，如图 D.3-6 所示。

帮助文档中除了有对大量函数的具体介绍，还有 Examples 中 7 种编程语言的开发示例代码，如图 D.3-7 所示。示例代码实现的内容为：调用 ETABS 方式、建立模型、指定荷载、运行分析、提取结果、误差对比。工程师可参考示例代码的框架，使用其他函数，扩展新功能，实现特殊的场景需求。

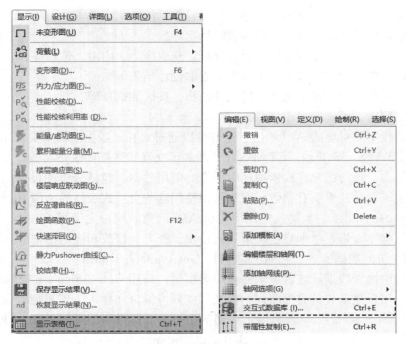

图 D.3-6　数据库表打开路径

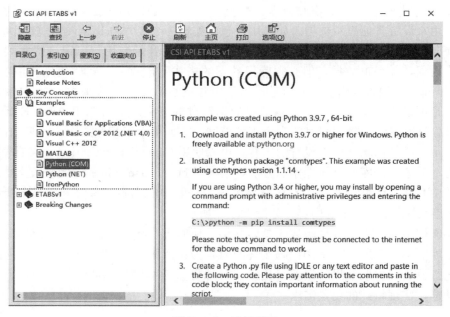

图 D.3-7　示例代码

钢筋混凝土正截面设计软件 CiSDesigner

实际工程中结构形式复杂程度不一，构件截面类型也存在多样性，包括截面不规则、型钢截面多样、型钢偏置等，简化的公式算法无法得到精确的计算结果。CiSDesigner 是一款筑信达自主开发的钢筋混凝土截面设计软件，可应用于任意形状的钢筋混凝土构件的正截面设计。CiSDesigner 实现了一套全新的混凝土构件正截面承载力快速算法，相比于传统的正截面极限状态设计算法，无需加载和迭代计算，从截面的最终极限状态直接得到极限承载力，数分钟即可得到成百上千个混凝土构件的正截面承载力计算结果，并为每个构件提供多种配筋方案。

CiSDesigner 内置满足我国规范的材料本构关系和设计要求，基于 ETABS 和 SAP2000 强大的分析功能，接力得到准确的构件设计内力，通过独创的算法快速生成 PMM 曲面，提供若干更合理的布筋方案。本节将介绍 CiSDesigner 的快速算法，并通过两个案例展示其在任意混凝土构件正截面承载力计算的应用。

E.1　任意混凝土构件的正截面承载力计算方法

国内多本研究生教材均提出了图 E.1-1 所示的极限状态设计方法（例如文献 [1]～[3]）。具体步骤为：

① 对全截面进行单元划分，形成混凝土纤维和钢筋纤维；② 给定一个初始的轴力 P_0；③ 令 ε_c 为某一从零开始的数值；④ 假设某一受压区高度 x_n，根据平截面假定和材料本构关系得到各纤维单元的应变、应力；⑤ 通过迭代 x_n，验算力的平衡方程，直到 $P = P_0$；⑥ 根据平衡方程，求得弯矩 M 和曲率 φ；⑦ 逐步增大 ε_c；⑧ 重复步骤④～⑦，直到 $\varepsilon_c = \varepsilon_{cu}$，这样就得到了轴力 P_0 的弯矩 M 和曲率 φ；⑨ 调整轴力值，重复步骤②～⑧，这样就得到了完整的 PM 曲线；⑩ 旋转重心轴，形成 PMM 曲面。

上述算法没有考虑到钢筋的破坏准则，即，忽略了钢筋的极限拉应变。目前美国 ACI 标准就是采用这种方法。《混凝土结构设计标准》GB/T 50010—2010（2024 年版）附录 E 给出的算法就明确了要同时考虑钢筋的破坏准则，相当于在上述的第⑧步中要同时考虑钢筋应变是否达到 $\varepsilon_s = \varepsilon_{su}$。因此我国规范的算法更全面更合理。

然而，无论是经典教材还是规范的计算方法，都涉及以下问题：

（1）计算过程实质上是在做加载"模拟"，也就是得出了全过程的加载数据。但是，从极限承载力设计的角度来讲，设计者只关心最终极限状态的极限承载力，即 PM 曲线，而不关注大量的中间过程加载数据。

（2）传统算法涉及多次嵌套的循环和迭代，效率低。

采用上述方法的计算量大，比如一根常规柱子的 PMM 计算在普通电脑上大约需要几分钟，考虑工程设计实际问题，这将导致不可接受的计算时长。CiSDesigner 中实现了一套全新的快速计算方法（详见文献 ［5］）：不关注加载过程，从截面的最终极限状态直接得到极限承载力，避免了循环与迭代，使得计算效率提升了四至五个数量级。给定配筋方案的柱 PMM 计算时间，从数分钟降到了数毫秒，可以满足实际工程设计的需要（详见文献 ［6］）。CiSDesigner 生成的一条典型 PM 曲线如图 E.1-2 所示，截面极限状态的控制（或关键）应变线分布如图 E.1-3 所示。

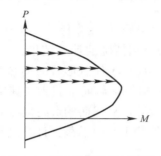

图 E.1-1　PM 相关线常规计算方法　　　　图 E.1-2　典型的 PM 曲线

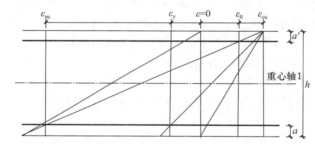

图 E.1-3　生成 PM 曲线的截面极限状态应变控制线

上述算法可以直接得到 PM 曲线，不涉及任何的迭代和循环。

按照图 E.1-4 所示，应变面沿截面旋转一个角度，就能得到另一条 PM 曲线。360°旋

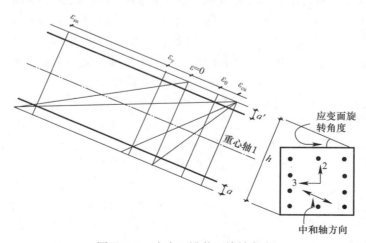

图 E.1-4　应变面沿截面旋转角度

转，就能得到一个封闭完整的 PMM 包络面（相关面），如图 E.1-5 所示（引自文献 [7]）。根据弹塑性力学相关理论，PMM 相关面应为外凸曲面。

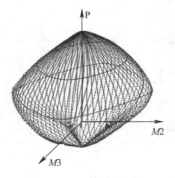

图 E.1-5　PMM 相关面

E.2　CiSDesigner 在实际工程中的应用

本节将以某异形柱框架结构和某型钢混凝土柱正截面设计两个案例，对比分析 CiSDesigner 与常见设计软件的配筋结果。

E.2.1　某异形柱框架结构配筋设计

目前市面上有多款软件可完成异形柱结构的配筋设计，如 PKPM、ETABS、CiSDesigner。三款软件都可以按上述方法完成异形柱的配筋设计，但存在异同。其中，PKPM 中独立完成结构分析与设计，执行了《混凝土异形柱结构技术规程》JGJ 149—2006 的构造要求，但地震作用设计值仅考虑（+P，+M_x，+M_y）和（−P，−M_x，−M_y）两种，取值有待进一步探讨；ETABS 中的柱均按双偏压设计，地震组合下设计内力为（±P，±M_x，±M_y），共 8 种情况，考虑了大偏压起控制作用的情况，保证了设计内力的安全性；但需要用户提前指定配筋比例，且无法执行《混凝土异形柱结构技术规程》JGJ 149—2006 的构造要求，如柱肢和柱中心应分别形成配筋区域，钢筋最大直径为 25mm、最小直径为 14mm，纵筋一、二、三级抗震最大间距 200mm、四级抗震最大间距 250mm，非抗震最大配筋率 4%，抗震最大配筋率 3%，最小配筋率 0.8% 等；CiSDesigner 则是接力 ETABS 或 SAP2000 的设计内力，采用 PMM 快速算法、根据《混凝土异形柱结构技术规程》JGJ 149—2006 对截面各肢进行分区配筋设计，提供了多种满足规程构造要求的配筋方案供工程师选用。

示例钢筋混凝土异形柱框架结构共 7 层，层高 3m，平面图如图 E.2-1 所示。丙类建筑，抗震设防烈度为 8 度（0.2g），地震影响系数最大值 $\alpha=0.08$。边梁截面尺寸为 250mm×500mm，其余框梁截面均为 250mm×400mm。楼板厚 100mm。包含了 L 形、T 形和十字形的异形柱，肢厚均为 250mm，肢高 500mm。混凝土柱强度等级为 C45，梁板均为 C30，主筋采用 HRB400，箍筋用 HPB300。楼板上均布恒荷载为 5kN/m²，均布活荷载为 2kN/m²。分别考虑 X、Y 两个方向的地震作用，考虑偶然偏心 0.05。

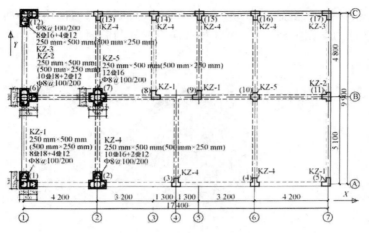

图 E.2-1 结构平面布置

该结构分别采用 PKPM 和 ETABS 建模分析，两款软件的有限元实现方式不同，导致构件内力有部分差异，但总体差异不大。通过 ETABS 将异形柱截面与内力导入 CiSDesigner 后，在 CiSDesigner 中调整截面各肢与中心区域的布筋形式和钢筋直径范围。CiSDesigner 将根据各构件局部坐标轴的内力，按《混凝土异形柱结构技术规程》JGJ 149—2006 计算构件承载力，遵循《混凝土异形柱结构技术规程》JGJ 149—2006 第 6.2.3 条、第 6.2.4 条、第 6.2.5 条、第 6.2.6 条的相关构造规定，输出多个优选配筋方案。

将单向地震作用下 CiSDesigner 中异形柱的最优方案和 PKPM 的实配结果进行对比，部分柱配筋结果如表 E.2-1 和图 E.2-2、图 E.2-3 所示，配筋差值按"（CiSDesigner−PKPM）/PKPM"计算。

单向地震作用下 CiSDesigner 与 PKPM 配筋结果对比　　　　　　表 E.2-1

编号	柱截面	配筋方案对比		实配面积对比		
		CiSDesigner	PKPM	CiSDesigner（mm^2）	PKPM（mm^2）	差值
1	STORY1-L 形-角柱 1	d22×12+d12×4	d25×12+d12×4	5013.6	6343.2	−20.96%
2	STORY1-L 形-角柱 2	d18×16	d25×10+d12×4	4072.0	5358.4	−24.01%
3	STORY1-T 形-边柱 1	d16×14	d18×10+d12×2	2815.4	2771.2	1.59%
4	STORY1-T 形-边柱 2	d14×15	d20×10+d12×2	2308.5	3368.2	−31.46%
5	STORY1-十字形-中柱	d16×12	d16×12	2413.2	2413.2	0.00%
6	STORY6-L 形-角柱 1	d14×12	d18×8+d12×4	1846.8	2488.4	−25.78%
7	STORY4-T 形-边柱 1	d14×15	d18×10+d12×2	2308.5	2771.2	−16.70%

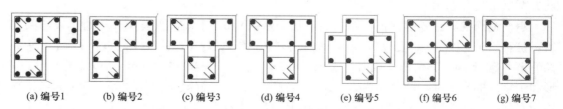

(a) 编号1　　(b) 编号2　　(c) 编号3　　(d) 编号4　　(e) 编号5　　(f) 编号6　　(g) 编号7

图 E.2-2 单向地震作用下 PKPM 配筋简图

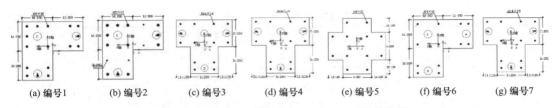

| (a) 编号1 | (b) 编号2 | (c) 编号3 | (d) 编号4 | (e) 编号5 | (f) 编号6 | (g) 编号7 |

图 E.2-3　单向地震作用下 CiSDesigner 配筋简图

可以发现，CiSDesigner 的实配钢筋面积几乎总比 PKPM 小，最大节约配筋面积达 31%，普遍节约配筋面积超过 20%。差值大多在 20%～30% 之间。CiSDesigner 配筋结果更加节省的原因在于，在满足最大配筋率、最小配筋率及钢筋间距相关的构造要求的基础上，CiSDesigner 更加充分地利用钢筋的承载力。以柱 2 为例，分析发现，PKPM 采用的实配方案是"10d25（纵向受力筋）＋4d12（构造钢筋，不参与承载力计算）"，而 CiSDesigner 采用的实配方案是"16d18（纵向受力筋）"，充分利用纵向受力钢筋的承载力，无需额外配置构造钢筋便可满足二级抗震等级下纵筋间距不宜大于 200mm 的构造需求，达到了钢筋面积最优化。

唯一存在 CiSDesigner 的配筋大于 PKPM 的构件是柱 3，这是 ETABS 的计算内力略大于 PKPM 导致的。ETABS 中考虑了地震组合下设计内力（±P，±M_x，±M_y）共 8 种情况，该构件的控制内力（P，M_x，M_y）为（828.74kN，22.76kN·m，−293.41kN·m），PKPM 中控制内力为（815.66kN，10.25kN·m，−287.93kN·m），ETABS 的计算配筋较 PKPM 的计算配筋增加了约 6%，而 CiSDesigner 的实配面积仅比 PKPM 增加约 1%，同比来看，CiSDesigner 仍然可以得到更优的配筋结果。

E.2.2　某型钢混凝土柱配筋设计

本节以一个十字形的型钢混凝土柱为例进行说明，柱截面尺寸为 1000mm×1000mm，采用 C30 混凝土、Q355 级型钢和 HRB400 级纵筋。型钢的截面尺寸为 450mm×590mm×20mm×20mm，纵筋直径为 24mm、20mm，纵筋至截面边缘的距离为 50mm，具体参数如图 E.2-4 所示。

分别取 P＝17000kN、4000kN、−6000kN 计算型钢混凝土柱在小偏压、大偏压、大偏拉受力状态下的正截面受弯承载力。根据《组合结构设计规范》JGJ 138—2016 第 6.2.3 条，配置十字形型钢的型钢混凝土偏心受压框架柱，其正截面受压承载力计算中可折算计入腹板两侧的侧腹板面积。按照《组合结构设计规范》JGJ 138—2016 第 6.2.3 条计算得到等效腹板的厚度为 46mm，根据《组合结构设计规范》JGJ 138—2016 第 6.2.2 条可计算得到其受弯承载力。需要注意的是，规范公式默认侧向钢筋达到了屈服强度 f_y，这将导致计算的内力与实际不同。规

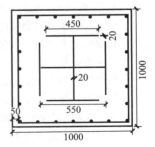

图 E.2-4　型钢混凝土柱截面

范公式算法、CiSDesigner 和常用截面分析软件 XTRACT 计算同样轴力下的受弯承载力如表 E.2-2 所示。对比三种计算方法绘制的完整 PM 曲线，如图 E.2-5 所示。

各受力状态下的承载力对比　　　　　　　　　　　　　　表 E. 2-2

轴力（kN）	型钢混凝土柱正截面的受弯承载力 M（kN·m）					
	受力状态	A：CiSDesigner	B：XTRACT	（B—A）/A	C：规范法	（C—A）/A
17000	小偏压	3772	3823	1.4%	3122	—17.2%
4000	大偏压	4763	4806	0.9%	4951	3.9%
—6000	大偏拉	4088	4224	3.3%	3163	—22.6%

　　从表 E. 2-2 和图 E. 2-5 可以看出，三种受力状态下 CiSDesigner 与 XTRACT 的结果均吻合较好。当处于小偏压状态时，规范公式结果过于保守；当处于大偏压状态时，规范公式的结果偏不安全；当处于大偏拉状态、小偏拉状态时，规范公式计算的结果均明显小于后两者的结果，规范公式过于保守，与文献［11］中结论一致。

　　分析规范公式计算的型钢混凝土构件正截面承载力与 CiSDesigner 程序结果的偏差，主要原因为型钢截面实际的应力不是规范公式中假定的全截面应力均达型钢抗拉强度 f_a；次要原因有以下几点：规范公式中计算用到的型钢混凝土截面未扣除型钢、钢筋与混凝土重叠的面积；十字形型钢按照规范公式等效为工字钢较粗糙；截面上侧钢筋默认假定达到屈服强度 f_y。

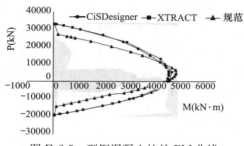

图 E. 2-5　型钢混凝土柱的 PM 曲线

参考文献

［1］　过镇海. 钢筋混凝土原理［M］. 3 版. 北京：清华大学出版社，2013.

［2］　赵国藩. 高等钢筋混凝土结构学［M］. 北京：机械工业出版社，2005.

［3］　江见鲸，李杰，金伟良. 高等混凝土结构理论［M］. 北京：中国建筑工业出版社，2007.

［4］　住房和城乡建设部. 混凝土结构设计标准：GB/T 50010—2010［S］. 2024 年版. 北京：中国建筑工业出版社，2024.

［5］　李楚舒. 结构分析与设计的两个优化算法［C］//中国建筑学会建筑结构分会. 第一届土木工程计算与仿真技术学术会议报告，2019.

［6］　北京筑信达工程咨询有限公司. CiSDesigner v1. 7. 0 软件技术说明书［Z］. 2018.

［7］　李楚舒. 钢筋混凝土构件正截面极限承载力计算的快速方法：CN 104699988 A［P］. 2017-07-21.

［8］　混凝土异形柱结构技术规程：JGJ 149—2017［S］. 北京：中国建筑工业出版社，2017.

［9］　北京构力科技有限公司. PKPM V5 软件说明书［Z］. 2019.

［10］　住房和城乡建设部. 组合结构设计规范：JGJ 138—2016［S］. 北京：中国建筑工业出版社，2016.

［11］　傅剑平，陈茜，张川，等. 工字型钢混凝土偏心受拉构件正截面承载力计算［J］. 建筑结构学报，2017，38（02）：90-98.